21 世纪高等院校计算机辅助设计规划教材

SolidWorks 2011 基础教程

第4版

江　洪　郦祥林　金志扬　等编著

机 械 工 业 出 版 社

SolidWorks 是非常优秀的三维机械设计软件，在我国越来越受到广大用户的欢迎，开设此门课的高等院校也越来越多。

本书用图表和实例生动地讲述了 SolidWorks 2011 常用的功能，使读者可以边看边操作，加深记忆和理解。每章都有上机练习题，便于巩固所学的知识。在本书的配套光盘上还附有上机练习题的答案，方便读者更好地学习。此外，还有大量的视频录像。

本书可作为高等院校机械专业的 CAD/CAM 课程教材，适合不同领域的人员阅读，也可作为广大工程技术人员的自学用书和参考书。

图书在版编目(CIP)数据

SolidWorks 2011 基础教程/江洪，郦祥林，金志扬等编著. —4 版. —北京：机械工业出版社，2012.1（2016.7 重印）
21 世纪高等院校计算机辅助设计规划教材
ISBN 978-7-111-37142-7

Ⅰ. ①S… Ⅱ. ①江… ②郦… ③金… Ⅲ. ①机械设计：计算机辅助设计-应用软件，SolidWorks 2011-高等学校-教材 Ⅳ. ①TH122

中国版本图书馆 CIP 数据核字（2012）第 008193 号

机械工业出版社（北京市百万庄大街 22 号 邮政编码 100037）
策划编辑：张宝珠
责任编辑：张宝珠
责任印制：常天培
北京圣夫亚美印刷有限公司印刷
2016 年 7 月第 4 版 · 第 6 次印刷
184mm×260mm · 19 印张 · 465 千字
15001—18000 册
标准书号：ISBN 978-7-111-37142-7
ISBN 978-7-89433-401-5（光盘）
定价：44.00 元（含 1DVD）

凡购本书，如有缺页、倒页、脱页，由本社发行部调换
电话服务 网络服务
服务咨询热线：010-88379833 机 工 官 网：www.cmpbook.com
读者购书热线：010-88379649 机 工 官 博：weibo.com/cmp1952
教育服务网：www.cmpedu.com
封面无防伪标均为盗版 金 书 网：www.golden-book.com

前　　言

SolidWorks 是非常优秀的三维机械软件，由于其易学易用，全中文界面、价格适中等特点吸引了越来越多的广大工程技术人员和大专院校的学生。本书的目的是为初学者提供教材，使之能快速入门。

本书的第一个特点是简洁，用图表和实例生动地讲述了 SolidWorks 常用的功能。第二个特点是结合具体的实例来讲述，将重要的知识点嵌入到具体实例中，使读者可以循序渐进，随学随用，边看边操作，动眼、动脑、动手，符合教育心理学和学习规律。第三个特点是许多实例来源于工程实际，具有一定的代表性和技巧性。每章都有大量的上机练习题和答案，且部分习题用二维工程图给出，既锻炼了看图能力，又培养了空间想象力。便于巩固所学的知识。在本书的配套光盘中还附有上机练习题的答案，方便读者更好地学习。第四个特点是符合时代精神，体现了创新教育常用的扩散思维方法：一题多解及精讲多练。

书中数字单位均为毫米。若读者照着书中模型做时，如果中途做错了，接着做时需要修改特征名，使之与光盘中的模型一致。

SolidWorks 每个版本升级后，它的一些命令的运算法则会改变，因此有可能出现在低版本中所做的模型，在高版本中只是打开，不做任何修改，重新建模会出错的情况。所以读者应该注意所使用的软件版本，当然也可以自己修改低版本的模型，使之能在高版本中通用。

本书保留了第 1 ~ 3 版的特点，对下列几方面作了修订。

本次改版的指导思想是适应当代企业的需求，跟上 SolidWorks 2011 的更新，培养读者的自学能力以及满足国家标准来绘制二维工程图。重新编写的内容反映了当今重创新，重基础、重理论的指导思想。本书的特点是配有大量的视频录像。

对各章节均做了修改或重新编。

参加本书编写的人员有江洪、郦祥林、金志扬、徐兴、孙丽琴、李美、王申旭、黄定师、高明宏、耿国庆、张丛、唐宁、琚龙玉、隋旎、李颖、干金鹏、姜伟娟、沈旭峰、郭继伟、吴越、张伟龙、唐梁、左燕群、赵水平、李尧尧、陈安柱、李萌、邱亚东、孔亮。

由于编者写作时间过于仓促，难免有疏漏之处，恳请广大读者批评指正。

编者邮箱为：99998888@126.com。

编　者

目　录

第 1 章　SolidWorks 基础

本章将介绍 SolidWorks 的一些基本操作，读者只有熟练地掌握这些基础知识，才能正确快速地掌握和应用 SolidWorks。这些基础知识包括：如何进入和退出 SolidWorks；如何新建文件、打开文件和保存文件；如何使用菜单栏、工具栏、快捷键和鼠标；如何设定多窗口环境；如何显示和控制模型；如对模型进行外观编辑（颜色和纹理编辑）；如何使用过滤器选择对象等等。

1.1　SolidWorks 基本操作

1.1.1　进入 SolidWorks 和新建文件

1. 进入 SolidWorks

当正确地安装了 SolidWorks 2011 后，在 Windows 环境下双击桌面上的 SolidWorks 2011 快捷图标，如图 1-1 中箭头所指；或者单击“开始”→“所有程序”→“SolidWorks 2011”→“ SolidWorks 2011”，如图 1-2 中①～④所示，系统开始启动 SolidWorks 2011。

图 1-1　双击桌面上的 SolidWorks 2011 快捷图标

图 1-2　启动 SolidWorks 2011

启动时的画面如图 1-3 所示。

启动结束后系统进入 SolidWorks 2011 界面，如图 1-4 所示。

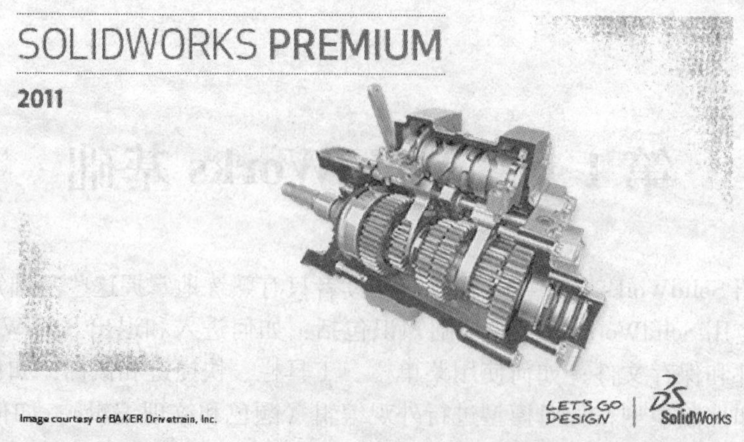

图 1-3　SolidWorks 2011 启动画面

图 1-4　进入 SolidWorks 2011 界面

注意： SolidWorks 2011 必需安装在 Windows XP 操作系统中。

2. 新建文件

创建新文件的方法。单击屏幕最上方的“新建”按钮，如图 1-5 中①所示；或者按组合键〈Ctrl + N〉。系统弹出“新建 SolidWorks 文件”对话框，在新建文件对话框中有“零件”、“装配体”和“工程图”三种格式的文件可以选择创建，例如，单击“零件”按钮，再单击“确定”按钮 确定 完成新文件创建的操作，如图 1-5 中②③所示。

在新建文件时要确定文件的类型，如表 1-1 是对 SolidWorks 提供的这三种文件格式的说明。

表 1-1　新建文件的三种格式

文件类型	后　缀	说　明
零件	SLDPRT	建立零件模型
装配体	SLDASM	建立装配体零件，生成部件或整体模型
工程图	SLDDRW	生成工程图

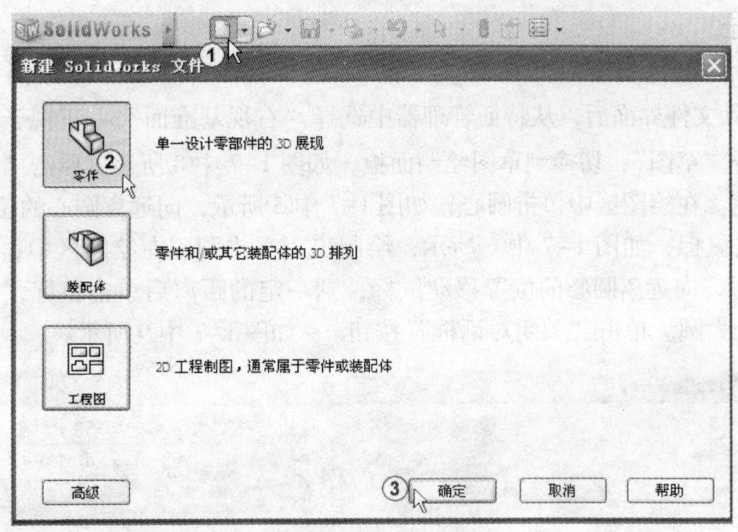

图 1-5　新建文件

1. 零件文件

SolidWorks 的三种文件格式提供了不同的操作环境和功能选项。在零件环境下可以建立产品零件的各种外观特征和结构特征，在零件环境中包括特征、曲面等多种建模工具。此外零件环境中还有钣金、模具等建模型工具。如图 1-6 中①所示。

2. 装配体文件

装配体操作环境的主要功能是将产品中独立的零件用配合关系组装在一起，成为一个整体。装配体环境中还提供了爆炸视图、焊接、管道等与装配相关的工程工具。如图 1-6 中②所示。

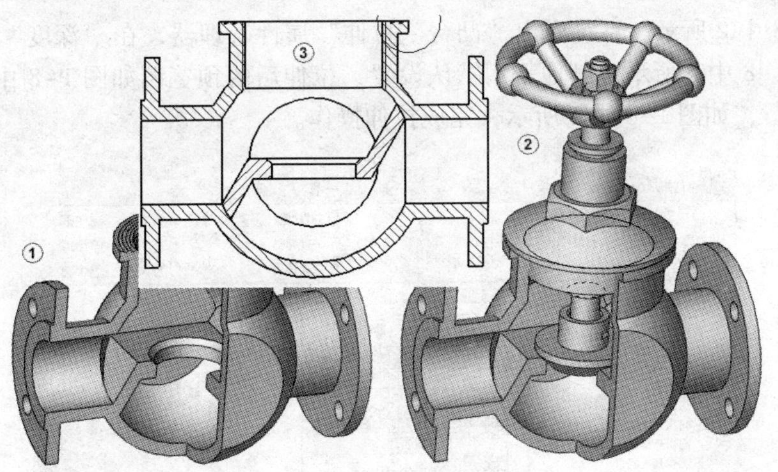

图 1-6　SolidWorks 的三种基本文件

3. 工程图文件

工程图是三维模型的二维展示，表示出模型的尺寸公差、加工要求等信息，是企业产品信息的主要载体。SolidWorks 工程图与三维模型是相互关联的，二维工程图及其特征尺寸直接由三维模型转换而来。在工程图环境中提供了丰富的工程标注、材料明细表等工具。如

图 1-6 中③所示。

下面建立一个圆筒的模型。

1）进入零件文件界面后，从特征管理器中选择“右视基准面”→正视于，如图 1-7 中①②所示。单击“草图”，切换到草图绘制面板，如图 1-7 中③所示。单击“圆”按钮，如图 1-7 中④所示。在绘图区中单击圆心，如图 1-7 中⑤所示，向远离圆心的位置移动鼠标到一定的距离后单击鼠标，如图 1-7 中⑥所示，绘制出一个小圆。在绘图区中再次单击圆心，如图 1-7 中⑦所示，向远离圆心的位置移动鼠标，到一定的距离后单击鼠标，如图 1-7 中⑧所示，绘制出一个大圆。单击“关闭对话框”按钮，如图 1-7 中⑨所示。

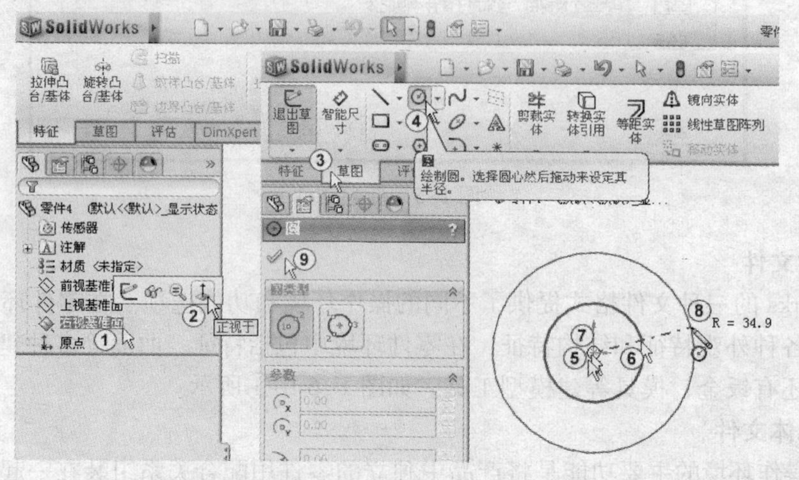

图 1-7　绘制两个同心圆

2）单击“特征”，切换到特征面板，如图 1-8 中①所示。单击“拉伸凸台/基体”按钮，如图 1-8 中②所示。系统弹出“凸台 - 拉伸”属性管理器，在“深度”输入框中输入 30，如图 1-8 中③所示，其他采用默认设置，拉伸后的预览图如图 1-8 中④所示。单击“确定”按钮，如图 1-8 中⑤所示，完成拉伸操作。

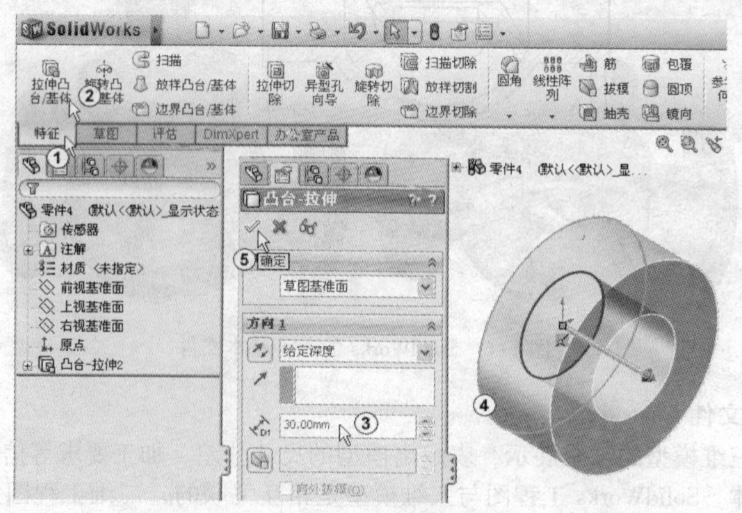

图 1-8　生成圆筒模型

1.1.2　保存文件和打开文件

1. 保存文件

对于已经编辑好的文件需要赋予适当的文件名进行保存。保存的方法是：单击屏幕最上方的“保存”按钮，如图1-9中①所示；或者按组合键〈Ctrl+S〉。系统弹出“另存为”对话框，单击“保存在（I)”后的按钮，如图1-9中②所示，选择想要保存文件所在的路径，如图1-9中③所示，在“文件名（N)”输入框中输入想要保存文件的名称，如图1-9中④所示。然后单击“保存”按钮保存(S)，如图1-9中⑤所示，完成对文件的保存。

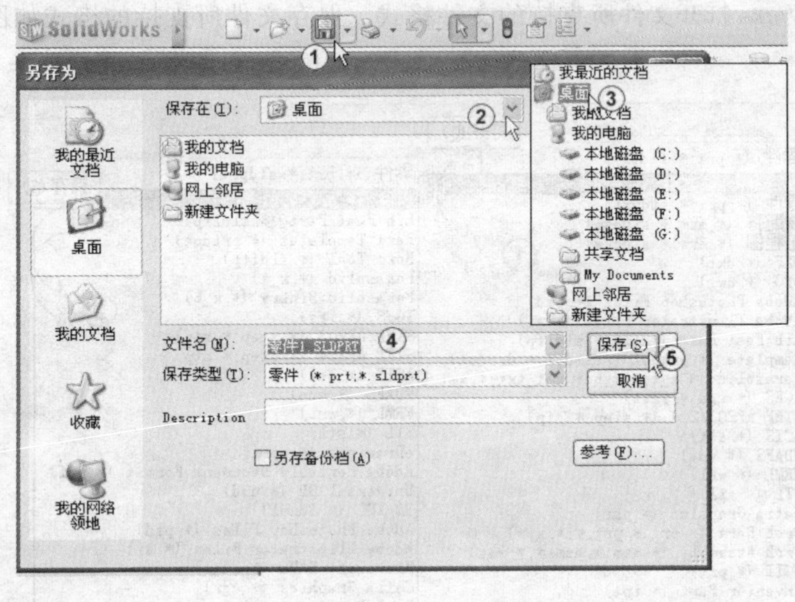

图1-9　保存文件

2. 打开文件

对于已存在的文件可以进行打开浏览和编辑。打开的方法：单击工具栏中的“打开”

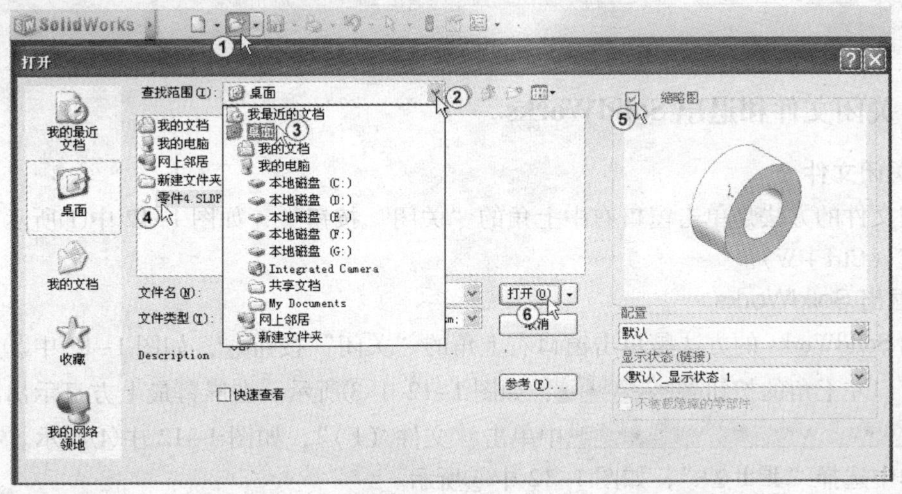

图1-10　打开文件

按钮，如图 1-10 中①所示；或者单击组合键〈Ctrl + O〉。系统弹出“打开”对话框，单击“查找范围”后的按钮，如图 1-10 中②所示，选择文件所在的位置，如图 1-10 中③④ 所示，勾选右上方的“缩略图”选项可以预览要打开的文件，如图 1-10 中⑤所示。再单击“打开”按钮打开(O)，如图 1-10 中⑥所示，就可以打开选中的文件进行浏览或编辑了。

3. 文件格式

SolidWorks 提供了很多的文件格式兼容性能，在打开或保存文件时都可以在“文件类型”或“保存类型”列表中进行选择，选择打开或保存的文件类型。如图 1-11 中①所示列出了 SolidWorks 打开文件所支持的文件格式，保存文件所支持的格式如图 1-11 中②所示。

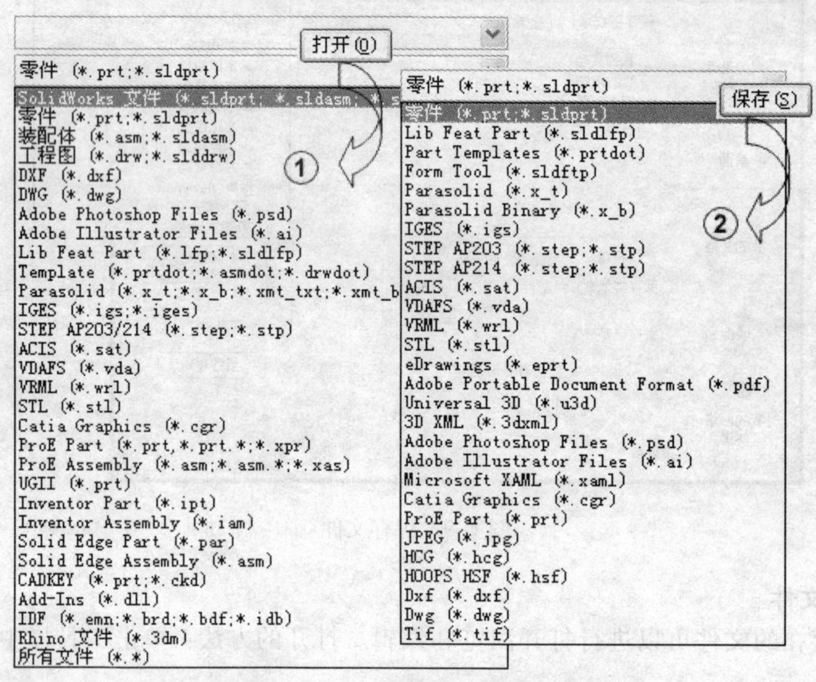

图 1-11　SolidWorks 支持的文件格式

1.1.3　关闭文件和退出 SolidWorks

1. 关闭文件

关闭文件的方法是单击窗口右中上角的“关闭”按钮，如图 1-12 中①所示。或者单击组合键〈Ctrl + W〉。

2. 退出 SolidWorks

退出 SolidWorks 的方法是单击窗口右上角的“关闭”按钮，如图 1-12 中②所示。或者单击窗口左上角的按钮 SolidWorks，如图 1-12 中③所示。在屏幕最上方显示出的菜单栏 文件(F) 编辑(E) 视图(V) 插入(I) 工具(T) 窗口(W) 帮助(H) 中单击“文件（F）”，如图 1-12 中④所示。在弹出的下拉菜单中选择“退出(X)”，如图 1-12 中⑤所示。

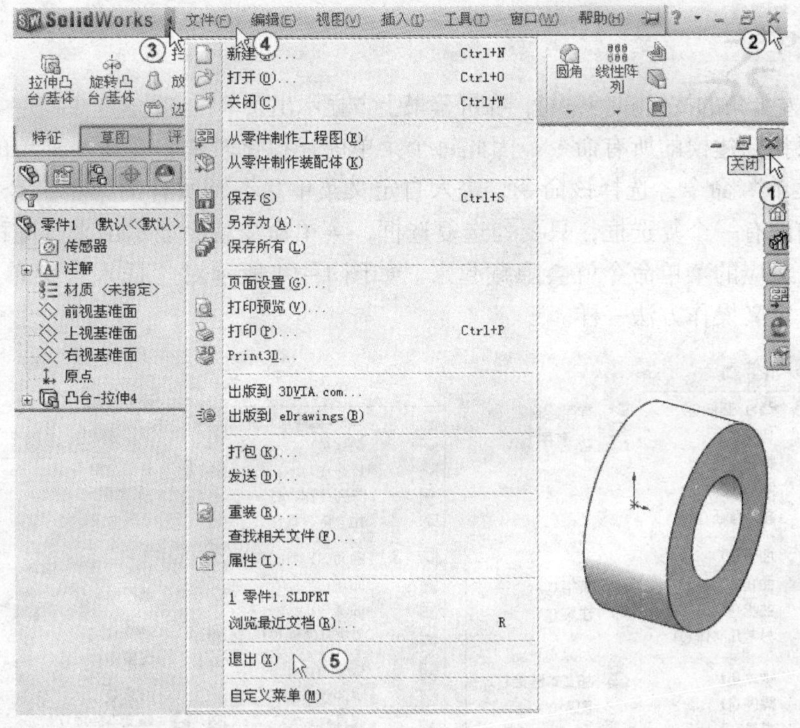

图 1-12　关闭文件和退出 SolidWorks

1.2　SolidWorks 用户界面

如图 1-13 所示是选择了新建“零件”文件后，SolidWorks 的初始工作环境界面。其中包括了菜单栏、面板、状态栏等。在图形区中已经预设了三个基准面和位于三个基准面交点的原点，这是建立零件的基本参考。

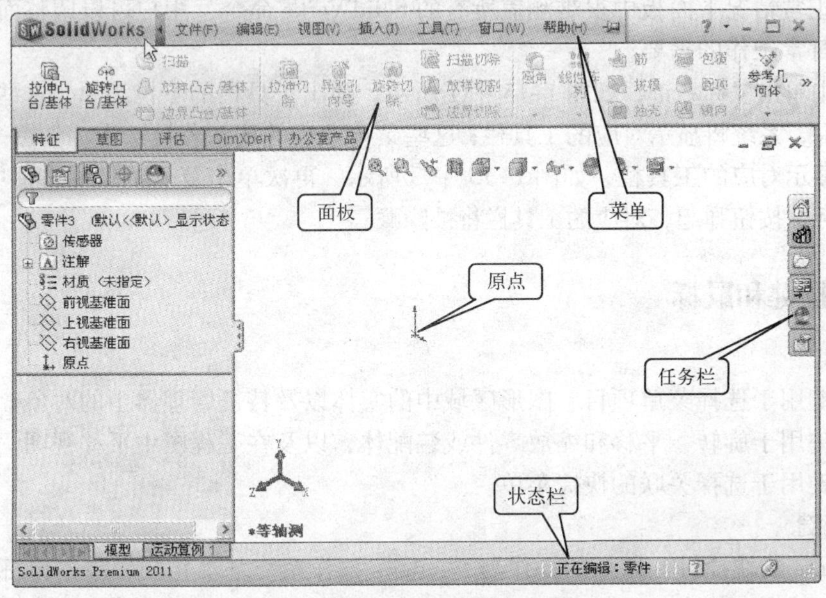

图 1-13　SolidWorks 零件基本界面

1.2.1 菜单栏

单击窗口左上角的按钮，在屏幕最上方显示出菜单栏。通过菜单可以找到建模的所有命令，因此每个菜单就显得比较长，在每个菜单的尾部都有一个“自定义菜单”命令，选择该命令，进入自定义菜单状态，所有的菜单命令都显示出来，在菜单命令前面有一个复选框，只要勾选复选框，菜单命令就会显示出来，同样只要取消复选框中的勾，对应的菜单命令就会隐藏起来。如图 1-14 所示对“插入”菜单进行自定义。其他菜单的自定义操作方法一样。

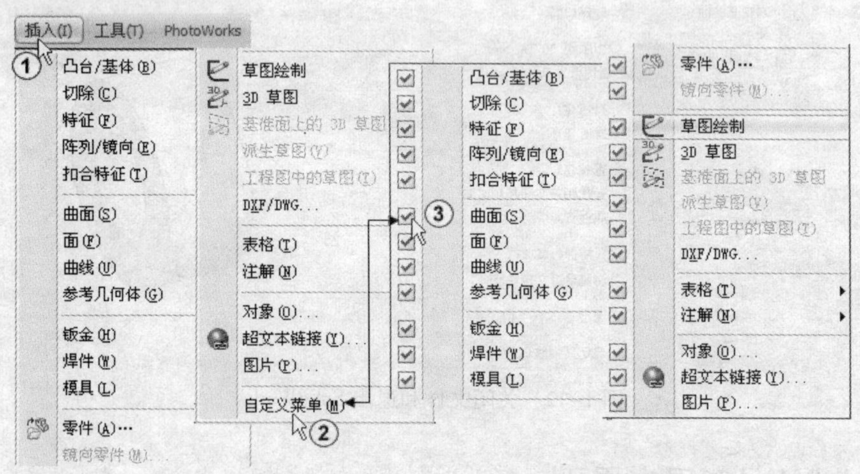

图 1-14　对“插入”菜单进行自定义

1.2.2 命令面板

通过单击面板中的图标来调用命令是一种快捷方便的操作方法。但由于 SolidWorks 的命令很多，在正常情况下面板中很难涵盖所有的 SolidWorks 命令，用户可以调整面板中的命令图标以适应日常工作的需要。

在面板中单击鼠标右键，如图 1-15 中①所示。弹出工具栏的下拉菜单，这些菜单左边的复选框若有勾，系统将显示对应的工具栏；这些菜单左边的按钮若被选中，如图 1-15 中②所示，系统将显示对应的工具栏，如图 1-15 中③所示。再次单击复选框，复选框中的勾消失；再次单击图标，按钮弹起，对应的工具栏将被隐藏。

1.2.3 快捷键和鼠标

1. 鼠标

鼠标左键用于选择菜单项目、图形区域中的实体以及特征管理器中的对象。

鼠标中键用于旋转、平移和缩放零件或装配体，以及在工程图中平移视图。

鼠标右键用于选择关联的快捷菜单。

2. 快捷键

SolidWorks 的快捷键和鼠标的操作与 Windows 操作系统基本相同，单击鼠标左键选择实体或取消选择实体，选择〈Ctrl + 鼠标左键单击〉组合方式可以选择多个实体或取消已经选

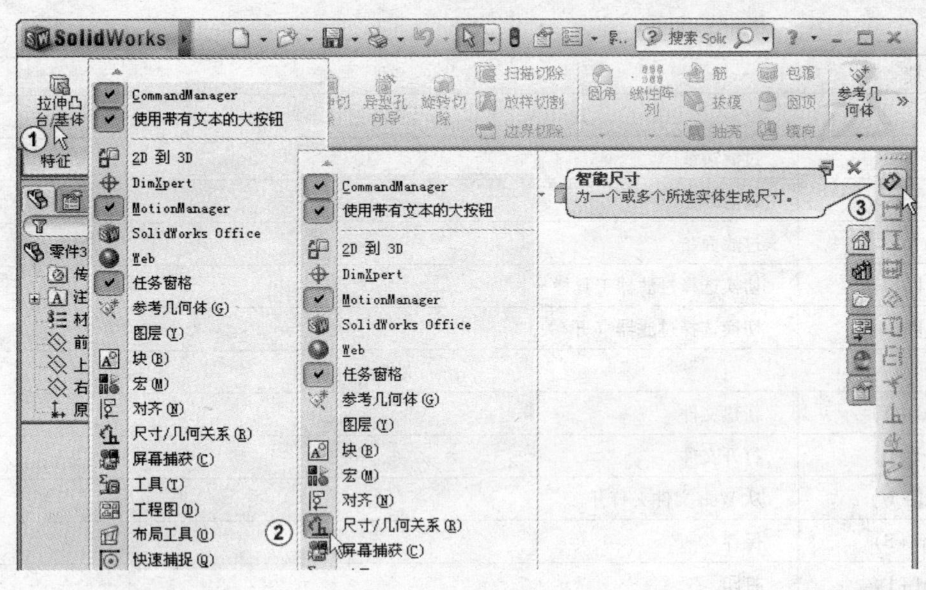

图 1-15　自定义工具栏

择的实体，〈Ctrl + 拖动鼠标光标〉组合方式可以复制所选的实体，选择〈Shift + 拖动鼠标光标〉组合方式可以移动所选的实体。

常用的默认快捷键如表 1-2 所示。

表 1-2　常用的默认快捷键

快 捷 键	功　能
	平 移 模 型
〈Ctrl + 方向键〉	平移模型（或者〈Ctrl + 鼠标中键的移动〉）
	旋 转 模 型
方向键	水平或竖直（或者按住鼠标中键移动）
〈Shift + 方向键〉	水平或竖直旋转 90°
〈Alt + 左或右方向键〉	顺时针或逆时针
	显 示 模 型
〈Shift + Z〉	放大（或者鼠标中键向手心的方向滚动）
Z	缩小（或者鼠标中键向远离手指的方向滚动）
F	整屏显示全图
〈Ctrl + Shift + Z〉	上一视图
	视 图 定 向
空格键	视图定向菜单
〈Ctrl + 1〉	前视
〈Ctrl + 2〉	后视
〈Ctrl + 3〉	左视
〈Ctrl + 4〉	右视
〈Ctrl + 5〉	上视
〈Ctrl + 6〉	下视
〈Ctrl + 7〉	等轴测

（续）

快 捷 键	功 能
	选择过滤器
E	过滤边线
V	过滤顶点
X	过滤面
〈F5〉	切换选择过滤器工具栏
〈F6〉	切换选择过滤器（开/关）
	文件菜单项目
〈Ctrl + N〉	新建文件
〈Ctrl + O〉	打开文件
〈Ctrl + W〉	从 Web 文件夹打开
〈Ctrl + S〉	保存
〈Ctrl + P〉	打印
	额外快捷键
〈F1〉	在 PropertyManager 或对话框中访问在线帮助
〈F2〉	在 FeatureManager 设计树中重新命名一项目（对大部分项目适用）
〈Ctrl + B〉	重建模型
〈Ctrl + Q〉	强行重建模型及重建其所有特征
〈Ctrl + R〉	重绘屏幕
〈Ctrl + Tab〉	在打开的 SolidWorks 文件之间循环
A	直线到圆弧/圆弧到直线（草图绘制模式）
〈Ctrl + Z〉	撤销
〈Ctrl + X〉	剪切
〈Ctrl + C〉	复制
〈Ctrl + V〉	粘贴
〈Delete〉	删除
〈Ctrl + F6〉	下一窗口
〈Ctrl + F4〉	关闭窗口

1.2.4 多窗口显示和任务窗格

1. 多个窗口显示模型

SolidWorks 的画面可像窗口软件一样分割成多个不同的画面显示，实现多窗口显示模型的方法：

打开刚生成的圆筒零件。单击窗口左上角的按钮 SolidWorks ，单击菜单栏中的“窗口”，如图 1-16 中①②所示。在弹出的菜单中选择“视口（P）”，系统弹出下拉菜单，在下拉菜单中选择“四视图（F）”，如图 1-16 中③④所示。分割后的各绘图窗口的视角方向及模型显示方式都互相独立，互不影响。可以分别设置各种不同的显示方式及观察方向。在某一窗口绘制的图形，将同时出现在各个窗口中。

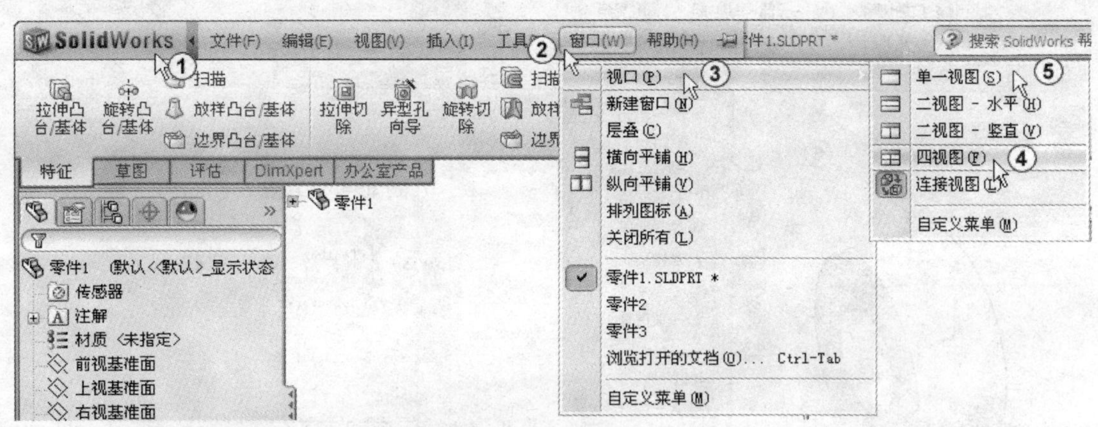

图 1-16　四视图菜单

系统将以选中的显示方式显示出模型视图，如图 1-17 所示。再次单击菜单栏中的“窗口”→“视口（P）”→“单一视图（S）”，系统回到刚打开圆筒零件时的状态。

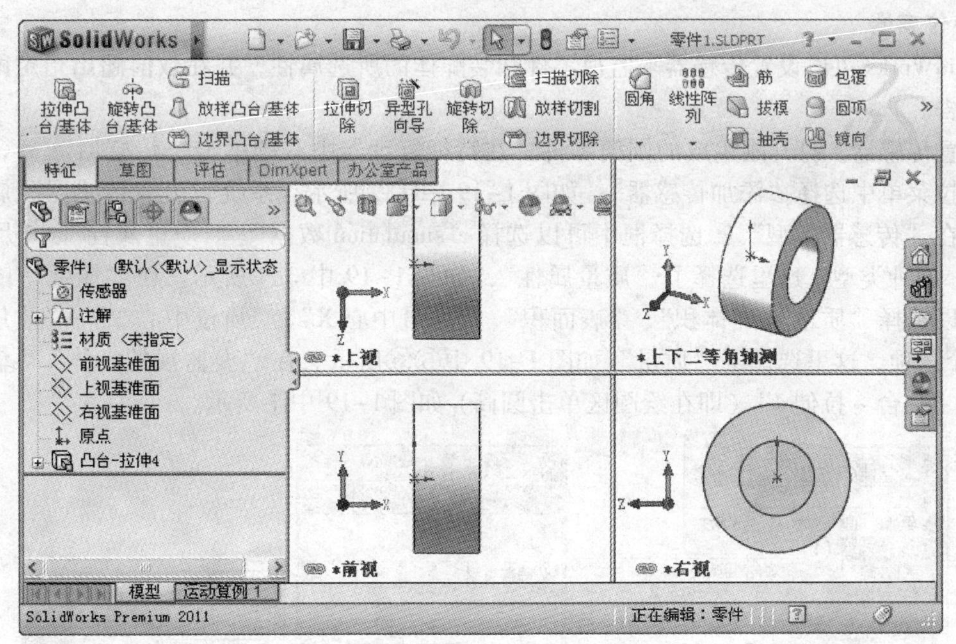

图 1-17　四视图窗口显示模型

2. 任务窗格

打开或新建 SolidWorks 2011 文件时，默认状态会出现任务窗格，它位于屏幕的右边。其中有六个图标，它们是“SolidWorks 资源”、“设计库”、“文件探索器”、“查看调色板”、“外观”和“自定义属性”。分别单击任务窗格中不同的图标，如图 1-18 中①③所示，对应地展开不同的内容，如图 1-18 中②④所示。在绘图区中任意位置单击鼠标左键，如图 1-18 中⑤所示，会折叠任务窗格显示的内容。

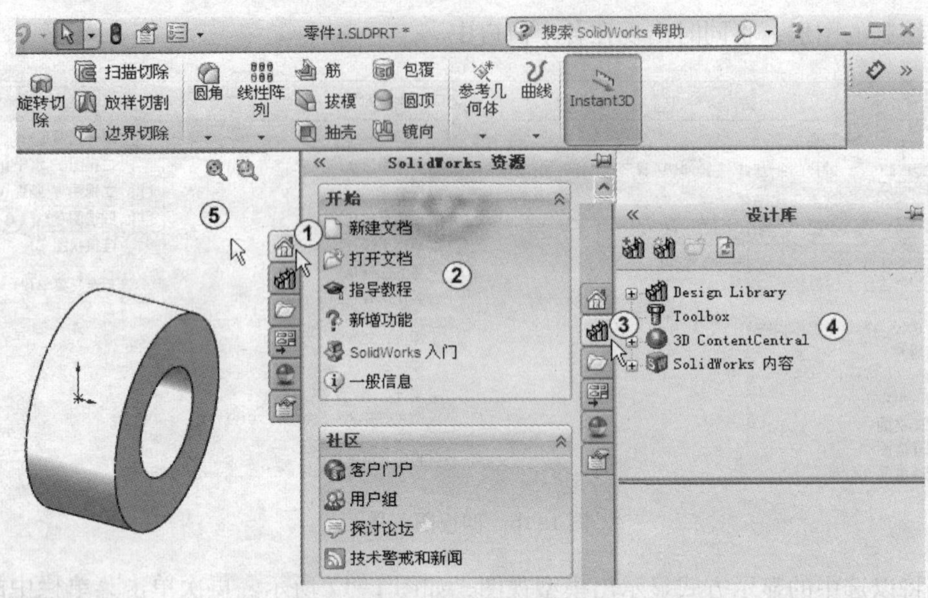

图 1-18　任务窗格的六个图标

3. 传感器

SolidWorks 可以设置传感器来监视零件和装配体的所选属性，并在数值超出指定阈值时发出警告。

设置传感器。打开刚生成的圆筒零件，在特征管理器中右键单击“传感器”，在弹出的下拉菜单中选择“添加传感器”，如图 1-19 中①②所示。系统弹出“传感器”属性管理器，在“传感器类型”选择框中可以选择“simulation 数据”、“质量属性”、“尺寸”、“测量”四种类型，这里选择了“质量属性”，如图 1-19 中③④所示。在“属性”选择框中可以选择“质量”、“体积”、“表面积”、“质量中心 X”、“质量中心 Y”、“质量中心 Z”六个选项，这里选择了“质量”如图 1-19 中⑤⑥所示。在“要监视的实体”输入框中输入“凸台-拉伸 4”（即在绘图区单击圆筒）如图 1-19 中⑦所示。

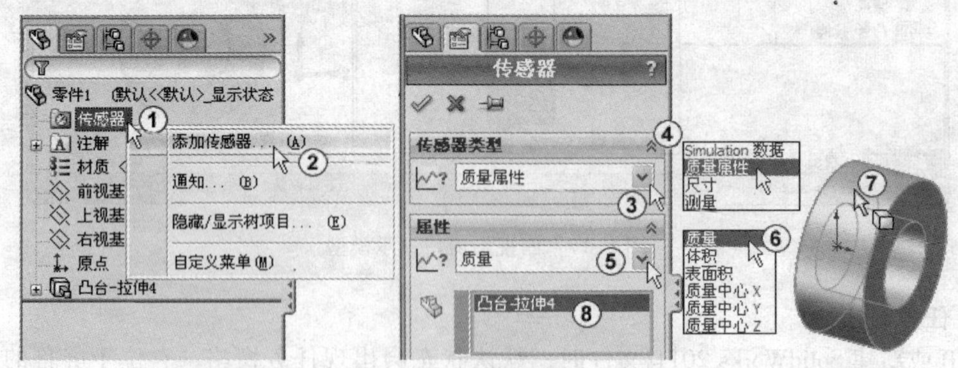

图 1-19　设置传感器

勾选“提醒”选项，如图 1-20 中①所示。在“通知我—如果值”选择框中可以选择“大于”、“小于”、“刚好是”、“不大于”、“不小于”、“不恰好”、“介于”、“没介于”八个选项，这里选择“小于”，如图 1-20 中②③所示。在值输入框中输入“0.1”，单击“确定”按钮✓完成传感器设置，如图1-20中④⑤所示。单击“重建模型”按钮后，传感器发出报警信号，可以看到质量0.0797832932kg < 0.1，模型的质量小于设定的值，如图1-20中⑥⑦所示。单击“关闭”按钮 关闭(C) 关闭“什么错”对话框，如图1-20中⑧所示。

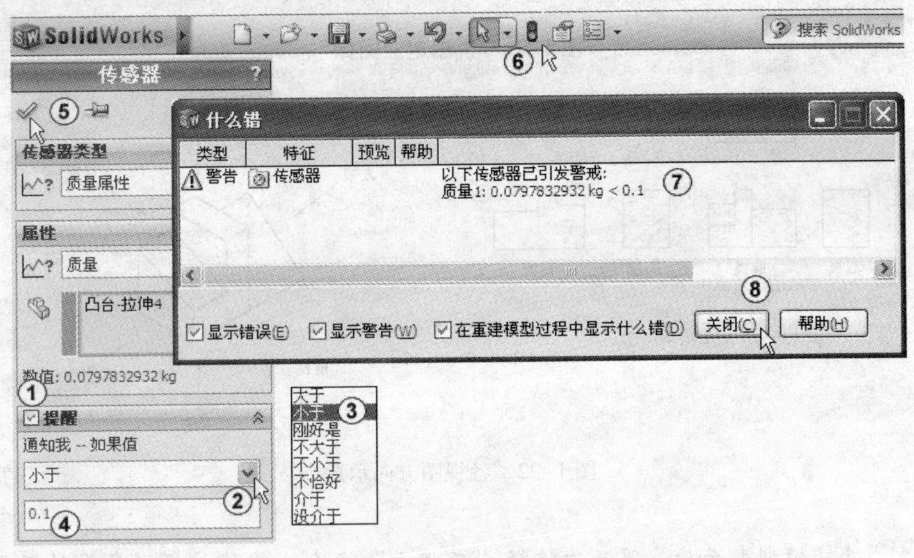

图1-20 传感器报警

1.3 模型显示

SolidWorks中选择合适的方式显示几何模型是展开工作的重要环节。因此掌握和控制模型的显示方式是重要的操作任务。这里介绍模型基本操作的两个方面：

1）视图的显示控制，调整模型的显示形态。

2）模型的外观（上色与纹理）设定。

1.3.1 视图显示类型

1. 视图显示类型

单击屏幕绘图区上方的“视图定向”按钮，弹出展开的各种视图定向图标，如图1-21所示。当鼠标移到图标上时皆会弹出说明文本，使用户一看就知道其含义，如“前视”、“后视”、“左视”、“右视”、“上视”、“下视”的含义如图1-22所示。其中还有前面提到过的“四视图”和“单一视图”。三维立体图用“等轴测”、“上下二等角轴测”、“左右二等角轴测”来显示。

2. 正视于

必须先选取一个要从该面的垂直方向观看的模型平面或基准面，“正视于”按钮才呈可选状态。在视图定向中有一个“正视于”按钮，当选择模型的一个平面后，单击这个“正视于”按钮，选中的模型平面就会调整为平行于屏幕而面向读者，读者可以从正面观察模型的平面。这是一个很好的观察模型的命令。

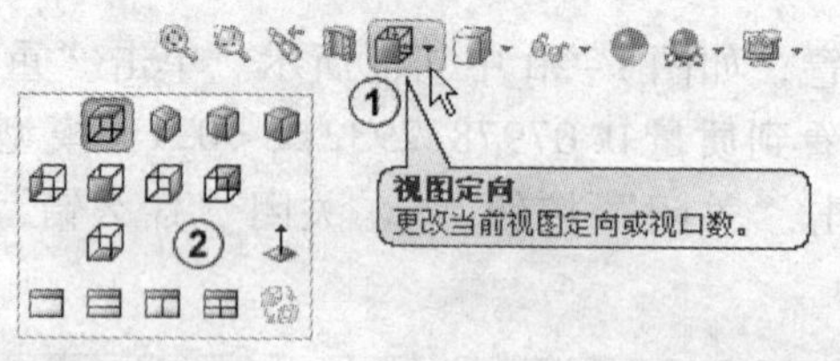

图 1-21　视图定向图标

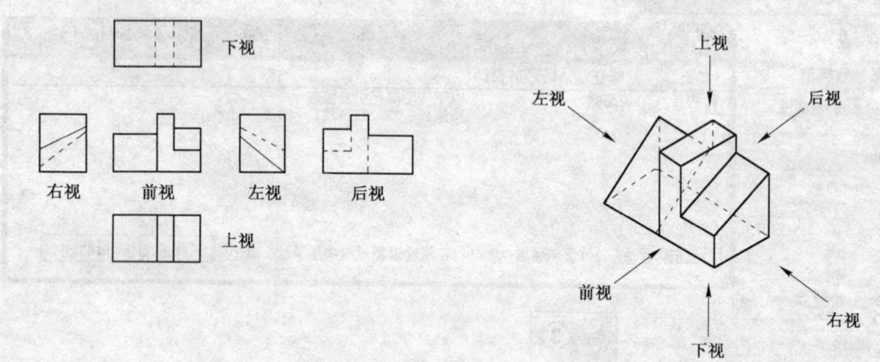

图 1-22　各视图方向示意

经验 选择模型表面后，第一次选择“正视于”命令，将使该模型表面的正面面向读者，再次选择“正视于”命令，将调整为模型表面的反面面向读者。

可以用“正视于”命令将模型定向显示，选择要定向模型的前面和上视面，选择时按住〈Ctrl〉键，然后单击“正视于”按钮，系统将调整模型，以先选择的面为前视的方向，后选择的面为上视方向显示出来。如图 1-23 所示。

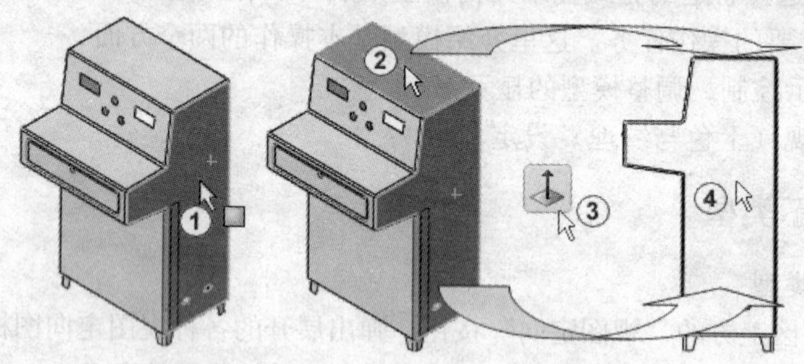

图 1-23　用“正视于”命令定向视图

3. 改变标准视图定向

用鼠标右键单击面板上的任意一个按钮，在弹出的下拉菜单中单击“标准视图”按钮，如图 1-24 中①②所示。系统弹出“标准视图”工具栏，单击“视图定向”按钮或空格键，可显示“方向”对话框，如图 1-24 中③④所示。通过“方向”对话框可以方便地选择、定制标准的视图。“标准视图”工具栏中的视图工具与“方向”对话框中的视图工具是一一对应的。

在建好模型后，常常发现视图的方向不是所需要的方向，如何改变这个标准视图方向，

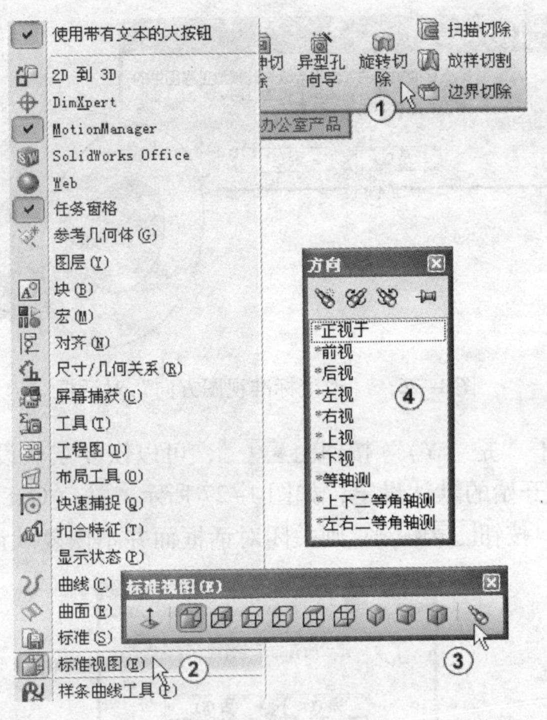

图 1-24　标准视图和视图定向

使其成为想要的视图方向呢？用“方向”对话框中的“更新标准视图”按钮可以达到这个目的。重新打开刚生成的圆筒零件，拟将模型的“右视”方向改为“前视”方向。操作步骤为：用鼠标单击选择圆筒的右端面，单击“正视于”按钮，如图 1-25 中①②所示，结果如图 1-25 中③所示。按空格键或单击“视图定向”按钮，在弹出的“方向”对话框中单击“前视”（不要双击），单击“更新标准视图”按钮，如图 1-25 中④⑤所示。

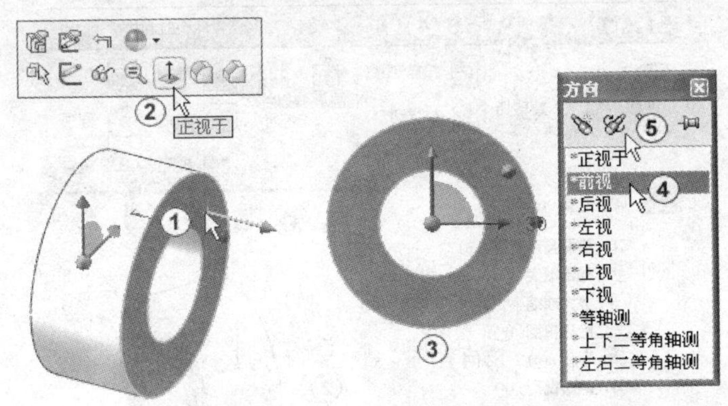

图 1-25　选择视图方向

弹出“SolidWorks”的对话框，单击“是（Y）”按钮，标准视图将对应于此视图并全部更新，按〈Ctrl+7〉组合键后可看到结果，如图 1-26 中①②所示。

按空格键，在弹出的“方向”对话框中单击“重设标准视图”按钮，弹出“Solid-

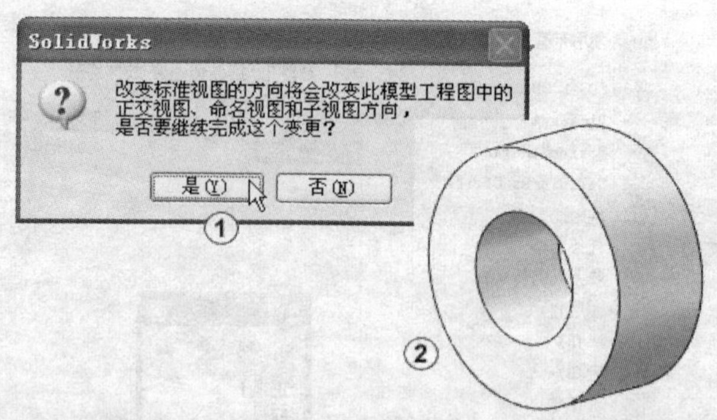

图 1-26　“改变标准视图方向”对话框

Works”的对话框，单击“是（Y）”按钮[是(Y)]，可以恢复默认设定，所有改变后的标准模型视图方向恢复为刚开始的默认设定，如图 1-27 所示。按〈Ctrl + 7〉组合键后可看到结果。若单击“否（N）”按钮[否(N)]，则关闭对话框而并不恢复默认设定。

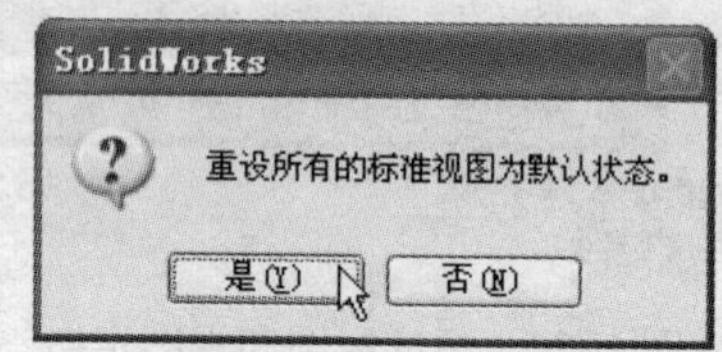

图 1-27　“重设标准视图方向”对话框

4. 视图调整

在建模过程中需要经常通过不同的角度或比例来观察模型，这就需要对视图进行不断的调整操作。在绘图区任意位置单击鼠标右键，在弹出的快捷菜单中选择“平移”，按住鼠标左键不放拖动鼠标，则模型随之平移，如图 1-28 中①②所示。单击“选择”按钮或“重建模型”按钮可退出平移状态，如图 1-28 中③④所示。

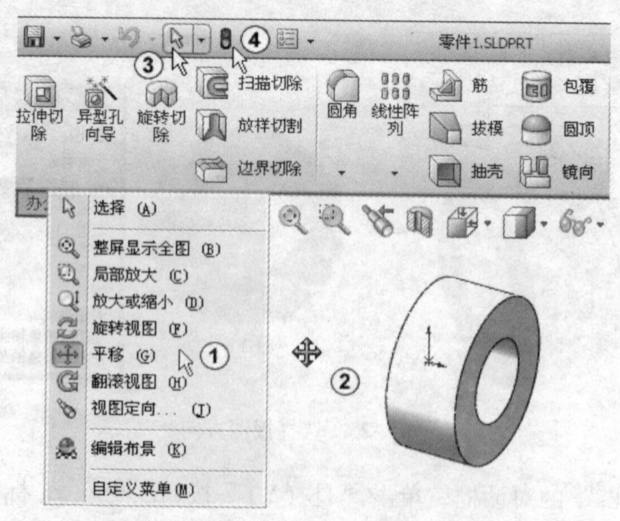

图 1-28　移动视图

常用的调整视图的工具有，分别是：上一视图、整屏显示全图、局部放大、放大或缩小、旋转模型和平移模型。其使用方法如图表 1-3 所示。

表 1-3　视图工具及功能

工具图标	名　称	功　能
	上一视图	显示上一视图
	整屏显示全图	在图形区中整屏显示模型全图
	局部放大	放大鼠标指针拖动选取的范围，如单击左下角一点（按住不放），然后拖到右上角一点后放开鼠标，则矩形框内的模型被放大到全屏
	放大或缩小	动态缩放，按住鼠标左键向上，视图连续放大，向下连续缩小
	旋转视图	选择“旋转视图”按钮后，按住鼠标左键不放拖动鼠标，则模型随之旋转
	平移	选择“旋转视图”按钮后，按住鼠标左键不放拖动鼠标，则模型随之平移

除了使用上述工具对视图进行操作外，还可以利用鼠标加键盘组成的快捷对视图进行操作。

5. 模型显示方式

单击屏幕绘图区上方的“显示样式”按钮，弹出展开的 5 种视图显示样式，如图 1-29 所示。

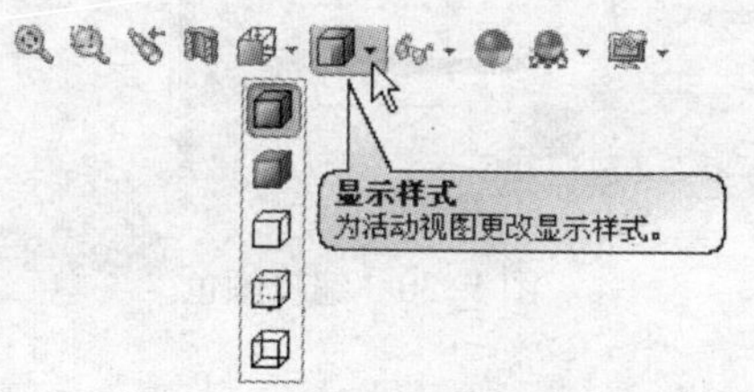

图 1-29　视图显示样式

模型的显示方式及效果如表 1-4 所示。

表 1-4　模型的显示方式

显 示 方 式	显 示 效 果	显 示 方 式	显 示 效 果
线架视图		隐藏线可见	
消除隐藏线		带边线上色	
上色视图		剖面视图	

1.3.2 模型编辑外观

1. 编辑颜色

在 SolidWorks 中可以单击“编辑外观”按钮对模型整体或模型表面进行颜色和纹理编辑。

重新打开刚生成的圆筒零件，单击屏幕绘图区上方的“编辑外观”按钮，如图 1–30 中①所示。系统弹出“颜色”属性管理器，选择“基本”选项，选择一种颜色，如图 1–30 中②③所示。然后单击“确定”按钮即可看到模型的颜色发生了变化。

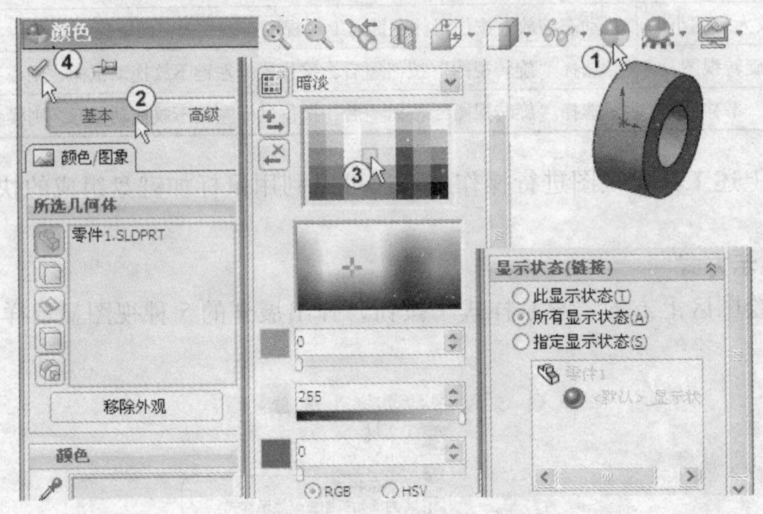

图 1–30 编辑颜色

2. 编辑图案

1）单击屏幕绘图区上方的“编辑外观”按钮，在弹出的“颜色”属性管理器中选择“高级”选项，此时系统默认选择中了“颜色/图像”选项卡，如图 1–31 中①②所示，还可以对“照明度”、“表面粗糙度”等进行编辑。在“外观”栏中单击“浏览”按钮 浏览(B)...，如图 1–31 中③所示。

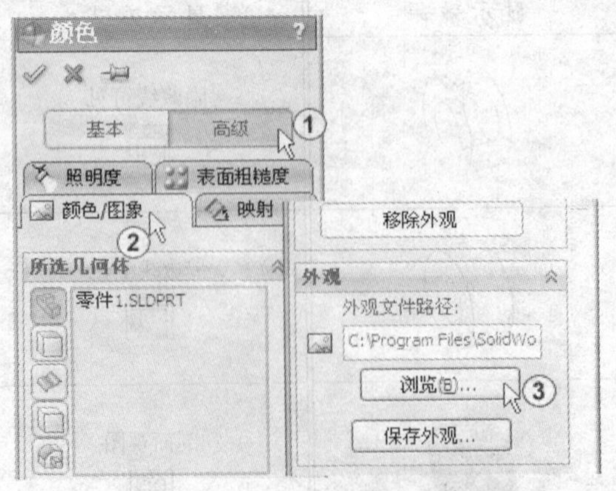

图 1–31 选择模型外观中的高级选项

2）系统弹出“打开”对话框，单击“查找范围”后的按钮，双击“data”，如图 1-32 中①②所示；双击“Images”，双击“textures”，如图 1-32 中③④所示；双击“pattern”，如图 1-32 中⑤所示；单击“文件类型”后的按钮，选择“JPEG 图像文件”，如图 1-32 中⑥⑦所示；选择“neon. jpg”文件，单击“打开”按钮 打开(O)，如图 1-32 中⑧⑨所示。

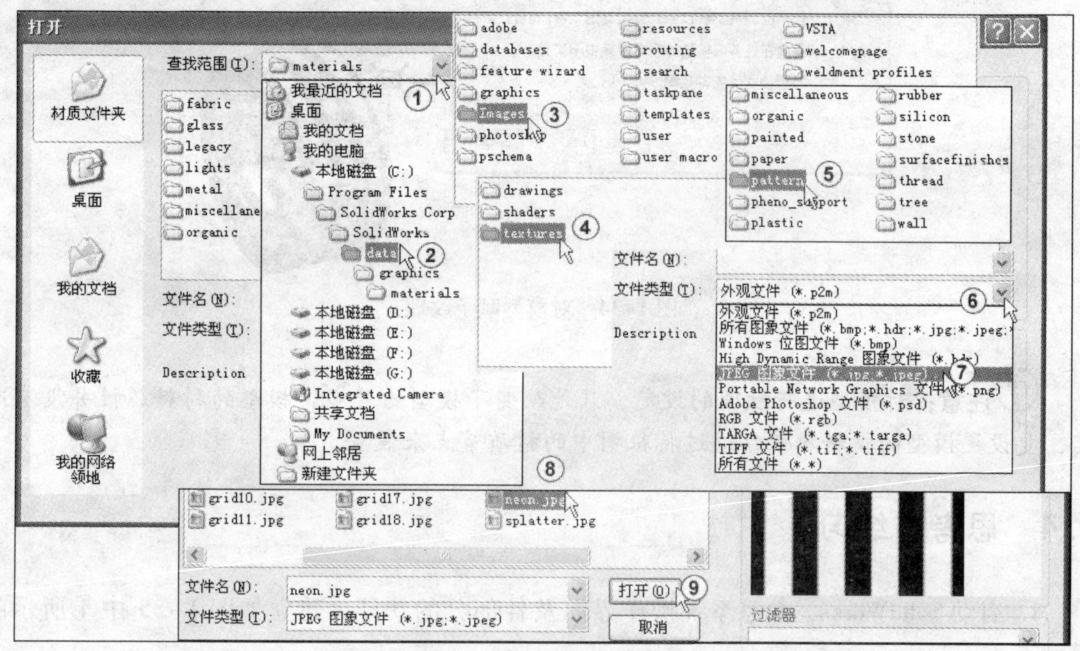

图 1-32 查找外观图像文件

3）这时在模型上显示出比例拖动框，将鼠标移到框的角上，鼠标光标变成十字形，向外拖动图案纹理变粗，向内拖动图案纹理变细，拖动鼠标将图案纹理调整到合适大小，然后单击“确定”按钮，系统弹出“另存为”对话框，单击“保存”按钮 保存(S)，如图 1-33 所示。

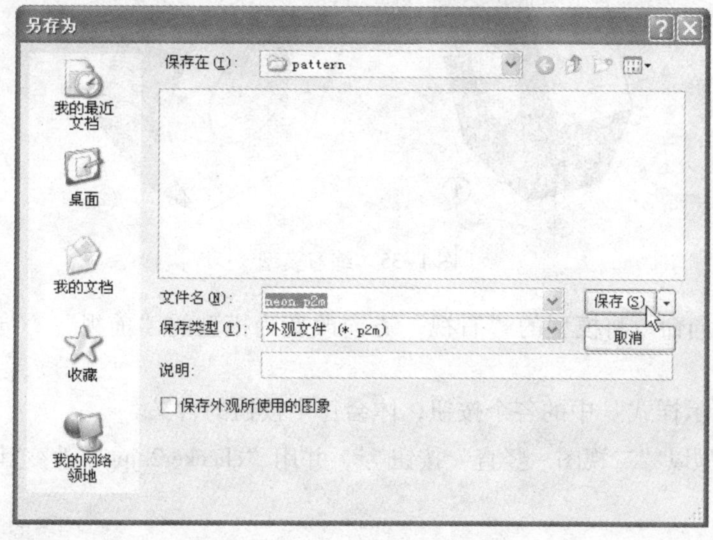

图 1-33 “另存为”对话框

接着系统又弹出如图 1-34 所示的对话框，单击“是（Y）”按钮［是(Y)］完成对模型赋予外观（纹理）的操作。

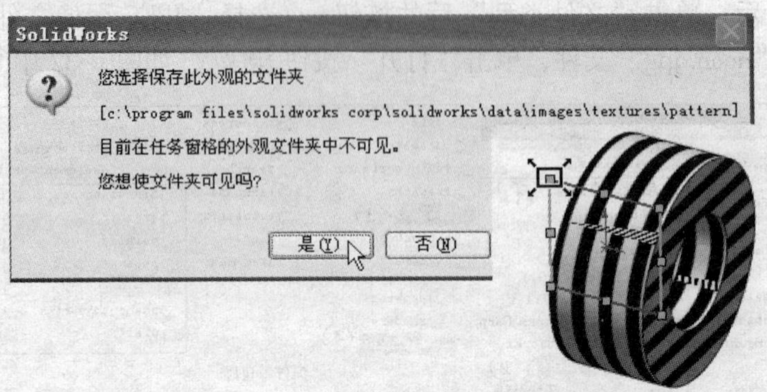

图 1-34　对模型赋予纹理

注意：对模型进行纹理的设定，只是改变了模型的外观，模型的材料属性并没有改变，要设置模型的材料属性需通过特征树中的材质节点来设置。

1.4　思考与练习

1. 启动 SolidWorks，熟悉系统操作界面及各部分的功能，建立如图 1-35 中①所示的模型。

提示：六多边形的绘制与圆的绘制类似，先在绘图区中单击圆心，确定六多边形的中心，然后向屏幕外移动鼠标到适当的位置单击即可给出六多边形。

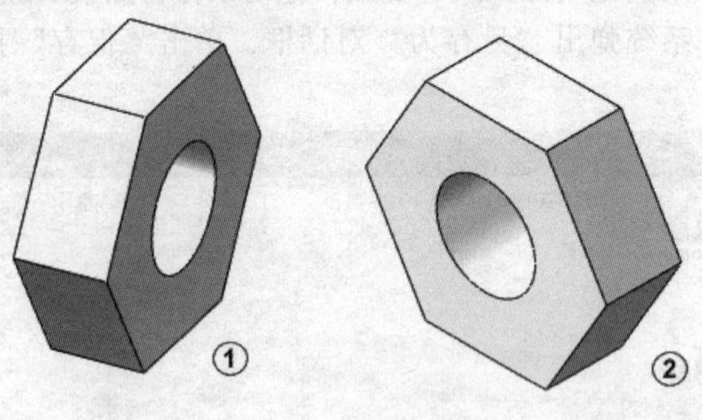

图 1-35　练习模型

2. 用视图定向命令将模型的“右视”方向改变为模型的“前视”方向，如图 1-35 中②所示。

3. 单击“显示样式”中的各个按钮，体会每个按钮的含义。

4. 将练习模型以“二视图 - 竖直”按钮［二视图 - 竖直图标］，并用“checker2. jpg”改变其外观，如图 1-36 所示。

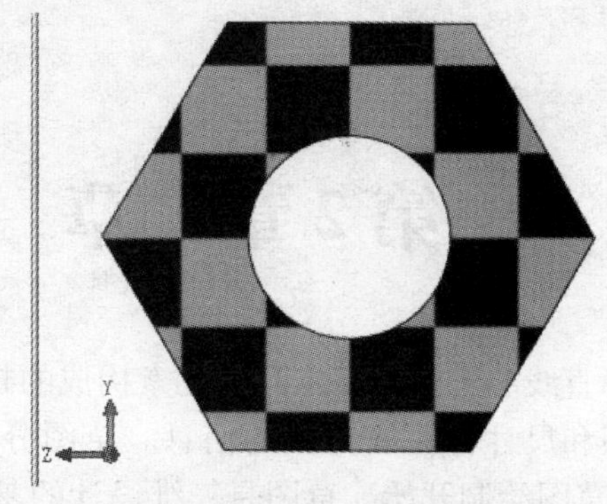

图 1–36　二视图 – 竖直

第2章　草　　图

草图是由点、直线、圆弧等基本几何元素构成的封闭的或不封闭的几何形状。草图中包括形状、几何关系和尺寸标注三方面的信息。草图分为 2D 和 3D 两种。大部分 SolidWorks 的特征都是由 2D 草图绘制开始。草图是三维设计的基础，用户必须十分熟练地掌握这部分内容。

2.1　绘制草图的基本知识

在介绍具体的草图绘制方法之前，先对草图绘制的基本概念进行必要的说明，对草图绘制中要用到的专门术语进行解释。这样有利于读者领会，加快掌握草图绘制知识。

2.1.1　草图的自由度、约束、参数化与变量

在机械类产品中，基本构架支撑运动部件，运动部件完成产品功能。运动和固定的主要知识基础是约束度和自由度。约束度与自由度是相对的概念。一个物体的约束度与自由度之和等于6。完全自由的空间物体有六个方向的自由度，即三个坐标方向的移动自由度和围绕三个坐标轴的旋转自由度。

草图绘制的对象是平面，如直线、矩形、圆弧等，可将这些对象称为草图实体。平面上的草图实体只有三个自由度，即沿着 X 和 Y 轴的移动，以及围绕垂直于平面的 Z 轴的旋转。移动将改变草图实体的位置，旋转将改变草图实体的角度。

传统的参数化造型中的草图必须是完全定义的，即草图实体的平面位置和角度都必须完全确定。变量化技术解决了完全定义草图的难题。当然变量化技术并不是帮助人们自动地为草图添加尺寸和几何约束，而是将没有明确定义的草图尺寸当做变量存储起来，暂时以当前的绘制尺寸赋值，这样不影响利用草图生成特征，以及其后的装配工作。

SolidWorks 软件支持变量化设计。利用变量化设计可以有效地提高几何建模的速度，方便易用。当然，熟悉传统的参数化草图设计的用户一样可以按照以往的习惯对草图施加完全约束。在 SolidWorks 草图环境中，草图通过不同的颜色显示其约束状态，如表 2-1 所示。

表 2-1　草图颜色表示约束状态

草图的颜色	含　义
黑色	草图实体完全定义
蓝色	草图实体欠约束
红色	过约束，存在重复或矛盾的约束

2.1.2　草图绘制过程

SolidWorks 中的草图绘制极为方便快捷，支持参数化，同时支持变量设计，从而可以通

过几何关系和尺寸改变草图形状。为了发挥变量化的灵活性，在 SolidWorks 中只需绘制出尺寸大致相当的图形，然后标注合适的尺寸，再添加几何约束就可以完成图形的精确设定。草图绘制的基本过程为：选择绘制草图的面→绘制图形→添加几何关系→标注尺寸→检查草图合法性→修复草图，如图 2-1 中①~⑥所示。如果模型简单或者是熟练的高手，常常会省去第⑤和第⑥步。

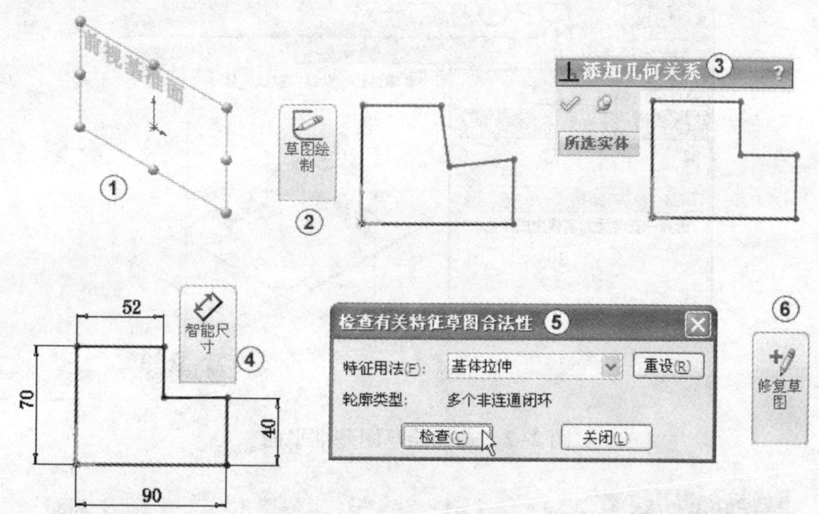

图 2-1　绘制草图的步骤

绘制一个矩形的过程如下。

（1）新建文件

启动 SolidWorks 后，单击屏幕最上方的“新建”按钮或者单击组合键〈Ctrl + N〉，在弹出的“新建 SolidWorks 文件”对话框中选择“零件”，单击“确定”按钮完成新文件创建的操作。

（2）指定草图绘制平面

SolidWorks 提供了一个初始的绘图参考体系，包括一个原点和三个坐标平面。对于新建的零件，可以利用三个基准平面中的任意一个作为草图绘制的参考平面。在建模过程中还有三种方法可以作为草图绘制基准平面：一是已有模型的平面；二是创建出的基准平面；三是拉伸出来的直线曲面。

单击“草图”，单击“草图绘制”按钮，如图 2-2 中①②所示。系统提示选择绘制草图基准平面，选择“前视基准平面”后即进入草图绘制界面，如图 2-2 中③④所示。

（3）绘制草图几何形状

SolidWorks 提供了非常实用的草图实体绘制工具和草图实体编辑工具，这些命令集中于“草图”工具栏中。绘制时可以用“草图”工具栏中的工具进行绘制，也可以单击菜单“工具”→“草图绘制实体”，再在子菜单中选择相应的草图工具。

初始环境中的坐标原点在草图绘制环境下显示为蓝色，可作为草图绘制的原点。

单击“边角矩形”按钮，如图 2-3 中①所示。SolidWorks 为草图绘制过程提供了许多智能化、直观的反馈信息。当鼠标在绘图区中移动时，鼠标指针变成形状，单击原点来确定矩形的第一个角点；随着鼠标的拖动，在鼠标指针旁边显示出矩形的尺寸，单击确定矩形的另一点，如图 2-3 中②③所示。单击“关闭对话框”按钮。

单击屏幕上方的“保存”按钮或者单击组合键〈Ctrl + S〉，保存文件。

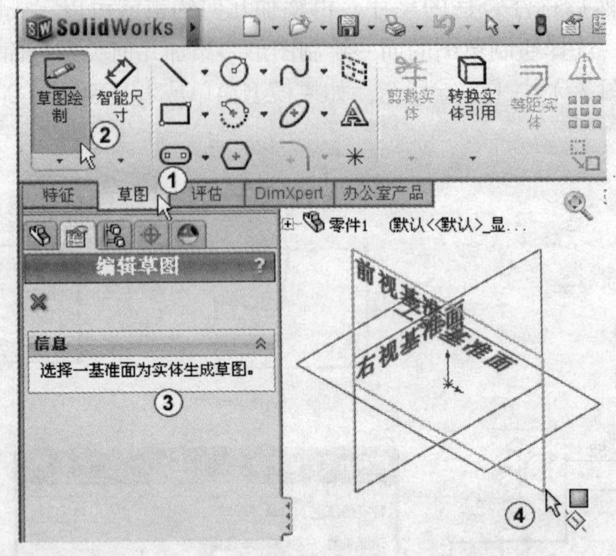

图 2-2　选择绘草图基准平面

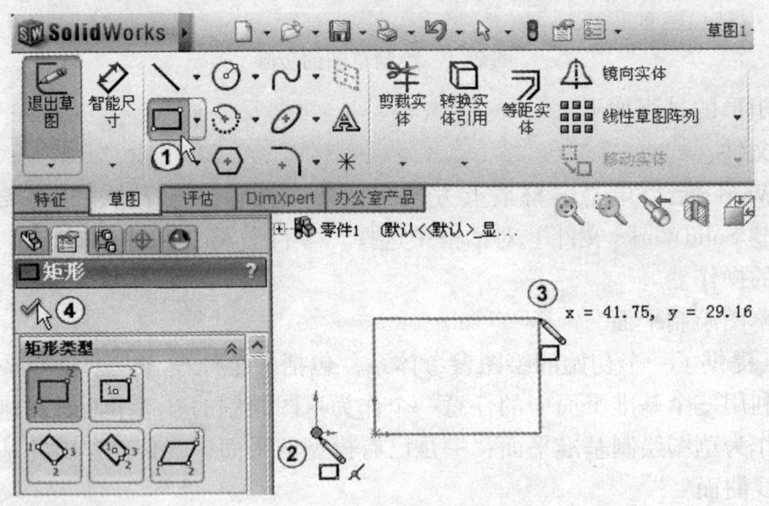

图 2-3　绘制矩形

(4) 结束草图绘制

草图绘制完毕后，结束草图绘制的方式如下。

1) 单击“退出草图绘制”按扭，如图 2-4 中①所示。

2) 单击“选择”按钮或“重建模型”按钮，如图 2-4 中②③所示。

3) 在绘图区任意位置单击鼠标右键，从弹出的快捷菜单中选择“退出草图”或“选择”按钮，如图 2-4 中④⑤所示。

4) 单击绘图区域右上角的“草图确认区”，如图 2-4 中⑥所示。

5) 可按〈ESC〉键。

6) 单击菜单“插入”→“退出草图”。

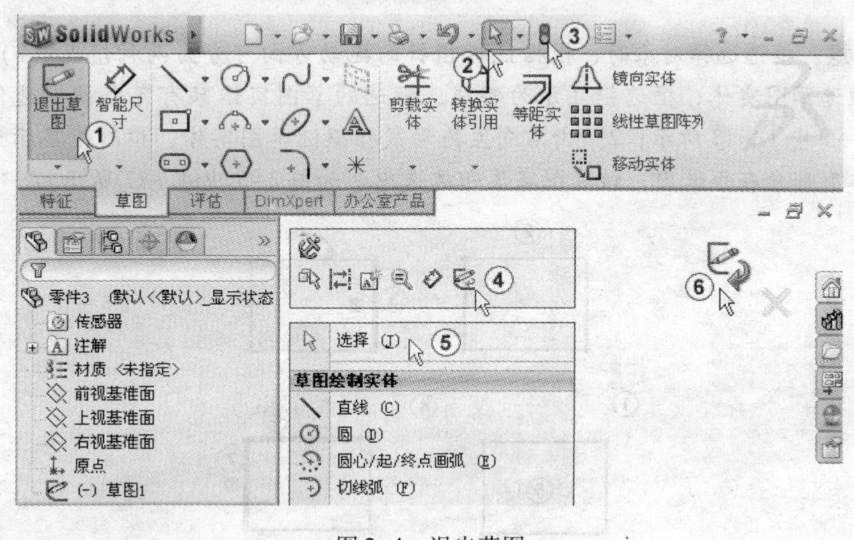

图 2-4 退出草图

2.1.3 草图对象的选择和删除草图实体

1. 草图对象的选择

选择是 SolidWorks 默认的工作状态，草图环境也不例外。进入草图绘制环境后，“选择”按钮处于激活状态（被呈按下状态），鼠标指针形状为，只有在选择其他命令后，选择按钮才暂时关闭。

（1）选择预览

当鼠标指针接近被选择的对象时，该选择对象改变颜色，说明鼠标已拾取到对象，这种功能称为选择预览。此时单击鼠标左键就可以选中对象，选中对象后对象会变为另一种颜色，说明此对象已被选中。当选择不同类型的对象时，鼠标指针就会显示出不同的形状。表 2-2 列举了草图实体对象类型与鼠标指针的对应关系。

表 2-2 草图实体对象类型与鼠标指针的对应关系

选择对象类型	鼠 标 指 针	选择对象类型	鼠 标 指 针
直线		抛物线	
端点		样条曲线	
面		圆和圆弧	
椭圆		点和原点	
基准面		草图文字	

（2）选择多个操作对象

很多操作需要同时选择多个对象，可以采用两种选择方法。

1）按住〈Ctrl〉键不放，依次选择多个草图实体。

2）按住鼠标左键不放，拖曳出一个矩形，矩形所包围的草图实体都将被选中。

第一种方法的可控性较强，而第二种方法更为快捷。若要取消已经选择的对象，使其恢复到未选择状态，同样可以在按住〈Ctrl〉的同时再次选择要取消的对象即可。

注意：框选选择对象时，根据鼠标指针的拖动方向可分为两种情况：1）由左向右拖动鼠标框选草图实体，框选框显示为实线，框选的草图实体只有完全被框选住才能被选中，如图 2-5 中①～③所示；2）由右向左拖动鼠标框选草图实体，框选框显示为虚线，只要草图实体有部分在框选内，该草图实体即被选中。如图 2-5 中④～⑦所示。

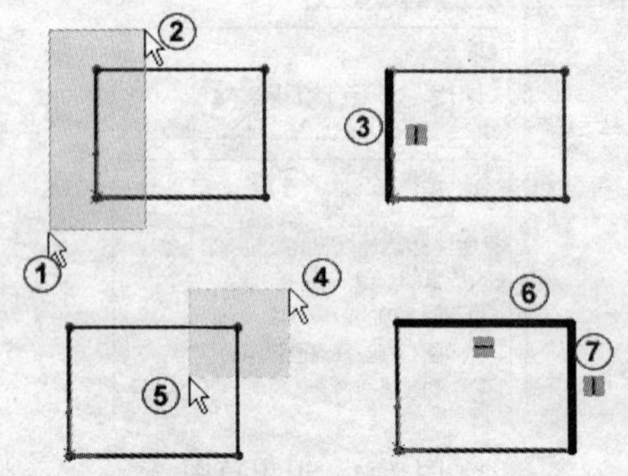

图 2-5　不同框选方向的不同结果

2. 删除草图实体的三种方法

1）选取草图实体，单击鼠标右键，从弹出的快捷菜单中选择“删除”命令，如图 2-6 中①②所示。结果如图 2-6 中③所示。

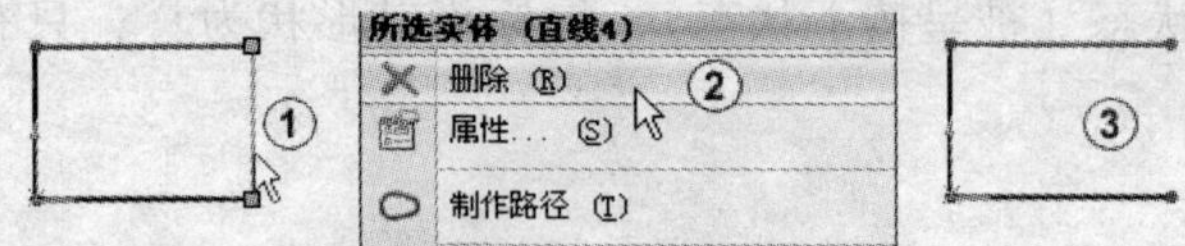

图 2-6　从快捷菜单中删除草图实体

2）选取实体，按〈Delete〉键，可直接删除。

3）单击面板中的“剪裁实体”按钮，从弹出的“剪裁”属性管理器中选择最后一项“剪裁到最近端”，如图 2-7 中①②所示。选中要删除的实体，如图 2-7 中③所示。结果如图 2-7 中④所示。单击“关闭对话框”按钮。

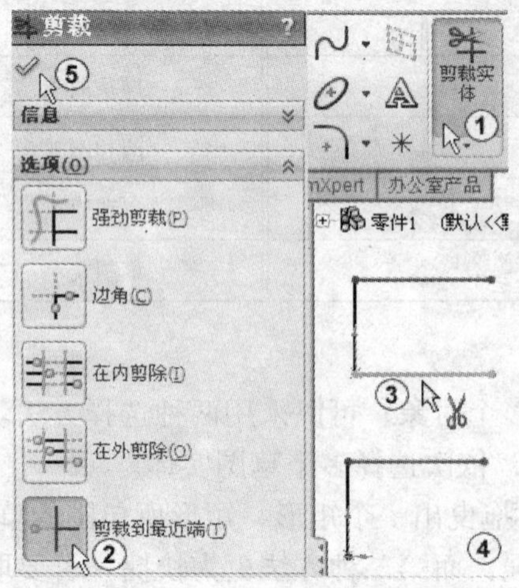

图 2-7　删除草图实体

2.2 草图绘制工具

2.2.1 直线和直线转换到圆弧

绘制一个由直线组成的草图的过程如下。

(1) 新建文件

启动 SolidWorks 后，单击屏幕最上方的“新建”按钮或者单击组合键〈Ctrl + N〉，在弹出的“新建 SolidWorks 文件”对话框中选择“零件”，单击“确定”按钮完成新文件创建的操作。

(2) 指定草图绘制平面

单击“草图”面板，单击“草图绘制”按钮，选择“前视基准平面”后即进入草图绘制界面。

(3) 绘制草图几何形状

单击“直线”按钮，如图 2-8 中①所示。屏幕左方弹出“插入线条”属性管理器，鼠标指针变为，在绘图区移动鼠标到原点后单击鼠标确定起点（注意，一定要出现锁点图标后再单击鼠标，才能保证选到原点），松开鼠标后水平移动鼠标到另一位置后单击鼠标左键（注意，一定要出现锁点图标━后再单击鼠标，才能保证绘出的是水平线），松开鼠标后向上移动鼠标到另一位置后再次单击鼠标左键（注意，一定要出现锁点图标 I 后再单击鼠标，才能保证绘出的是竖直线），如图 2-8 中②③④所示。松开鼠标后向左下方移动鼠标到另一位置后单击鼠标左键，松开鼠标后向左上方移动鼠标到另一位置后再次单击鼠标左键，如图 2-8 中⑤⑥所示。向左移动鼠标画出一条水平线，向下移动鼠标画出一条竖直线，

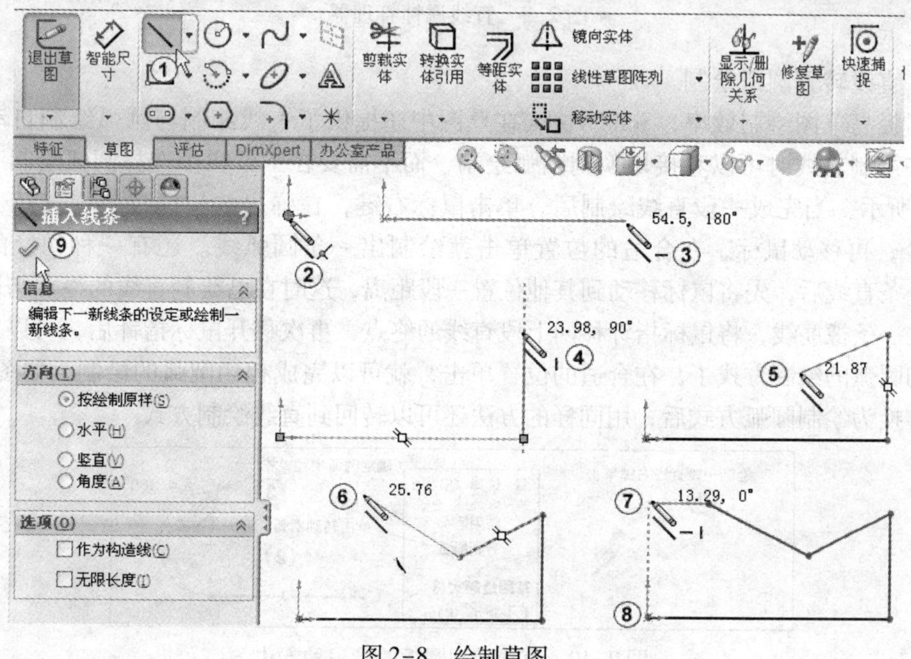

图 2-8 绘制草图

如图 2-8 中⑦⑧所示。按〈Esc〉键结束绘制直线，单击“确定”按钮✔，如图 2-8 中⑨所示，关闭“插入线条”属性管理器。

（4）保存文件

单击屏幕上方的“保存”按钮💾或者单击组合键〈Ctrl + S〉，保存文件。

（5）线条属性

选择刚绘制的最下方的水平直线，如图 2-9 中①所示。在系统弹出的“线条属性”属性管理器中显示各种控制直线的选项，如呈现直线的各种几何约束状态，如图 2-9 中②所示。以及直线的角度和长度参数值，以及直线的额外参数。还可以将直线设为水平、竖直、固定等几何约束关系，也可以将直线转换为构造几何线，或者将直线设为无限长度的线条，如图 2-9 中③④所示。

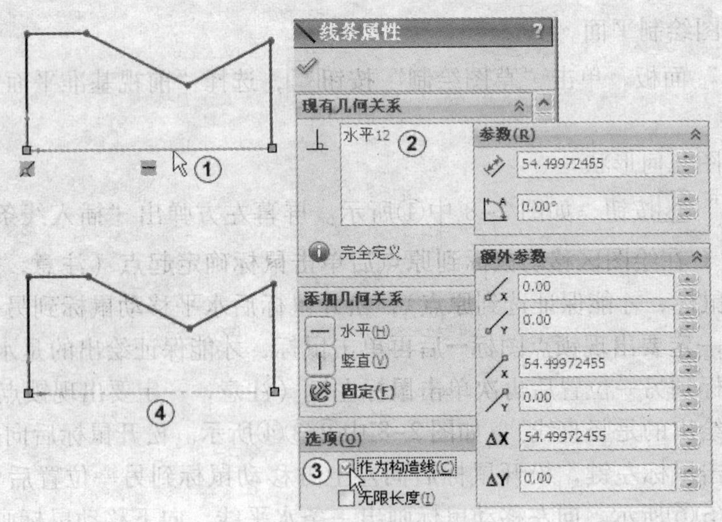

图 2-9　直线属性管理器

（6）直线转到圆弧绘制

为了提高草图绘制效率，SolidWorks 在草图中还提供了直线绘制与圆弧绘制自动转换的技术。在绘制直线时可以直接切换到圆弧绘制，而不需要在工具栏中选择圆弧绘制工具。如图 2-10 所示，当完成一段直线绘制后，单击鼠标右键，在弹出的快捷菜单中选择“转到圆弧”命令，再移动鼠标，在合适的位置单击就绘制出一条圆弧线。还有一种切换的方法是在绘制一条直线后，先将鼠标移动到其他位置一段距离，这时在已绘制直线的终点与鼠标指针之间存在一条橡筋线，将鼠标指针移回上段直线的终点，再次移开鼠标指针后，可以发现已经处于相切圆弧的绘制方式了，在合适的位置单击，就可以完成相切圆弧的绘制，如图 2-11 所示。在转换为绘制圆弧方式后，用同样的方法还可以转回到直线绘制方式。

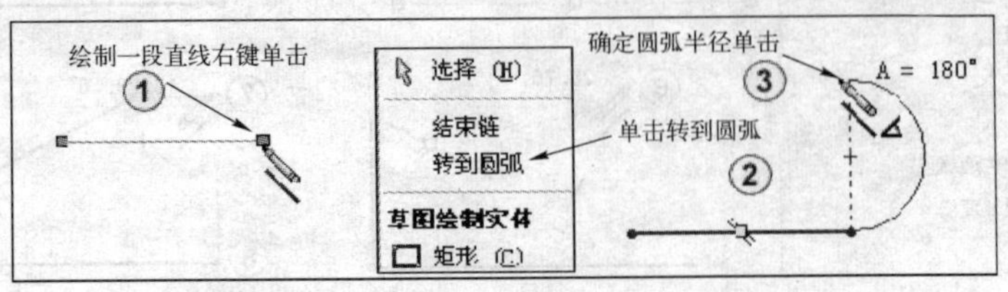

图 2-10　直线转到圆弧的第一种方法

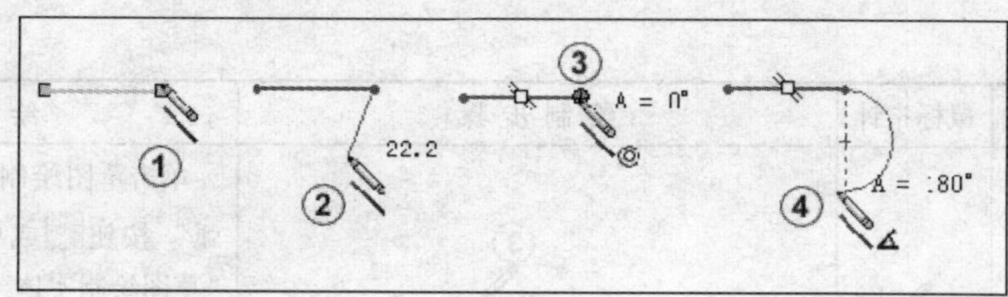

图 2-11　直线转到圆弧的第二种方法

2.2.2　常用草图绘制工具

常用草图工具的使用方法如表 2-3 所示。

表 2-3　常用草图工具的使用方法

草图工具	几何图形	鼠标指针	绘制步骤	绘制方法
	点		单击	单击草图绘制工具栏上的“点”按钮或单击菜单“工具”→“草图绘制实体”→“点”，在图形区域单击以放置点
	直线			单击草图绘制工具栏上的“直线”按钮或单击菜单“工具”→“草图绘制实体”→“直线”，在图形区域单击鼠标，确定方向和长度
	中心线			用法同直线一样。中心线不能用于建立特征，可用于定位、制作对称的草图实体、镜像草图和旋转轴等辅助线
	圆			单击草图绘制工具栏中的“圆”按钮或单击菜单“工具”→“草图绘制实体”→“圆”，在图形区域单击确定圆心，拖动或移动指针来设定半径
	圆心/起/终点画弧			单击草图绘制工具栏上的“圆心/起/终点画弧”按钮或单击菜单“工具”→“草图绘制实体”→“圆心/起/终点画弧”。在图形区域单击确定圆弧圆心，移动鼠标到圆弧开始点的位置单击，拖动鼠标至圆弧的终点单击
	切线弧			单击草图绘制工具栏上的“切线弧”按钮或单击菜单“工具”→“草图绘制实体”→“切线弧”。在直线、圆弧、椭圆或样条曲线的端点处单击鼠标，拖动鼠标到圆弧的终点单击

（续）

草图工具	几何图形	鼠标指针	绘 制 步 骤	绘 制 方 法
	三点圆弧			单击草图绘制工具栏上的“三点圆弧”按钮或单击菜单“工具”→“草图绘制实体”→“三点圆弧”。单击圆弧的起点位置，再单击圆弧的结束位置，拖动鼠标确定圆弧的半径单击
	矩形			单击草图绘制工具栏上的”边角矩形”按钮或单击菜单“工具”→“草图绘制实体”→”边角矩形”。单击鼠标确定矩形的第一个角点，拖动鼠标单击确定矩形的另一点
	平行四边形			单击草图绘制工具栏上的“平行四边形”按钮或单击菜单“工具”→“草图绘制实体”→“平行四边形”。单击确定平行四边形的第一个角，拖动鼠标确定四边形一边的方向，单击鼠标确定边长，拖动鼠标沿第一条边垂直方向拖动，确定另一边，单击鼠标确定边长
	多边形			单击草图绘制工具栏上的“多边形”按钮或单击菜单“工具”→“草图绘制实体”→“多边形”。在特征管理区中为边数指定数值，单击图形区域以定位多边形中心，然后拖动鼠标确定多边形内切圆或外切圆半径
	部分椭圆			单击草图绘制工具栏上的“部分椭圆”按钮或单击菜单“工具”→“草图绘制实体”→“部分椭圆”。单击图形区域以放置椭圆的中心，拖动一段距离并单击来定义椭圆的一个轴，再拖动鼠标一段距离并单击来定义第二个轴。绕圆周拖动指针来定义椭圆的范围，然后单击来完成椭圆的绘制
	椭圆			单击草图绘制工具栏上的“椭圆”按钮或单击菜单“工具”→“草图绘制实体”→“椭圆”。单击图形区域来放置椭圆中心，拖动鼠标一段距离并单击以设定椭圆的长轴，再拖动鼠标一段距离并再次单击以设定椭圆的短轴

（续）

草图工具	几何图形	鼠标指针	绘制步骤	绘制方法
	抛物线		② ① ③ ④	单击草图绘制工具栏上的“抛物线”按钮或单击菜单“工具”→“草图绘制实体”→“抛物线”。单击第1点，确定抛物线的中心点；单击第2点，确定其焦距；单击第3点，确定其起始点；单击第4点，确定其终止点
	文本		绘制文字 ② 绘制路径 ①	单击草图绘制工具栏上的“文字”按钮或单击菜单“工具”→“草图绘制实体”→“文字”。选择一条曲线作为路径，其名称出现在“曲线”框中，在“文字”框中键入文字，编辑文字属性，单击按钮
	样条曲线		② ④ ③ ①	单击草图绘制工具栏上的“样条曲线”按钮或单击菜单“工具”→“草图绘制实体”→“样条曲线”。单击起始点，向上拖动鼠标一段距离单击，向下拖动鼠标一段距离单击，向上拖动鼠标一段距离双击
	草图图片			单击草图绘制工具栏上的“草图图片”按钮或单击菜单“工具”→“草图绘制工具”→“草图图片”，在弹出的“打开”对话框中找到需要的图片，单击“打开”按钮

2.2.3 草图几何约束

在 SolidWorks 中可以通过尺寸和几何约束共同完成草图的约束定义。为草图添加几何关系可以很容易的控制草图形状，表达造型与设计意图。草图中的几何实体之间的几何约束类型如表 2-4 所示。

表 2-4 草图实体之间的几何约束类型

	点	直 线	圆 或 圆 弧
点	水平、竖直、重合	中点、重合	同心、重合
直线	中点、重合	水平、竖直、平行、垂直、相等、共线	相切
圆或圆弧	重合、同心	相切	全等、相切、同心、相等

1. 建立几何约束

1）单击面板上的“显示/删除几何关系”按钮下的按钮，从弹出的菜单中选择“添加几何关系”按钮，如图 2-12 中①②所示。或者单击菜单“工具”→“几何关系”→“添加”。

2）系统弹出“添加几何关系”属性管理器，在绘图区中选择要添加几何关系的草图实体，如图 2-12 中③所示。

3）在“添加几何关系”属性管理器中选择“水平”约束，如图2-12中④所示。

4）单击“确定”按钮✓，结果如图2-12中⑤⑥所示。

注意：

在为直线建立几何关系时，此几何关系相对于无限长的直线，而不仅仅是相对于草图线段或实际边线。因此，在希望一些项目互相接触时，它们可能实际上并未接触到。

同样地，当生成圆弧或椭圆段的几何关系时，几何关系是对于整圆或椭圆的。

如果为不在草图基准面上的项目建立几何关系，则所产生的几何关系应用于此项目在草图基准面上的投影。

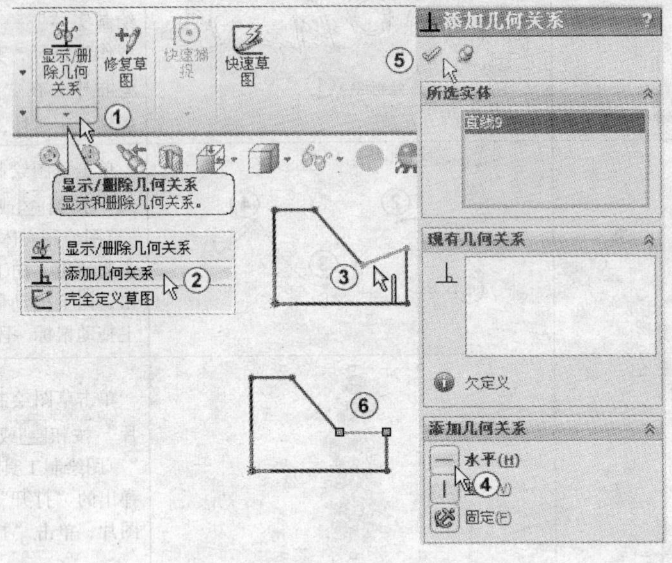

图2-12　添加水平几何约束

5）在绘图区中选择要添加几何关系的草图实体，单击“添加几何关系”按钮⊥，如图2-13中①②所示。

6）在“添加几何关系”属性管理器中选择“竖直”约束，单击“确定”按钮✓，结果如图2-13中③④⑤所示。

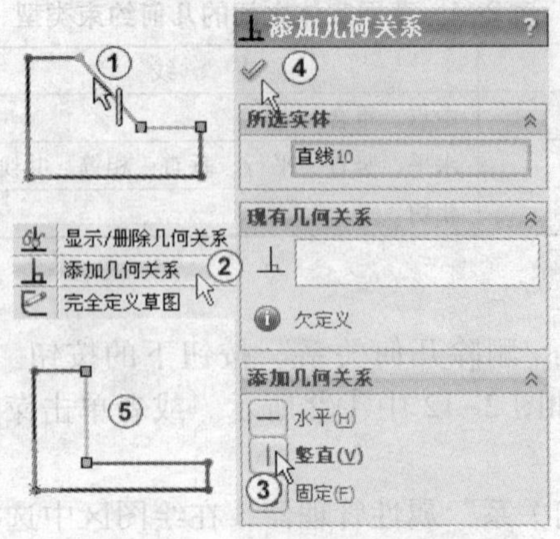

图2-13　添加竖直几何约束

2. 自动给定几何关系

自动给定几何关系是指在绘制图形的过程中，即控制其相关位置，系统会自动赋予其几何意义，不需要读者再利用添加几何关系的方式给予图形几何限制。这样可免去读者对每个绘制的像素添加几何关系的动作。系统默认的状态是自动给定几何关系，只要在绘图时按住〈Ctrl〉键，系统将不再产生自动约束。

在绘制水平线的过程中，若笔形光标的右下方有锁点图标━，表示系统会自动给该直线赋予一个水平的约束，这样该直线就被限制成为一水平线。绘制完成后在“线条属性”属性管理器中的“现有几何关系”列表框中会出现“水平’的几何关系，如图 2-14 中①②所示。

如果取消“自动几何关系”，则在绘图过程中锁点图标为━，可见它的背景没有填充颜色，绘制时系统并未真正赋予草图几何关系。

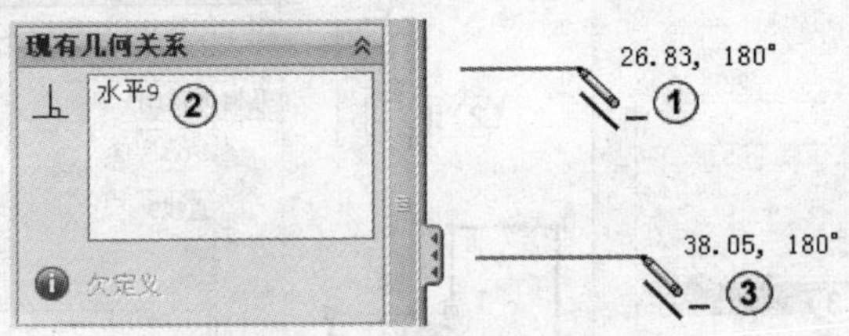

图 2-14　水平自动约束

3. 清除屏幕上的草图几何关系

系统默认的状态是显示草图几何关系，如图 2-15 中①所示。当草图很复杂时，会显得比较乱，清除草图上的几何关系的过程是：

单击窗口左上角的按钮 SolidWorks ，在屏幕最上方的菜单栏中单击“视图（V）”命令，在弹出的下拉菜单中选择“草图几何关系”按钮，如图 2-15 中②③④所示。结果如图 2-15 中⑤所示。

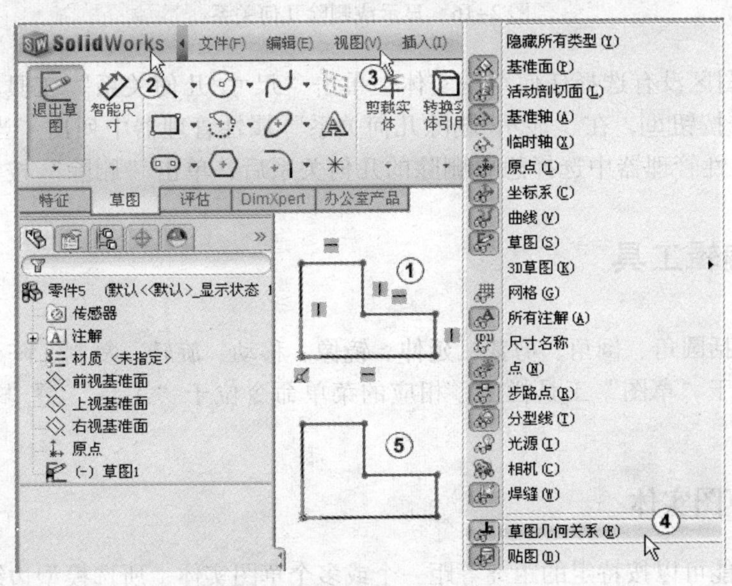

图 2-15　清除草图上的几何关系

4. 显示和删除几何关系

1）在绘图区选择某一个草图实体后，如图 2-16 中①所示。单击面板上的“显示/删除几何关系”按钮或者单击菜单“工具”→“几何关系”→“显示/删除”，在“显示/删除几何关系”属性管理器中列出了选中草图实体的几何关系，如图 2-16 中②③所示。

2）选中该几何关系，然后单击“删除”按钮 删除(D)，如图 2-16 中④⑤所示。

3）单击“确定”按钮✓完成删除几何关系操作。为了验证确实不存在水平约束了，可在绘图区选择角点后按住鼠标不放进行拖动，结果如图 2-16 中⑥⑦所示。

4）连续单击屏幕最上方的“撤销”按钮或者按组合键〈Ctrl + Z〉，可依次取消上一步的操作。

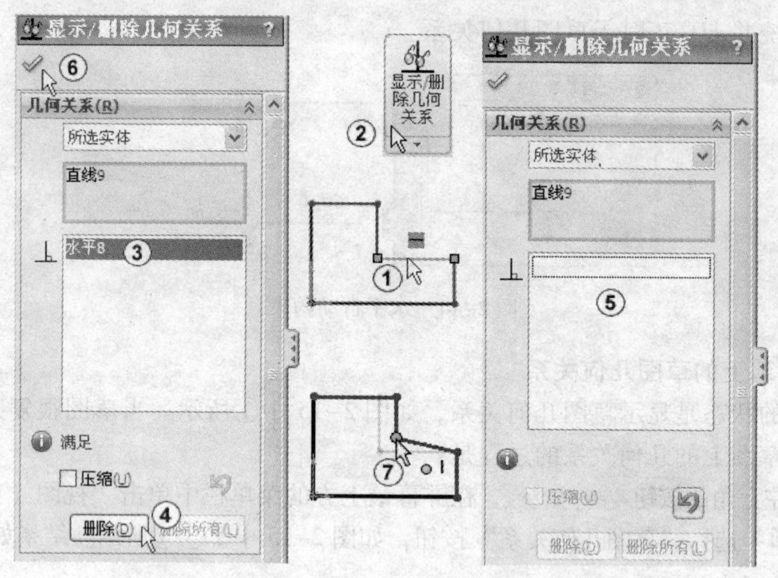

图 2-16　显示或删除几何关系

5）若在绘图区没有选择任何草图实体，单击“尺寸/几何关系”工具栏中的“显示/删除几何关系”按钮，在“显示/删除几何关系”属性管理器中列出了当前草图的全部几何关系。在属性管理器中选择想要删除的几何关系后，单击“删除”按钮即可。

2.3　草图编辑工具

草图编辑包括圆角、倒角、剪裁、延伸、镜像、移动、旋转、复制、阵列、等距、分割等。编辑命令位于“草图”工具栏中，相应的菜单命令位于“工具”→“草图绘制工具”子菜单中。

2.3.1　等距草图实体

等距实体功能可以按特定的距离等距一个或多个草图实体、所选模型边线或模型面，也可等距样条曲线或圆弧、模型边线组、环等草图实体。但不能等距套合样条曲线产生的曲线或会产生自相交几何体的草图实体。

等距实体操作方法如下。

1）在打开的草图中，选择一个或多个草图实体或一条模型边线，如图 2-17 中①所示。

2）单击“草图”面板上的“等距实体”按钮，或单击菜单“工具”→“草图绘制工具”→“等距实体”，如图 2-17 中②所示。

3）在属性管理器设定等距参数（如图 2-17 中③所示），其含义如下。

等距距离：设定草图实体等距数值。可动态预览，按住鼠标键并在图形区域中拖动鼠标。释放鼠标键时，等距实体完成。

添加尺寸：在草图中显示等距距离尺寸。

反向：更改单向等距的方向。

选择链：生成所有连续草图实体的等距。

双向：在双向生成等距实体。

制作基体结构：将原有草图实体转换到构造几何线。

顶端加盖：通过选择双向并添加一顶盖来延伸原有非相交草图实体。可生成“圆弧”或“直线”为延伸顶盖类型。

4）单击“确定”按钮，完成等距操作，结果如图 2-17 中④⑤所示。

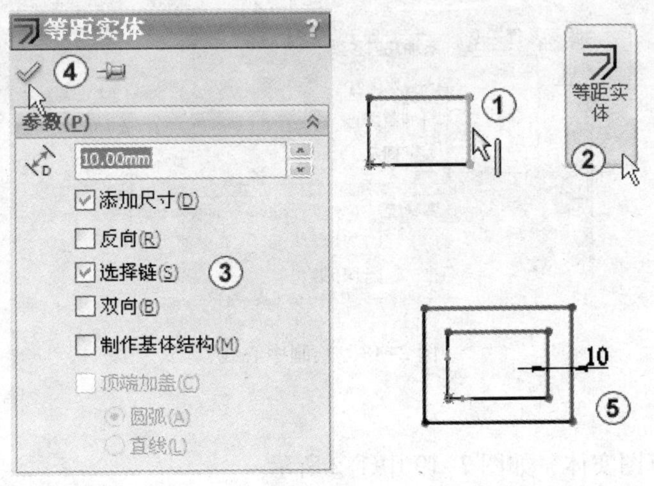

图 2-17　等距实体

2.3.2　镜像草图实体

镜像的功能包括：镜像出新的草图实体将原有实体删除；当勾选“复制”选项时，镜像后保留原有的实体；镜像部分或所有草图实体；绕任何类型的直线来镜像；沿工程图、零件、装配体边线镜像。

生成镜像实体时，会在每一对相应的草图点之间产生对称关系，如果更改被镜像的实体，则其镜像实体也会随着更改。镜像在 3D 草图中不可使用。

1. 绘制中心线

1）单击屏幕最上方的“撤销”按钮或者按组合键〈Ctrl + Z〉，取消等距的实体，恢复一个矩形的状态，如图 2-18 中①所示。

2）单击“草图”面板上的“直线”旁的三角形按钮，再单击“中心线”按钮，如图 2-18 中②③所示。用绘制直线的方法绘制出一条垂直的中心线，如图 2-18 中④⑤所示。双击鼠标，单击“确定”按钮，如图 2-18 中⑥所示。

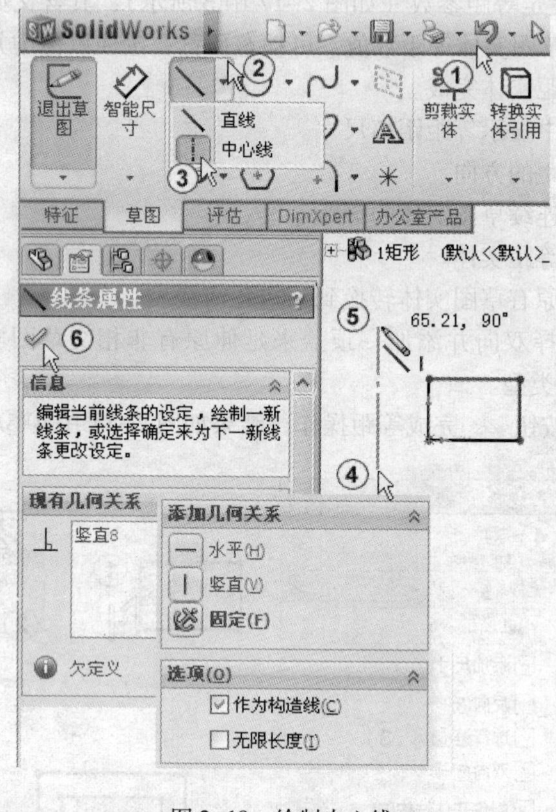

图 2-18　绘制中心线

2. 建立镜像

1）选择矩形草图实体，如图 2-19 中①②所示。

2）单击“镜像实体”按钮，弹出“镜像”属性管理器。单击“镜像点:”旁的方框，如图 2-19 中③④所示。然后在绘图区选择镜像线，如图 2-19 中⑤所示。

3）单击“确定”按钮，结果如图 2-19 中⑥⑦所示。

2.3.3　常用草图编辑命令

常用的草图编辑命令按钮的功能如表 2-5 所示。

① 软件中的“镜向”应为“镜像”。——校者注

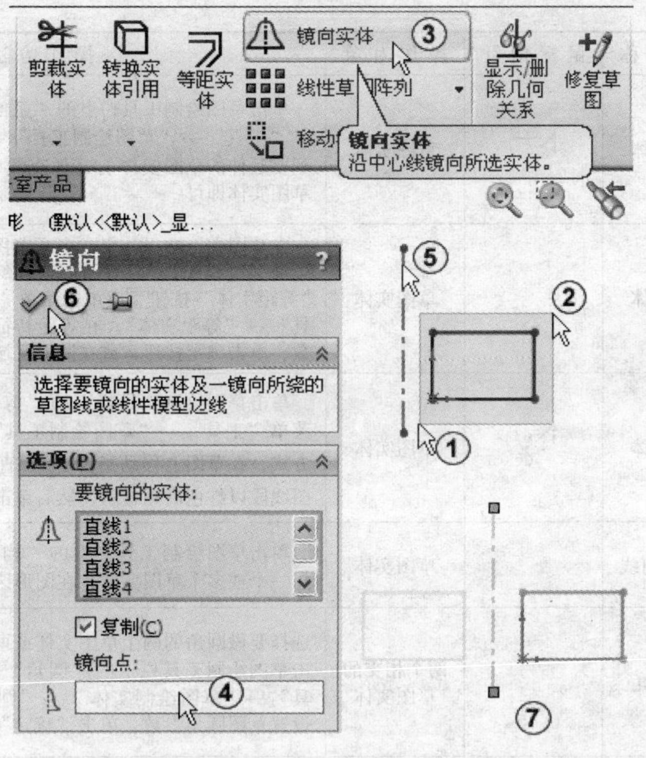

图 2-19　镜像草图

表 2-5　草图编辑工具

图　标	工具名称	鼠标指针	操作对象	操作方法
	等距实体		草图实体	在草图中，选择一个或多个草图实体、一个模型面、一条模型边线或外部草图曲线，单击草图绘制工具栏上的“等距实体”按钮或单击菜单“工具”→“草图绘制工具”→“等距实体”。在等距特征管理区中，设置各项参数，单击确定按钮或在图形区域中单击
	镜像		直线、圆或圆弧、一组几何轮廓	单击草图绘制工具栏上的“镜像”按钮或单击菜单“工具”→“草图绘制工具”→“镜像” 选择要镜像的实体 选择镜像线 单击“确定”按钮
	转换实体引用		当前草图以外的草图图元，模型边线	在草图处于激活状态时，单击模型边线、环、面、曲线、外部草图轮廓线、一组边线或一组曲线。单击草图绘制工具栏上的“转换实体引用”按钮或单击菜单“工具”→“草图绘制工具”→“转换实体引用”
	分割实体		草图实体	单击草图绘制工具栏上的“分割实体”按钮或单击菜单“工具”→“草图绘制工具”→“分割实体”或用鼠标右键单击草图实体，再选择分割实体。单击草图实体上的分割位置即可。单击分割点，然后按〈Delete〉键，可将两个被分割的草图实体合并成一个实体

（续）

图　标	工具名称	鼠标指针	操作对象	操作方法
	延伸实体		草图实体	单击草图绘制工具栏上的“延伸实体”按钮或单击菜单“工具”→“草图绘制工具”→“延伸”，将指针移到要延伸的草图实体上（如直线、圆弧或中心线），单击草图实体即可
	等距实体		草图实体	在草图中，选择一个或多个草图实体、一个模型面、一条模型边线或外部草图曲线，单击草图绘制工具栏上的“等距实体”按钮或单击菜单“工具”→“草图绘制工具”→“等距实体”。在等距特征管理区中，设置各项参数，单击确定按钮或在图形区域中单击
	剪裁实体		草图实体	单击草图绘制工具栏上的“剪裁实体”按钮或单击菜单“工具”→“草图绘制工具”→“剪裁”。选择剪裁方式，在草图上移动指针，直到要剪裁（删除）的草图线段以红色高亮显示，然后单击鼠标左键
	构造几何线		草图实体	单击草图绘制工具栏上的“构造几何线”按钮，选择一个或多个草图实体，在图形区域中单击
	绘制圆角		两个相交的草图实体	选择要做圆角的两个草图实体或两个草图实体的交点，单击草图绘制工具栏上的“圆角”按钮或单击菜单“工具”→“草图绘制实体”→“圆角”。在特征管理器中，设置草图圆角参数，单击“确定”按钮
	绘制倒角		两个相交的草图实体	选择要做倒角的两个草图实体，单击草图绘制工具栏上的“倒角”按钮或单击菜单“工具”→“草图绘制实体”→“倒角”。在特征管理区中，设置草图倒角参数，单击确定按钮
	圆周阵列		草图实体	选择草图实体，然后单击草图绘制工具栏上的“圆周阵列”按钮或单击菜单“工具”→“草图绘制工具”→“圆周阵列”。设置半径、角度、中心、数量、间距、总角度值，单击“确定”按钮完成草图圆周阵列
	线性阵列		草图实体	选择草图实体，然后单击草图绘制工具栏上的“线性阵列”按钮或单击菜单“工具”→“草图绘制工具”→“线性阵列”。设置实例总数（包括原始草图在内）、间距、角度值，单击“确定”按钮完成草图实体的线性阵列
	交叉曲线		模型的平面或曲面	选择交叉项目，单击草图绘制工具栏上的“交叉曲线”按钮或单击菜单“工具”→“草图绘制工具”→“交叉曲线”，在图形区域中单击
	套合样条曲线		草图实体	单击草图绘制工具栏上的“套合样条曲线”按钮或在激活的草图中单击菜单“工具”→“样条曲线工具”→“套合样条曲线”，选择要套合到样条曲线的连续草图实体。设置参数，为公差设置数值，单击“确定”按钮
	制作路径		两圆弧和直线相连的草图实体	单击草图绘制工具栏上的“制作路径”按钮或在激活的草图中单击菜单“工具”→“制作路径”，选择要制作路径的圆弧和直线组成的链，单击“确定”按钮

2.4 草图的尺寸标注

绘制好的草图轮廓需要进行几何形状和位置尺寸的标注。通常使用的尺寸标注工具是"智能尺寸"，它可以根据所标注的尺寸类型来自动调整其标注的方式。可以用以下方法之一来调出"智能尺寸"。

1）单击"草图"面板中的"智能尺寸"按钮，如图2-20中①所示。

2）用鼠标右键单击图形区域，然后从弹出的快捷菜单中选取"智能尺寸"，如图2-20中②所示。

3）单击菜单"工具"→"标注尺寸"→"智能尺寸"，如图2-20中③④⑤所示。

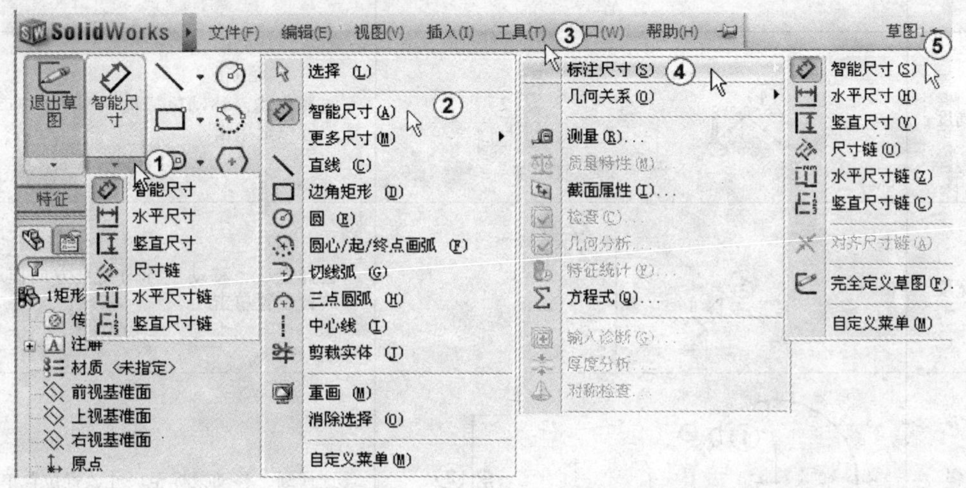

图2-20 标注尺寸

尺寸标注工具的功能如表2-6所示。

表2-6 尺寸标注工具功能

名称	按钮	功能
智能尺寸		可标注大部分尺寸的智能工具
水平尺寸		标注水平方向的距离
竖直尺寸		标注竖直方向的距离
基准尺寸		参照基准几何对象生成一组尺寸
尺寸链		采用同一基准标注尺寸的方法
水平尺寸链		以水平方向采用同一基准标注尺寸
竖直尺寸链		以竖直方向采用同一基准标注尺寸
倒角尺寸		标注倒角尺寸
完全定义草图		对选择的草图实体自动加上几何形状和位置约束
添加几何关系		添加草图实体之间的几何约束关系
显示/删除几何关系		查看草图实体的几何约束关系

2.4.1 基本尺寸标注方法

单击“智能尺寸”按钮后，鼠标指针变为，选择要标注的对象，然后移动鼠标在放置尺寸的地方单击。常用的标注方法如表 2-7 所示。

表 2-7 常用尺寸标注方法

尺寸类型	标注示例	说明
直线长度	① ② 54	选择直线，移动鼠标至放置尺寸位置单击
直线高度	① ② 32.75	选择直线，移动鼠标向水平方向拖动至尺寸放置位置单击
直线宽度	① 42.94 ②	选择直线，移动鼠标向竖直方向拖动至尺寸放置位置单击
圆直径	① Ø80 ②	选择圆，移动鼠标至尺寸放置位置单击
圆弧半径	① R40 ②	选择圆弧，移动鼠标至尺寸放置位置单击
角度	① 67.10 ② 43.3° ③	分别选择两条直线，移动鼠标至尺寸放置位置单击
平行线距离	① 61.42 ② 50 ③	分别选择两条直线，移动鼠标至尺寸放置位置单击

（续）

尺寸类型	标注示例	说　明
点到线的距离	① ② 87.21 ③ 81.48	分别选择直线和点，移动鼠标至尺寸放置位置单击
圆弧长度	① ② R98.66 ③ 92.49 ④ 113.0	选择圆弧，再分别选择圆弧的两个端点，移动鼠标至尺寸放置位置单击
两圆之间的圆心距离	① ② Φ65.58 ③ 92.11	分别选择两个圆，移动鼠标至尺寸放置位置单击
两圆之间的最大距离	① 92.11 ② 92.11 ③ 124.90 ④ 124.90	在标注出两个圆心尺寸的基础上，单击尺寸，尺寸和尺寸线变成绿色，移动鼠标至尺寸线端部，当鼠标指针变成箭头和水平尺寸符号时，按下鼠标左键向外拖动尺寸线至圆边上，用同样方法操作第二条尺寸线
两圆之间的最小距离	① 92.11 ② 92.11 ③ 59.32 ④ 59.32	在标注出两个圆心尺寸的基础上，单击尺寸，尺寸和尺寸线变成绿色，移动鼠标至尺寸线端部，当鼠标指针变成箭头和水平尺寸符号时，按下鼠标左键向内拖动尺寸线至圆边上，用同样方法操作第二条尺寸线
对称尺寸	① ② 70 ③ 49.48	选择中心线和直线，移动鼠标至中心线和直线外侧，单击鼠标

2.4.2　草图尺寸编辑修改

SolidWorks 采用变量化技术支持草图的绘制过程，因此用户可以随时对草图进行编辑修改。修改的方法如下：

在编辑草图环境中，双击要修改的尺寸值，如图 2-21 中①所示。系统弹出尺寸“修改”对话框，在对话框中输入修改值，如图 2-21 中②③所示。然后单击按钮✓完成对尺寸的修改，结果如图 2-21 中④所示。

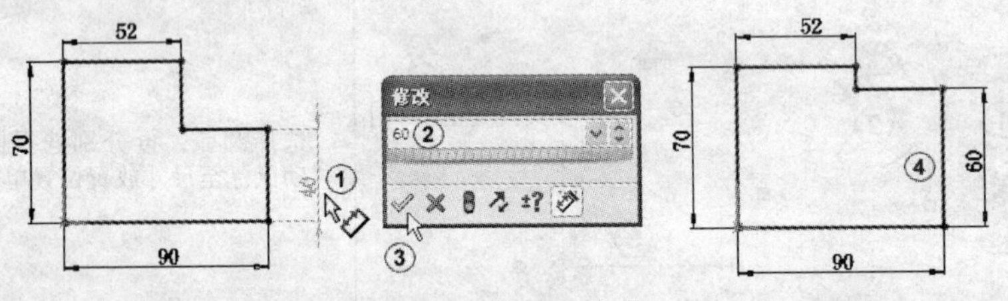

图 2-21　修改尺寸值

选择标注好的尺寸值，会出现尺寸控标，移动这些控标可以改变尺寸标注的结果，如图 2-22、图 2-23 所示。

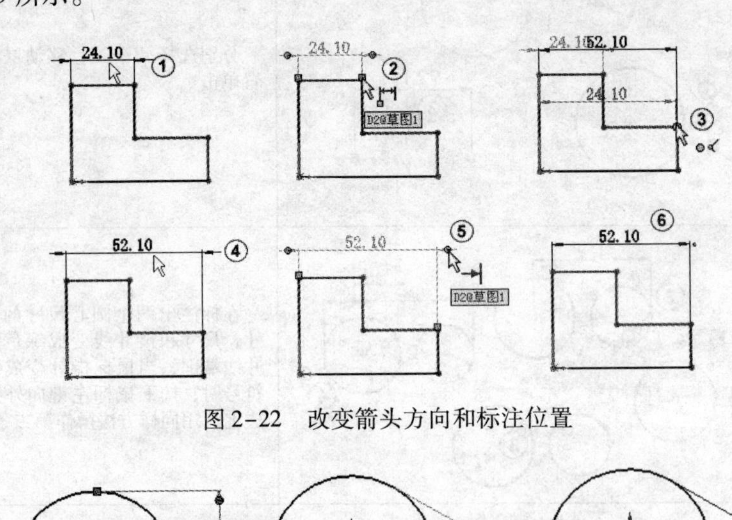

图 2-22　改变箭头方向和标注位置

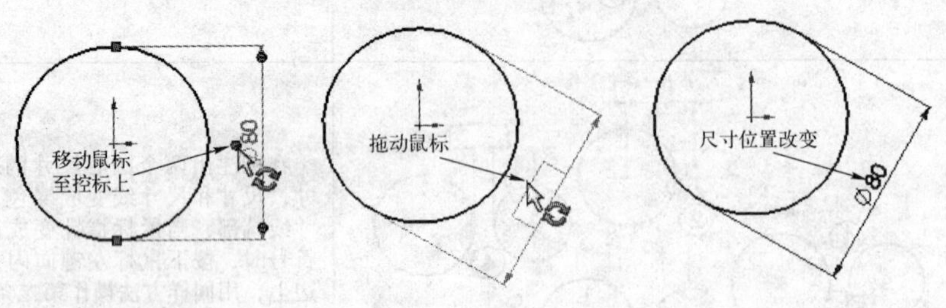

图 2-23　改变尺寸位置

2.5　草图的合法性检查与修复

在草图生成特征的过程中经常会出现错误信息，这主要是因为草图轮廓没有闭合，或者存在重叠，或者存在开环轮廓。为解决这个问题，SolidWorks 提供了特征检查功能。

2.5.1 自动修复草图

对于草图线条重叠的问题，SolidWorks 提供了“修复草图”命令加以解决。该命令位于“2 草图”面板中。“修复草图”命令可将重叠的线条加以合并，可将共线相连的多段线条合并成一段线条。此外，“修复草图”命令还能弥补草图线条之间小于 0.00001mm 的缝隙，消除零长度线条等。

自动修复草图的操作方法如下。

1）在草图环境中，绘制两条重叠的水平线，选择其中的一条，如图 2-24 中①所示。

2）单击“草图”面板中的“修复草图”按钮，或单击菜单“工具”→“草图绘制工具”→“修复草图”命令，草图中重叠部分将自动修复，如图 2-24 中②③所示。

3）单击“修复草图”对话框右上角的“关闭”按钮，如图 2-24 中④所示。

图 2-24　自动修复草图

2.5.2 检查草图合法性

1. 检查草图合法性

启动 SolidWorks 后，单击屏幕最上方的“新建”按钮，在弹出的“新建 SolidWorks 文件”对话框中选择“零件”，单击“确定”按钮完成新文件创建的操作。单击“草图”面板，单击“草图绘制”按钮，选择“前视基准平面”后即进入草图绘制界面。单击“直线”按钮，绘制出草图，如图 2-25 中①所示。

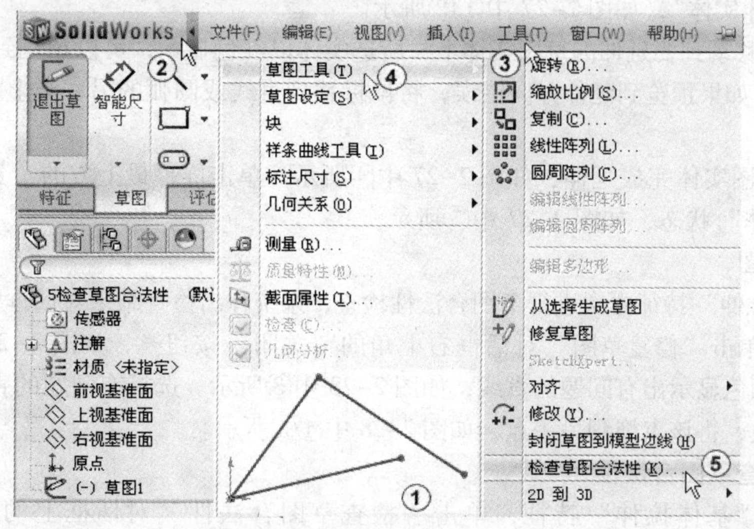

图 2-25　检查草图合法性菜单

单击窗口左上角的按钮SolidWorks，如图2-25中②所示。在屏幕最上方显示出菜单栏单击菜单“工具”→“草图绘制工具”→“检查草图合法性”命令，如图2-25中③④⑤所示。

系统弹出“检查草图合法性”对话框，单击“特征用法”旁的按钮，在对话框中选择一种特征用法，这里选择“基体拉伸”，如图2-26中①②所示。单击“检查”按钮检查(C)，系统弹出检查结果对话框，检查结果显示“此草图中含有一个开环轮廓”，单击“确定”按钮确定，如图2-26中③④所示。系统弹出“修复草图”对话框，单击对话框右上角的“关闭”按钮，在开环处系统以另一种颜色显示出来，如图2-26中⑤⑥所示。

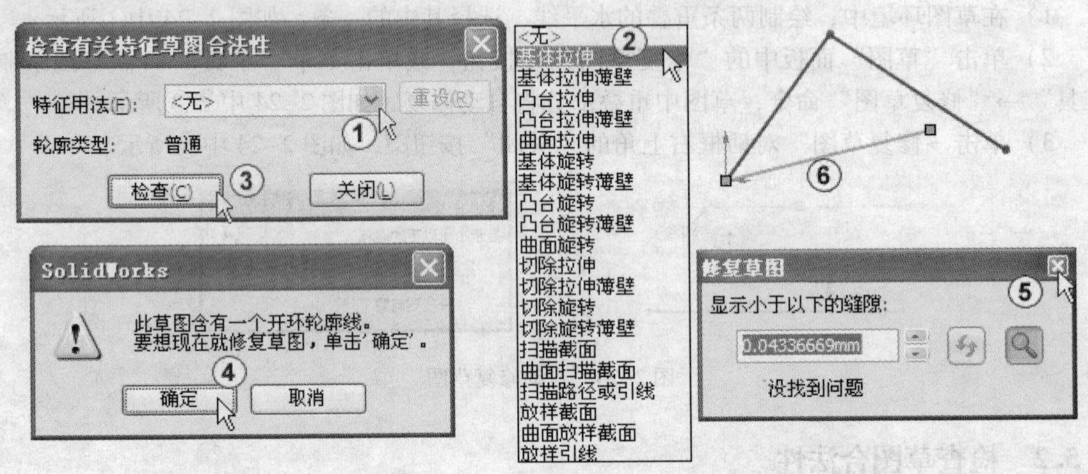

图2-26　检查草图合法性

2. 延伸草图实体

延伸实体功能可增加直线、中心线、圆弧的长度；可将草图实体延伸到与另一个草图实体相交。

1）单击“草图”面板中的“延伸实体”按钮，或单击菜单“工具”→“草图绘制工具”→“延伸实体”，如图2-27中①②所示。

2）将鼠标移动到要延伸的草图实体上，所选实体以红色显示，可以预览到延伸实体的方向以红色显示。如果预览到延伸方向错误，将鼠标移到直线或圆弧的另一半上，如图2-27中③所示。

3）单击草图实体完成延伸，如图2-27中④所示。单击屏幕最上方的“选择”按钮退出“延伸实体”状态，如图2-27中⑤所示。

3. 修改草图

对“基体拉伸”特征再次进行草图合法性检查，系统弹出检查结果对话框，单击“确定”按钮确定，单击“修复草图”对话框右上角的“关闭”按钮，如图2-28中①②所示。系统以另一种颜色显示出有问题的直线，如图2-28中③所示。选择有问题的直线的端点，按住鼠标左键不放，将该点拖到另一点，如图2-28中④⑤所示。

4. 再次检查草图合法性

再次选择“基体拉伸”特征，单击“检查草图合法性”对话框上的“检查”按钮检查(C)，系统弹出检查结果对话框，单击“确定”按钮确定，单击“关闭”按钮关闭(L)，如图2-29中①②③所示。

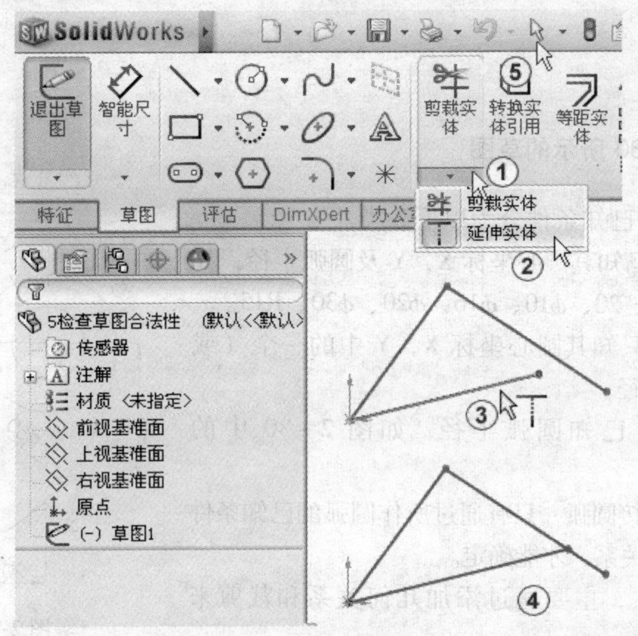

图 2-27 延伸实体

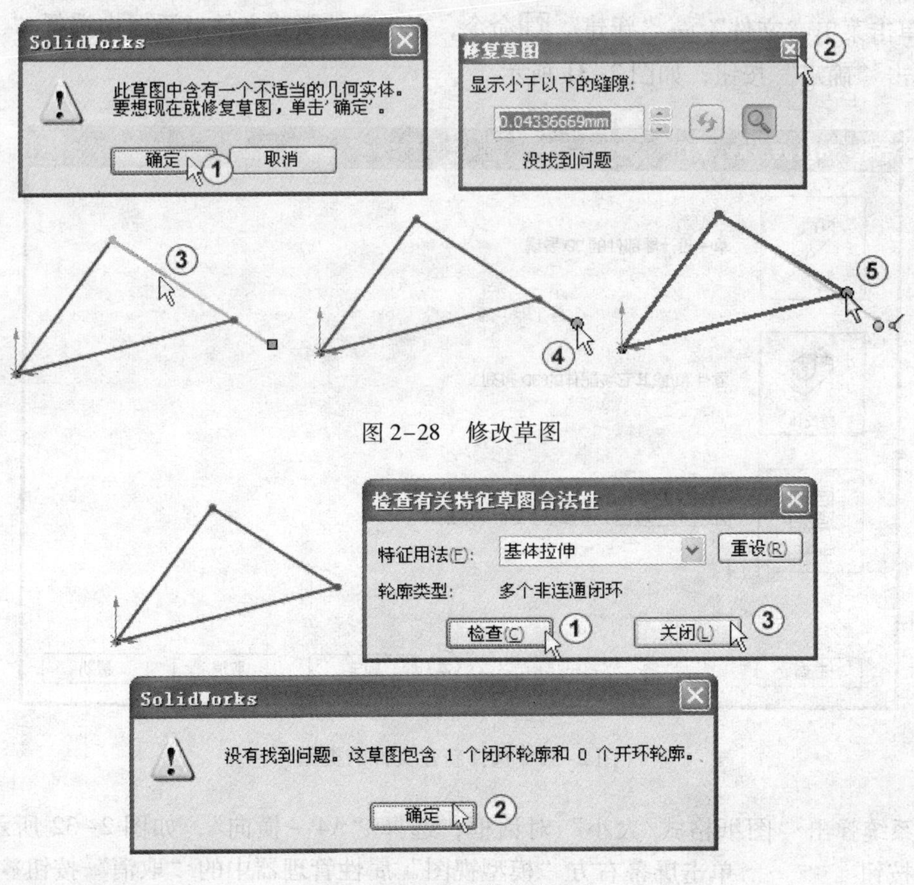

图 2-28 修改草图

图 2-29 检查草图合法性

2.6 草图实例

1. 绘制如图 2-30 所示的草图

图样上的圆弧按已知条件分为以下 3 类。

1）已知圆弧：已知其圆心坐标 X，Y 及圆弧半径，如图 2-30 中的 35、30、20、ϕ10、ϕ16、ϕ20、ϕ30、R15。

2）中间圆弧：只知其圆心坐标 X，Y 中的一个（或 X、或 Y）及圆弧半径。

3）连接圆弧：已知圆弧半径，如图 2-30 中的 R20、R50。

对于中间弧和连接圆弧，只有通过所作圆弧的已知条件和相连圆弧或直线的关系，才能确定。

圆弧连接的画法，主要通过添加几何关系和裁剪来实现。

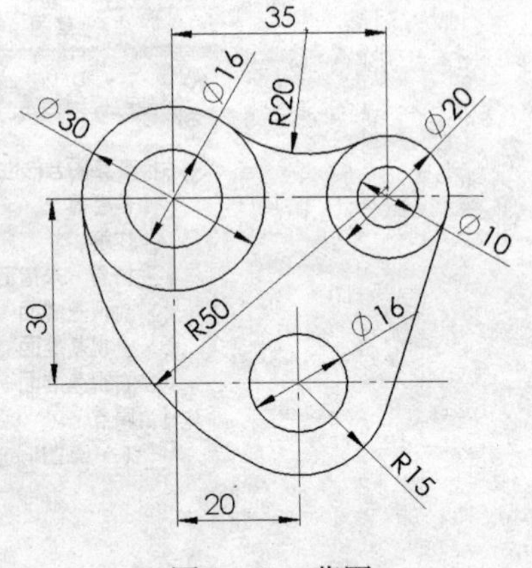

图 2-30　草图

绘制步骤如下。

1）单击菜单“文件”→“新建” 命令，在弹出的新建文件对话框中选择“工程图”文件，单击“确定”按钮，如图 2-31 所示。

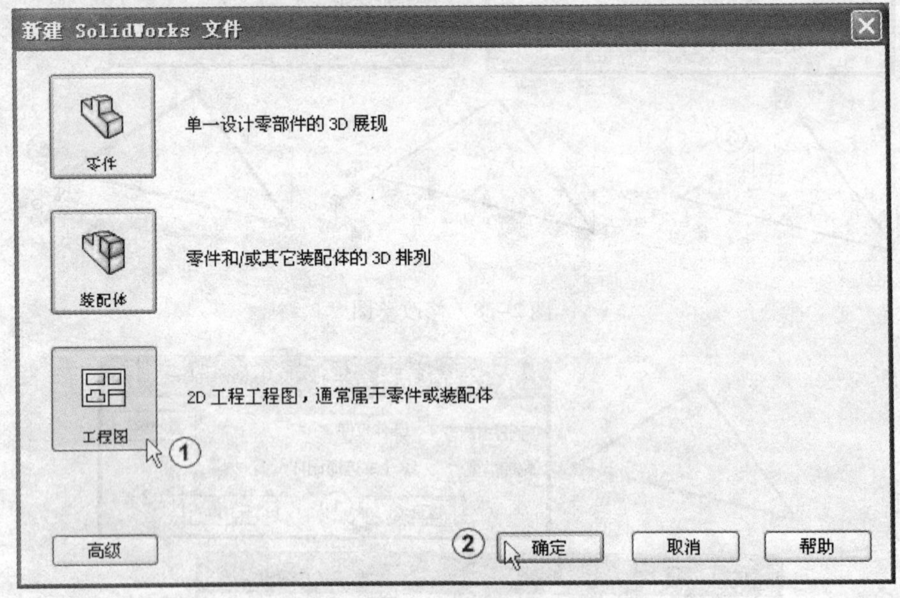

图 2-31　选择新建文件的类型

2）系统弹出“图纸格式/大小”对话框，选择“A4 - 横向”，如图 2-32 所示，单击“确定”按钮 确定 。单击屏幕右方“模型视图”属性管理器中的“取消”按钮 。

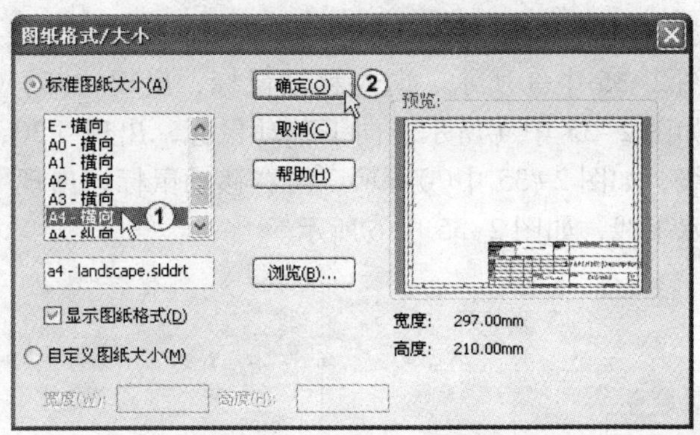

图 2-32　选择图纸格式

3）单击屏幕最上方的“选项”按钮，如图 2-33 中①所示。或者单击菜单“工具”→“选项”，如图 2-33 中②③所示。

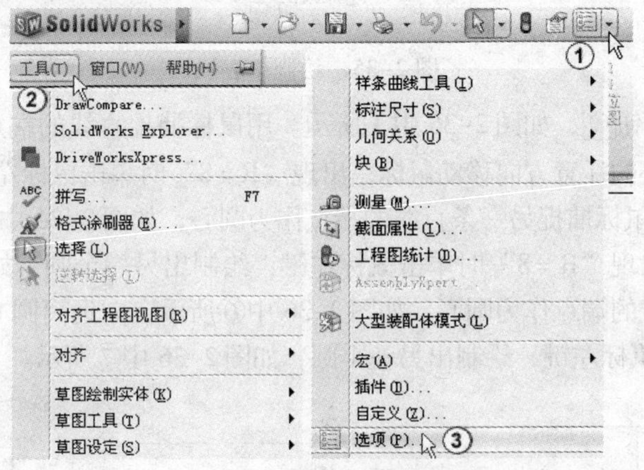

图 2-33　选择“选项”菜单

4）系统弹出“文件属性（D）－绘图标准”对话框，单击“文件属性”→“尺寸”，如图 2-34 中①②所示。选择箭头样式，如图 2-34 中③④所示。单击“确定”按钮 确定 。

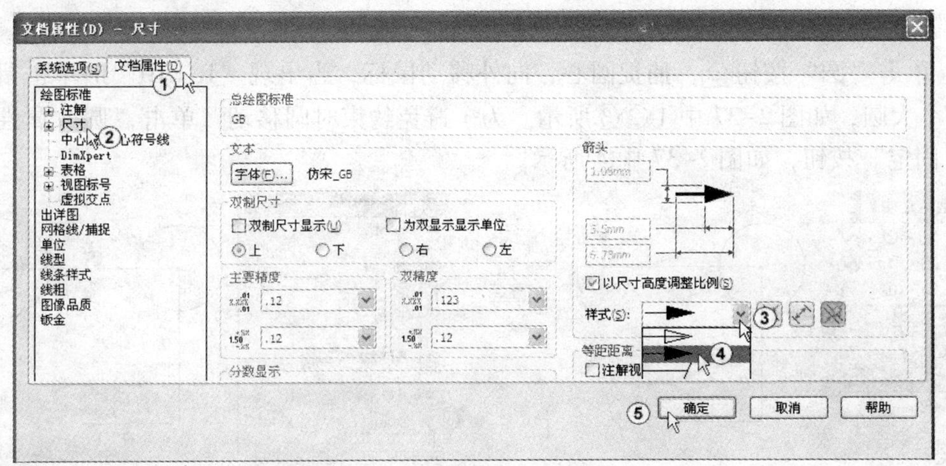

图 2-34　设置箭头和单位样式

5）选择“中心线”按钮[图标]，如图 2-35 中①②所示。用鼠标在绘图区任意位置单击以确定直线的起点，如图 2-35 中③所示。向左移动鼠标，出现“35，0”时单击鼠标左键，绘制出 1 条水平线，如图 2-35 中④所示。向下移动鼠标，出现“30，90°”时单击鼠标左键，绘制出一条垂直线，如图 2-35 中⑤所示。向右移动鼠标，出现“20，90°”时单击鼠标左键，绘制出一条水平线，如图 2-35 中⑥所示。

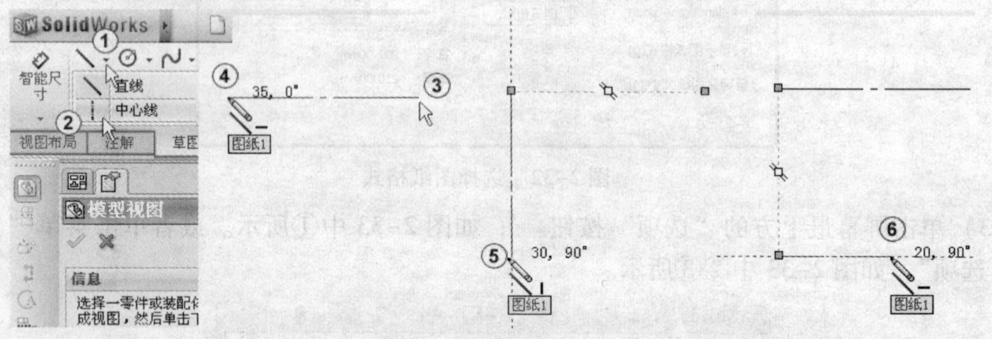

图 2-35　绘制中心线

6）单击“圆”按钮[图标]，如图 2-36 中①所示。用鼠标捕捉直线的端点作为圆心，如图 2-36 中②所示，向远离圆心的任意方向移动鼠标，出现“R = 8”时单击鼠标左键，绘制出一个圆，如图 2-36 中③所示。用鼠标捕捉另一条直线的端点作为圆心，如图 2-36 中④所示，向远离圆心的任意方向移动鼠标，出现“R = 8”时单击鼠标左键，绘制出另一个圆，如图 2-36 中⑤所示。再用鼠标捕捉另一条直线的端点作为圆心，如图 2-36 中⑥所示，向远离圆心的任意方向移动鼠标，出现“R = 5”时单击鼠标左键，绘制出另一个圆，如图 2-36 中⑦所示。

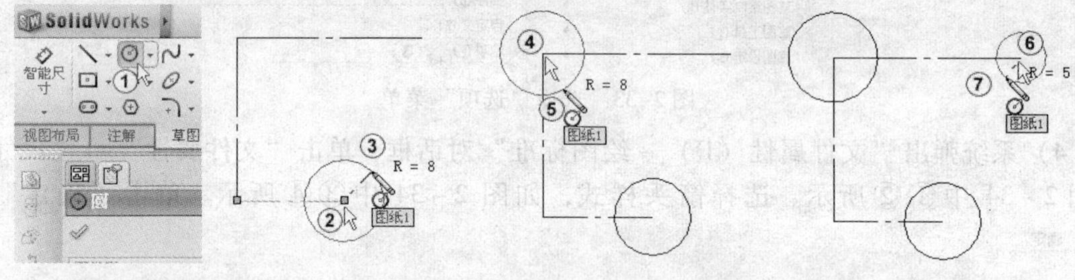

图 2-36　绘制 3 个小圆

7）单击“圆”按钮[图标]，捕捉圆心，向外移动鼠标，当出现“R = 10”时单击鼠标，绘制出一个大圆，如图 2-37 中①②③所示。为了避免约束时圆移动，单击“圆”属性管理器中的“固定”按钮，如图 2-37 中④所示。

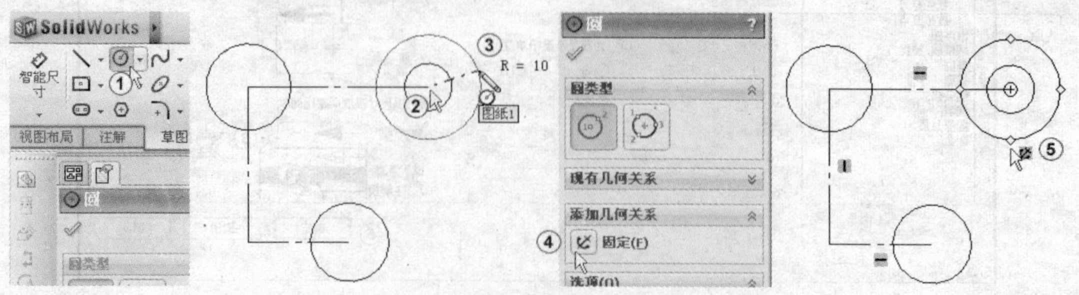

图 2-37　绘制圆和添加“固定”约束

8）单击菜单“视图”→“草图几何关系”，如图 2-38 中①②所示。可以在绘图区中看到固定的约束按钮，如图 2-37 中⑤所示。再次单击“视图”→“草图几何关系”，图中的约束符号消失。

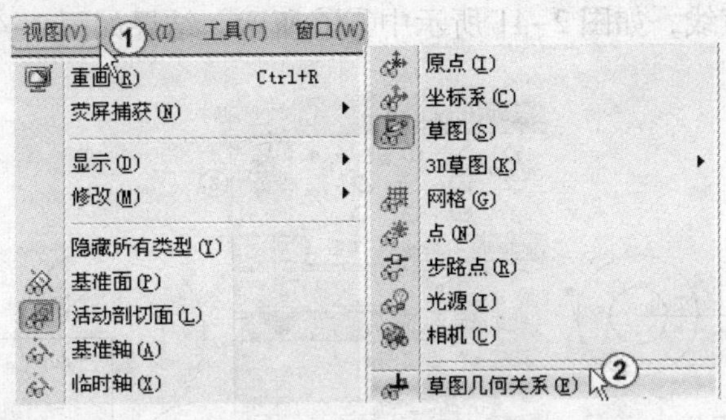

图 2-38　调用“草图几何关系”菜单

9）单击“圆”按钮，绘制出另外两个圆，同样也“固定”约束，如图 2-39 中①～⑥所示。

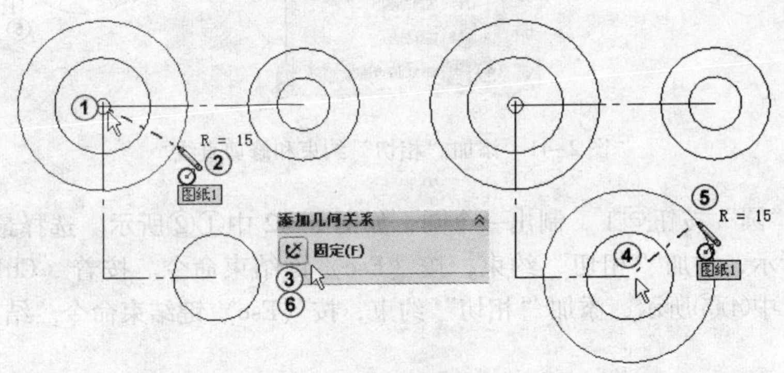

图 2-39　绘制圆

10）单击“直线”按钮，绘制一条直线，如图 2-40 中①②③所示。单击“显示/删除几何关系”面板上的倒三角形按钮，选择“添加几何关系”，如图 2-40 中④⑤所示。选择圆，如图 2-40 中⑥所示。在弹出的“属性”管理器中选择“相切”，如图 2-40 中⑦所示。结果直线与所选择的圆相切，如图 2-41 所示。按〈Esc〉键结束命令。

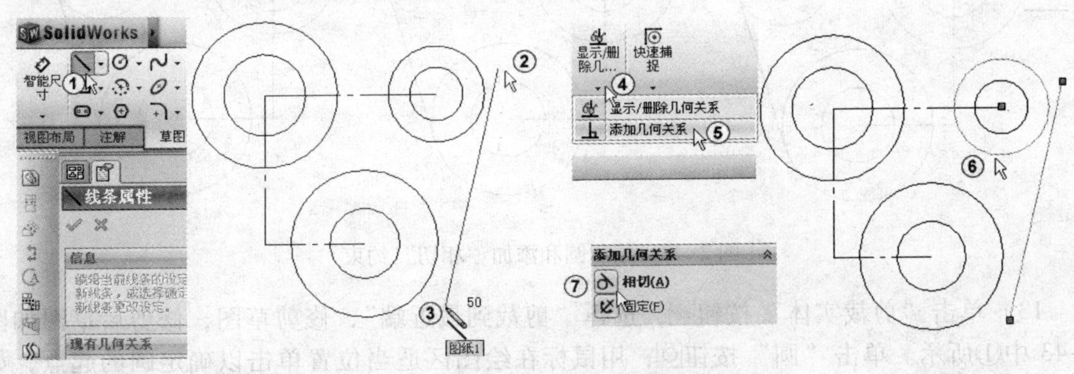

图 2-40　绘制直线和添加“相切”约束

11）按〈Ctrl〉键选择圆和直线，如图 2-41 中①②所示。在弹出的“属性”管理器中选择“相切”。按〈Esc〉键结束命令。

单击“剪裁实体”按钮，选择“剪裁到最近端”，如图 2-41 所示中③④所示。移动鼠标选择想要修剪的直线，如图 2-41 所示中⑤⑥所示。结果如图 2-42 所示。

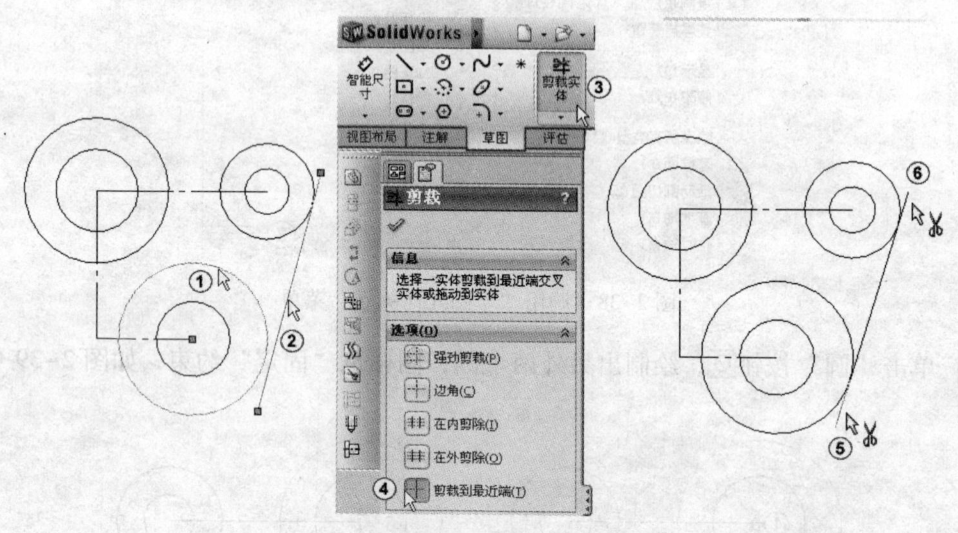

图 2-41　添加“相切”约束和修剪直线

12）单击“圆”按钮，制出一个圆，如图 2-42 中①②所示。选择最左边的圆，如图 2-42 中③所示，添加“相切”约束，按〈Esc〉键结束命令。按着〈Ctrl〉键选择两个圆，如图 2-42 中④⑤所示，添加“相切”约束，按〈Esc〉键结束命令。结果如图 2-42 中⑥所示。

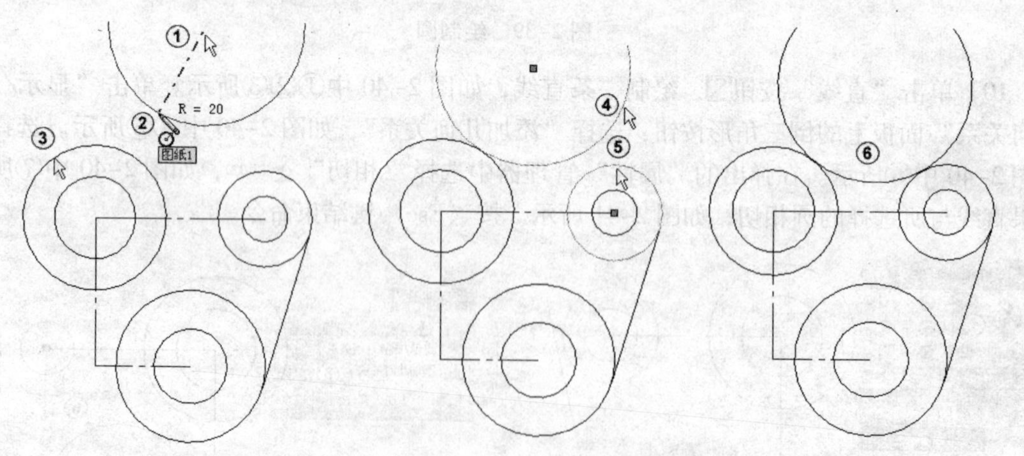

图 2-42　绘制圆和添加“相切”约束

13）单击“剪裁实体”按钮，选择“剪裁到最近端”，修剪草图，修剪后草图如图 2-43 中①所示。单击“圆”按钮，用鼠标在绘图区适当位置单击以确定圆的起点，如图 2-43 中②所示，向远离圆心的任意方向移动鼠标，出现“R = 50”时单击鼠标左键，绘制出一个圆，如图 2-43 中③所示。单击“显示/删除几何关系”面板上的倒三角形按钮，选择“添加几何关系”，选择圆，如图 2-43 中④所示，在弹出的“属性”管理器中选择“相切”相切(A)。结果刚绘制的圆与所选择的圆相切，如图 2-44 中①所示。按〈Esc〉键结束命令。

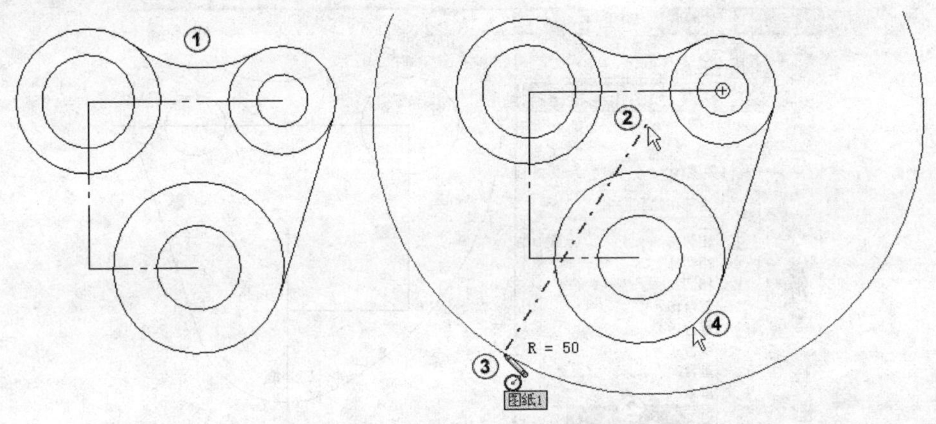

图 2-43　添加“相切”约束的结果和绘制圆

14）按着〈Ctrl〉键分别选择两个圆，如图 2-44 中②③所示。在弹出的“属性”管理器中选择“相切”相切(A)。结果如图 2-44 中④所示。按〈Esc〉键结束命令。

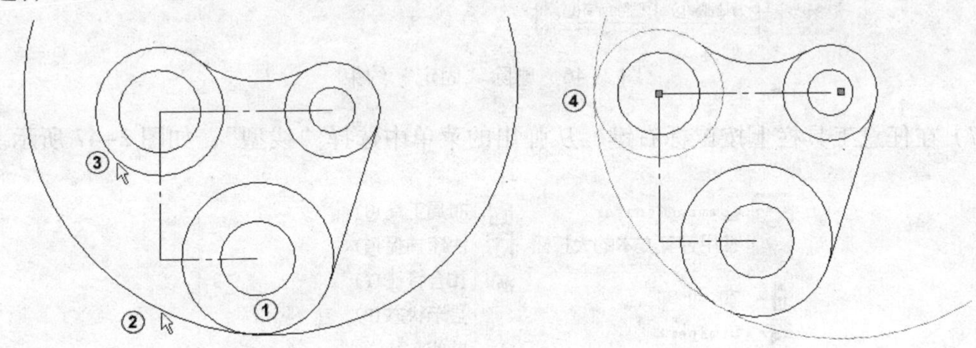

图 2-44　添加“相切”约束

15）单击“剪裁实体”按钮，选择“剪裁到最近端”，移动鼠标选择想要修剪的线，结果如图 2-45 所示。

16）在标注尺寸前需要解除“固定”约束，否则会出现“过定义”的错误。单击“显示/删除几何关系”，如图 2-46 中①所示。在“显示/删除几何关系”属性管理的“几何关系”中找到“固定”，注意查看一定要对应草图中的三个大圆，如图 2-46 中②③④所示。单击“删除”按钮，如图 2-46 中⑤所示。

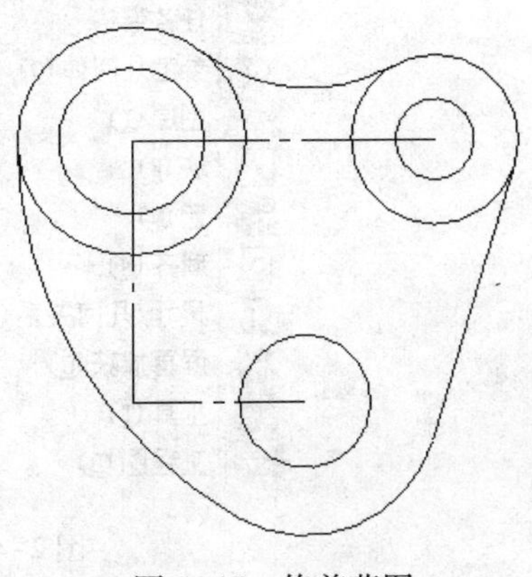

图 2-45　修剪草图

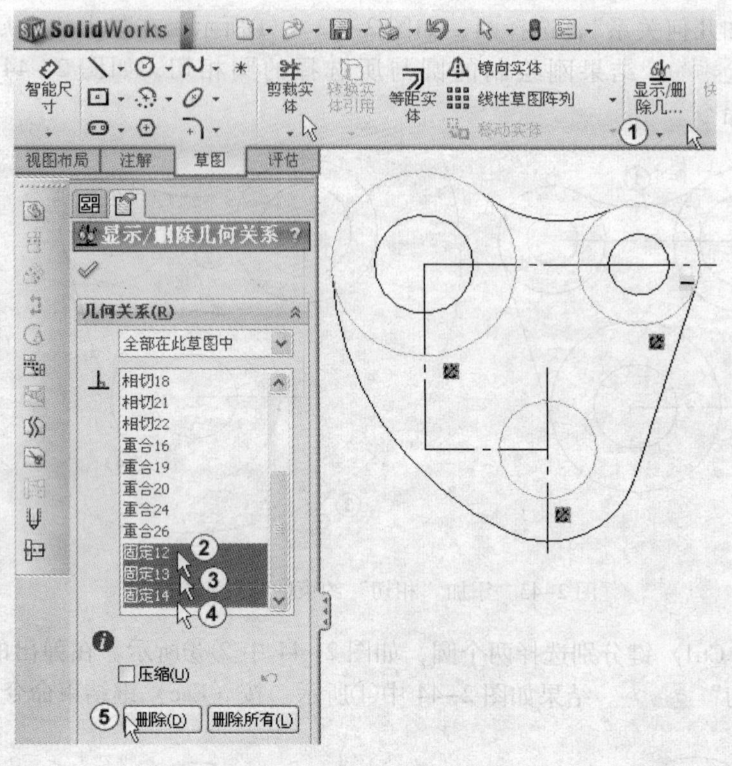

图 2-46　删除“固定”约束

17）在任意工具栏上按鼠标右键，从弹出的菜单中选择“线型”，如图 2-47 所示。

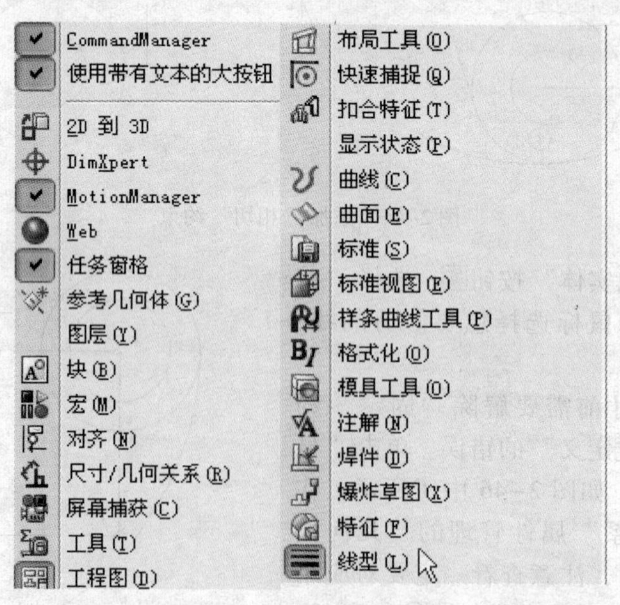

图 2-47　调出“线型”工具栏

18）选择“线型”工具栏中的“线粗”，设置线的宽度，如图 2-48 中①②所示。结果 2－48b 图所示。

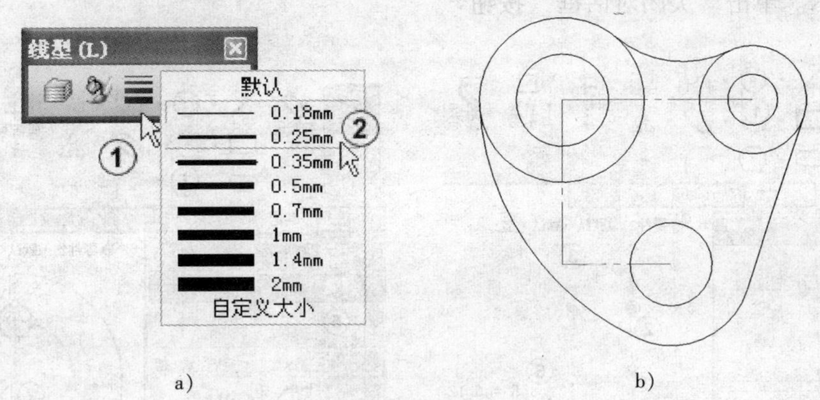

图 2-48 设置线宽

19）单击“智能尺寸”按钮，标注出草图的尺寸，添加中心线，结果如图 2-49 所示。

2. 绘制如图 2-50 所示的草图

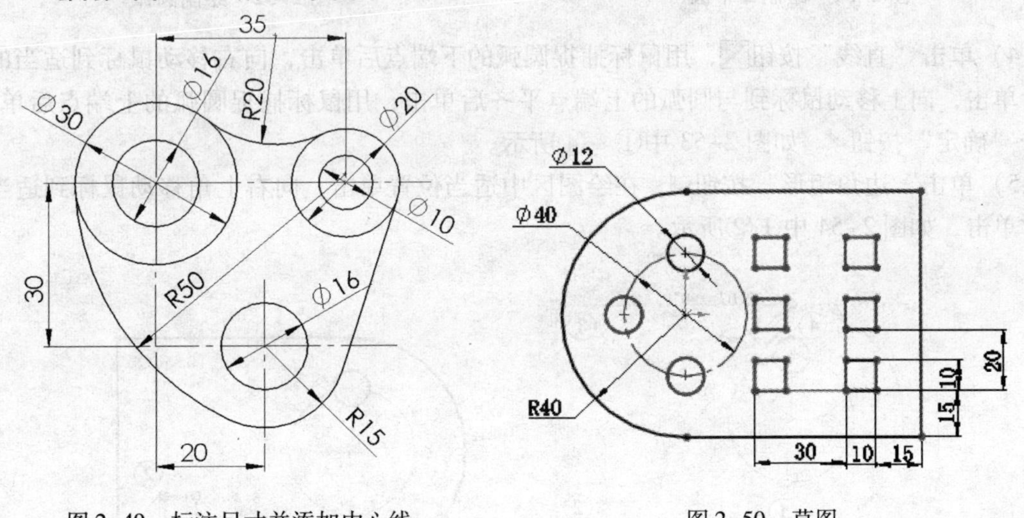

图 2-49 标注尺寸并添加中心线　　　　图 2-50 草图

1）单击屏幕最上方的“新建”按钮，在“新建 SolidWorks 文件”对话框中选择零件”按钮，再单击“确定”按钮。

2）从特征管理器中选择“前视基准面”，单击“正视于”按钮，单击“草图”，切换到“草图”面板。单击“圆”按钮，如图 2-51 中①所示。在绘图区中单击圆心，向远离圆心的位置移动鼠标到一定的距离后单击鼠标，绘制出一个小圆，如图 2-51 中②③所示。勾选“圆”属性管理器中的“作为构造线”，如图 2-51 中④所示。单击刚绘制出的构造圆的上端点，向上移动鼠标到一定的距离后单击鼠标，绘制出一个小圆，单击“关闭对话框”按钮，如图 2-50 中⑤～⑦所示。

3）单击“草图”面板中的“圆心/起/终点画弧”按钮或单击菜单“工具”→“草

图绘制实体”→“圆心/起/终点画弧”，如图 2-52 中①所示。在图形区域单击鼠标确定圆弧圆心，向上移动鼠标到圆弧开始点的单击，向下移动鼠标至圆弧的终点单击，如图 2-52 中②~④所示。单击“关闭对话框”按钮✔。

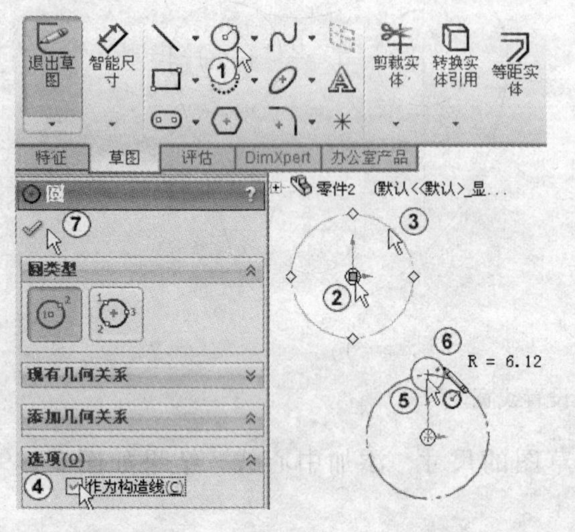

图 2-51　绘制 2 个圆

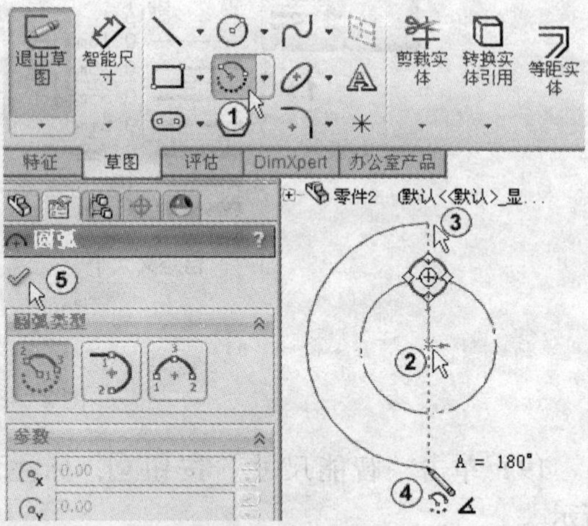

图 2-52　绘制圆弧

4）单击“直线”按钮◺，用鼠标捕捉圆弧的下端点后单击，向右移动鼠标到适当的距离后单击，向上移动鼠标到与圆弧的上端点平齐后单击，用鼠标捕捉圆弧的上端点后单击，单击“确定”按钮✔。如图 2-53 中①~④所示。

5）单击”边角矩形”按钮□，在绘图区中适当位置单击，向右上角移动鼠标到适当位置时单击，如图 2-54 中①②所示。

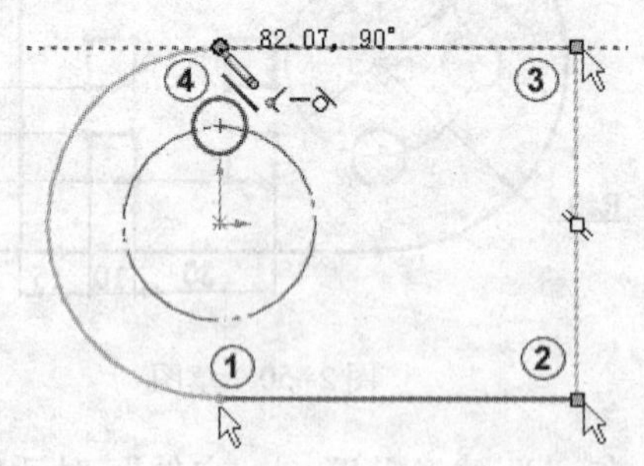

图 2-53　绘制直线

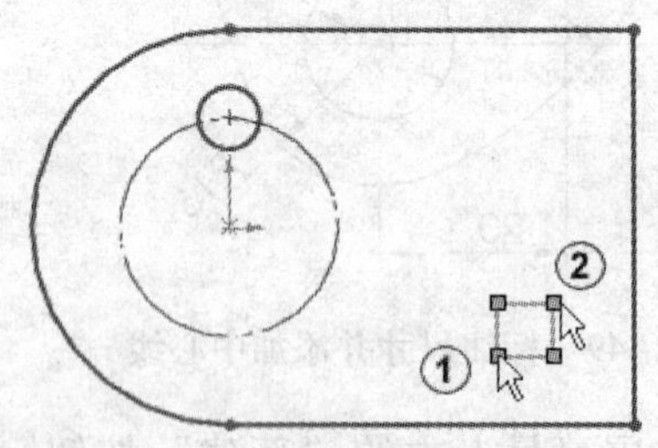

图 2-54　绘制矩形

6）此时矩形处于选中状态，单击“草图”面板上的“线性草图阵列”按钮▦或单击菜单“工具”→“草图工具”→“线性阵列”，如图 2-55 中①所示。系统弹出“线性阵列”属性管理器，在“方向 1”中，设置“间距”值为 30，单击“反向”按钮◩，勾选“添加间距尺寸”复选框，如图 2-55 中②~④所示。在“方向 2”中，单击“实例数”旁的按钮▭，设置其为 3（包括原始草图在内），设置“间距”值为 20，勾选“添加间距尺寸”，如图 2-55 中⑤~⑦所示。预览图如图 2-55 中⑧所示。其他取默认值，单击“确定”按钮✔完成草图实体的线性阵列。

7）单击“草图”面板上的“圆周草图阵列”按钮或单击菜单“工具”→“草图工具”→“圆周阵列”，如图 2-56 中①②所示。系统弹出“圆周阵列”属性管理器，单击“可跳过的实例” 可跳过的实例(I) ，在“要跳过的单元”选择框中单击鼠标，在绘图区单击想跳过的圆的圆心，结果在选择框中出现了“（2）”，如图 2-56 中③～⑥所示。单击“确定”按钮✓完成草图实体的圆周阵列。

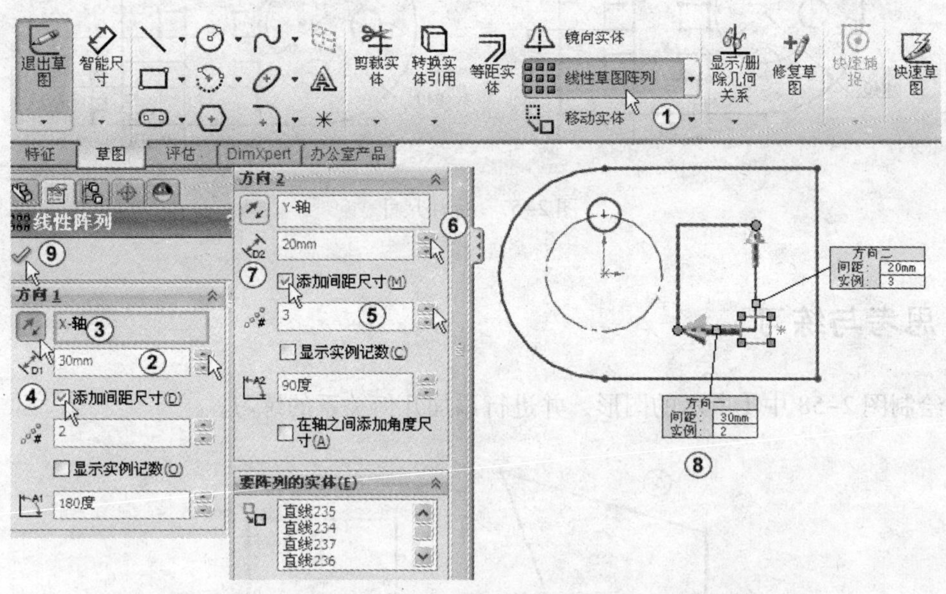

图 2-55　线性阵列

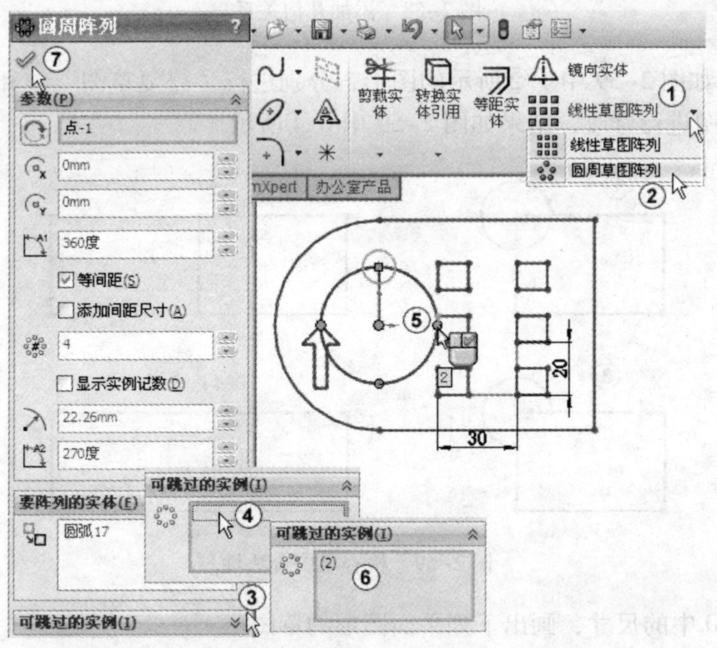

图 2-56　圆周阵列

8）单击“智能尺寸”按钮，标注出圆和圆弧的尺寸，如图 2-57 中左图所示。标注出矩形的定形定位尺寸，如图 2-57 中右图所示。

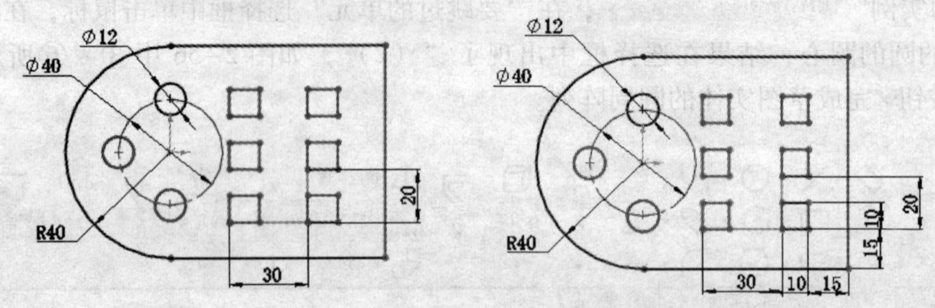

图 2-57　标注尺寸

2.7　思考与练习

1. 绘制图 2-58 中①所示的图形，并进行添加几何关系的练习。

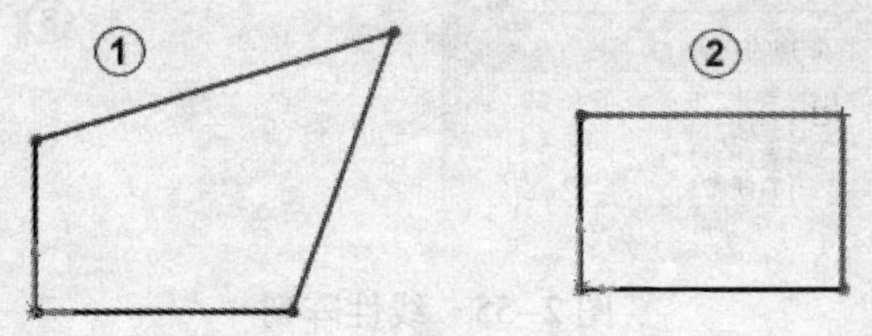

图 2-58　添加几何关系

2. 分别绘制如图 2-59 中①②所示的图形，分别进行“修复草图”和检查草图合法性的练习，并对草图进行修改，结果如图 2-59 中③④所示。

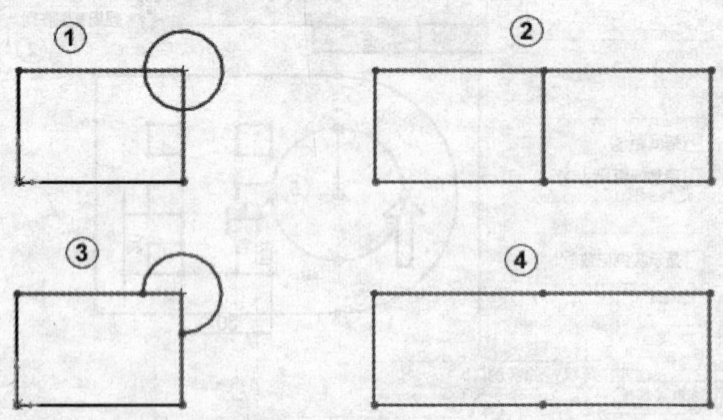

图 2-59　检查草图合法性

3. 按图 2-60 中的尺寸，画出下列平面图形的草图。

（说明：尺寸标注有不符合新国家标准处为软件本身所限，读者可自行保存为 AutoCAD 软件可读格式，在 AutoCAD 中进行修改。）

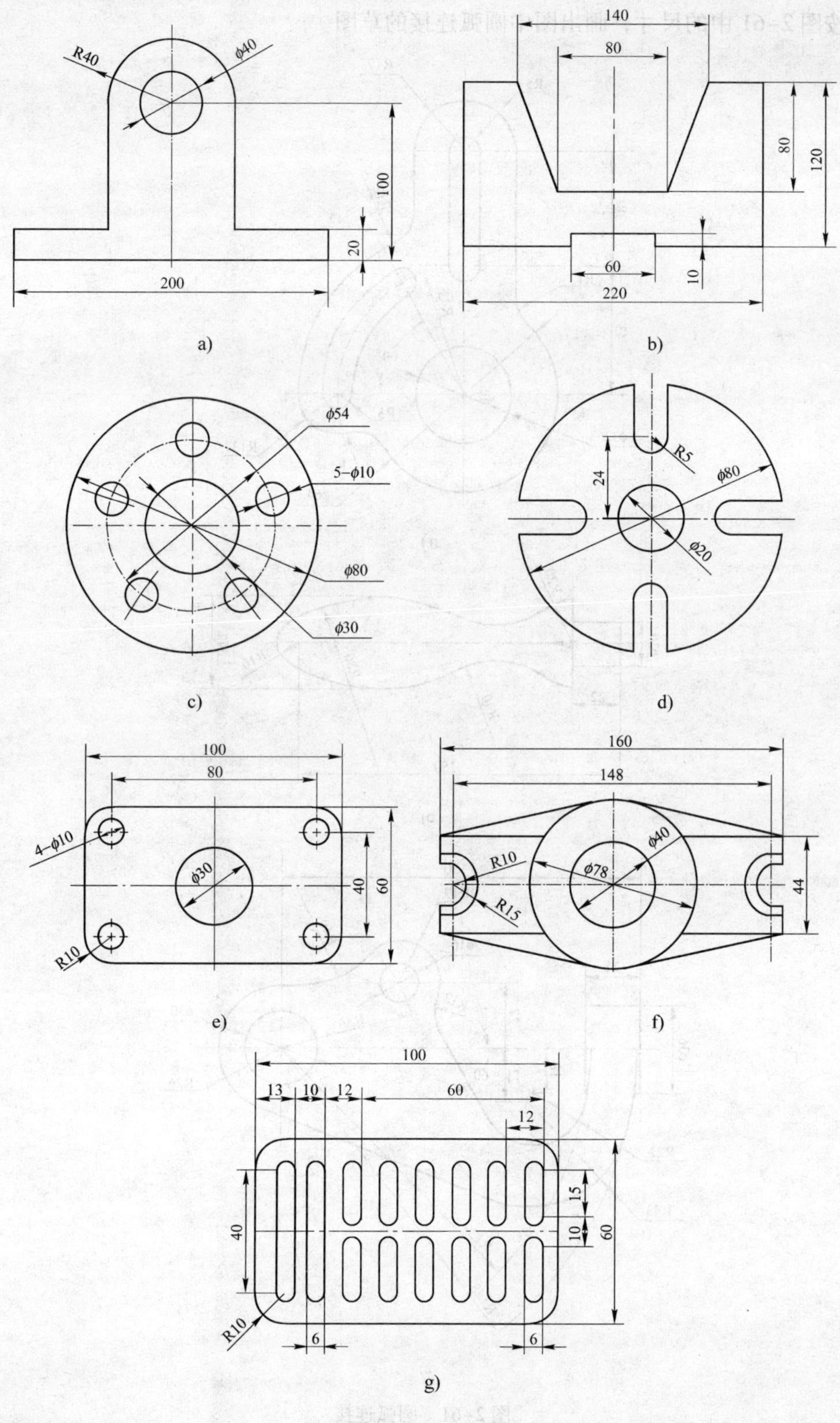

图 2-60　平面图形

R40
ϕ40
100
20
200
a)
140
80
80
120
60
10
220
b)
ϕ54
5-ϕ10
ϕ80
ϕ30
c)
R5
24
ϕ80
ϕ20
d)
100
80
4-ϕ10
ϕ30
40
60
R10
e)
160
148
ϕ40
R10
ϕ78
R15
44
f)
100
13
10
12
60
12
15
40
10
60
R10
6
6
g)

4. 按图 2-61 中的尺寸，画出图中圆弧连接的草图。

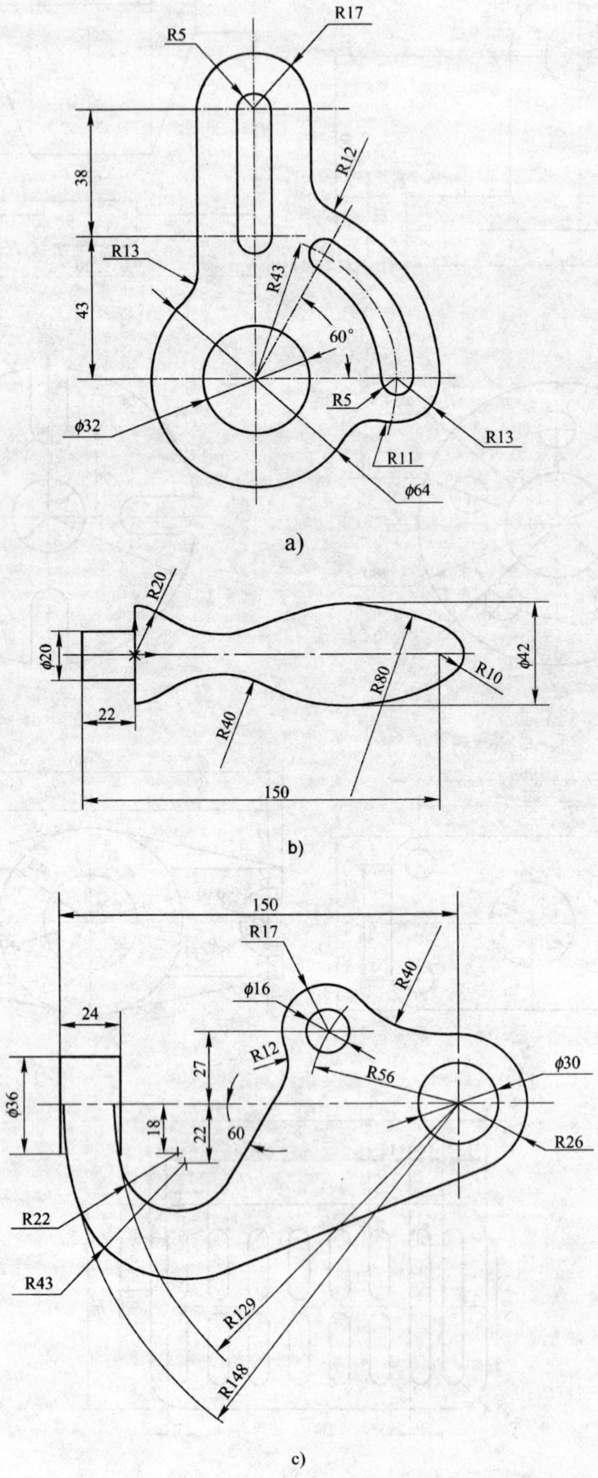

图 2-61　圆弧连接

第 3 章　基准面/基准轴

通常生成模型的第一步就是选择基准面，除了系统已有的三个默认的基准面外，还可选择模型上的面。如果想要的面没有的话，就需要自己动手来生成。可见基准面是生成模型的基础。基准轴常用于圆周阵列等特征中，它也是生成模型的基础。本章主要讲述如何生成基准面/基准轴。

3.1　基准面

在模型设计中离不开基准面，基准面是建模中不可缺少的辅助工具。

3.1.1　基准面基础知识

1. 创建基准面的方法

1）单击“特征”面板中的“参考几何体”→“基准面”或者单击菜单“插入”→“参考几何体”→“基准面”，系统弹出“基准面”属性管理器。

2）选择生成基准面的方式。

3）设置基准面参数。

4）单击“确定”按钮。

2. 属性管理器及参数

基准面属性管理器及参数如表 3-1 所示。

表 3-1　基准面属性管理器及参数

基　准　面	属性管理器	生成基准面方式	说　明
	基准面 信息 选取参考引用和约束 第一参考 第二参考 第三参考	重合	生成与参考面重合的基准面
		平行	生成与参考面平行的基准面
		垂直	生成与参考面垂直的基准面
		投影	将选定对象投影到曲面上生成基准面
		相切	生成与圆柱面或圆锥面相切的基准面
		两面夹角	通过一条边线或轴线以选定面为基准生成一个夹角基准面
		偏移距离	生成与参考面等距基准面
		两侧对称	在参考面两侧生成对称基准面

3.1.2　创建基准面实例

1）单击菜单“文件”→“新建”命令，在弹出的新建文件对话框中选择“零件”文件，单击“确定”按钮。

2）从特征管理器中选择“前视基准面”→正视于，单击“草图”切换到草图绘制面板，单击”边角矩形”按钮，在绘图区绘制一个矩形，如图3-1中①所示。

3）单击“特征”，切换到特征面板，单击“拉伸凸台/基体”按钮，系统弹出“凸台-拉伸”属性管理器，在“方向1”栏的“终止条件”选择框中选择“两侧对称”，在“深度”输入框中输入30，如图3-1中②③所示。其他采用默认设置，单击“确定”按钮，结果如图3-1中④⑤所示。

4）为了看得清楚些即将要建立的基准面，单击“显示样式”，选择“线架图”，如图3-2中①②所示。

5）生成一通过边线（或轴或草图线）及点（或通过三点）的基准面。单击“特征”面板中“参考几何体”下方的倒三角形按钮，如图3-2中③所示，在弹出的选项中选择“基准面”，如图3-2中④所示。系统弹出“基准面”属性管理器，移动鼠标在绘图区中选择模型的一条边，系统自动在“第一参考”输入框中出现“边线<1>”，如图3-2中⑤所示，选择“重合”约束，如图3-2中⑥所示。移动鼠标在绘图区中选择模型的原点，系统自动在“第二参考”输入框中输入“点1@原点”，如图3-2中⑦所示，选择“重合”约束，如图3-2中⑧所示，其他采用默认设置。单击“确定”按钮完成基准面创建操作。

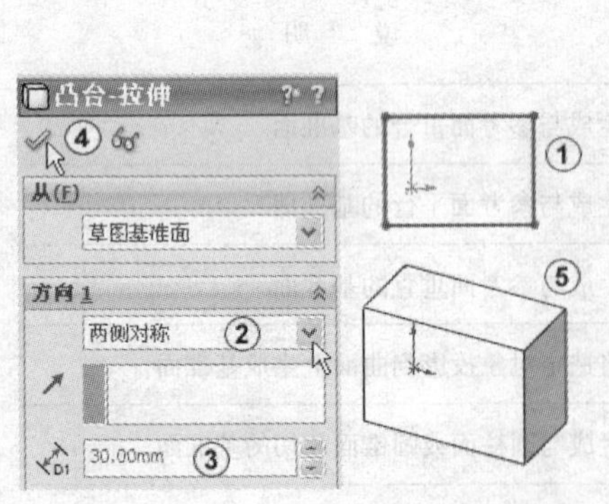

图3-1　生成长方体

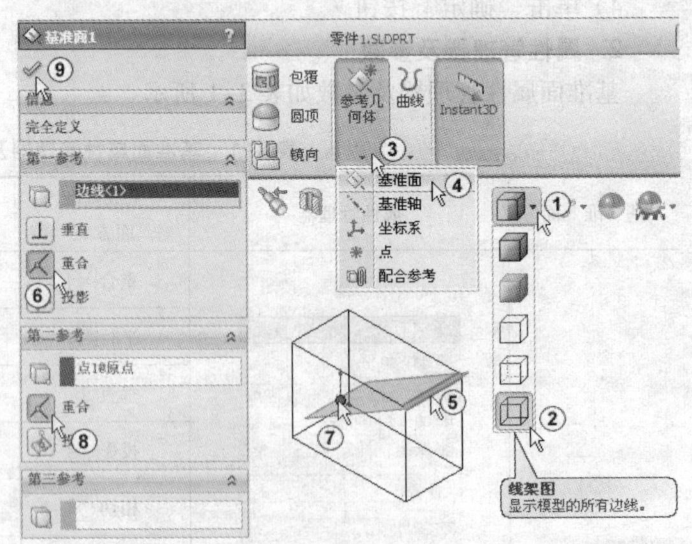

图3-2　通过直线和点创建基准面

6）单击屏幕最上方的“撤销”按钮或者按组合键〈Ctrl+Z〉，取消上一步的建立基准面的操作，回到长方体状态。

7）生成一通过平行于基准面（或面）和点的基准面。单击“特征”面板中的“参考几何体”→“基准面”，系统弹出“基准面”属性管理器，移动鼠标在绘图区中选择模型的最上面，系统自动在“第一参考”输入框中出现“面<1>”，选择“平行”约束，如图3-3中①②所示。移动鼠标在绘图区中选择模型的原点，系统自动在“第二参考”输入框中输入“点1@原点”，选择“重合”约束，如图3-3中③④所示，其他采用默认设置。单击“确定”按钮完成基准面创建操作。

8）单击屏幕最上方的“撤销”按钮或者按组合键〈Ctrl + Z〉，取消上一步的建立基准面的操作，回到长方体状态。

9）生成一基准面，它通过一条边线、轴线或草图线，并与一个面或基准面成一定角度。单击“特征”面板中的“参考几何体”→“基准面”，系统弹出“基准面”属性管理器，移动鼠标在绘图区中选择模型的最上面，系统自动在“第一参考”输入框中出现“面<1>”，选择“角度”约束，输入角度值为60，如图3-4中①②③所示。移动鼠标在绘图区中选择模型的边线，系统自动在“第二参考”输入框中出现“边线<2>”，选择“重合”约束，如图3-4中④⑤所示，其他采用默认设置。单击“确定”按钮完成基准面创建操作。

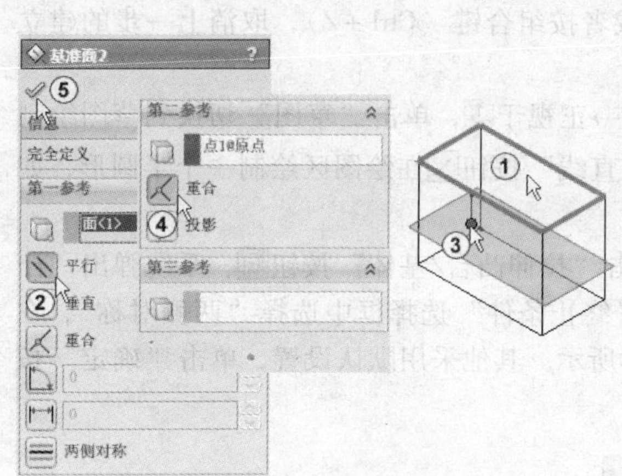

图3-3　通过点和平行面创建基准面

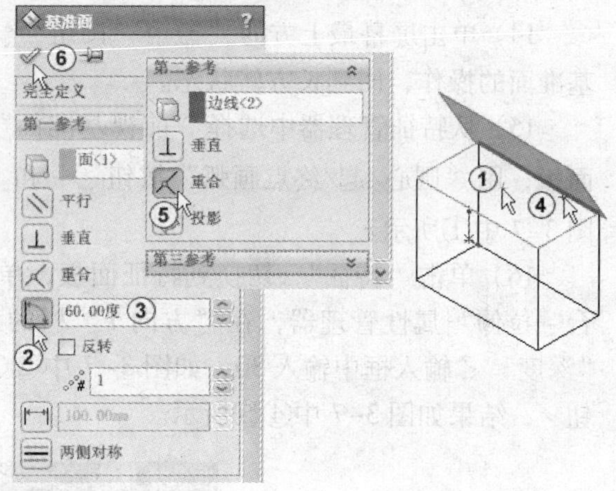

图3-4　创建通过面的边线并绕边线旋转的基准面

10）单击屏幕最上方的“撤销”按钮或者按组合键〈Ctrl + Z〉，取消上一步的建立基准面的操作，回到长方体状态。

11）生成平行于一个基准面或面，并等距指定距离的基准面。单击“特征”面板中的“参考几何体”→“基准面”，系统弹出“基准面”属性管理器，移动鼠标在绘图区中选择模型的最上面，系统自动在“第一参考”输入框中出现“面<1>”，选择“距离”约束，输入距离值为40，如图3-5中①②③所示。其他采用默认设置，单击“确定”按钮完成基准面创建操作。

12）单击屏幕最上方的“撤销”按钮或者按组合键〈Ctrl + Z〉，取消上一步的建立基准面的操作回到长方体状态。

13）生成通过一个点且垂直于一边线、轴线或曲线的基准面。单击“特征”面板中的“参考几何体”→“基准面”，系统弹出“基准面”属性管理器，移动鼠标在绘图区中选择模型的一条边线，系统自动在“第一参考”输入框中出现“边线<1>”，选择“垂直”约束，如图3-6中①②所示。移动鼠标在绘图区中选择模型的中点，系统自动在“第二参考”输入框中出现“点<1>”，选择“重合”约束，如图3-6中③④所示。其他采用默认设置，单击“确定”按钮完成基准面创建操作。

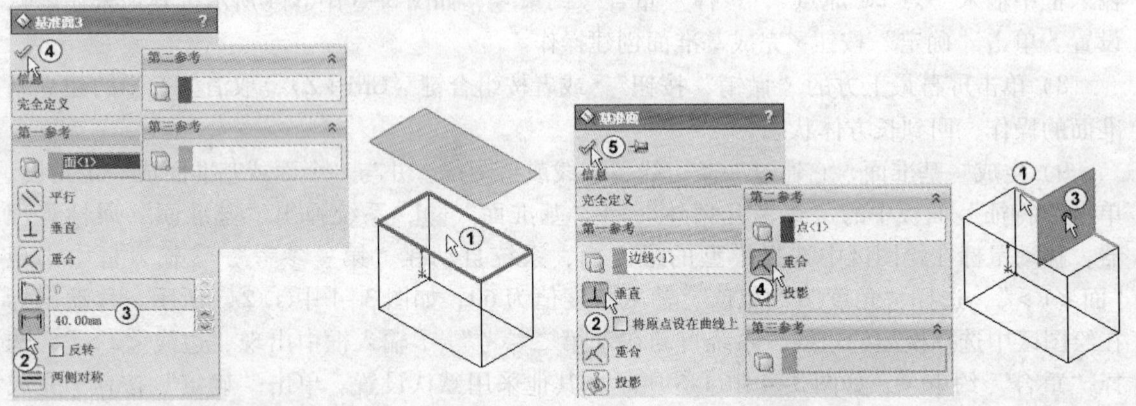

图3-5 创建与面平行的基准面　　图3-6 创建垂直于曲线的基准面

14）单击屏幕最上方的“撤销”按钮或者按组合键〈Ctrl + Z〉，取消上一步的建立基准面的操作，回到长方体状态。

15）从特征管理器中选择“前视基准面”→正视于，单击“草图”切换到草图绘制面板，用“圆心/起/终点画弧”按钮和“直线”按钮在绘图区绘制一个半圆形，如图3-7中①所示。

16）单击“特征”，切换到特征面板，单击“拉伸凸台/基体”按钮，系统弹出“凸台-拉伸”属性管理器，在“方向1”栏的“终止条件”选择框中选择“两侧对称”，在“深度”输入框中输入30，如图3-7中②③所示。其他采用默认设置，单击“确定”按钮，结果如图3-7中④⑤所示。

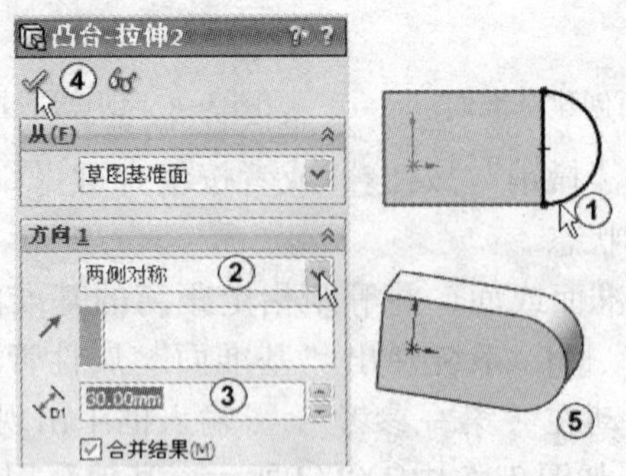

图3-7 生成半圆柱

17）在圆形曲面上生成一基准面。单击“特征”面板中的“参考几何体”→“基准面”，系统弹出“基准面”属性管理器，移动鼠标在绘图区中选择模型的圆柱面，系统自动在“第一参考”输入框中输入“面<1>”，选择“相切”约束，如图3-8中①②所示。移动鼠标在特征管理器中选择“上视基准面”，如图3-8中③所示。系统自动在“第二参考”输入框中输入“上视基准面”，选择“角度”约束，输入角度值为30°，如

图 3-8 中④⑤所示。其他采用默认设置。单击“确定”按钮✔完成基准面创建操作。

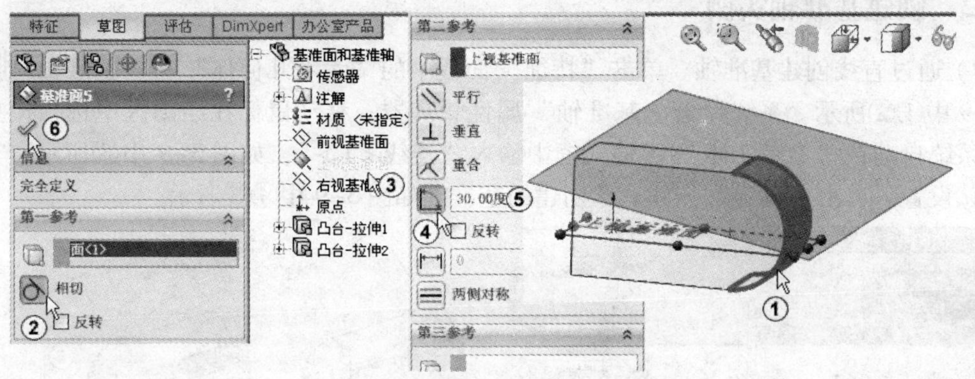

图 3-8 创建曲面切平面的基准面

3.2 基准轴

在建模过程中需要用到基准轴的辅助。如圆周阵列中的中心轴等。

3.2.1 基准轴基础知识

1. 创建基准轴的方法

1）单击“特征”面板中的“参考几何体”→“基准轴”或者单击菜单“插入”→“参考几何体”→“基准轴”，系统弹出“基准轴”属性管理器。

2）选择生成基准轴的方式。

3）设置基准轴参数。

4）单击“确定”按钮✔。

2. 基准轴属性管理器参数

基准轴属性管理器及参数如表 3-2 所示。

表 3-2 基准轴属性管理器及参数

基 准 轴	属性管理器	生成基准轴方式	说 明
	基准轴 选择(S) 一直线/边线/轴(O) 两平面(T) 两点/顶点(W) 圆柱/圆锥面(C) 点和面/基准面(P)		使用已有的草图直线、模型边线、临时轴生成基准轴
			通过二个空间平面的交线生成基准轴
			通过二个空间点（包括顶点、中点或草图点）生成基准轴
			通过圆柱或圆锥的轴线生成基准轴
			通过空间一点和平面产生垂直于平面的基准轴

3.3.2 创建基准轴实例

1）通过直线创建基准轴。单击“特征”面板中的“参考几何体”→“基准轴”，如图 3-9 中①②所示。系统弹出“基准轴”属性管理器，移动鼠标在绘图区中选择模型的边线，系统自动在“参考实体”输入框中输入“连线 <1>”，如图 3-9 中③所示。其他采用默认设置。单击“确定”按钮，创建的基准轴如图 3-9 中④⑤所示。

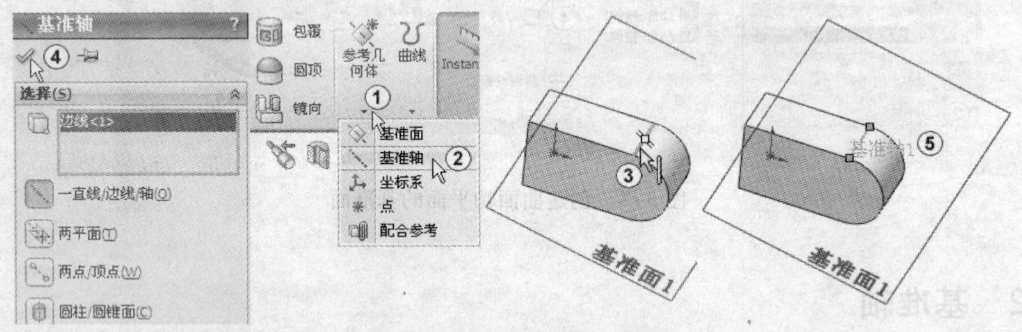

图 3-9　选择直线创建基准轴

2）单击屏幕最上方的“撤销”按钮或者按组合键〈Ctrl + Z〉，取消上一步的建立基准轴的操作。

3）通过两平面创建基准轴。单击“特征”面板中的“参考几何体”→“基准轴”。系统弹出“基准轴”属性管理器，移动鼠标在特征管理器中选择“基准面 1”和“前视基准面”，系统自动在“参考实体”输入框中输入“基准面 1”和“前视基准面”，如图 3-10 中①②所示，其他采用默认设置。单击“确定”按钮，结果如图 3-10 中③④所示。

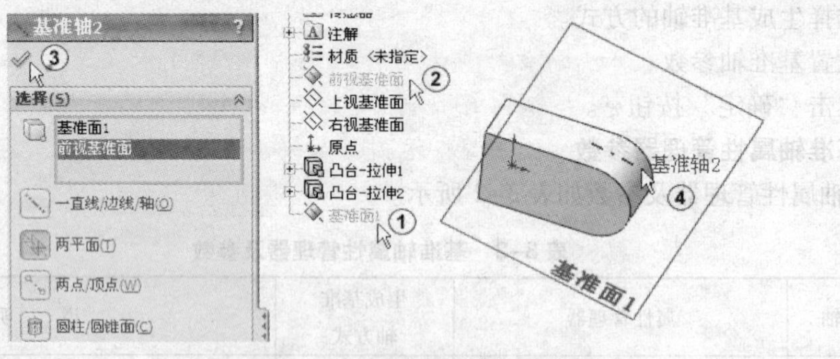

图 3-10　通过两平面创建基准轴

4）单击屏幕最上方的“撤销”按钮或者按组合键〈Ctrl + Z〉，取消上一步的建立基准轴的操作。

5）鼠标右键单击“基准面 1”，从弹出的快捷菜单中选择“删除”。

6）通过两顶点创建基准轴。单击“特征”面板中的“参考几何体”→“基准轴”，系统弹出“基准轴”属性管理器，移动鼠标在绘图区中分别选择模型的两个点，系统自动在“参考实体”输入框中输入“顶点 <1>”和“顶点 <2>”，如图 3-11 中①②所示。其他采用默认设置。单击“确定”按钮，创建的基准轴如图 3-11 中③④所示。

7）单击屏幕最上方的“撤销”按钮或者按组合键〈Ctrl + Z〉，取消上一步的建立基准轴的操作。

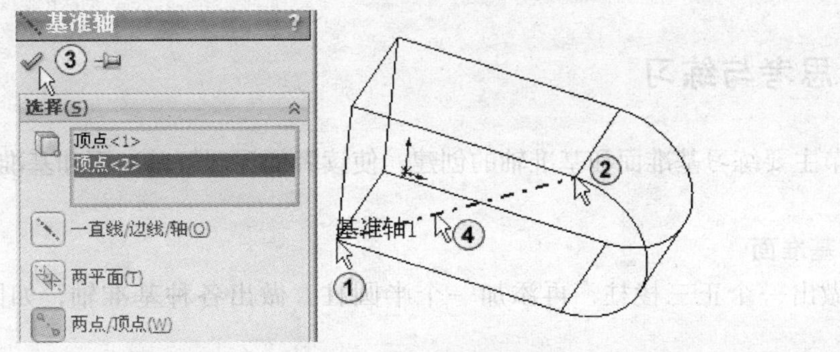

图 3-11　通过两顶点创建基准轴

8）创建基准轴。单击“特征”面板中的“参考几何体”→“基准轴”，系统弹出“基准轴”属性管理器，移动鼠标在绘图区中选择模型的圆柱面，系统自动在“参考实体”输入框中输入“面 <1 >”，其他采用默认设置。单击“确定”按钮完成基准轴创建操作。结果如图 3-12 中②③所示。

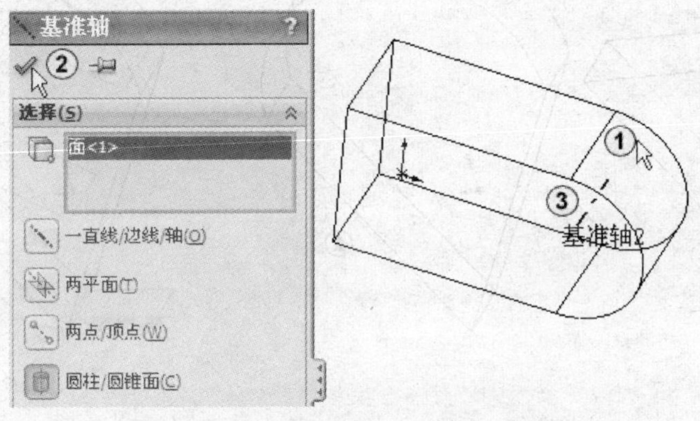

图 3-12　通过圆柱体的轴心创建基准轴

9）单击屏幕最上方的“撤销”按钮或者按组合键〈Ctrl + Z〉，取消上一步的建立基准轴的操作。

10）创建基准轴。单击“特征”面板中的“参考几何体”→“基准轴”，系统弹出“基准轴”属性管理器，移动鼠标在绘图区中选择模型的一个面 1 和原点，系统自动在“参考实体”输入框中输入“面 <1 >”和“点 1@ 原点”，如图 3-13 中①②所示，其他采用默认设置。单击“确定”按钮，结果如图 3-13 中③④所示。

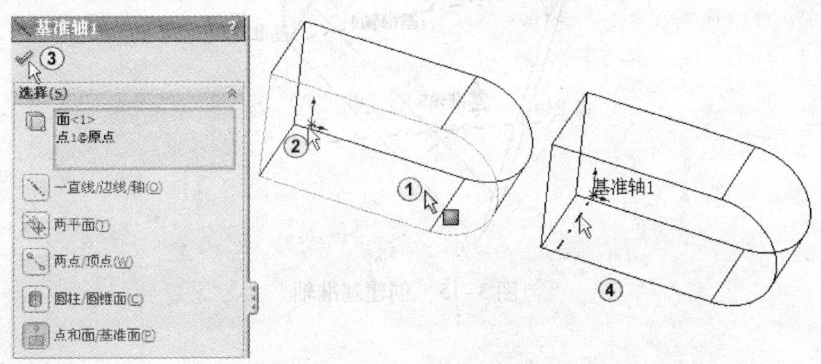

图 3-13　通过点和面创建基准轴

3.3 思考与练习

本节主要练习基准面和基准轴的创建，使读者加深理解基准面和基准轴在建模中所起的作用。

1. 基准面

先做出一个正三棱柱，再添加一个半圆柱，做出各种基准轴，如图 3-14 中①②③所示。

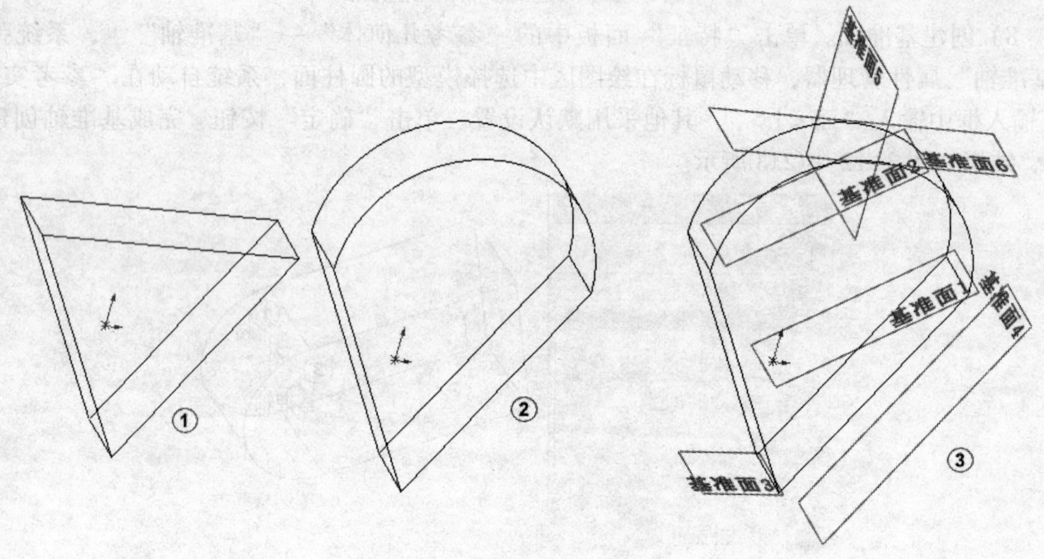

图 3-14　创建基准面

2. 基准轴

做出各种基准轴，如图 3-15 所示。

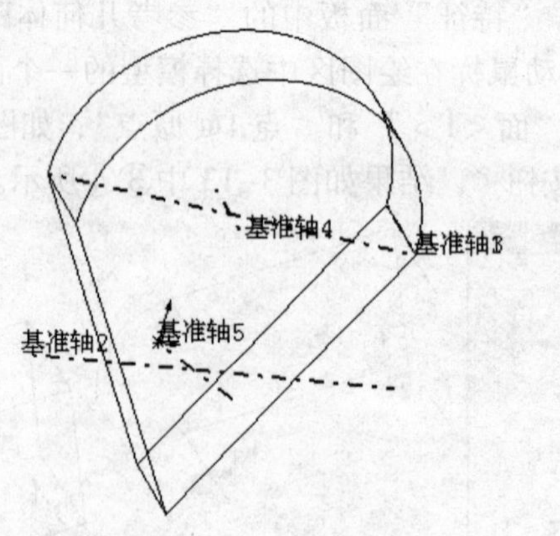

图 3-15　创建基准轴

第4章 基本特征

以草图的形体和尺寸为依据，通过拉伸、旋转、扫描、放样等将2D草图转换成3D实体，然后进行切除、倒角、圆角、钻孔等操作，最后进行拔模、抽壳等即可完成SolidWorks零件的造型。SolidWorks零件由一个个的特征组成。特征是三维建模的基础。SolidWorks提供了很多的特征造型命令，这些命令颁布在“特征”栏和“插入”菜单中。

在特征命令中可以分成基础特征、装饰特征和变换特征。如拉伸/切除拉伸、旋转/切除旋转、扫描/切除扫描、放样/切除放样、属于基础特征。圆角、倒角、抽壳、拔模、筋、圆顶、包覆、异型孔等属于装饰特征。变形、圆周阵列、线性阵列、复制移动等属于变换特征。

建立零件的造型的过程如下。

1）选择基准面，对草图进行完全定义，完成其绘制。

2）用拉伸、旋转、扫描、放样等完成实体造型的基体（基体就是生成零件的第一个特征）。

3）选择基准面或选择实体的一个面或建立一个新的基准面，并绘制新的草图。

4）用拉伸、旋转、扫描、放样等对新的草图进行造型操作。

5）对已经形成的特征用圆角、倒角、钻孔等进行造型操作。

6）用拔模、抽壳等进行造型操作。

7）用镜像、阵列等进行造型操作，完成实体特征的造型。

8）检查，如果不符合要求，则编辑草图或者特征进行修改，直到满意为止。

4.1 拉伸/切除

拉伸是将轮廓草图向指定的方向直线延伸形成实体，切除拉伸是将轮廓草图从已有实体中切除。它们适合于构造截面相同的实体特征。

拉伸类型可分为薄壁拉伸、凸台拉伸和切除拉伸，如图4-1所示。

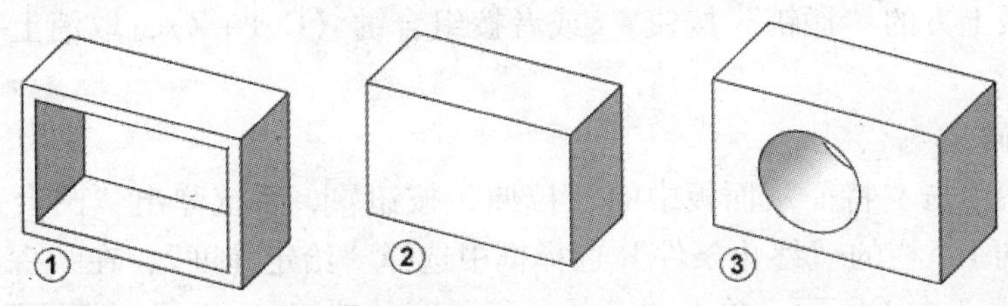

图4-1 薄壁拉伸、凸台拉伸和切除拉伸

创建拉伸/切除拉伸的步骤如下。

1）绘制拉伸草图。

2）选择拉伸草图，单击“拉伸”按钮或单击“切除拉伸”按钮。

3）选择“开始条件”。

4）选择“结束条件”。

5）输入对应的参数。

6）单击“确定”按钮。

4.1.1 拉伸的三种类型

1. 薄壁拉伸

1）单击菜单“文件”→“新建”命令，在弹出的新建文件对话框中选择“零件”文件，单击“确定”按钮。

2）从特征管理器中选择“前视基准面”，单击“正视于”按钮，单击“草图”切换到草图绘制面板，单击“边角矩形”按钮，在绘图区绘制一个矩形。

3）单击“特征”，切换到特征面板，单击“拉伸凸台/基体”按钮，系统弹出“凸台-拉伸”属性管理器，在“方向1”栏的“终止条件”选择框中选择“给定深度”，在“深度”输入框中输入20，如图4-2中①所示。勾选“薄壁特征”选项，选择加厚方式为“单向”，单击“反向”按钮使壁厚方向向内，输入厚度为3，如图4-2中②~④所示。其他采用默认设置，单击“确定”按钮完成薄壁拉伸操作，结果如图4-2中⑤⑥所示。

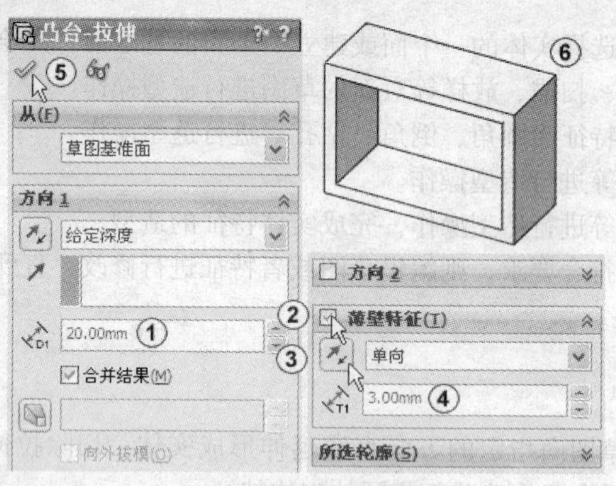

图4-2 薄壁拉伸

单击屏幕最上方的“撤销”按钮或者按组合键〈Ctrl + Z〉，取消上一步的操作回到矩形草图状态。

2. 凸台拉伸

创建拉伸。单击“特征”面板中的“拉伸”按钮，系统弹出“凸台-拉伸”属性管理器，在“方向1”栏的“终止条件”选择框中选择“给定深度”，在“深度”输入框中输入20，如图4-3中①所示。单击“开始条件”旁的按钮，选择“等距”，输入等距值为50，如图4-3中②③④所示。其他采用默认设置，单击“确定”按钮完成拉伸操作，结果如图4-3中⑤⑥所示。

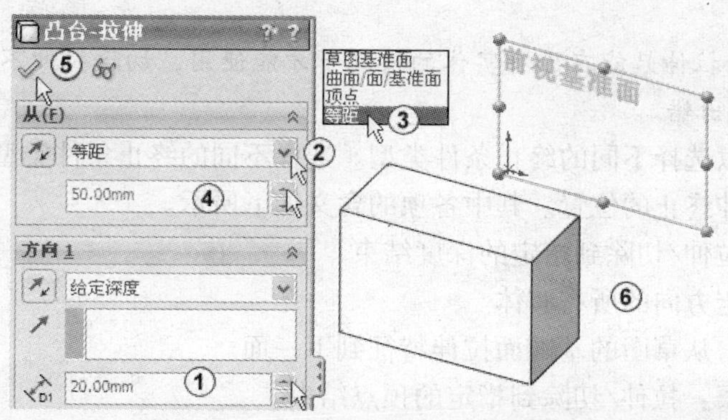

图 4-3　凸台拉伸

拉伸的开始条件用于指明拉伸开始的位置。开始条件包括“草图基准面”、“曲面/面/基准面”、“顶点” 和 “等距”，具体说明如下。

草图基准面：从绘制草图的基准面开始拉伸。

曲面/面/基准面：从指定的曲面、面、基准面开始拉伸，需要指定一个曲面、面或基准面。

顶点：从指定的顶点开始拉伸，需要指定一个顶点，这个顶点可以是模型的边线顶点或草图中的直线端点等。

等距：拉伸从草图基准面等距一段距离开始，需要输入一个距离值，可以单击“反向”按钮，从反向等距开始拉伸。

3. 切除拉伸

创建切除拉伸。在刚生成的长方体选择一个面，切换到“草图”面板，单击“圆”按钮，绘制出一个圆，如图 4-4 中①②所示。再切换回“特征”面板，单击“切除拉伸”按钮，如图 4-4 中③所示，系统弹出“切除 - 拉伸” 属性管理器，在“方向 1”栏的“终止条件” 选择框中选择“完全贯穿”，如图 4-4 中④⑤所示，其他采用默认设置，单击“确定” 按钮完成切除拉伸操作，结果如图 4-4 中⑥⑦所示。

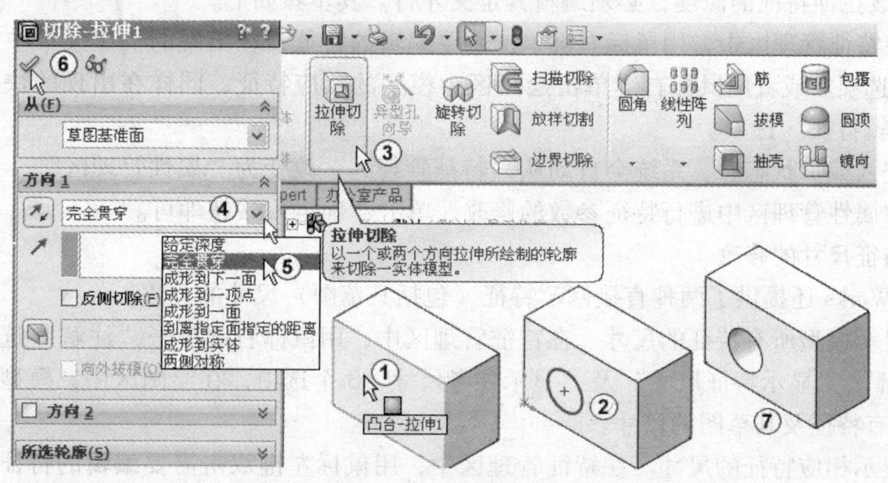

图 4-4　切除拉伸

注意：切除拉伸只能在已有实体的情况下才能使用，切除拉伸不能空切除（即切除不到实体），否则会出错。

切除拉伸时可以选择不同的终止条件类型。选择不同的终止条件类型，结果不一样。终止条件用来指明拉伸终止的位置。其中各项的含义如下所示。

给定深度：拉伸/切除到指定的深度结束。

完全贯穿：指定方向的所有实体。

成形到下一面：从草图的基准面拉伸特征到下一面。

成形到一顶点：拉伸/切除到指定的顶点结束。

成形到一面：拉伸/切除到指定的面结束。

到离指定面指定的距离：拉伸/切除到距指定面所规定的距离时结束。

成形到实体：拉伸/切除到已存在的实体结束。

两侧对称：以两侧对称拉伸/切除到指定的深度结束。

4.1.2 编辑特征

在生成一个特征后，还可以对特征进行一系列的基本操作，包括特征的编辑、压缩、删除、复制。

SolidWorks 特征的编辑主要包括特征草图的编辑、特征参数的编辑及特征尺寸的修改。

1. 特征草图的编辑

要修改特征的草图，可以使用以下方法之一：

1）在特征管理区中单击实体特征前面的⊞，展开该特征的草图，用鼠标右键单击该草图，在出现的快捷菜单中，选择“编辑草图”选项。

2）用鼠标右键单击绘图区中相应的特征，在出现的快捷菜单中，选择“编辑草图”选项。

2. 特征参数的编辑

草图是控制特征界面形状的，而特征的一些属性参数是在建立特征时定义的。因此，如果想要修改拉伸特征的深度，必须编辑其定义才行。其步骤如下。

1）在特征管理区中，用鼠标右键单击想要编辑的特征，在出现的快捷菜单中选择“编辑特征”选项。或者用鼠标右键单击绘图区中模型的相应特征，同样在出现的快捷菜单中选择“编辑特征”选项。

2）进入编辑状态后，系统会自动从“特征管理区”改变为“属性管理区”。

3）在属性管理区中进行特征参数的修改，单击“确定”铵钮即可。

3. 特征尺寸的修改

SolidWorks 还提供了两种直接修改特征（包括其草图）尺寸的方法。

1）显示模型所有特征的尺寸。在特征管理区中，用鼠标右键单击“注解”选项，选择“显示注解”、“显示特征尺寸”及“显示参考尺寸”3 个选项，在绘图区中，模型即会产生该模型所有特征及其草图的尺寸。

2）显示相应特征的尺寸。在特征管理区中，用鼠标左键双击需要编辑的特征，系统会显示该特征的全部尺寸。

用与上一章修改尺寸类似的方法，再用鼠标双击需要修改的尺寸，打开“修改”对话框，输入要修改的尺寸值，并单击“修改”对话框下方的“重建模型”按钮，即可修改模型特征中的尺寸。

4. 特征的压缩和解除压缩

特征被压缩后，将从模型中移除（但没有删除），并从模型视图上消失，在特征管理器显示为灰色。零件文件在特征压缩状态和正常状态下保存时，文件的大小不同，所有特征被压缩后，保存文件大约可以节省20%～80%的磁盘空间。特征压缩的步骤如下。

1）在特征管理区中选择特征，或在图形区域中选择特征的一个面。如要选择多个特征，在选择时按住〈Ctrl〉键。

2）单击特征栏中的“压缩”按钮，或在特征管理区中，用鼠标右键单击要压缩的特征，在出现的快捷菜单中，选择“压缩”选项。

解除特征的压缩方法与特征压缩的方法类似，单击特征栏中相应的“解除压缩”按钮。

5. 特征的删除

在特征管理区中选择需删除的特征（这里选择“切除－拉伸3”），如图4-5中①②所示。单击鼠标右键，在弹出的快捷菜单中选择“删除”选项，如图4-5中③所示。系统弹出“确认删除”对话框中，单击“是”按钮，如图4-5中④所示，结果如图4-5中⑤所示。删除特征后，会残留建立草图特征时所绘制的草图。若想删除特征时同时删除草图，则在“确认删除”对话框中选中“同时删除内含的特征”复选框，如图4-5中⑥所示。若想删除所有的子特征，选择“也删除所有的子特征”复选框。

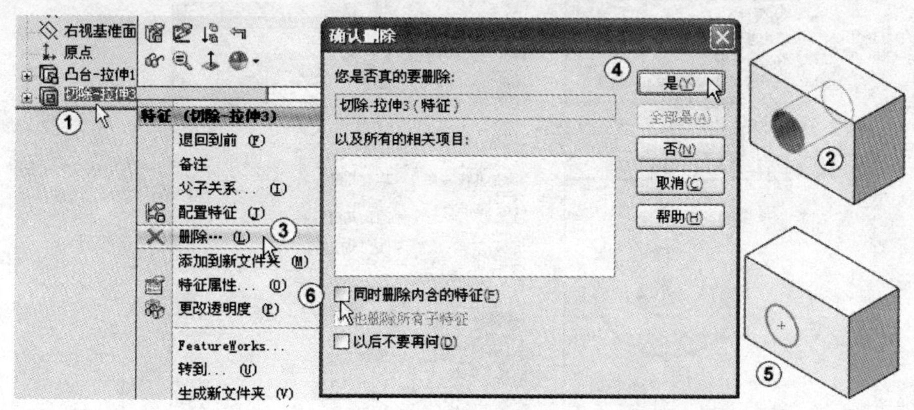

图4-5　删除特征

4.1.3　拉伸/切除实例

例1：建立如图4-6所示的半圆筒截交模型。本例的目的是使读者熟悉SW的基本操作过程。

1）单击菜单“文件”→“新建”命令，在弹出的新建文件对话框中选择“零件”文件，单击“确定”按钮。

2）从特征管理器中选择“右视基准面”，单击“正视于”按钮，如图4-7中①②所示，进入草图绘制界面。单击“圆”按钮，如图4-7中③所示。在绘图区中单击圆心，如

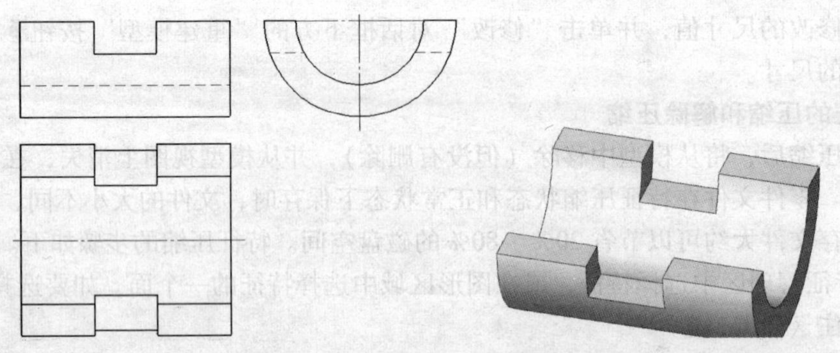

图 4-6　半圆筒截交模型

图 4-7 中④所示，向远离圆心的位置移动鼠标，在“圆”属性管理区中的“半径”中输入 12，如图 4-7 中⑤所示，绘制出一个小圆。在绘图区中再次单击圆心，如图 4-7 中④所示，向远离圆心的位置移动鼠标，在“圆”属性管理区中的“半径”中输入 18，如图 4-7 中⑥所示，绘制出一个小圆。单击“确定”按钮，如图 4-7 中⑦所示。

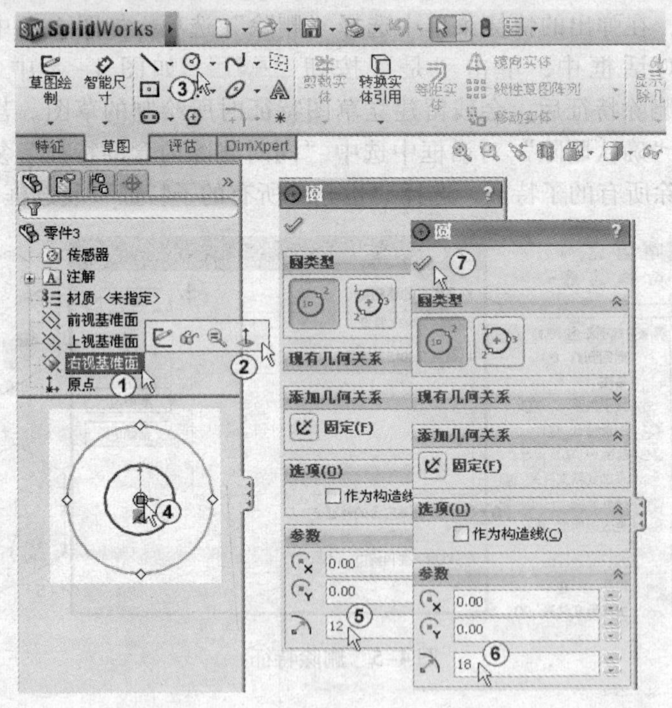

图 4-7　绘制 2 个同心圆

3）单击“直线”按钮，如图 4-8 中①所示。用鼠标捕捉大圆的左端点，如图 4-8 中②所示。向右移动鼠标，捕捉大圆的右端点，如图 4-8 中③所示，绘制出一条水平线。单击“剪裁实体”按钮，修剪直线，结果如图 4-8 中④⑤所示。单击“确定”按钮。

4）切换到“特征”面板，如图 4-9 中①所示。单击“拉伸凸台/基体”按钮，如图 4-9 中②所示。系统弹出“拉伸”属性管理器，在“方向 1”栏的“终止条件”选择框中选择“两侧对称”，在“深度”输入框中输入 40，如图 4-9 中③④所示。其他采用默认设置，预览图如图 4–9 中⑤所示。单击“确定”按钮✓完成拉伸操作。

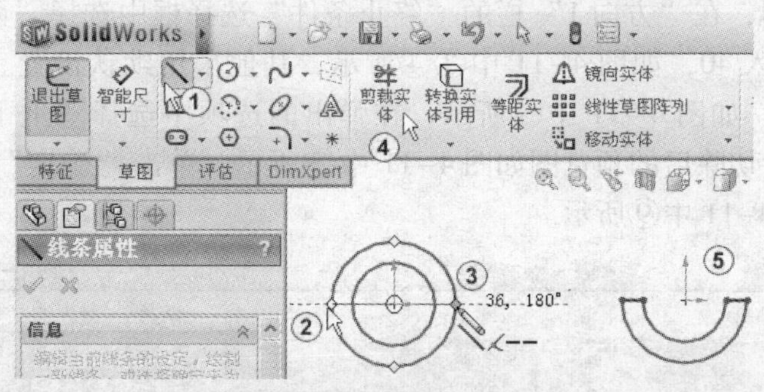

图 4–8　绘制半圆筒草图

图 4–9　建立半圆筒模型

5）切换到“草图”面板，如图 4–10 中①所示。从特征管理器中选择“前视基准面”，单击“正视于”按钮，如图 4–10 中②③所示，进入草图绘制界面。单击“中心矩形”按钮，如图 4–10 中④所示。在绘图区中捕捉圆心，如图 4–10 中⑤所示，向右上角移动鼠标到适当位置时单击鼠标左键。单击“智能尺寸”按钮标注出矩形长宽尺寸，如图 4–10 中⑥⑦所示。

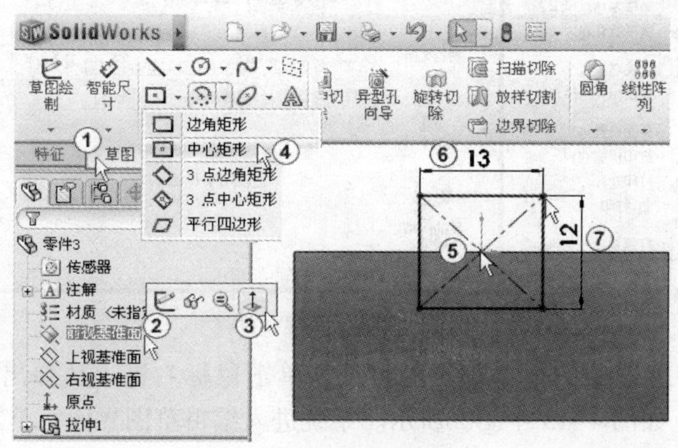

图 4–10　绘制矩形草图

6）切换到“特征”面板，单击“切除拉伸”按钮▣，如图 4-11 中②所示。系统弹出“拉伸”属性管理器，在“方向 1”栏的“终止条件”选择框中选择“两侧对称”，在“深度”输入框中输入 40，如图 4-11 中③④所示，其他采用默认设置。单击“视图定向”旁的倒三角形按钮，如图 4-11 中⑤所示，在弹出的选项中选择“上下二等角轴测”，如图 4-11 中⑥所示，切除后的预览图如图 4-11 中⑦所示。单击“确定”按钮✔完成切除拉伸操作。结果如图 4-11 中⑨所示。

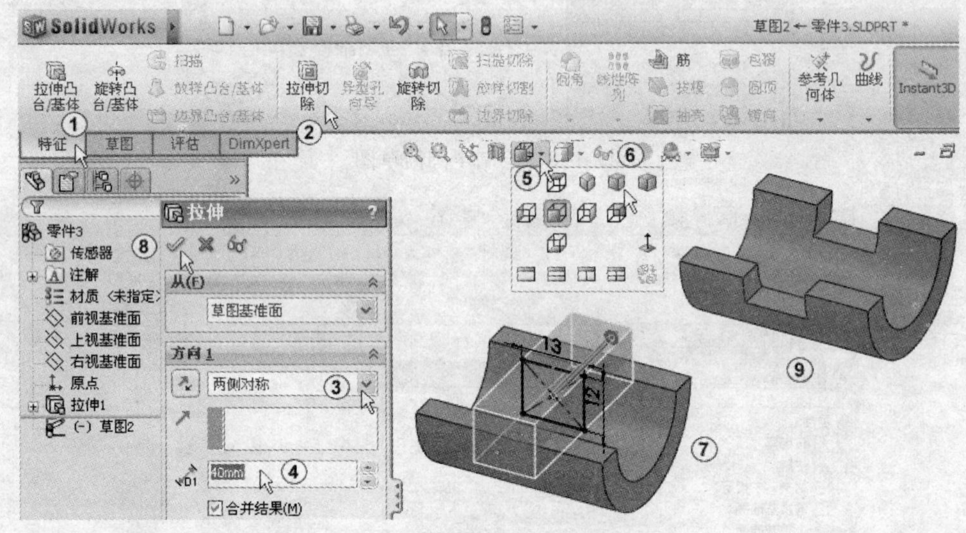

图 4-11　半圆筒截交模型

7）单击菜单“文件”→“另存为”，如图 4-12 中①②所示。系统弹出“另存为”对话框，单击“保存于”栏的下拉按钮⌄，如图 4-12 中③所示，选择保存的文件夹，在“文件名”栏中输入想取的文件名，单击“保存”按钮保存(S)，如图 4-12 中④⑤所示。

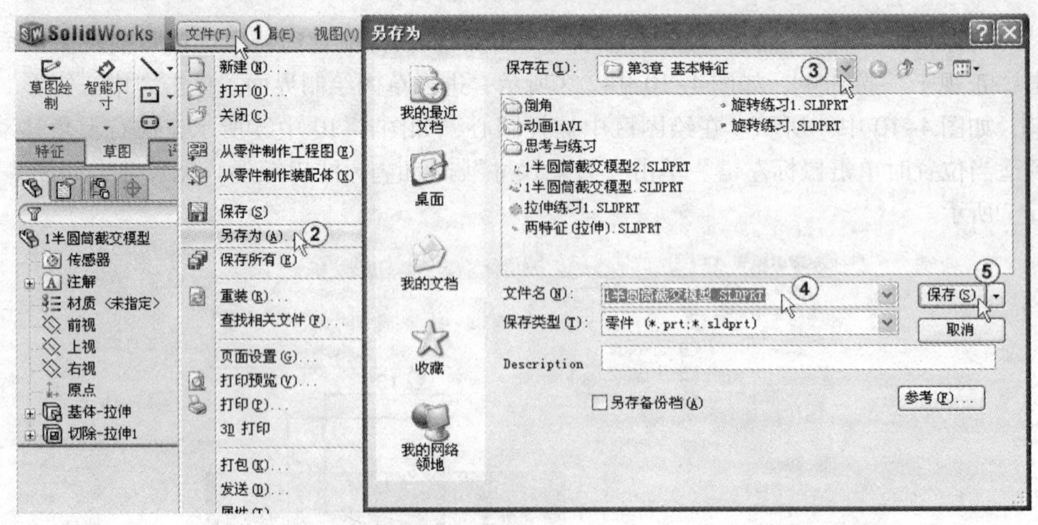

图 4-12　保存文件

8）单击特征管理器中的择要编辑的特征，单击鼠标右键，从弹出的快捷菜单中选择“编辑草图”选项，如图 4-13 中①②所示。系统进入编辑草图界面，单击如图 4-13 中③所示的点，向上移动鼠标，单击如图 4-13 中④所示的点。单击鼠标右键，从弹出的快捷菜单中选择“删除”，如图4-13中⑤所示。

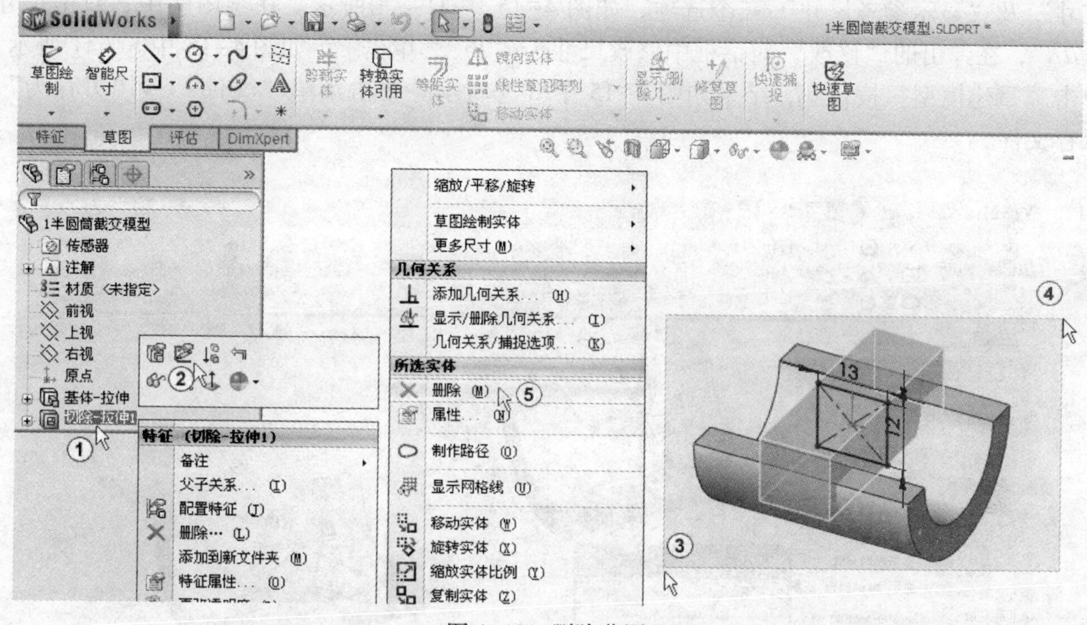

图4-13　删除草图

9）删除草图后的情况如图4-14中①所示。单击“圆”按钮，捕捉圆心，在“圆”属性管理区中的“半径”栏中输入“9”，绘制出一个圆如图4-14中②③④所示。单击“智能尺寸”按钮，标注圆的尺寸，结果如图4-14中⑤⑥所示。单击“重建模型”按钮，结果如图4-14中⑦⑧所示。单击菜单“文件”→“另存为”，保存文件。

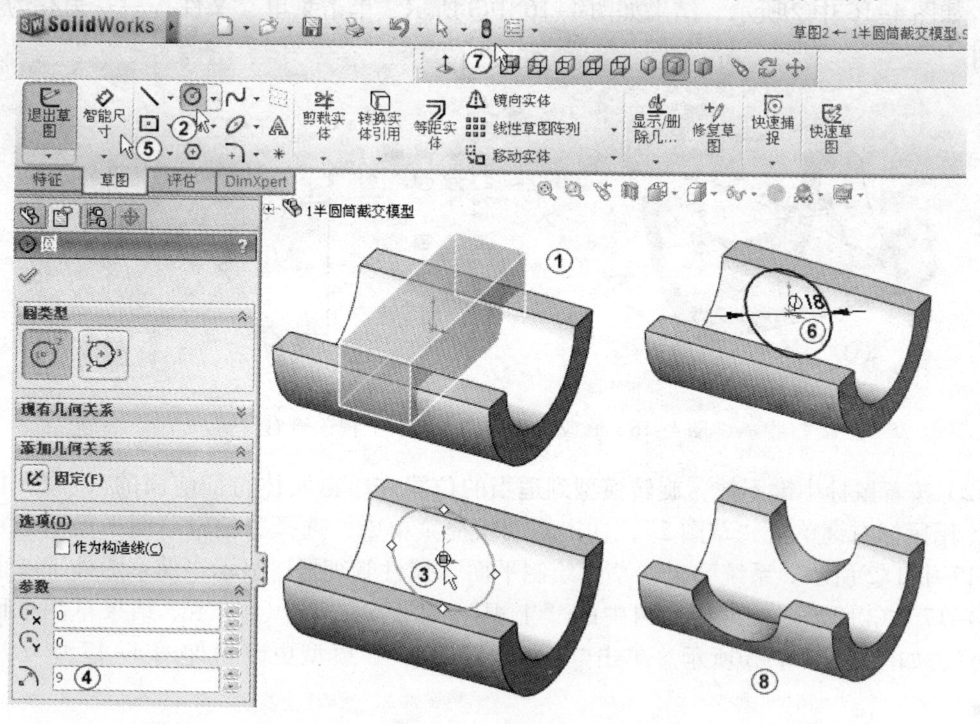

图4-14　保存文件

10）在特征管理区中，用鼠标右键单击“注解”选项，选择“显示注解”、“显示特征尺寸”及“显示参考尺寸”三个选项，如图 4-15 中①～④所示。在绘图区中，双击尺寸“*ϕ18*”，在弹出的“修改”对话框中修改尺寸为“26”，单击✓，如图 4-15 中⑤⑥⑦所示。单击“重建模型”按钮⑧，结果如图 4-15 中⑧⑨所示。单击菜单“文件”→“另存为”，保存文件。

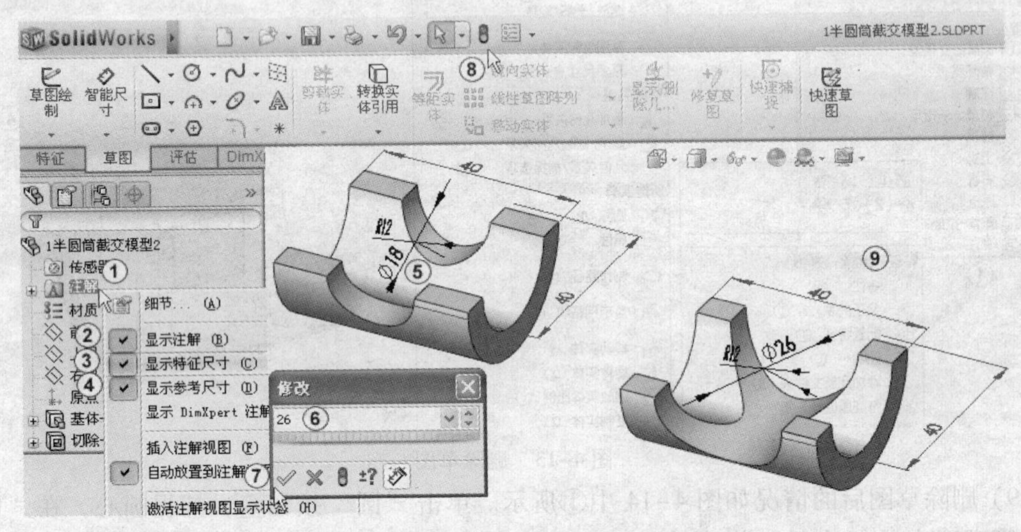

图 4-15　修改特征尺寸

11）重复上述过程，将 *ϕ26* 改为“*ϕ24*”，如图 4-16 中①所示。单击“草图定向”中的上视，如图 4-16 中②所示。结果如图 4-16 中③所示。单击菜单“文件”→“另存为”，保存文件。

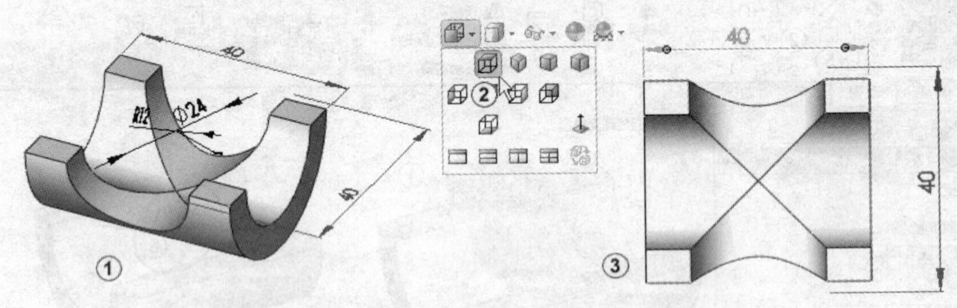

图 4-16　修改特征尺寸并用“上视”查看

12）按着鼠标中键不放，旋转模型到适当的位置。单击实体特征前面的⊞，展开特征的草图，用鼠标右键单击“草图 2”，在出现的快捷菜单中，选择“编辑草图平面”选项，如图 4-17 中①②所示。系统弹出“草图绘制平面”属性管理器，显示当前草图处于“前视”，如图 4-17 中③所示。单击特征树中的“上视”，如图 4-17 中④所示。结果草图平面变为“上视”，如图 4-17 中⑤所示。单击“确定”按钮✓，模型更改为如图 4-17 中⑦所示的状态。

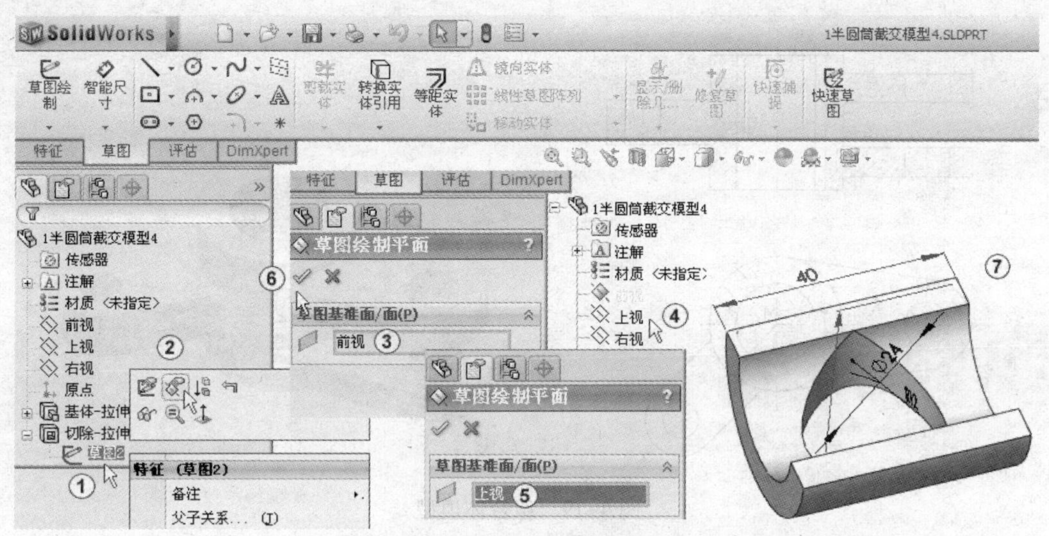

图 4-17　编辑草图平面

13）双击尺寸“*ϕ24*”，在弹出的“修改”对话框中修改尺寸为“18”，单击按钮✓，单击“重建模型”按钮，结果如图 4-18 中①～④所示。用鼠标右键单击“注解”选项，取消“显示注解”、“显示特征尺寸”及“显示参考尺寸”三个选项，如图 4-18 中⑤⑥所示。结果如图 4-18 中⑦所示。单击菜单“文件”→“另存为”，保存文件。

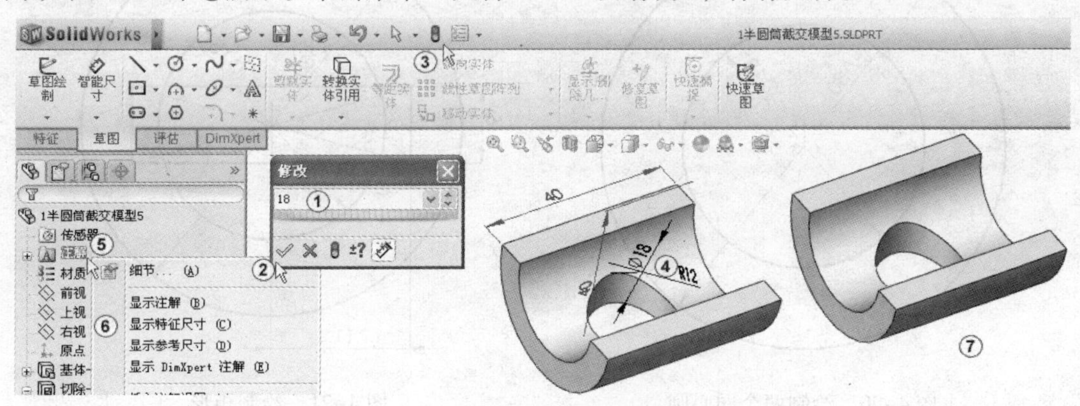

图 4-18　修改特征尺寸

例 2：建立如图 4-19 所示的组合体模型。

本例是一个典型的叠加类组合体，可以分为四部分，建立模型时一个部分一个部分地做，每个部分都是先确定基准面（如果系统现有基准面不能满足要求，则要另外建立基准面）→绘制草图→拉伸或切除。本例的目的是使读者学会 Sdidworks 建模的基本思路：如先分解模型；草图最好与系统的原点重合；在建模过程中经常放大或缩小视图或旋转视图；对称的模型先做一半，再镜像另一半等等。

1）单击菜单“文件”→“新建”命令，在弹出的新建文件对话框中选择“零件”文件，单击“确定”按钮。从特征管理器中选择“上视基准面”，单击“正视于”按钮，进入草图绘制界面。单击“圆”按钮，绘制出两个同心圆。单击“智能尺寸”按钮标出尺寸，如图 4-20 所示。

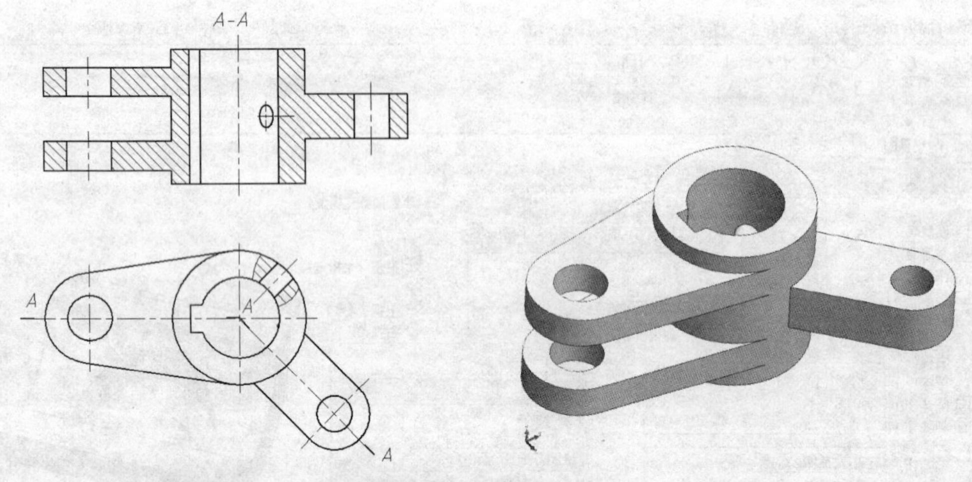

图 4-19　组合体模型

2）单击“中心矩形”按钮，绘制出一个矩形，中心点落在原点上，单击“智能尺寸”按钮标出尺寸，如图 4-21 所示。

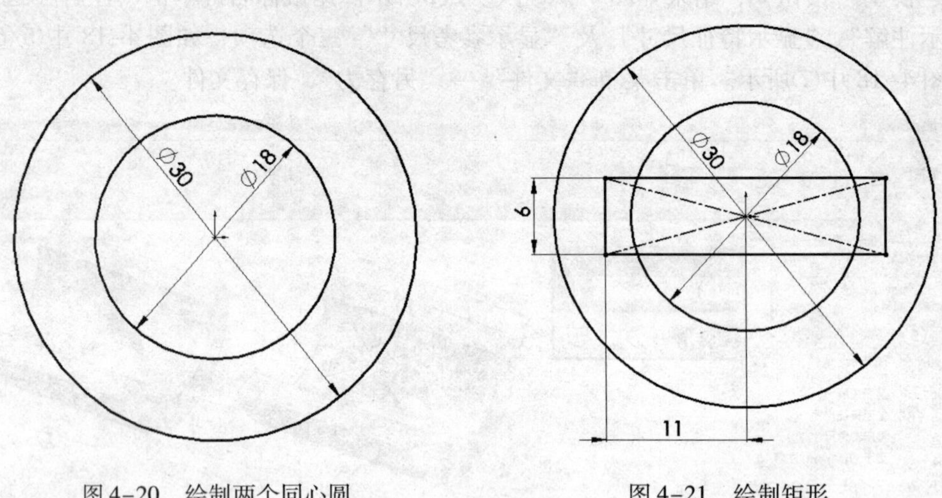

图 4-20　绘制两个同心圆　　　　图 4-21　绘制矩形

3）单击“拉伸凸台/基体”按钮，系统弹出“拉伸”属性管理器，在“方向 1”栏的“终止条件”选择框中选择“两侧对称”，在“深度”输入框中输入 32，如图 4-22 中①②所示。在“所选轮廓”栏中单击鼠标，然后移动鼠标到图形区域中选择，如图 4-22 中③④⑤所示。其他采用默认设置，单击“确定”按钮完成拉伸操作，结果如图 4-22 中⑦所示。

4）从特征管理器中选择“上视基准面”，单击“正视于”按钮，进入草图绘制界面。单击“中心线”按钮，绘制出一条右端点在圆心的水平中心线。单击“圆”按钮，绘制出两个同心圆，单击“智能尺寸”按钮标出尺寸，如图 4-23 中①所示。在绘图区选择模型的边线，如图 4-23 中②所示，单击“转换实体引用”按钮，将圆柱的外轮廓线转换成草图，单击“确定”按钮。

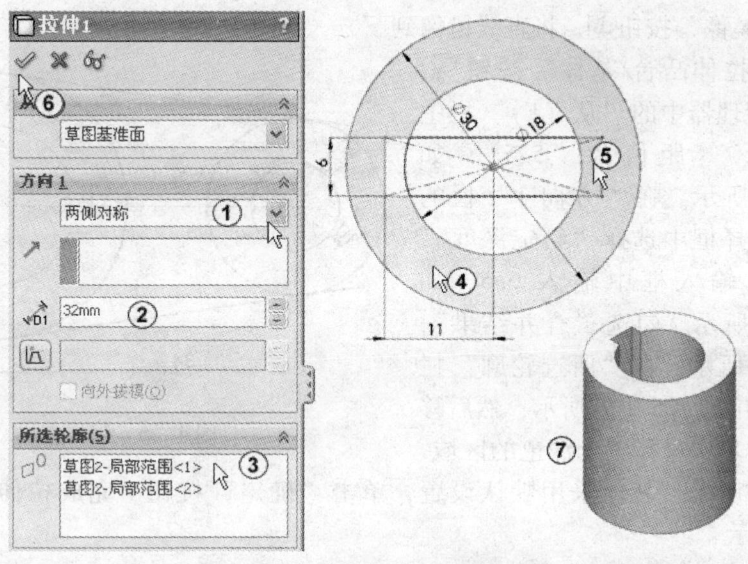

图 4-22　“拉伸 1”属性管理器

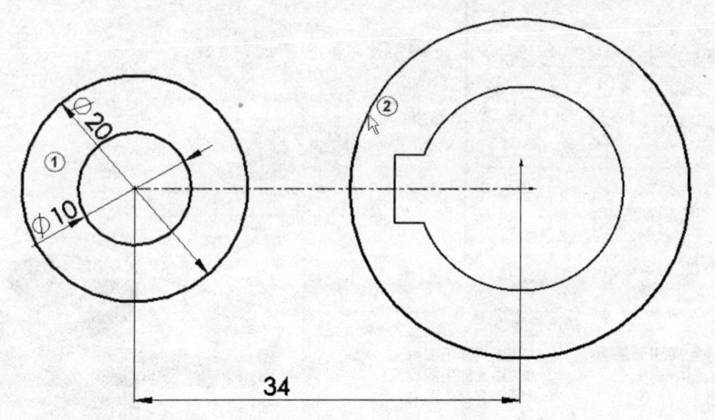

图 4-23　绘制中心线和圆

5）单击“直线”按钮，绘制出一条直线，如图 4-24 中①所示。单击“添加几何关系”按钮将直线分别与两个圆作“相切”约束。如图 4-24 中②所示。

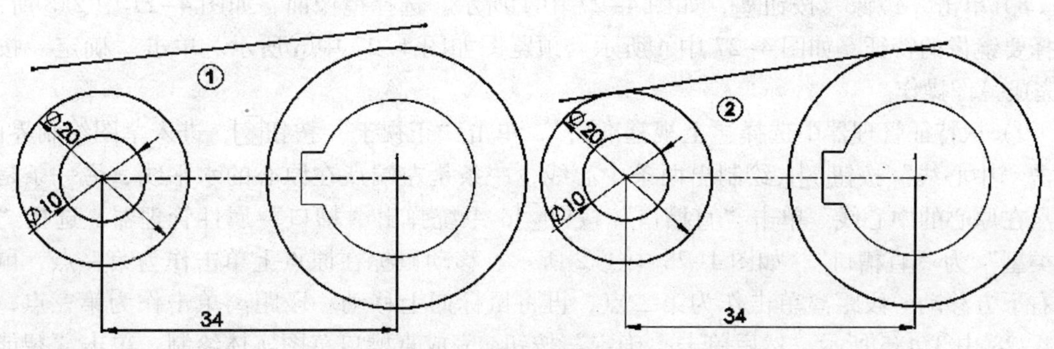

图 4-24　添加“相切”约束

6）单击“镜像”按钮，将直线镜像到下方，如图 4-25 所示。

7）单击“拉伸凸台/基体”按钮，在弹出的属性管理器中的“从（F）”栏中选择“等距”，等距值为“5.5”，如图 4-26 中①②所示。在“方向 1”栏的“终止条件”选择框中选择“给定深度”，在“深度”输入框中输入 6.5，如图 4-26 中③④所示。勾选“合并结果”，如图 4-26 中⑤所示。在“所选轮廓”栏中单击鼠标，如图 4-26 中⑥所示，然后移动鼠标到图形区域中选择三个深色的区域，如图 4-26 中⑦所示。其他采用默认设置，单击“确定”按钮完成拉伸操作。结果如图 4-26 中⑨所示。

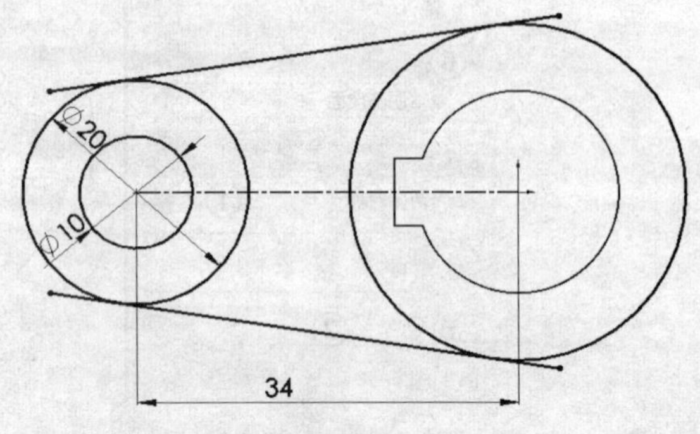

图 4-25　镜像直线

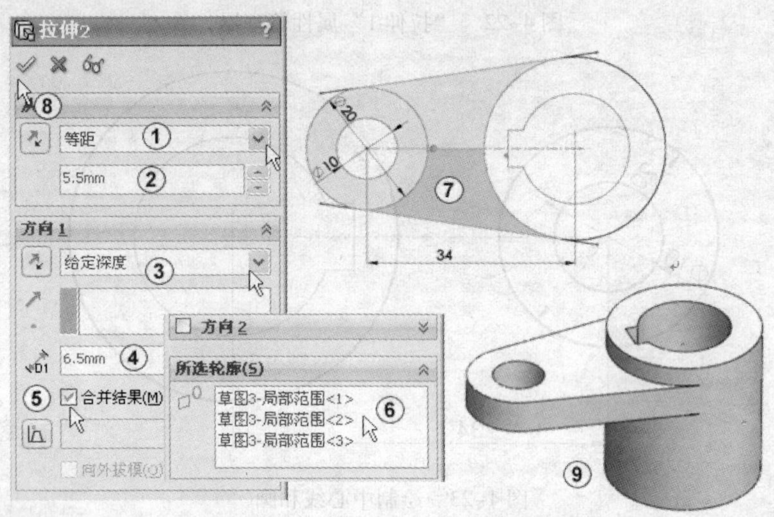

图 4-26　“拉伸 2”属性管理器

8）单击“镜像”按钮，如图 4-27 中①所示。选择镜像面，如图 4-27 中②③所示。选择要镜像的特征，如图 4-27 中④所示。预览图如图 4-27 中⑤所示。单击“确定”按钮完成镜像操作。

9）从特征管理器中选择“上视基准面”，单击“正视于”按钮，进入草图绘制界面。单击“中心线”按钮，绘制出两条中心线，一条是左端点在原心的水平线，另一条是上端点在原心的中心线。单击“直槽口”按钮，系统弹出“槽口”属性管理器，选择“槽口类型”为“直槽口”，如图 4-28 中①②所示。移动鼠标在原点上单击作为第一点，鼠标向右下方移动一段距离单击作为第二点，再将鼠标向上移动一段距离单击作为第三点，如图 4-28 中③④⑤所示。然后单击“确定”按钮完成直槽口草图实体绘制，单击“智能尺寸”按钮标出尺寸，如图 4-28 所示。

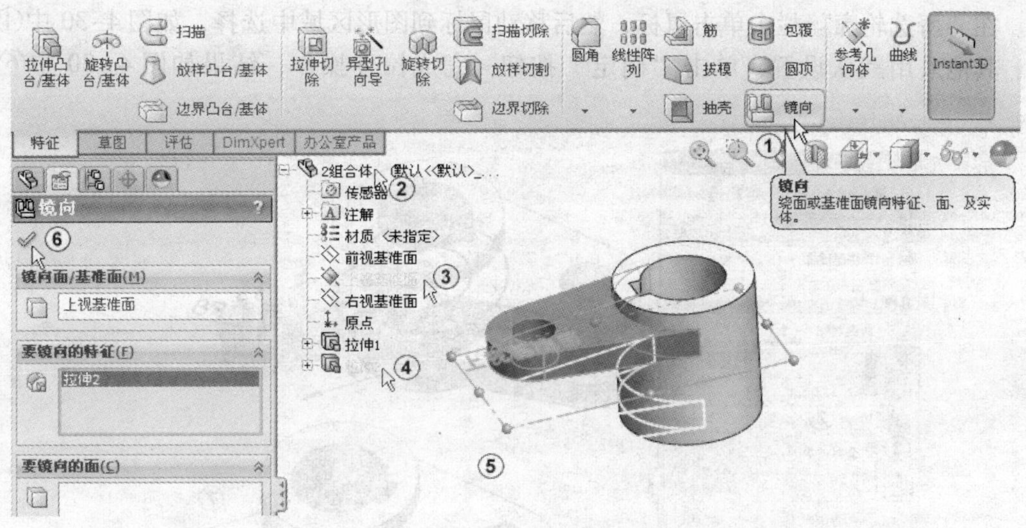

图 4-27　镜像特征

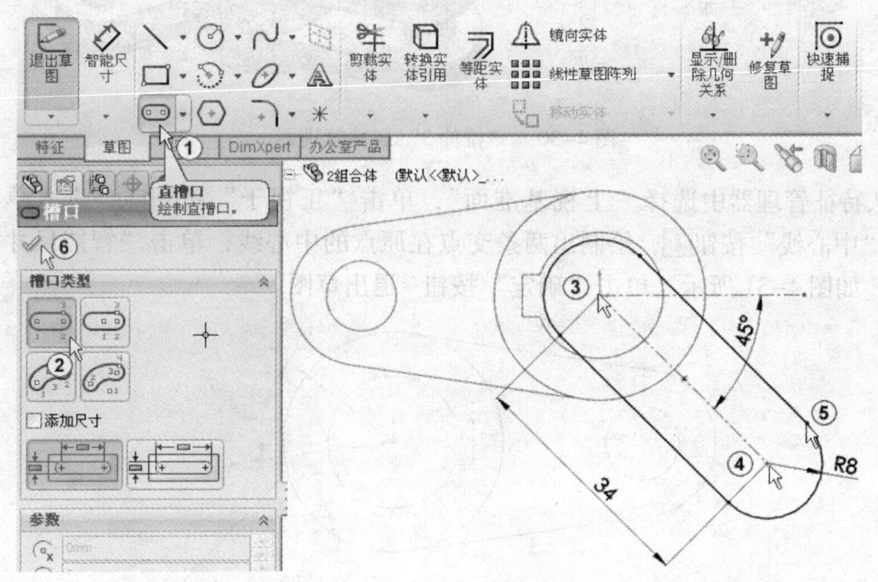

图 4-28　绘制“直槽口”

10）单击“圆”按钮，绘制出两个圆，一个圆与大圆柱的圆重合，如图 4-29 中①所示，另一个小圆与 R8 的半圆同圆心，如图 4-29 中②所示。单击“智能尺寸”按钮标出尺寸，如图 4-29 所示。

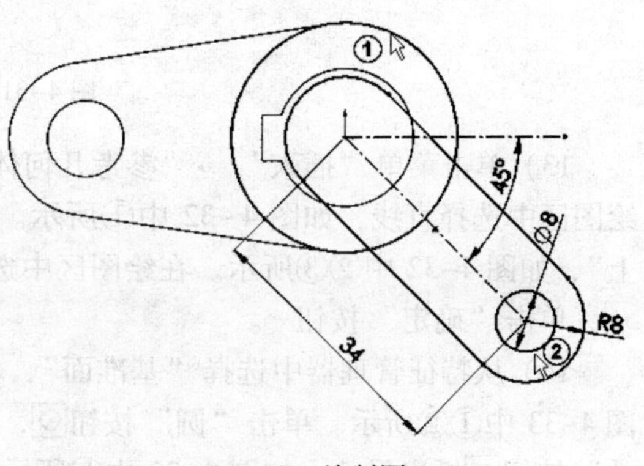

图 4-29　绘制圆

11）单击“拉伸凸台/基体”按钮，在弹出的属性管理器中的“方向 1”栏的“终止条件”选择框中选择“两侧对称”，在“深度”输入框中输入“10”，如图 4-30 中①②所示。勾选“合并结果”，如图 4-30 中③

所示。在“所选轮廓”栏中单击鼠标，然后移动鼠标到图形区域中选择，如图 4-30 中④⑤所示。其他采用默认设置，单击“确定”按钮✔完成拉伸操作，结果如图 4-30 中⑥⑦所示。

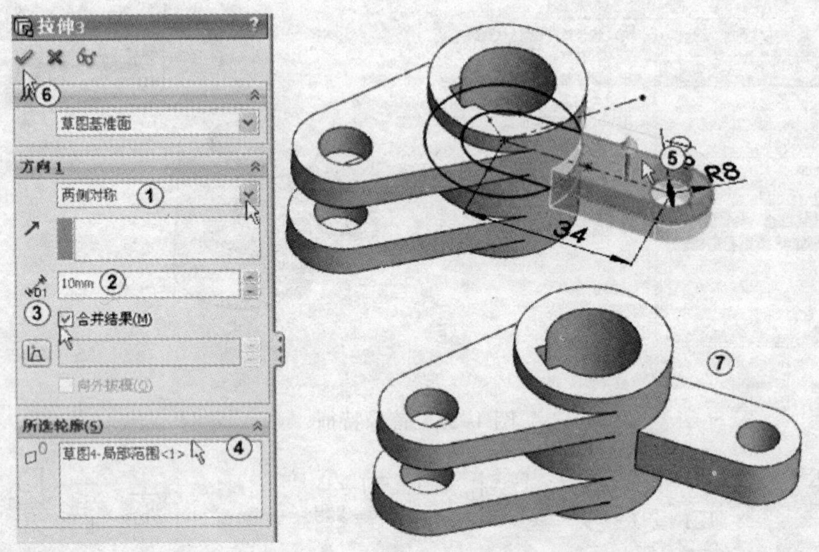

图 4-30　“拉伸 3”属性管理器

12）从特征管理器中选择“上视基准面”，单击“正视于”按钮，进入草图绘制界面。单击“中心线”按钮，绘制出两条交点在原点的中心线，单击“智能尺寸”按钮标出尺寸，如图 4-31 所示。单击“确定”按钮✔退出草图。

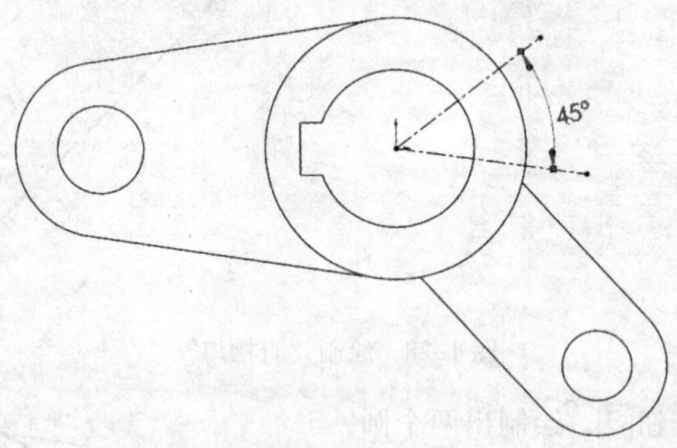

图 4-31　绘制中心线

13）单击菜单“插入”→“参考几何体”→“基准面”，弹出“基准面 1”对话框，在绘图区中选择直线，如图 4-32 中①所示。单击“垂直”按钮，勾选“将原点设在曲线上”，如图 4-32 中②③所示。在绘图区中选择点，如图 4-32 中④所示。单击“重合”按钮，单击“确定”按钮✔。

14）从特征管理器中选择“基准面”，单击“正视于”按钮，进入草图绘制界面。如图 4-33 中①②所示。单击“圆”按钮，绘制出一个圆心与原点重合的圆，单击“智能尺寸”按钮标出尺寸，如图 4-33 中③所示。

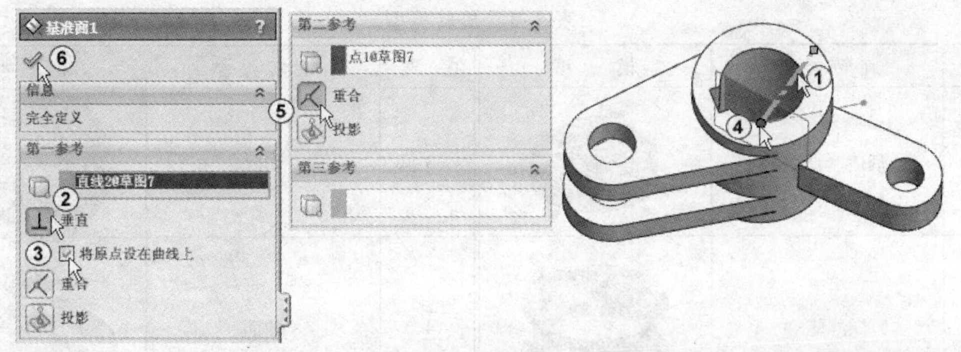

图 4-32 建立基准面

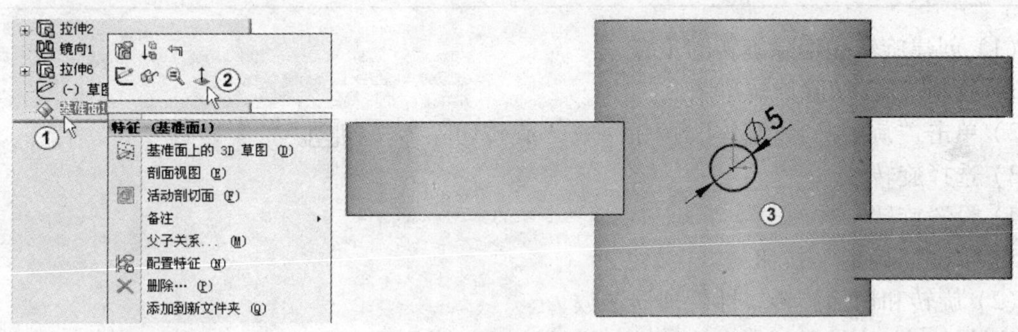

图 4-33 绘制圆

15）单击“拉伸切除”按钮，在弹出属性管理器中的“方向 1”栏的“终止条件”选择框中选择“完全贯穿”，单击“反向”按钮，如图 4-34 中①②所示。预览图如图 4-34 中③所示。单击“确定”按钮✓完成拉伸操作，结果如图 4-34 中④⑤所示。

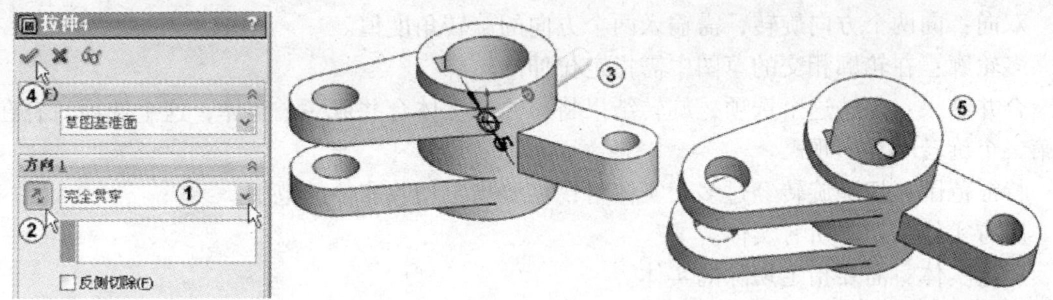

图 4-34 “拉伸 4”属性管理器

4.2 旋转/切除旋转

4.2.1 旋转/切除旋转的基本知识

旋转是将草图轮廓沿指定的旋转轴旋转生成实体特征。切除旋转是将草图轮廓沿指定的旋转轴旋转生成的特征从已有实体中切除。旋转类型有基体（凸台）旋转、薄壁旋转、切除旋转、曲面旋转，如表 4-1 所示。

表 4-1　旋转类型

序　号	旋转类型	模　　型	序　号	旋转类型	模　　型
1	基体（凸台）		3	切除	
2	薄壁		4	曲面	

(1) 创建旋转和切除旋转的步骤

1）绘制旋转/切除旋转草图。

2）单击“旋转凸台/基体”按钮或“旋转切除”按钮。

3）选择旋转轴。

4）设置旋转参数。

5）单击“确定”按钮。

(2) 旋转和切除旋转属性管理器参数

旋转轴：旋转必须指定旋转轴。旋转轴可以是中心线、实线、模型边线和轴线。

反向：使旋转方向反向。

角度：输入旋转角度值。

单向：单方向旋转。

两侧对称：对草图平面向两侧对称旋转。

双向：向两个方向旋转，需输入两个方向的旋转角度值。

多轮廓：在轮廓相交的草图中需指定拉伸的轮廓。

合并结果：勾选这个选项，旋转结果将与原有实体合并成一个实体，这个选项只有在创建第二个旋转时才出现。

特征范围：切除旋转经过多个实体时，需要指定切除实体的范围。

所有实体：切除所有实体。

所选实体：需要指定切除的实体。

自动选择：由系统自动选择。

薄壁特征：勾选这个选项可创建薄壁特征。

反向：以反向旋转生成旋转特征。

1. 旋转凸台/基体

1）单击菜单“文件”→“新建”命令，在弹出的新建文件对话框中选择“零件”文件，单击“确定”按钮。

2）从特征管理器中选择“前视基准面”，单击“正视于”按钮，单击“草图”切换到草图绘制面板，单击“草图”面板中的“圆心/起/终点画弧”按钮，在绘图区绘制一个圆心与原点重合的圆弧，再用“直线”按钮绘制出一条竖起直线，如图 4-35 中①②

所示。按〈Esc〉键。

3）单击“特征”，切换到特征面板，单击特征栏中的“旋转凸台/基体”按钮，如图 4-36 中①所示。系统弹出“旋转”属性管理器，单击“旋转轴”后的输入框，选择通过原点的竖线作为旋转轴，如图 4-36 中②③所示。在“角度”输入框中输入 45°，其他采用默认设置，单击“确定”按钮，如图 4-36 中④⑤所示。结果如图 4-36 中⑥所示。

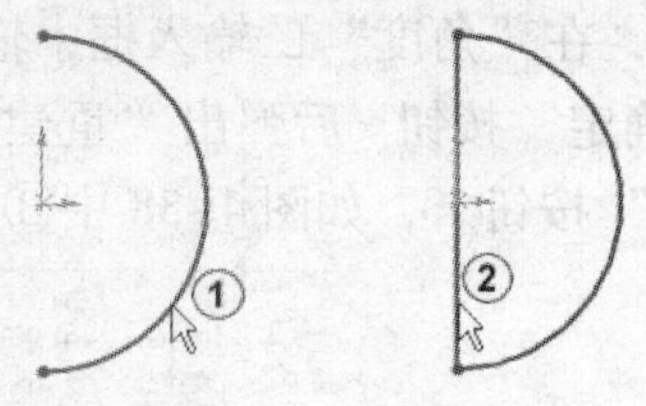

图 4-35　绘制草图

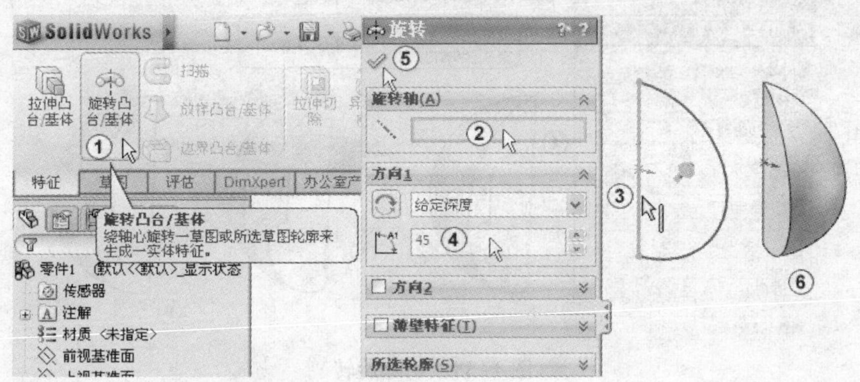

图 4-36　旋转

4）单击屏幕最上方的“保存”按钮，选择想要保存文件所在的地方，在“文件名(N)”输入框中输入想要保存文件的名称，单击“保存”按钮保存(S)，完成对文件的保存。

2. 薄壁旋转

1）单击屏幕最上方的“撤销”按钮或者按组合键〈Ctrl + Z〉，取消上一步的操作回到草图状态。

2）单击“特征”，切换到特征面板，单击特征栏中的“旋转凸台/基体”，系统弹出“旋转”属性管理器，单击“旋转轴”后的输入框，选择通过原点的竖线作为旋转轴，在“角度”输入框中输入 45°，如图 4-37 中①②③所示。勾选“薄壁特征”选项，选择加厚方式为单向，输入厚度为 2，其他采用默认设置，如图 4-37 中④⑤所示。单击“确定”按钮后弹出“重建模型错误”，如图 4-37 中⑥⑦所示。根据错误提示单击“反向”按钮使壁厚方向向内，如图 4-37 中⑧所示。单击“确定”按钮完成薄壁旋转操作。结果如图 4-38 中⑨所示。

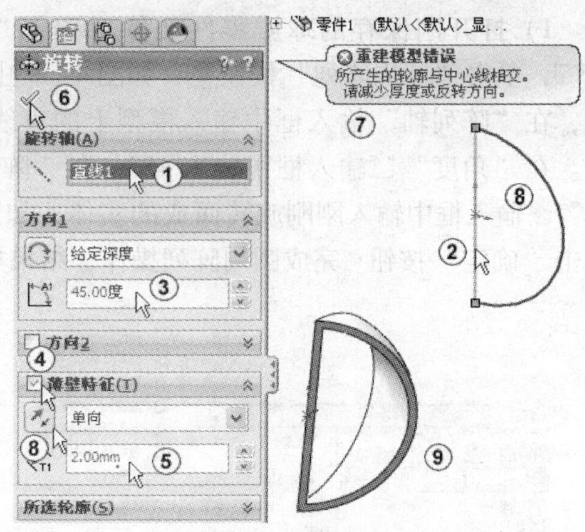

图 4-37　薄壁旋转

3. 切除旋转

打开刚保存的球瓣零件文件。选择面，绘制出一个矩形，如图 4-38 中①②所示。单击“特征”，切换到特征面板，选择“切除旋转”按钮，如图 4-38 中③所示。系统弹出

“切除旋转”属性管理器，在“旋转轴”输入框中输入与原点对齐的竖直构造线作为旋转轴，在“角度”输入框中输入 180°，如图 4-38 中④⑤所示，其他采用默认设置。单击“确定”按钮后弹出“重建模型错误”，如图 4-38 中⑥⑦所示。根据错误提示单击“反向”按钮，如图 4-38 中⑧所示。单击“确定”按钮，结果如图 4-38 中⑨所示。

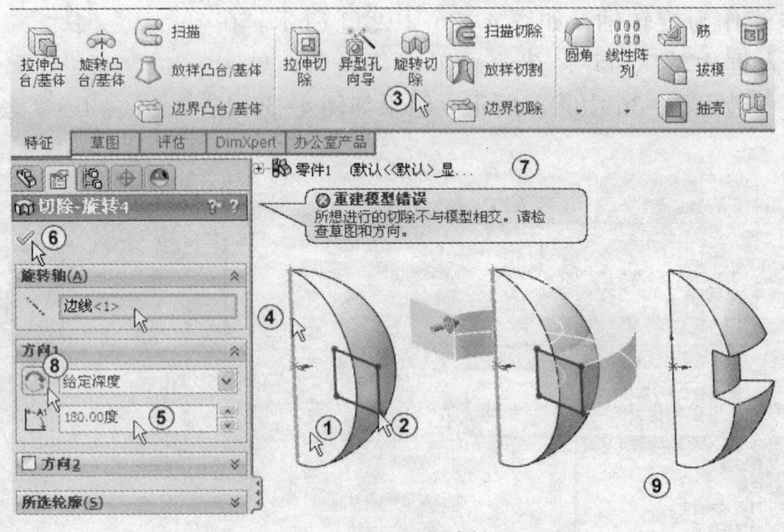

图 4-38　切除旋转

4.2.2　旋转实例

彩色球的主要功能是让读者熟悉 SW 最基本的旋转命令，初步接触特征和实体的不同，认识到阵列特征和阵列草图的操作过程有很多类似的地方，最后会编辑模型的外观。

1）打开刚保存的球瓣零件文件。单击“特征”面板中“线性阵列”下的下拉按钮，单击“圆周阵列”按钮，如图 4-39 中①②所示。系统弹出“圆周阵列”属性管理器，在“阵列轴”输入框中输入模型上的直线作为圆周阵列旋转轴，如图 4-39 中③④所示。在“角度”输入框中输入 45°，在“阵列数”输入框中输入 8，在“要阵列的实体”输入框中输入刚刚旋转而成的实体，如图 4-39 中⑤～⑦所示。其他采用默认设置。单击“确定”按钮完成圆周阵列操作。结果如图 4-39 中⑧所示。

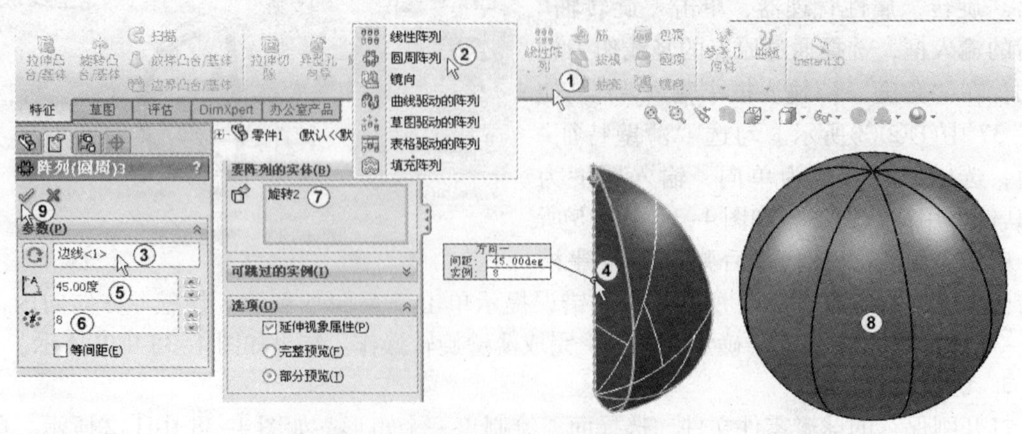

图 4-39　圆周阵列

2）编辑外观。用鼠标右键选择如图 4-40 中①箭头所指的面。单击“编辑外观”按钮，选择“面＜1＞”，如图 4-40 中②③所示，系统弹出“颜色”对话框，在对话框中选择“粉红”色块如图 4-40 中④所示，然后单击“确定”按钮。结果如图 4-40 中⑤所示。

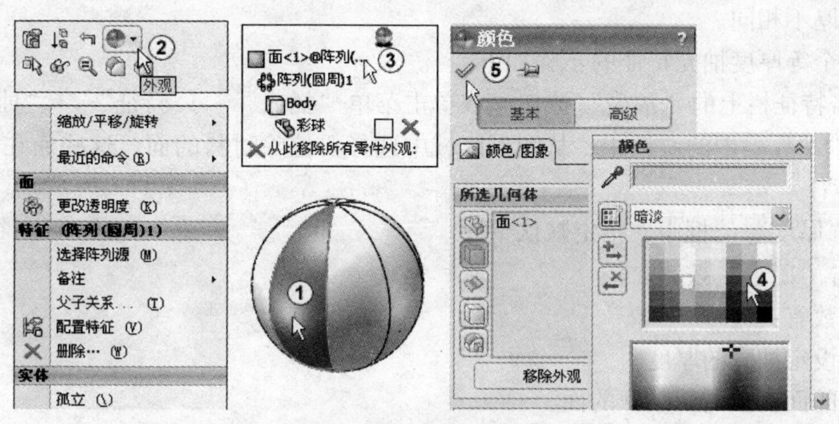

图 4-40　编辑外观

3）用同样的方法对球的其他七个面进行外观颜色编辑，最后结果如图 4-41 所示。

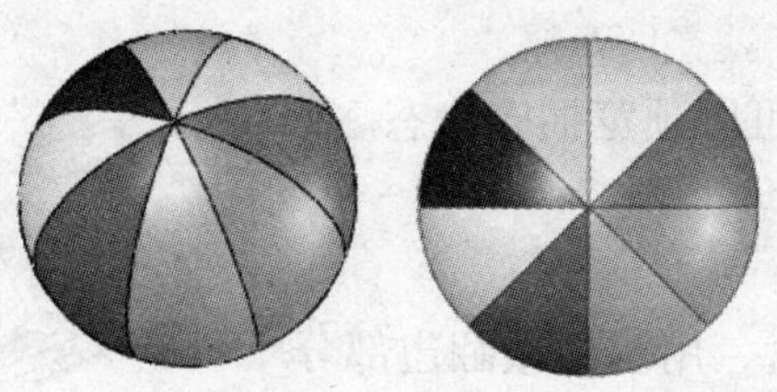
图 4-41　彩色球

4.3　圆角和抽壳

4.3.1　圆角和抽壳的基本知识

1. 圆角

圆角特征可以在零件上生成一个内圆角或外圆角面，也可以为一个面的所有边线、所选的多组面、所选的边线或边线环生成圆角。生成圆角特征的一般步骤如下。

1）单击“特征”栏中的“圆角”按钮。

2）选择圆角类型。（圆角类型包括等半径、变半径、面圆角、完整圆角）

3）选择需要添加圆角的边或面。

4）输入圆角半径。

5）设定圆角参数。（圆角选项包括多半径圆角、切线延伸、曲率连续、等宽等等）

6）单击“确定”按钮。

其中变半径是指生成带可变半径值的圆角；面圆角是指非相邻、非连续的面圆角；完整圆角是指生成相切于三个相邻面组的圆角。

2. 抽壳

抽壳是将模型抽成壳体。可以使所选择的面敞开，在剩余的面上生成薄壁特征。如果没有选择模型上的任何面，可抽壳成一闭合的壳体零件。也可使用多厚度来抽壳模型，使抽壳后模型的壁厚不相同。

生成一个等厚度抽壳特征的步骤如下。

1）单击特征栏上的“抽壳”按钮或单击菜单“插入”→“特征”→“抽壳”。

2）在“参数”中的框中，从图形区域中选择要挖除材料的面。这些面在多厚度面框中列出。

3）在“厚度”框中，指定默认壁厚。

4）单击“确定”按钮。

抽壳参数有：

厚度：设定抽壳的厚度。

要移除的面：抽壳后敞开的面。

实体：当多实体抽壳时系统会显示“实体”选择框，选择移除面后“实体”选择框消失。

壳厚朝外：抽壳后厚度向外增加。

多厚度设定：选择面。

显示预览：选择此项后可以预览抽壳状态。

4.3.2 圆角和抽壳实例

如图 4-42 所示的 T 形盒，用钣金做翻边部分不好做，用压凹做需要做两个辅助体。用抽壳的方法就很容易做出来。

图 4-42 T 形盒

T 形盒的建模步骤如表 4-2 所示。

表 4-2 T 形盒建模步骤

步骤	模型	说明	步骤	模型	说明
1		创建拔模拉伸	2		创建拔模拉伸
3		创建拔模切除拉伸	4		创建圆角
5		创建抽壳			

下面介绍T形盒的具体做法。

1）单击菜单“文件”→“新建”命令，在弹出的新建文件对话框中选择“零件”文件，单击“确定”按钮。

2）绘制“草图1”。从特征管理器中选择“前视基准面”，单击“正视于”按钮，单击“草图”切换到草图绘制面板，用“中心矩形”绘制出一个矩形，矩形的中心点与原点重合，如图4-43中①所示。用“智能尺寸”标注出如图4-43中②所示的尺寸。

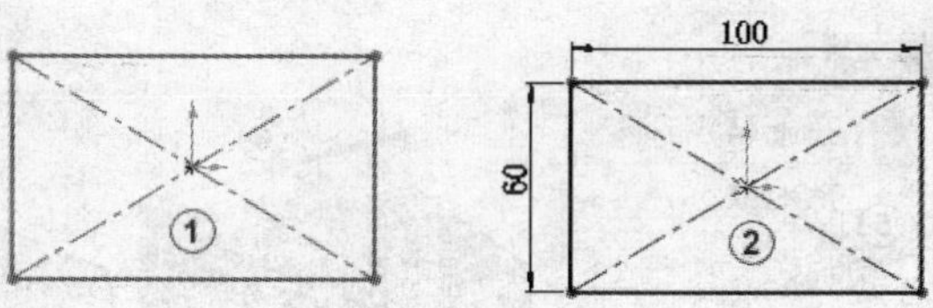

图4-43　绘制草图1

3）绘制两个等距矩形。单击“等距实体”按钮，将矩形向外等距10mm，如图4-44中①所示。单击“等距实体”按钮，将矩形向内等距2mm，如图4-44中②所示。单击绘图区右上角的按钮，退出绘制草图。

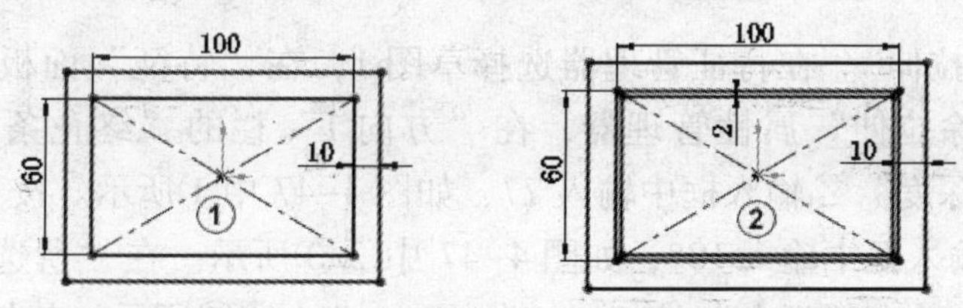

图4-44　将矩形向外等距10mm，将矩形向内等距2mm

4）建立“拉伸1”。在特征管理器选择“草图1”，然后在特征栏中单击“拉伸凸台/基体”按钮，系统弹出“凸台-拉伸”属性管理器，在“方向1”栏的“终止条件”选择框中选择“给定深度”，在“深度”输入框中输入80，如图4-45中①所示。按下“拔模开/关”按钮，在拔模角度输入框中输入10°，如图4-45中②③所示。在“所选轮廓”输入框中选择中间的矩形轮廓，其他采用默认设置，单击“确定”按钮完成拉伸操作，如图4-45中④⑤所示。结果如图4-45中⑥所示。

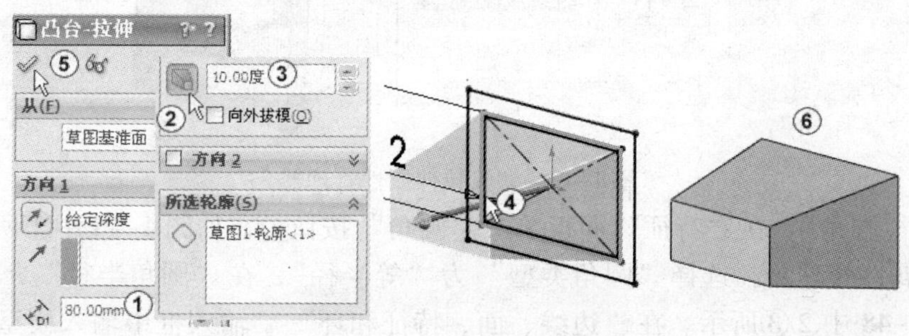

图4-45　拉伸属性管理器

5）建立“拉伸2”。在特征管理器中单击“凸台－拉伸1”前的“+”号，选择“草图1”，在特征栏中单击“拉伸凸台/基体”按钮，系统弹出“凸台－拉伸”属性管理器，在“方向1”栏的“终止条件”选择框中选择“给定深度”，在“深度”输入框中输入10，勾选“合并结果”选项，如图4-46中①②所示。按下“拔模开/关”按钮，在拔模角度输入框中输入10，勾选“向外拔模”复选框，如图4-46中③～⑤所示。在“所选轮廓”输入框中输入最大的矩形轮廓，其他采用默认设置，单击“确定”按钮完成拉伸操作，如图4-46中⑥⑦所示。结果如图4-46中⑧所示。

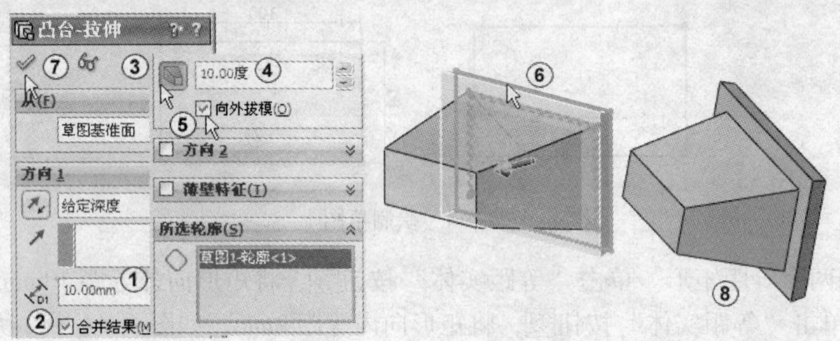

图4-46　拉伸属性管理器

6）创建“切除拉伸”。在特征管理器选择草图1，在“特征”面板“切除拉伸”按钮，系统弹出“切除拉伸”属性管理器，在“方向1”栏的“终止条件”选择框中选择“给定深度”，在“深度”输入框中输入77，如图4-47中①所示。按下“拔模开/关”按钮，在拔模角度输入框中输入10°，如图4-47中②③所示。在“所选轮廓”输入框中输入最小的矩形轮廓，单击“反向”按钮，如图4-47中④⑤所示。其他采用默认设置，单击“确定”按钮完成切除拉伸操作，结果如图4-47中⑥⑦所示。

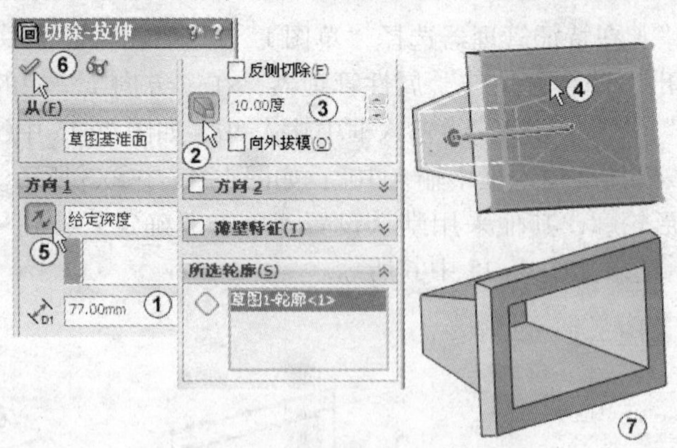

图4-47　切除拉伸属性管理器

7）创建“圆角”。在“特征”面板单击“圆角”按钮，如图4-48中①所示。系统弹出“圆角”属性管理器，选择“圆角类型”为“等半径”，在“圆角半径”输入框中输入4，如图4-48中②③所示。在“边线、面、特征和环”输入框中输入模型的六个面和八条边线，如图4-48中④～⑥所示。其他采用默认设置。单击“确定”按钮完成圆角操作，结果如图4-48中⑦⑧所示。

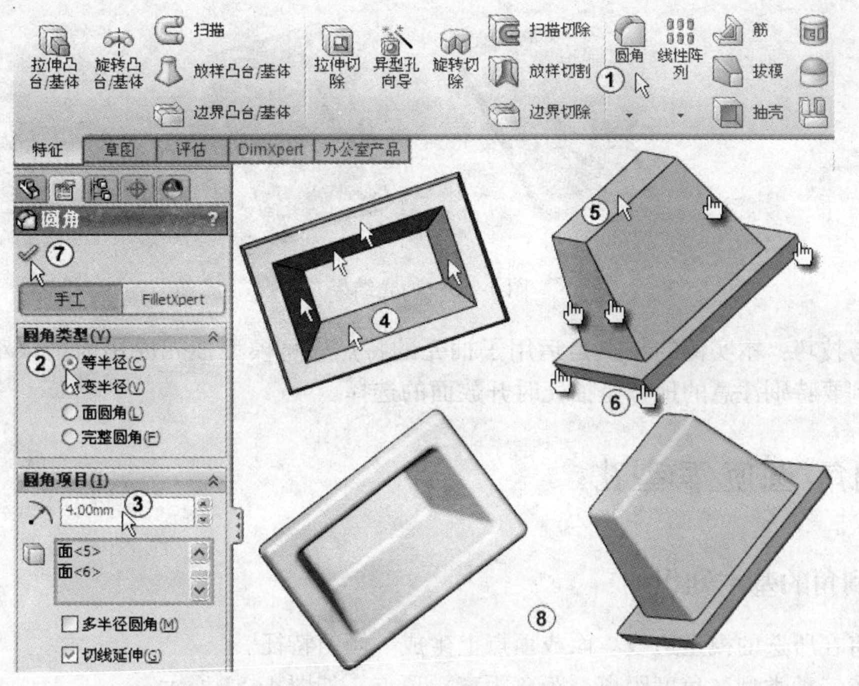

图 4-48　圆角属性管理器

8）建立“抽壳1”。在“特征”面板单击“抽壳”按钮，如图4-49中①所示。系统弹出“抽壳”属性管理器，在“厚度”输入框中输入2，如图4-49中②所示。在“移除的面”输入框中单击鼠标后松开，移动鼠标到绘图区，按住鼠标中键不放拖动鼠标将模型旋转到适当的位置，选择输入要移除的18张面，如图4-49中③~⑦所示。其他采用默认设置，单击“确定”按钮✓完成抽壳操作。结果如图4-50所示。

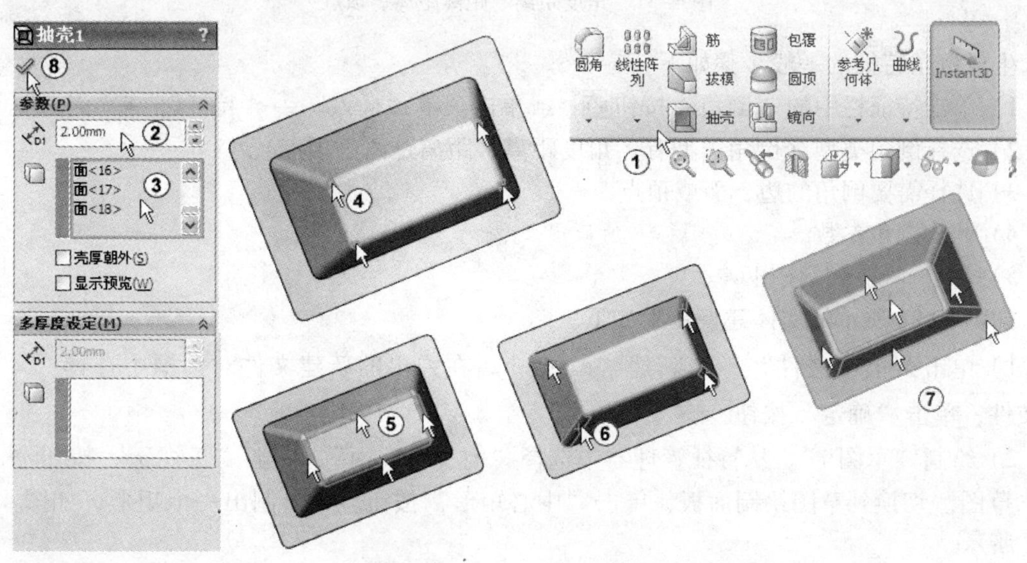

图 4-49　抽壳属性管理器

图 4-50　抽壳结果

经验与技巧：本实例的特点是运用了抽壳的特点，将模型抽壳成用钣金很难做到的形状。本实例要特别注意的地方是抽壳时开放面的选择。

4.4　倒角/圆顶/异型孔

4.4.1　倒角的基本知识

倒角将在所选的模型边线、面或顶点上生成一倾斜特征。

倒角有三种类型：角度距离、距离距离、顶点。如图 4-51 所示。

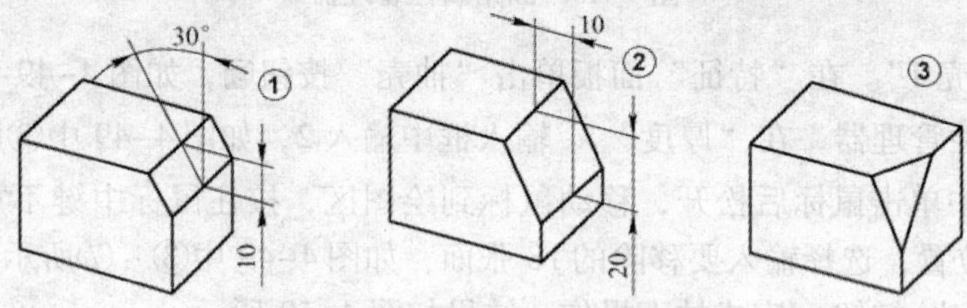

图 4-51　角度距离、距离距离、顶点

生成倒角特征的一般步骤如下。

1）单击特征栏中的“倒角”按钮，或单击菜单“插入”→“特征”→“倒角”。

2）选择倒角类型（倒角类型有：角度距离、距离距离、顶点）。

3）选择需要倒角的边、面或顶点。

4）输入倒角参数。

5）单击“确定”按钮✔。

如图 4-51 所示的实体建模步骤如下。

1）单击菜单“文件”→“新建”命令，在弹出的新建文件对话框中选择“零件”文件，单击“确定”按钮。

2）绘制“草图 1”。从特征管理器中选择“前视基准面”，单击“正视于”按钮，单击“草图”切换到草图绘制面板，单击“中心矩形”按钮，绘制出一个矩形，如图 4-52 中①所示。

3）建立“拉伸 1”。切换到“特征”面板，单击“拉伸凸台/基体”按钮，在“方向 1”栏的“终止条件”选择框中选择“两侧对称”，在“深度”输入框中输入 40，如图 4-52 中

②③所示。其他采用默认设置，单击“确定”按钮✓完成拉伸操作，结果如图4-45中④⑤所示。

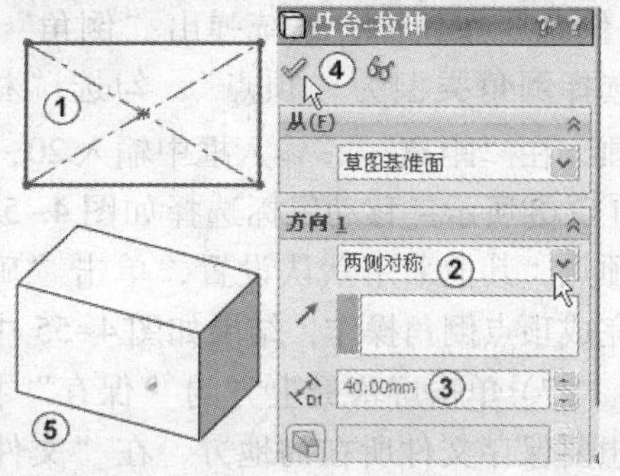

图4-52 拉伸属性管理器

4）添加角度距离倒角。在“特征”面板中单击“倒角”按钮，如图4-53中①②所示。系统弹出“倒角”属性管理器，选择倒角类型为“角度距离”，移动鼠标到绘图区中选择想倒角的连线，如图4-53中③④所示。在“距离”输入框中输入20，在“角度”输入框中输入30°，如图4-53中⑤⑥所示。其他采用默认设置，单击“确定”按钮✓完成倒角操作，结果如图4-53中⑦⑧所示。

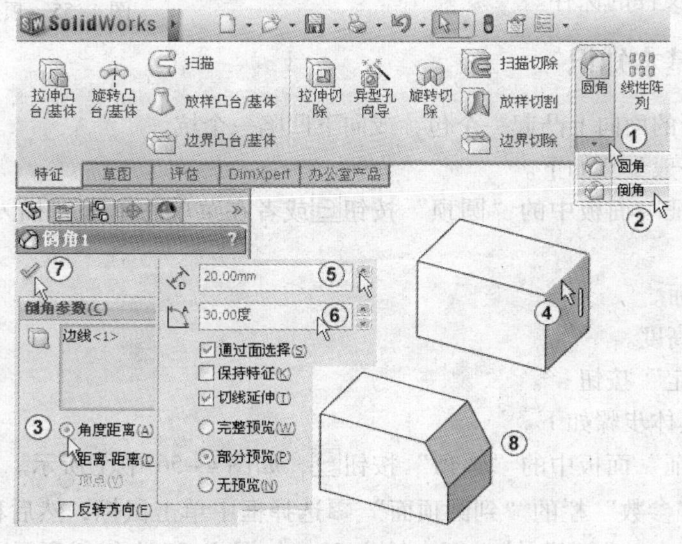

图4-53 角度距离倒角

5）添加距离-距离倒角。在特征管理器中用鼠标选择“倒角1”，从弹出的快捷菜单中选择“编辑特征”选项，如图4-54中①②所示。系统进入编辑特征界面，选择倒角类型为“距离-距离”，勾选“相等距离”复选框，在“距离”输入框中输入20，如图4-54中③④⑤所示。其他采用默认设置，单击“确定”按钮✓完成倒角操作，结果如图4-54中⑥所示。

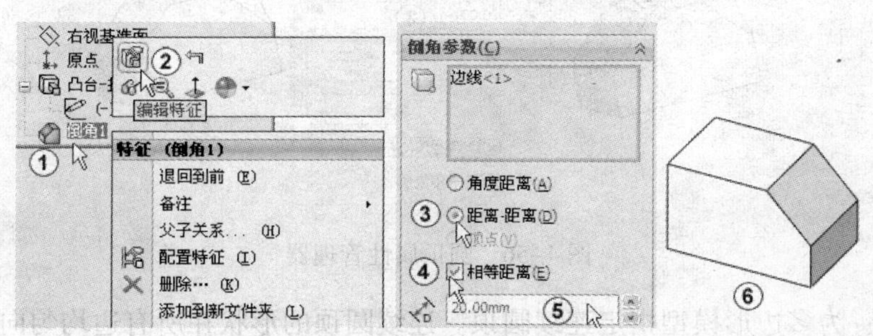

图4-54 距离-距离倒角

6）添加顶点倒角。在“特征”面板中单击“倒角”按钮，系统弹出“倒角”属性管理器，选择倒角类型为“顶点”，勾选“相等距离”选项，在“距离”输入框中输入20，如图4-55中①②③所示。移动鼠标选择如图4-55中④所示的顶点，其他采用默认设置，单击“确定”按钮完成顶点倒角操作，结果如图4-55中⑤所示。

7）单击屏幕最上方的“保存”按钮，选择想要保存文件所在的地方，在“文件名（N）”输入框中输入想要保存文件的名称，单击“保存”按钮保存(S)完成对文件的保存。

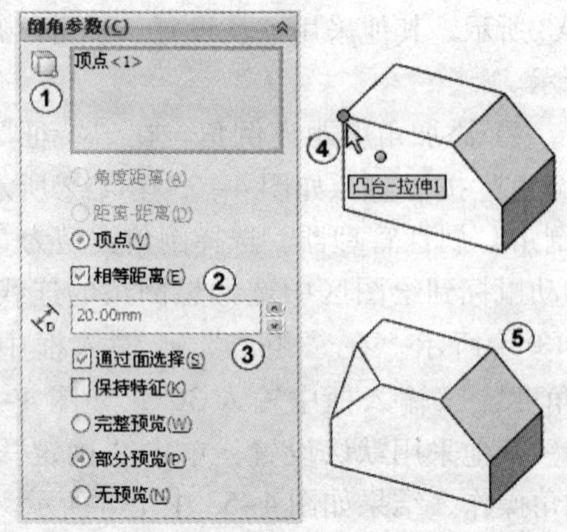

图4-55　顶点倒角

4.4.2　圆顶的基本知识

圆顶是将选择的面向上凸起一个包，或向下凹陷一个坑。

生成圆顶的一般步骤如下。

1）单击“特征”面板中的“圆顶”按钮或者在菜单中单击“插入”→“特征”→“圆顶”。

2）选择圆顶面。

3）输入圆顶高度。

4）单击“确定”按钮。

生成圆顶的具体步骤如下。

1）单击“特征”面板中的“圆顶”按钮，如图4-56中①所示。系统弹出“圆顶”属性管理器，在“参数”栏的“到圆顶面”选择框中单击鼠标，然后移动鼠标到绘图区选择要圆顶的面，在“距离”输入框中输入20，如图4-56中②③所示。其他采用默认设置，单击“确定”按钮完成圆顶操作。结果如图4-56中④⑤所示。

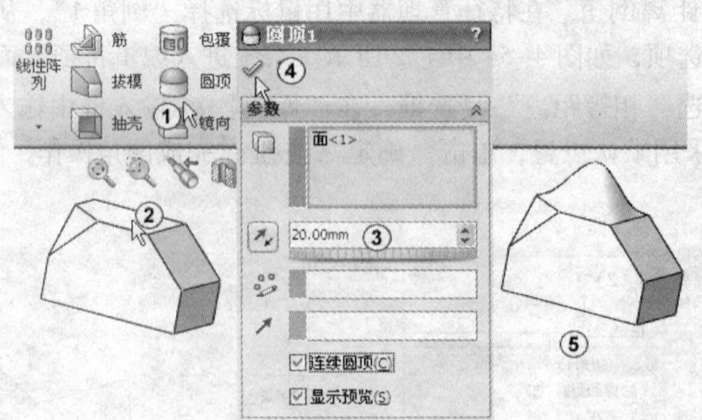

图4-56　圆顶属性管理器

连续圆顶：为多边形模型指定连续圆顶。连续圆顶的形状在所有边均匀向上倾斜。如果取消勾选“连续圆顶”复选框，圆顶形状将垂直于多边形的边线而上升。

2）在特征管理器中用鼠标选择“圆顶1”，从弹出的快捷菜单中选择“编辑特征”选项，系统进入编辑特征界面，取消勾选“连续圆顶”复选框，单击“确定”按钮✓完成圆顶操作，如图4-57中①②所示。结果如图4-57中③所示。

3）在特征管理器中用鼠标选择“圆顶1”，从弹出的快捷菜单中选择“编辑特征”选项，系统进入编辑特征界面，单击“反向”按钮，单击“确定”按钮✓完成圆顶操作，如图4-58中①②所示。结果如图4-58中③所示。

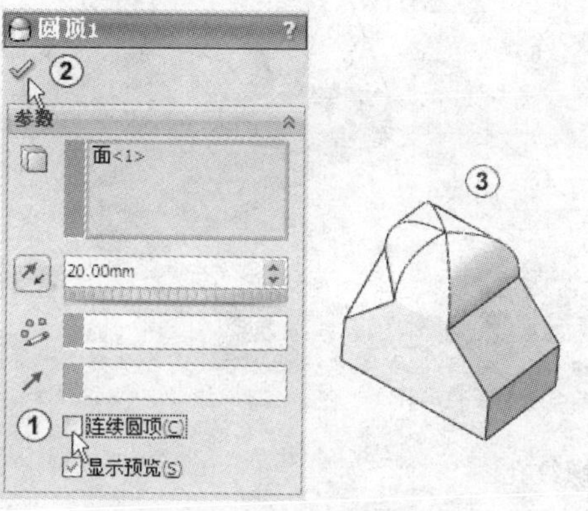

图4-57　编辑圆顶参数（1）

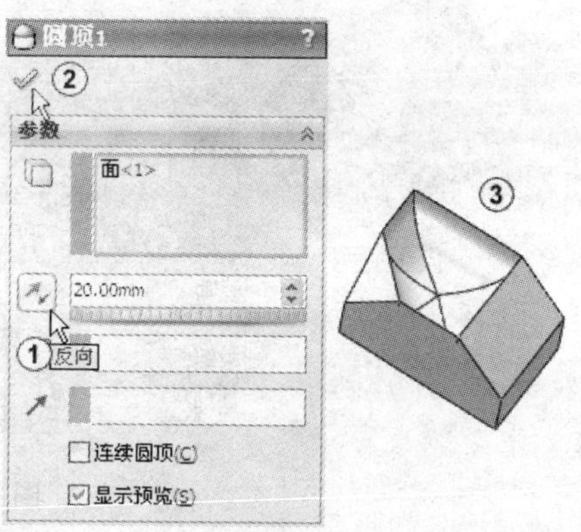

图4-58　编辑圆顶参数（2）

4.4.3　异型孔的基本知识

异型孔特征可以创建“柱孔”、“锥孔”、“孔”、“螺纹孔”、“管螺纹”等类型。

创建异型孔的一般步骤如下。

1）选择孔放置面。

2）单击“特征”栏中的“异型孔向导”按钮。

3）选择孔类型，设定孔参数。

4）单击“确定”按钮✓。

5）在特征管理器中右键单击孔定位草图，在弹出的快捷菜单中选择“编辑草图”选项。

6）对孔进行几何约束，或尺寸约束，或添加点来增加孔个数。

7）退出草图，完成孔定位。

创建异型孔的具体步骤如下。

1）创建“螺纹孔”。在绘图区选择如图4-59中①所示的面作为孔放置面，再在“特征”面板中单击“异型孔向导”按钮，如图4-59中②所示。系统弹出“孔规格”属性管理器，单击“类型”面板，如图4-59中③所示。在“孔规格”选择栏中选择“直螺纹孔”，在“标准”选择框中选择“GB”标准，在“类型”选择框中选择“螺纹孔”，在“大小”选择框中选择M10，在“终止条件”选择框中选择“给定深度”，输入深度为27.5，系统自动计算出“螺纹线”的“给定深度”为20，勾选“带螺纹标注”复选框，单击“确定”按钮✓完成孔创建。如图4-59中③～⑨所示。从结果中可以看出螺纹孔的位置和个数不符合设计要求，可以编辑螺纹孔定位草图，添加点或进行几何约束和尺寸约束，使螺纹孔位和个数达到设计要求。

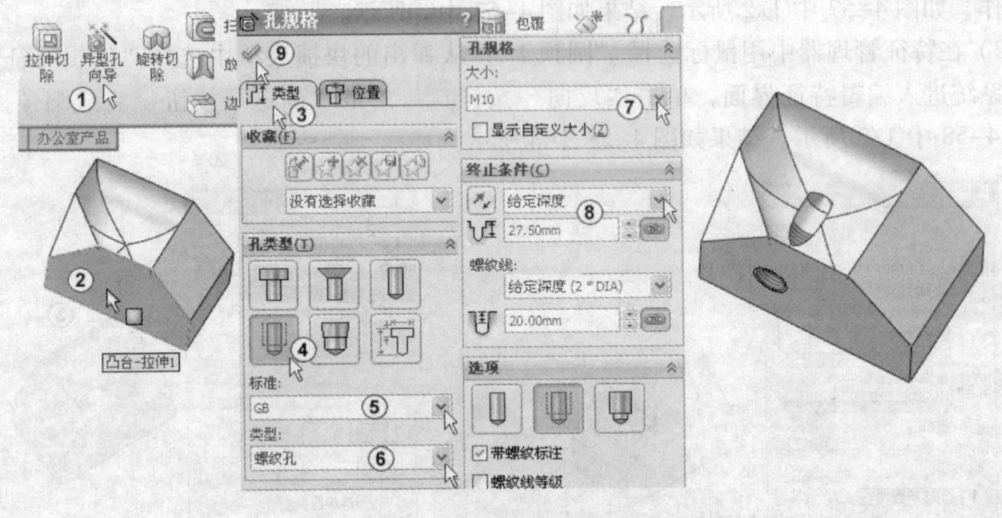

图 4-59　创建螺纹孔

2）编辑孔位置草图。在特征树中展开“M10 螺纹孔 1”特征，鼠标右键单击特征树中的“草图 3”，选择“编辑草图”按钮，如图 4-60 中①②所示。系统进入草图绘制界面，单击“中心线”按钮，绘制出一条竖直中心线，单击“智能尺寸”按钮，标注出尺寸为 22，如图 4-60 中③④所示。再用“点”绘制出一个点，如图 4-60 中⑤所示。单击“重建模型”按钮后完成对孔个数的添加和孔位置的定位。结果如图 4-60 中⑥所示。

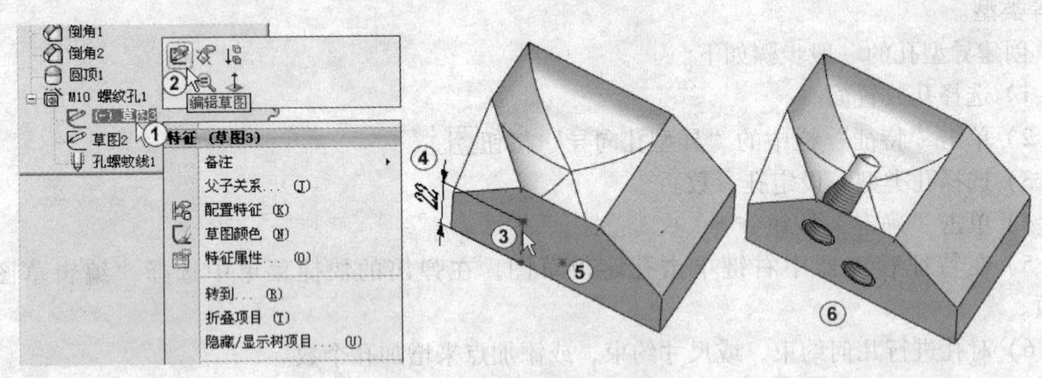

图 4-60　编辑孔位置草图

4.4.4　修改模型实例

1）打开配套光盘对应章节中的“6 修改模型 1. SLDPRT”零件文件。系统弹出“SolidWorks 2011”对话框，单击“是（Y）”按钮，如图 4-61 中①所示。系统又弹出“什么错”对话框，单击“关闭”按钮关闭“什么错”对话框，如图 4-61 中②所示。

2）在特征管理区中单击“凸台 - 拉伸 1”特征前面的⊞，展开该特征的“草图 1”，用鼠标右键单击该草图，在出现的快捷菜单中选择“编辑草图”选项。

3）鼠标左键移到“草图 1”上时是可以看到错误原因的提示，如图 4-62 中①所示。仔细观察可知是尺寸重复标注了，用鼠标右键选择多余的尺寸，如图 4-62 中②所示。从弹出的快捷菜单中选择“删除”，如图 4-62 中③所示。

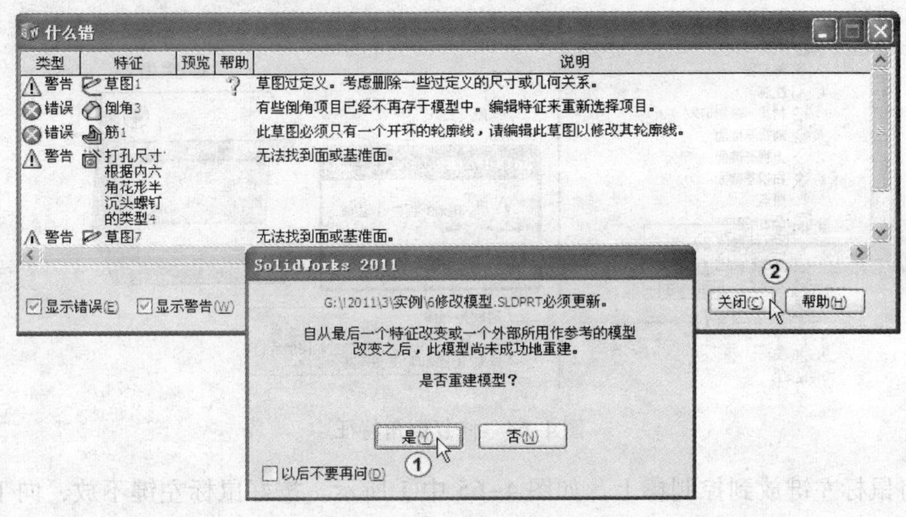

图 4-61 “什么错”对话框

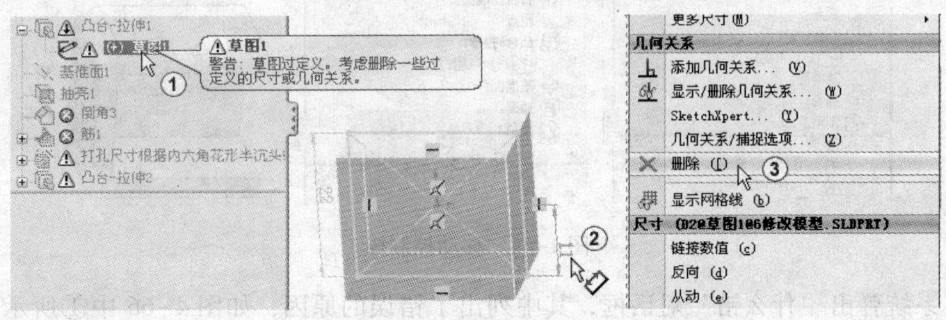

图 4-62 删除多余的尺寸

4）单击“重建模型”按钮，系统弹出“SolidWorks 2011”对话框，单击“停止并修复”按钮 停止并修复(S) ，如图 4-63 中①所示。系统又弹出“什么错”对话框，其中列出了错误的原因，如图 4-63 中②所示。单击“关闭”按钮 关闭(C) ，如图 4-63 中③所示。

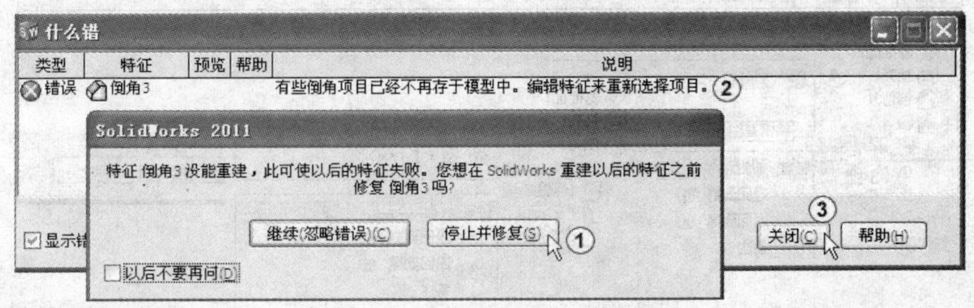

图 4-63 “什么错”对话框

5）鼠标左键单击特征管理器中的“倒角 3”，选择“编辑特征”，如图 4-64 中①②所示。系统弹出“SolidWorks ”对话框指明错误原因，单击“确定”按钮 确定 ，如图 4-64

中③所示。系统弹出“倒角”属性管理器，移动鼠标在绘图区选择丢失的连线，如图 4-64 中④所示，单击“确定”按钮✔。

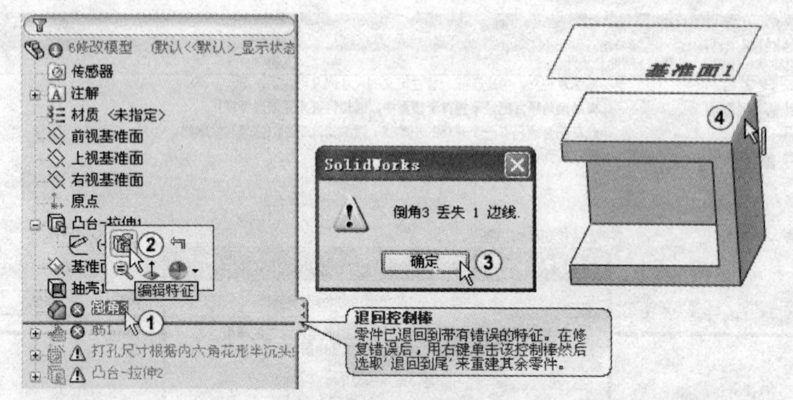

图 4-64 修复倒角特征

6）将鼠标左键放到控制棒上，如图 4-65 中①所示。按好鼠标左键不放，向下拖动到“筋 1”特征的下方，如图 4-64 中②所示。松开鼠标，单击“重建模型”按钮。

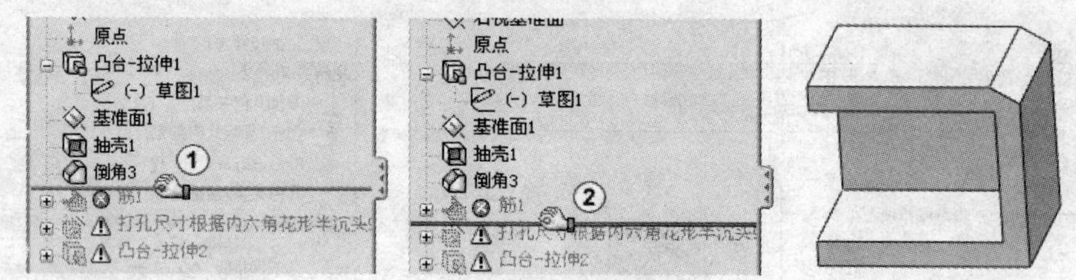

图 4-65 移动控制棒

7）系统弹出“什么错”对话框，其中列出了错误的原因，如图 4-66 中①所示，单击“关闭”按钮关闭(C)，如图 4-66 中②所示。展开“筋 1”特征前面的⊞，用鼠标右键单击“草图 2”，选择“编辑草图”选项，如图 4-66 中③④所示。再次用鼠标右键单击“草图 2”，单击“正视于”按钮，如图 4-66 中⑤⑥所示。

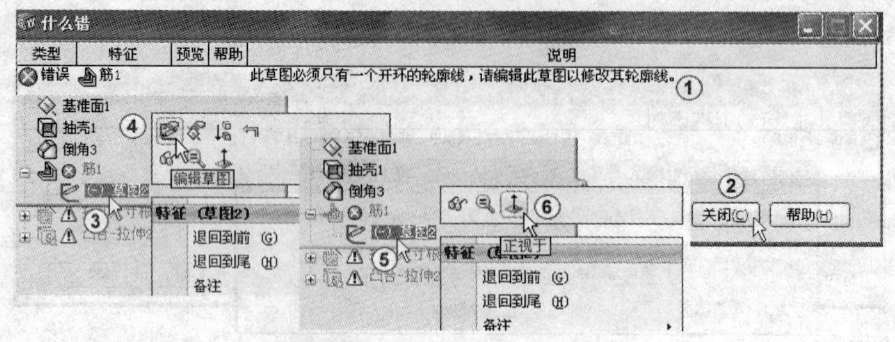

图 4-66 “什么错”对话框

8）单击“剪裁实体”按钮修剪直线，结果如图 4-67 中①～④所示。单击“确定”按钮✔。

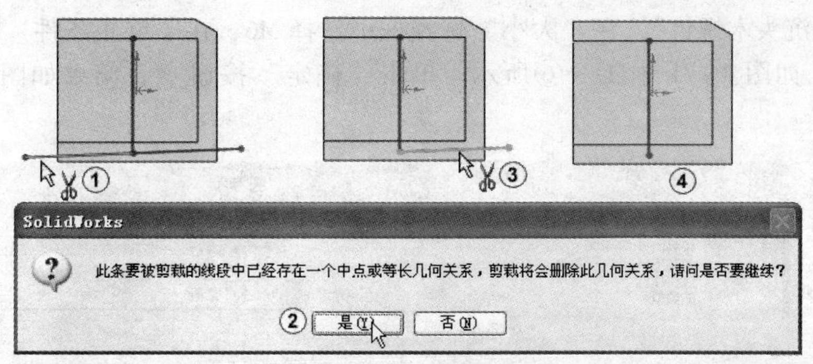

图 4-67　“修改草图”

9）单击“重建模型”按钮。系统弹出“什么错”对话框，其中列出了错误的原因，单击“关闭”按钮关闭(C)，如图 4-68 中①②所示。用鼠标右键单击“筋 1”，选择“编辑特征”选项。在“筋”属性管理器中单击“垂直于草图”，如图 4-68 中③所示。可以看到箭头方向发生了改变，如图 4-68 中④⑤所示。单击“确定”按钮✓。

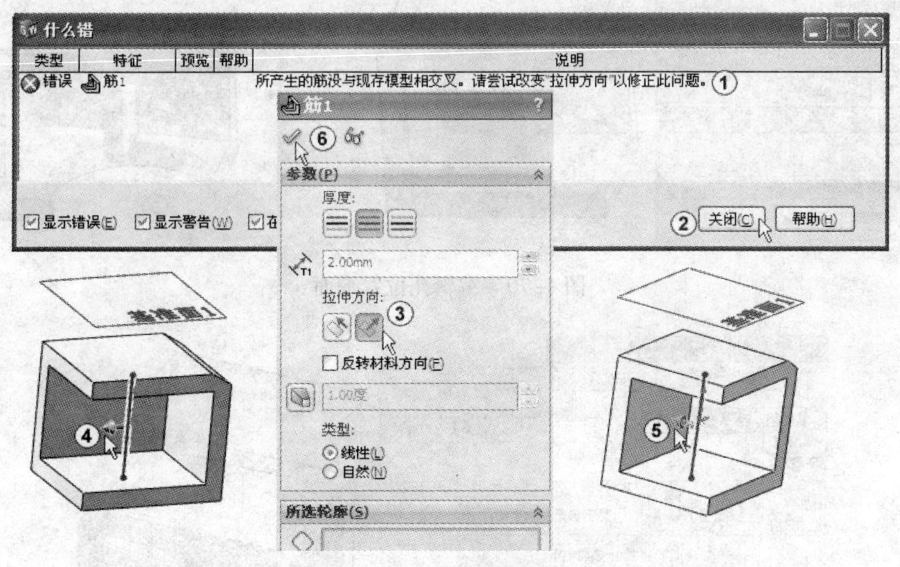

图 4-68　修改筋

10）将控制棒向下拖动到“凸台－拉伸 2”特征的上方，如图 4-69 中①所示。松开鼠标，单击“重建模型”按钮。系统弹出“什么错”对话框，其中列出了错误的原因，单击“关闭”按钮关闭(C)，如图 4-69 中②③所示。展开“打孔尺寸根据内六角花形半沉头螺钉的类型 4”特征前面的⊞，用鼠标右键单击“草图 6”，选择“编辑草图平面”选项，如图 4-69 中④⑤所示。

11）移动鼠标在绘图区选择面，如图 4-70 中①所示，单击“确定”按钮✓，如图 4-70 中②所示。结果如图 4-70 中③所示。

12）用鼠标右键单击“打孔尺寸根据内六角花形半沉头螺钉的类型 4”特征，选择“编辑特征”选项。系统弹出“孔规格”属性管理器，单击“孔类型”面板，在“孔规格”选择栏中选择“锥孔”，在“标准”选择框中选择“GB”标准，在“类型”选择框中选择“十字槽半沉头木螺钉”，在“大小”选择框中选择 M6，在“终止条件”选择框中选择“完全贯穿”，如图 4-71 中①～⑥所示。单击“确定”按钮✓，结果如图 4-71 中⑦⑧所示。

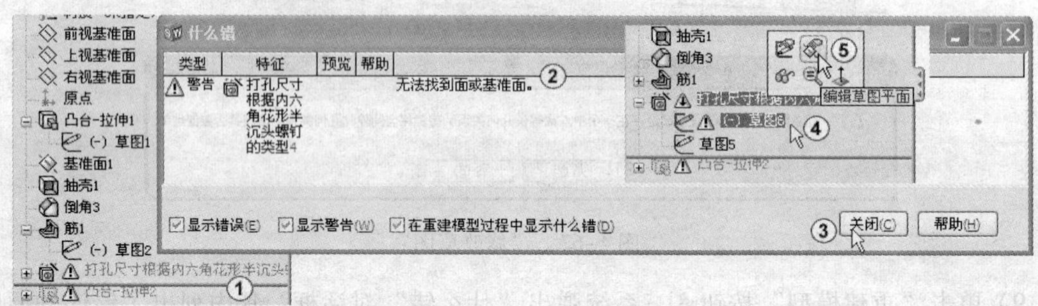

图 4-69 “什么错”对话框

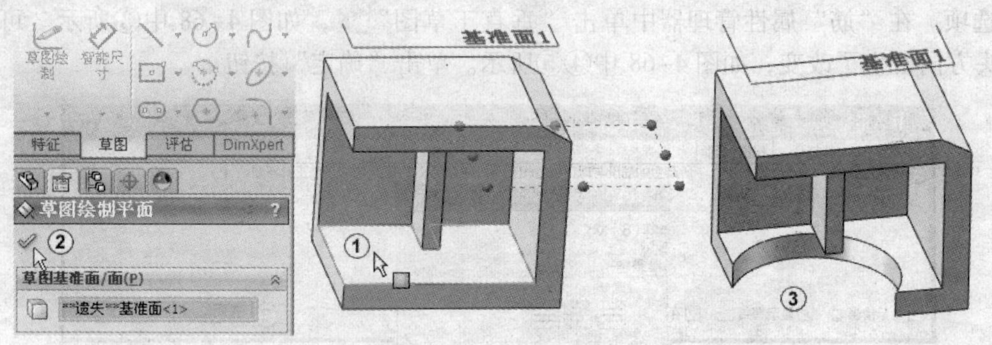

图 4-70 编辑孔位置平面

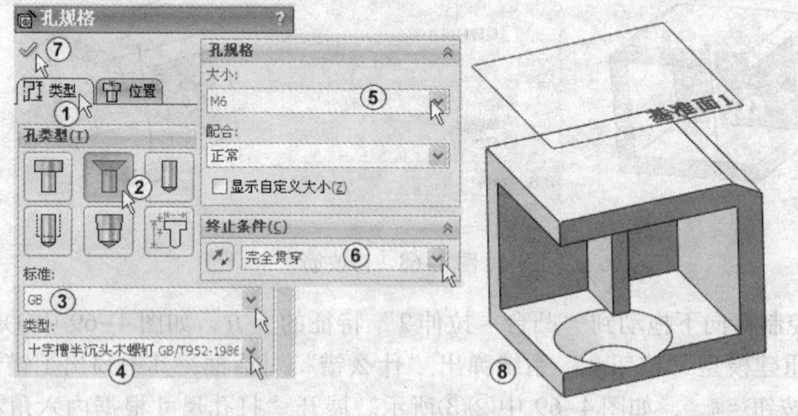

图 4-71 编辑孔特征

13）将控制棒向下拖动到最下方，单击“重建模型”按钮。系统弹出“什么错”对话框，其中列出了错误的原因，单击“关闭”按钮 关闭(C)，如图 4-72 中①②所示。展开“凸台-拉伸 2”特征，用鼠标右键单击“草图 7”，选择“编辑草图平面”选项。移动鼠标在绘图区选择面，单击“确定”按钮✓，如图 4-72 中③④所示。结果如图 4-72 中⑤所示。

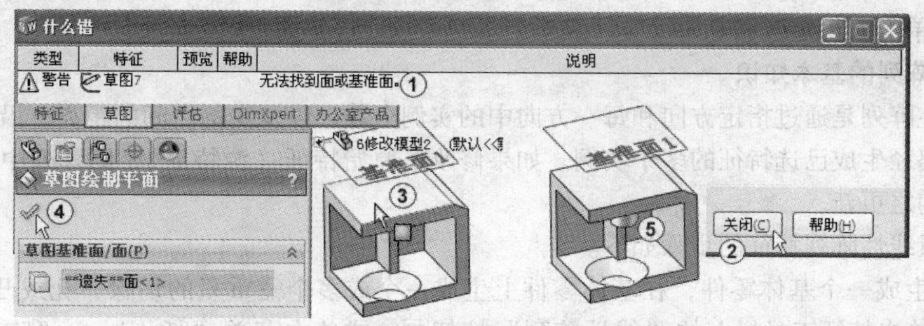

图 4-72　编辑圆柱的基准面

14）用鼠标右键单击“凸台 - 拉伸 2”，选择“编辑特征”选项。单击“反向”按钮，单击“确定”按钮✓，如图 4-73 中①②所示。结果如图 4-73 中③所示。

15）用鼠标右键单击“基准面 1”，从弹出的快捷菜单中选择“删除”选项。结果如图 4-74 所示。

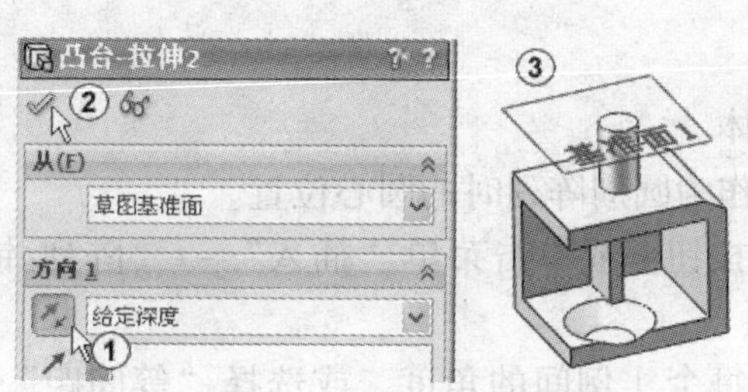

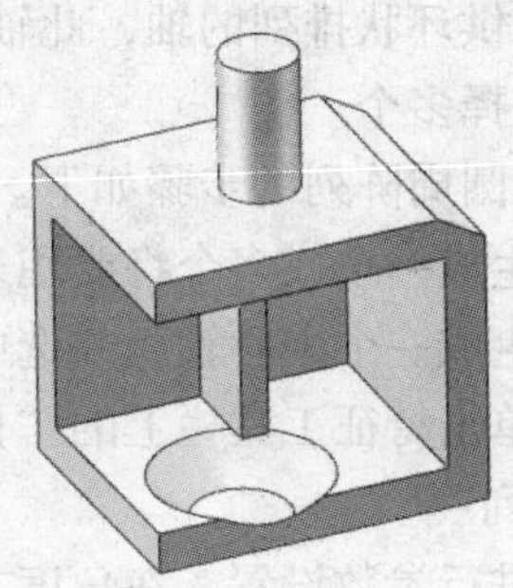

图 4-73　编辑圆柱的基准面　　图 4-74　删除基准面

4.5　镜像/阵列/实体移动和复制/凹槽和唇缘

4.5.1　镜像和阵列的基本知识

1. 镜像的基本知识

镜像特征即沿着镜像平面，生成一个特征（或多个特征）的复制。镜像平面可以是基准面也可以是实体平面。

生成镜像的一般步骤如下。

1）单击特征工具栏上的“镜像”按钮或单击菜单“插入”→“阵列/镜像”→“镜像”。

2）在“镜像面/基准面”中，选择一个面或基准面。

3）在“要镜像的特征”中，选择一个特征或多个特征。

4）如果仅想镜像面，请在“要镜像的面”中选择面。

5）如果想镜像实体，请在“要镜像的实体”中选择实体。

6）单击“确定”按钮✓。

2. 阵列的基本知识

线性阵列是通过指定方向和每一方向中的实例个数，以及实例之间的距离，沿一条或两条直线路径生成已选特征的多个实例。如果修改了原始特征（源特征），则阵列中的所有实体也将随之更新。

生成线性阵列特征的步骤如下。

1）生成一个基体零件，在基体零件上生成一个或多个需重复的切除、孔或凸台特征。

2）单击特征工具栏上的“线性阵列”按钮，或单击菜单“插入”→“阵列/镜像”→“线性阵列”。

3）进行线性阵列的参数设置。如果模型上出现的箭头指向错误的方向，请单击“反向”按钮。

4）单击“确定”按钮✓，生成特征的线性阵列。

圆周阵列是绕一轴线以圆周的方式生成一个或多个特征的多个实体。特征的圆周阵列必须有一个供环状排列的轴，此轴可以为实体边线、基准轴、临时轴三种之一。被阵列的实体可同时选择多个。

生成圆周阵列的步骤如下。

1）生成一个或多个将要用来复制的实体。

2）生成一个中心轴，并选中，此轴将作为圆周阵列时的圆心位置。

3）单击特征工具栏上的“圆周阵列”按钮或单击菜单“插入”→“阵列/镜向”→“圆周阵列”。

4）进行参数设置，在角度方框中指定每个实例间的角度，或选择“等间距”复选框。然后指定阵列中的总角度。单击“反向”按钮可反向生成阵列。

5）单击“确定”按钮✓，生成实体的圆周阵列。

由草图驱动的阵列是使用草图中的草图点来指定特征阵列。

建立由草图驱动的阵列的步骤如下。

1）在零件的面上打开一个草图。

2）在模型上生成源特征。

3）基于源特征，单击“点”，或单击菜单“工具”→“草图绘制实体”→“点”，然后添加多个草图点来表示想要生成的阵列。

4）关闭草图。

5）单击特征工具栏上的“草图驱动的阵列”按钮，或单击菜单“插入”→“阵列/镜向”→“草图驱动的阵列”。

6）选择参考草图（可使用弹出的 FeatureManager 设计树来选择）、重心，在图形区域选择特征。

注意：可以使用源特征的重心、草图原点、顶点或另一个草图点作为参考点。

7）单击“确定”按钮✓，生成草图阵列。

4.5.2 实体移动和复制/凹槽和唇缘的基本知识

1. 实体移动和复制的基本知识

在多实体零件中，可移动、旋转、并复制实体和曲面实体，或者使用配合将它们放置。

生成实体移动的一般步骤如下。

1）特征工具栏上的“移动/复制实体”按钮，或单击菜单“插入”→“特征”→“移动/复制”。

2）系统会出现“移动/复制实体”属性管理器两个页面中的一页（单击属性管理器底部的“平移/旋转”按钮 平移/旋转(R) 或“约束”按钮 约束(O)，可在两个页面间切换）。

3）在“平移/旋转”属性管理器中，可以指定移动，复制，或旋转实体的参数。

4）勾选“要移动/复制的实体”下方“复制”复选框 复制(C)，在“份数”栏中输入数目即可复制实体。

5）在“约束”属性管理器中，可在实体之间应用各种配合。

6）单击“确定”按钮，完成实体平移/旋转或约束的操作。

2. 唇缘/凹槽的基本知识

唇缘/凹槽是扣合特征中的一种，主要用于生成模具和钣金产品中的特征。

生成凹槽的一般步骤如下。

1）在菜单栏中单击“插入”→“扣合特征”→“唇缘/凹槽”按钮，系统弹出“唇缘/凹槽”属性管理器。

2）选择生成凹槽的实体、定义唇缘方向、指定生成唇缘的面和边线、设置唇缘参数等。

3）单击“确定”按钮。

生成唇缘的一般步骤如下。

1）在菜单栏中单击“插入”→“扣合特征”→“唇缘/凹槽”按钮，系统弹出“唇缘/凹槽”属性管理器。

2）选择生成唇缘的实体、定义唇缘方向、指定生成唇缘的面和边线、设置唇缘参数等。

3）单击“确定”按钮。

4.6 卷尺综合实例

如图4-75所示的“卷尺”模型，由“壳体”、“止动滑键”、“卡扣”和“卷尺片”组成。“壳体”分为两个半部，在交合处分别建有“凹槽”和“唇缘”，用三颗“螺钉”锁紧固定壳体，使之成为一体，同时也将“卡扣”一起固定。在“壳体”上还建有“止动滑键座”。“卷尺片”上建有一个“卡头”和两颗连接“卡头”和“卷尺片”用的“铆钉”。“壳体”和“止动滑键”都是塑料制品；“卡扣”、“卡头”、“铆钉”和“螺钉”是金属制品；“卷尺片”是钢皮表面喷漆，“卷尺片”上的文字与刻度也是喷漆工艺。怎么样做出“卷尺”壳体的美观外形，是本实例的焦点和知识点。

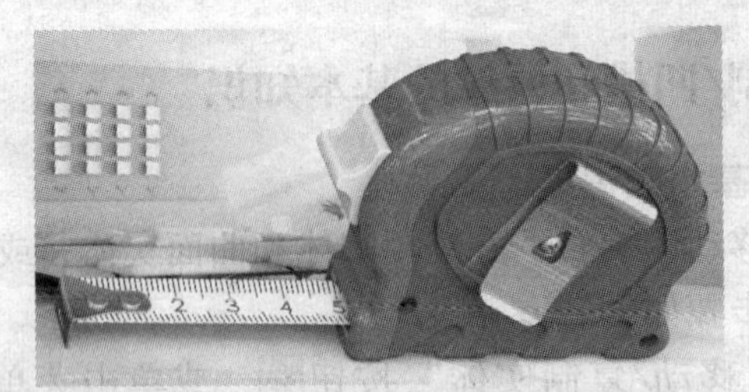

图 4-75　卷尺

4.6.1　设计思路

根据“卷尺”模型的特点，决定在“零件”环境下采用多实体建模的方式来完成，并在创建过程中力求保证外观美观、完整，省略一些内部看不到的特征。

“卷尺”模型的建模难点是“壳体”上的装饰凹槽，当然做凹槽的方法很多，可以用“曲面放样”法，“曲面填充”法等来完成。但采用以上的方法做起来很烦琐，而且做出的曲面质量也不是很好。所以决定采用“分割”→“曲面等距”→“曲面加厚切除”→“圆角”的方法来完成。用这种方法做简单实用，虽然凹槽的形状不是很理想，但作为装饰用已足够了。用“曲面拉伸”、“平面区域”和“变半径圆角”等命令做出“壳体”的基本形状，然后缝合成实体，再抽成壳体并做出装饰凹槽和装饰筋条。用“镜像”命令做出另一半“壳体”。对于壳体上的“止动滑键座”用“分割”→“曲面等距”→“加厚”等命令做出。“止动滑键”用“拉伸”→“切除拉伸”→“圆角”等命令做出。“卡扣”用“薄壁拉伸”→“切除拉伸”→“圆角”等命令做出。“卷尺片”用“薄壁拉伸”做出，对卷尺片上的文字和刻度用“切除拉伸”和“线性阵列”命令做出。对于“卡头”和“铆钉”用“拉伸”→“切除拉伸”→“旋转”→“线性阵列”→“圆角”等命令做出。“螺钉”可以自己做，也可以从“设计库”的“TOOIBOX”文件夹中调出。

“卷尺”建模步骤如表 4-3 所示。

表 4-3　卷尺建模 - 步骤

序号	图　示	说明	序号	图　示	说明
1		建立卷尺半边基体	3		分割出装饰凹槽区域
2		建立圆角	4		建立装饰凹槽

（续）

序号	图 示	说明	序号	图 示	说明
5		建立抽壳	12		建立锁紧螺钉座
6		建立止动滑座	13		建立面部装饰筋
7		建立槽口	14		建立商标文字
8		建立周边装饰筋	15		建立唇缘
9		镜像出另一半卷尺基体	16		建立螺钉沉孔座
10		建立凹槽	17		建立面部装饰筋
11		建立卷尺芯	18		建立卡扣

（续）

序号	图　示	说明	序号	图　示	说明
19		建立止动滑键	22		建立卡头铆钉
20		建立卷尺片	23		创建完成的卷尺模型
21		建立卷尺卡头			

4.6.2　创建基体模型

1）新建文件。选择“文件”→“新建”命令，在弹出的“新建文件”对话框中选择“零件”或“模板”文件，单击“确定”按钮，如图 4-76 所示。

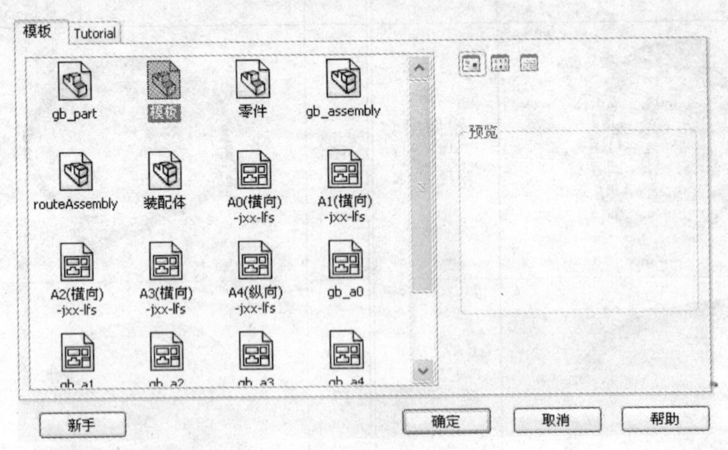

图 4-76　新建零件文件

2）绘制草图 1。从特征管理器中选择“上视基准面”，单击“正视于”按钮，单击“草图”，切换到草图绘制面板，单击“中心线”按钮、“直线”按钮、“三点弧”按钮和“智能尺寸”按钮，绘制出如图 4-77 中①所示的草图 1。单击绘图区右上角的按钮退出绘制草图。

3）建立曲面拉伸。在特征管理器中选择“草图 1”，在“曲面”工具栏中单击“曲面拉伸”按钮，系统弹出“曲面拉伸”属性管理器，单击“方向 1”中的拉伸类型选择框，选择“给定深度”，在“深度”输入框中输入 10，其他采用默认设置，如图 4-77 中②所示。单击“确定”按钮完成曲面拉伸操作。结果如图 4-77 中③所示。

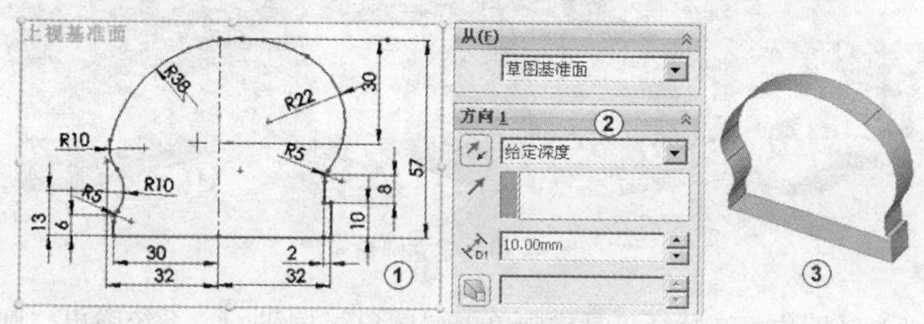

图 4-77　绘制草图 1，建立曲面拉伸

4）建立平面区域。在“曲面”工具栏中单击“平面区域”按钮，系统弹出“平面区域”属性管理器，在“边界实体”输入框中输入“曲面拉伸”顶部的全部边线，其他采用默认设置如图 4-78 中①所示。单击“确定”按钮完成曲面区域操作。结果如图 4-78 中②所示。

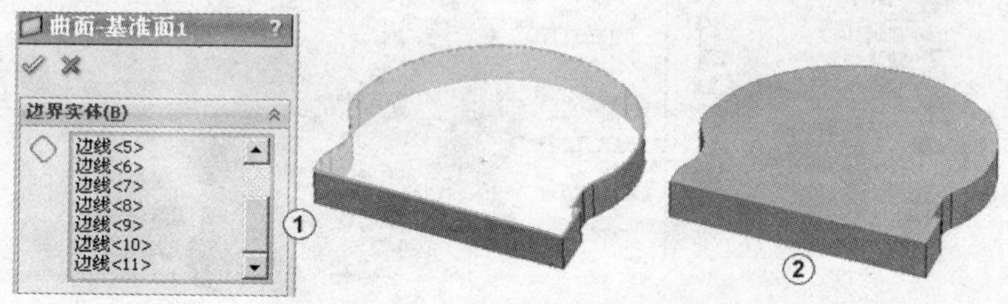

图 4-78　建立平面区域

注意：单击“平面区域”按钮，在 SW2011 版本中显示的是“曲面 - 基准面 1”或“平面”，这只是翻译上的问题，实际上是“平面区域”。

5）建立“曲面缝合”。在“曲面”工具栏中单击“曲面缝合”按钮，系统弹出“曲面缝合”属性管理器，在“要缝合的曲面和面”输入框中输入“曲面拉伸 1”和“曲面基准面 1”两个曲面作为缝合对象，勾选“缝隙控制”复选框，其他采用默认设置如图 4-79 所示。单击“确定”按钮完成曲面缝合。

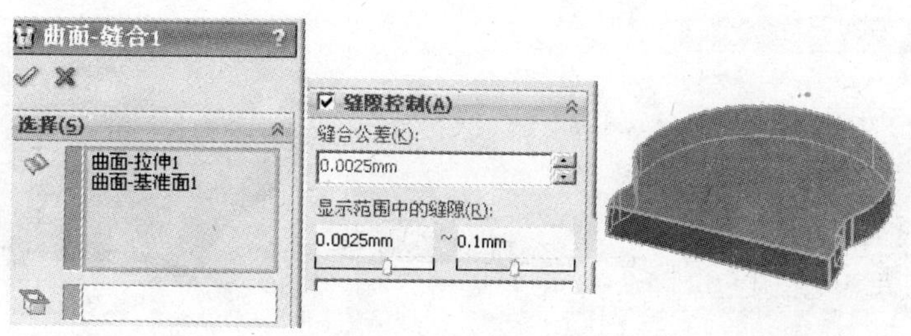

图 4-79　建立曲面缝合

6）建立圆角。在“特征”工具栏中单击“圆角”按钮，系统弹出“圆角”属性管理器，选择“圆角类型”为“等半径”，分别对模型添加 R5、R2、R2 圆角如图 4-80 中①②③所示。结果如图 4-80 中④所示。

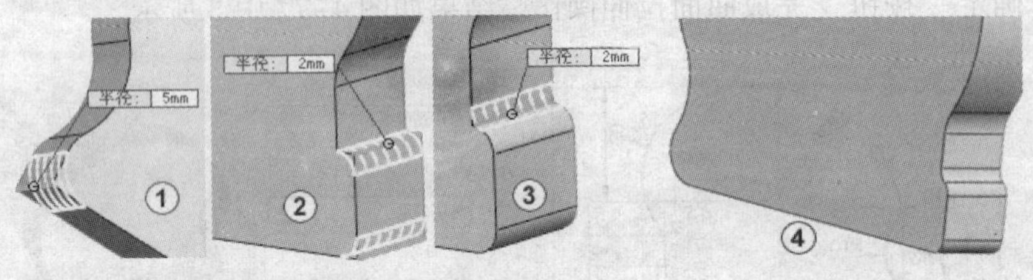

图 4-80　建立圆角

7）建立变半径圆角。在特征工具栏中单击“圆角”按钮，系统弹出“圆角”属性管理器，选择圆角类型为“变半径”，在“边线、面、特征和环”输入框中输入模型的九条边，在弹出的半径参数输入框中分别输入 R5、R5、R2、R2、R2、R2、R2、R2、R2、R2、R2 和 R5，勾选“平滑过渡”选项。其他采用默认设置。单击“确定”按钮完成圆角操作。结果如图 4-81 所示。

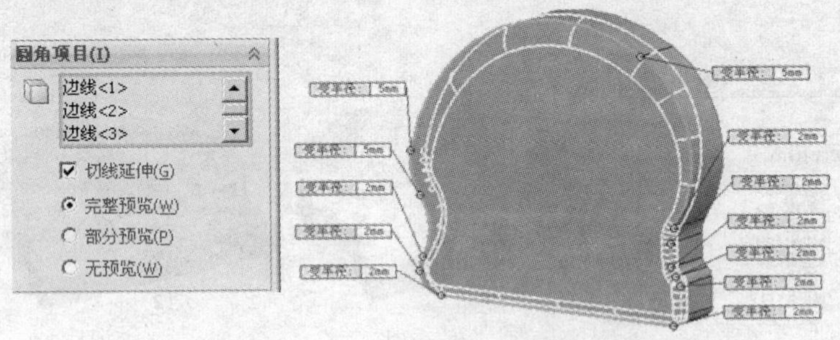

图 4-81　建立变半径圆角

注意： 读者在选择边线可能会与实例不一样，但只要注意在哪个点开始由 R5 变为 R2 就可以，做出的效果就会一样。

8）建立平面区域。在“曲面”工具栏中单击“平面区域”按钮，系统弹出“平面区域”属性管理器，在“边界实体”输入框中输入“曲面拉伸”底部的全部边线，其他采用默认设置如图 4-82 中①所示。单击“确定”按钮完成曲面区域操作。结果如图 4-82 中②所示。

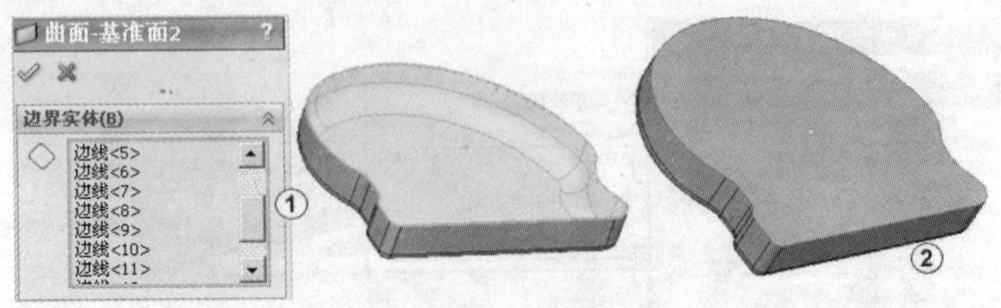

图 4-82　建立平面区域

9）建立曲面缝合。在“曲面”工具栏中单击“曲面缝合”按钮，系统弹出“曲面缝合”属性管理器，在“要缝合的曲面和面”输入框中输入“变化圆角1”和“曲面基准面2”两个曲面作为缝合对象，勾选“缝隙控制”复选框，其他采用默认设置如图4-83所示。单击“确定”按钮完成曲面缝合。

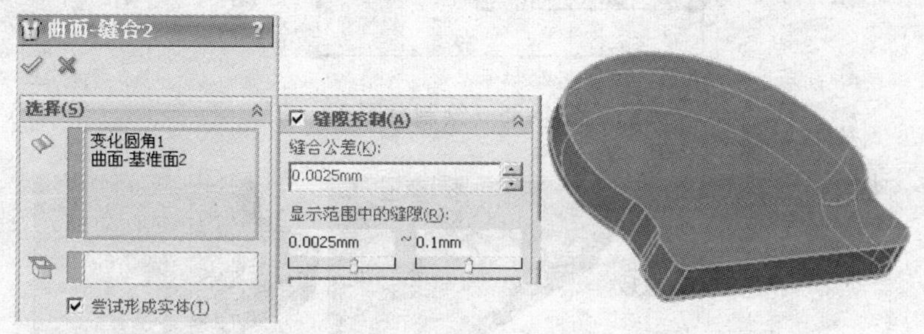

图4-83　建立曲面缝合

10）绘制草图2。从绘图区选择如图4-84中①所示的“深色”面作为草图绘制基准面，单击“正视于”按钮，单击“草图”，切换到草图绘制面板，单击“中心线”按钮、“圆”按钮和“智能尺寸”按钮，绘制出如图4-84中①所示的“草图2”，单击绘图区右上角的按钮退出绘制草图。

11）建立“分割线”。在菜单栏中单击“插入”→“曲线”→“分割线”按钮，系统弹出“分割线”属性管理器，在“分割类型”选项中选择“投影”，在“要投影的草图”输入框中输入“草图2”，在“要投影的面”输入框中输入要分割的面，其他采用默认设置，单击“确定”按钮完成分割线操作。如图4-84中②所示。

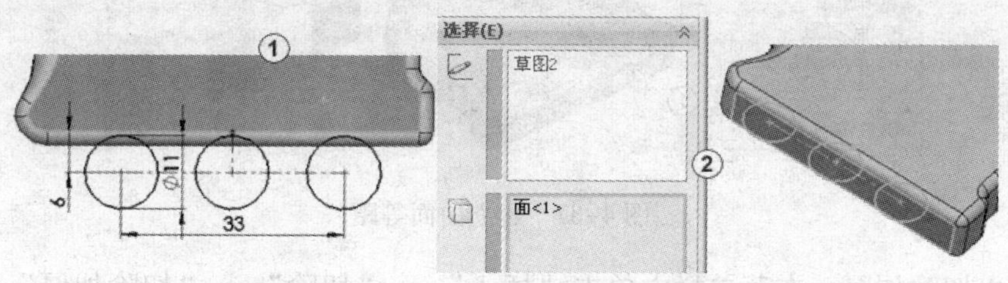

图4-84　绘制草图2，建立分割线

12）绘制草图3。从绘图区选择如图4-85所示的“深色”面作为草图绘制基准面，单击“正视于”按钮，单击“草图”，切换到草图绘制面板，单击“中心线”按钮、“三点弧”按钮和“智能尺寸”按钮，绘制出如图4-85所示的“草图3”，单击绘图区右上角的按钮退出绘制草图。

13）建立分割线。在菜单栏中单击“插入”→“曲线”→“分割线”按钮，系统弹出“分割线”属性管理器，在“分割类型”选项中选择“投影”，在“要投影的草图”输入框中输入“草图3”，在“要投影的面”输入框中输入要分割的面，如图4-86中①所示，其他采用默认设置，单击“确定”按钮完成分割线操作。分割结果如图4-86中②所示。

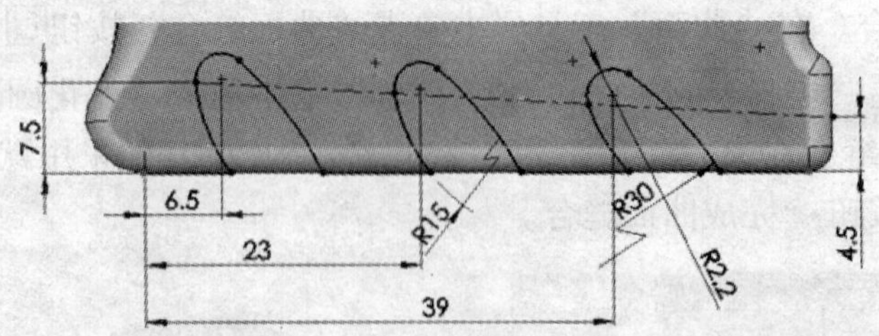

图 4-85　绘制草图 3

图 4-86　建立分割线

14）建立曲面等距。在“曲面”工具栏中单击“曲面等距”按钮，系统弹出“曲面等距”属性管理器，在“要等距的面或曲面”输入框中输入要等距的面，在“等距距离”输入框中输入 0，其他采用默认设置，如图 4-87 中①所示。单击“确定”按钮完成曲面等距操作。结果如图 4-87 中②所示。

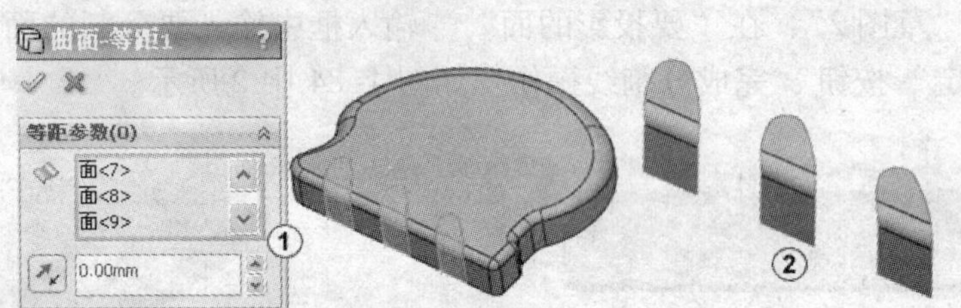

图 4-87　建立曲面等距

15）建立切除加厚。在菜单栏中单击“插入”→“切除”→“切除加厚”按钮，系统弹出“切除加厚”属性管理器，选择要切除加厚的曲面，选择切除加厚方式为“加厚侧边 2”，输入“厚度”为 1，如图 4-88 中①所示，单击“确定”按钮完成切除加厚操作。切除加厚结果如图 4-88 中②所示。用同样的方法做出另外两个切除加厚，如果如图 4-89 中①所示。

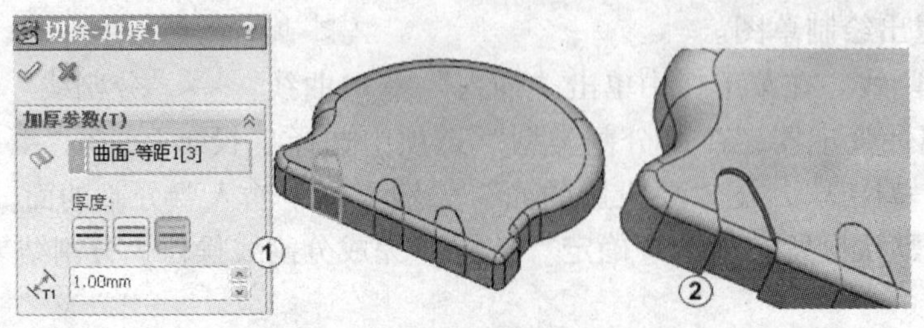

图 4-88　建立切除加厚

16）建立圆角。在“特征”工具栏中单击“圆角”按钮，系统弹出“圆角”属性管理器，选择“圆角类型”为“等半径”，分别对模型添加 R1、R0.5 圆角，如图 4-89 中②③所示。

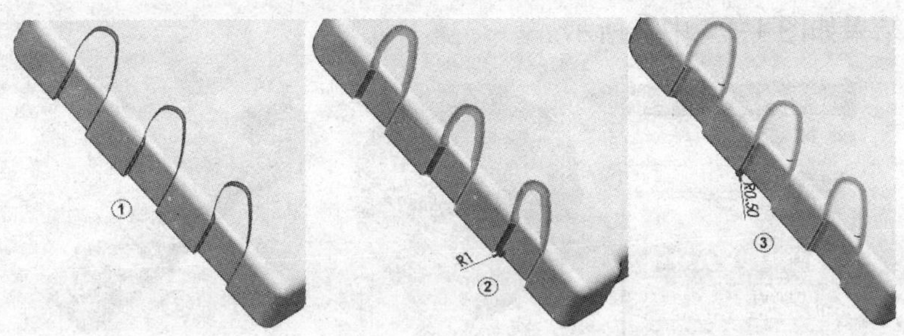

图 4-89　建立圆角

17）建立抽壳。在特征工具栏中单击“抽壳”按钮，系统弹出“抽壳”属性管理器，在“厚度”输入框中输入 1，在“要移除的面”输入框中输入如图 4-90 中①所示的深色面，其他采用默认设置，单击“确定”按钮完成抽壳操作。结果如图 4-90 中②所示。

图 4-90　建立抽壳

18）绘制草图 4。从特征管理器中选择“上视基准面”，单击“正视于”按钮，单击“草图”，切换到草图绘制面板，单击“三点弧”按钮、“直线”按钮、“绘制圆角”按钮和“智能尺寸”按钮，绘制出如图 4-91 中①所示的“草图 4”，单击绘图区右上角的按钮，退出绘制草图。

19）建立分割线。在菜单栏中单击“插入”→“曲线”→“分割线”按钮，系统弹出“分割线”属性管理器，在“分割类型”选项中选择“投影”，在“要投影的草图”输入框中输入“草图 4”，在“要投影的面”输入框中输入要分割的面，如图 4-91 中②所示。其他采用默认设置，单击“确定”按钮完成分割线操作。

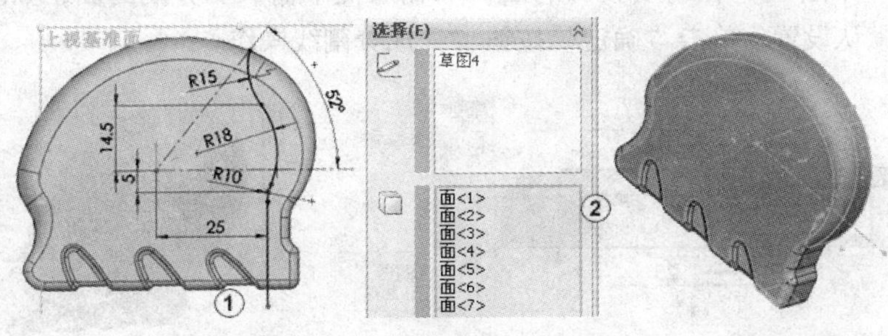

图 4-91　绘制草图 4，建立分割线

20）建立曲面等距。在“曲面”工具栏中单击“曲面等距”按钮，系统弹出“曲面等距”属性管理器，在“要等距的面或曲面”输入框中输入要等距的面，在“等距距离”输入框中输入0，其他采用默认设置如图4-92中①所示。单击“确定”按钮完成曲面等距操作。结果如图4-92中②所示。

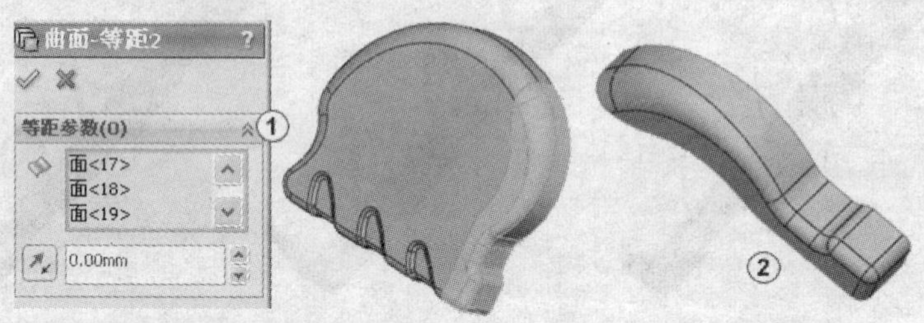

图4-92 建立曲面等距

21）建立加厚。在菜单栏中单击“插入”→“凸台/基体”→“加厚”按钮，系统弹出“加厚”属性管理器，选择要加厚的曲面，选择加厚方式为“加厚侧边1”，输入“厚度”为0.5，如图4-93中①所示，单击“确定”按钮完成加厚操作。加厚结果如图4-93中②所示。

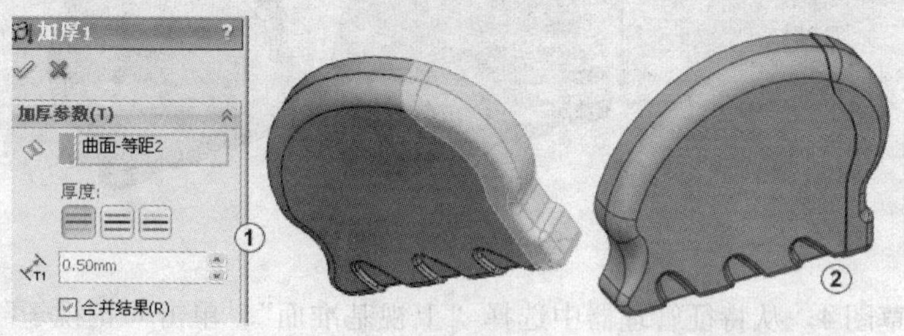

图4-93 建立加厚

22）绘制草图5。从特征管理器中选择“右视基准面”，单击“正视于”按钮，单击“草图”，切换到草图绘制面板，单击”边角矩形”按钮绘制出一个矩形，如图4-94中①所示。单击绘图区右上角的按钮，退出绘制草图。

23）建立分割1。在菜单栏中单击“插入”→“曲线”→“分割线”按钮，系统弹出“分割线”属性管理器，在“分割类型”选项中选择“投影”，在“要投影的草图”输入框中输入“草图5”，在“要投影的面”输入框中输入要分割的面，如图4-94中②所示。其他采用默认设置，单击“确定”按钮完成分割线操作。

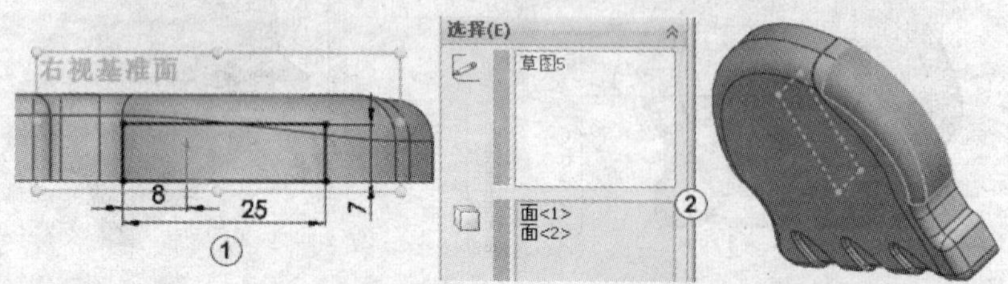

图4-94 绘制草图5，建立分割线

24）建立曲面等距。在“曲面”工具栏中单击“曲面等距”按钮，系统弹出“曲面等距”属性管理器，在“要等距的面或曲面”输入框中输入要等距的面，在“等距距离”输入框中输入0，其他采用默认设置如图4-95中①所示。单击“确定”按钮完成曲面等距操作。结果如图4-95中②所示。

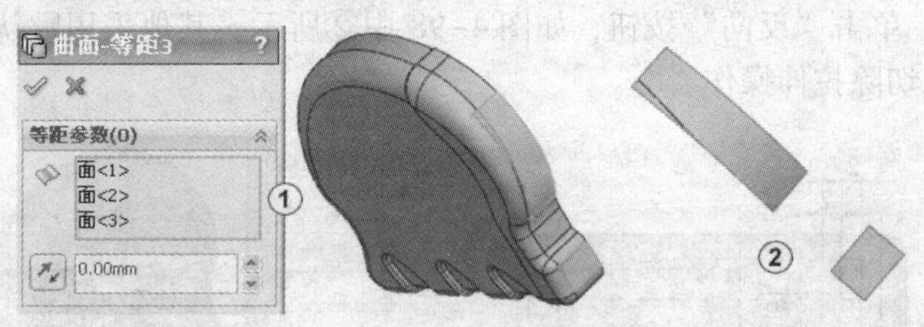

图4-95 建立曲面等距

25）建立切除加厚。在菜单栏中单击“插入”→“切除”→“切除加厚”按钮，系统弹出“切除加厚”属性管理器，选择要切除加厚的曲面，选择切除加厚方式为“加厚侧边2”，输入“厚度”为0.5，如图4-96中①所示，单击“确定”按钮完成切除加厚操作。切除加厚结果如图4-96中②所示。

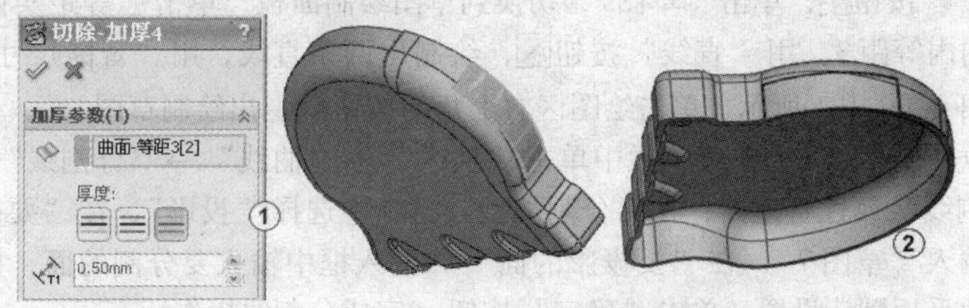

图4-96 建立切除加厚

26）建立切除加厚。在菜单栏中单击“插入”→“切除”→“切除加厚”按钮，系统弹出“切除加厚”属性管理器，选择要切除加厚的曲面，选择切除加厚方式为“加厚侧边2”，输入“厚度”为0.5，如图4-97中①所示，单击“确定”按钮完成切除加厚操作。切除加厚结果如图4-97中②所示。

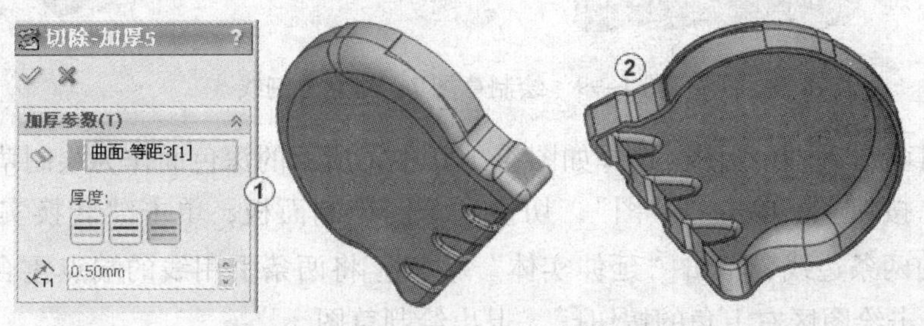

图4-97 建立切除加厚

27）绘制草图6。从特征管理器中选择“右视基准面”，单击“正视于”按钮，单击“草图”，切换到草图绘制面板，单击“直线”按钮、”边角矩形”按钮和“智能尺寸”

按钮，绘制出如图 4-98 中①所示的“草图 6”。单击绘图区右上角的按钮，退出绘制草图。

28）建立切除拉伸。在特征管理器选择草图 6，然后在特征工具栏中单击“切除拉伸”按钮，系统弹出“切除拉伸”属性管理器，在“方向 1”栏的“终止条件”选择框中选择“完全贯穿”，单击“反向”按钮，如图 4-98 中②所示，其他采用默认设置，单击“确定”按钮✔完成切除拉伸操作。

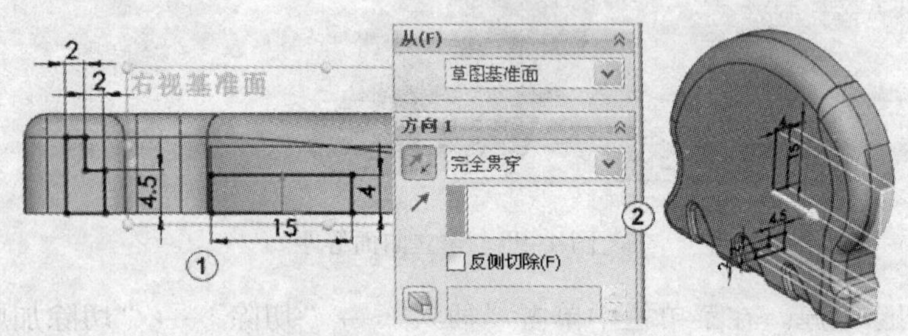

图 4-98　绘制草图 6，建立切除拉伸

29）绘制草图 7。从绘图区选择如图 4-99 中①所示的“深色”面作为草图绘制基准面，单击“正视于”按钮，单击“草图”，切换到草图绘制面板，单击“等距实体”按钮，将圆角边线向内等距 3，用“直线”按钮，绘制出两条直线，用“智能尺寸”按钮标注尺寸，如图 4-99 中①所示。单击绘图区右上角的按钮退出绘制草图。

30）建立“分割线”。在菜单栏中单击“插入”→“曲线”→“分割线”按钮，系统弹出“分割线”属性管理器，在“分割类型”选项中选择“投影”，在“要投影的草图”输入框中输入“草图 7”，在“要投影的面”输入框中输入要分割的面，如图 4-99 中②所示。其他采用默认设置，单击“确定”按钮✔完成分割线操作。

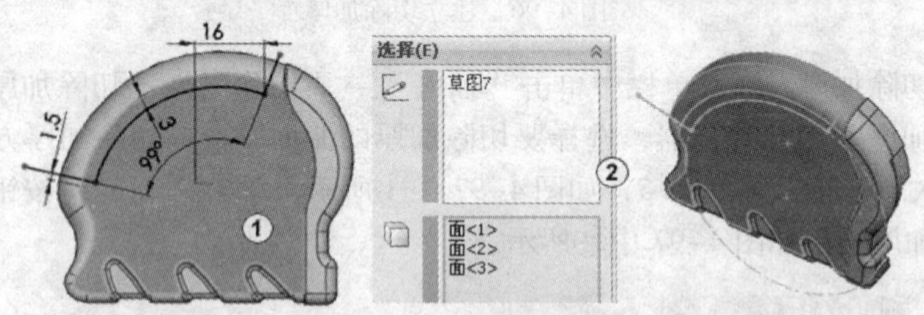

图 4-99　绘制草图 7，建立分割线

31）绘制草图 8。从绘图区选择如图 4-100 中①所示的深色面作为绘制草图基准面，单击“正视于”按钮，单击“草图”，切换到草图绘制面板，单击“转换实体引用”按钮引用模型的两条边线，单击“延伸实体”按钮将两条引用线的端点重合，如图 4-100 中①所示。单击绘图区右上角的按钮，退出绘制草图。

32）建立分割线。在菜单栏中单击“插入”→“曲线”→“分割线”按钮，系统弹出“分割线”属性管理器，在“分割类型”选项中选择“投影”，在“要投影的草图”输入框中输入“草图 8”，在“要投影的面”输入框中输入要分割的面，如图 4-100 中②所示。其他采用默认设置，单击“确定”按钮✔完成分割线操作。

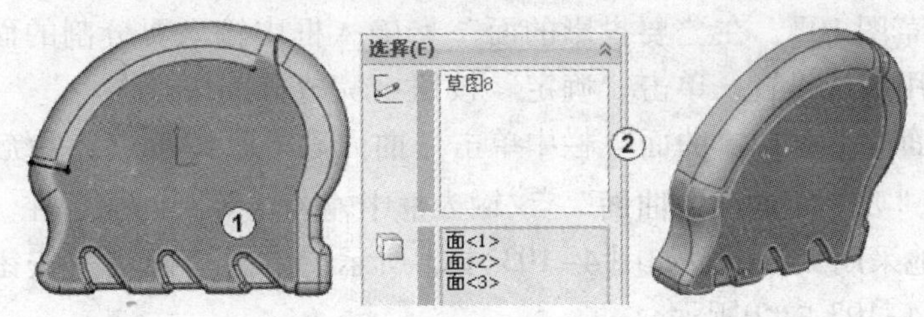

图 4-100　绘制草图 8，建立分割线

33）绘制草图 9。从特征管理器中选择“右视基准面”，单击“正视于”按钮，单击“草图”，切换到草图绘制面板，单击“边角矩形”按钮和“智能尺寸”按钮，绘制出如图 4-101 中①所示的“草图 9”。单击绘图区右上角的按钮，退出绘制草图。

34）建立分割线。在菜单栏中单击“插入”→“曲线”→“分割线”按钮，系统弹出“分割线”属性管理器，在“分割类型”选项中选择“投影”，在“要投影的草图”输入框中输入“草图 9”，在“要投影的面”输入框中输入要分割的面，如图 4-101 中②所示。其他采用默认设置，单击“确定”按钮完成分割线操作。

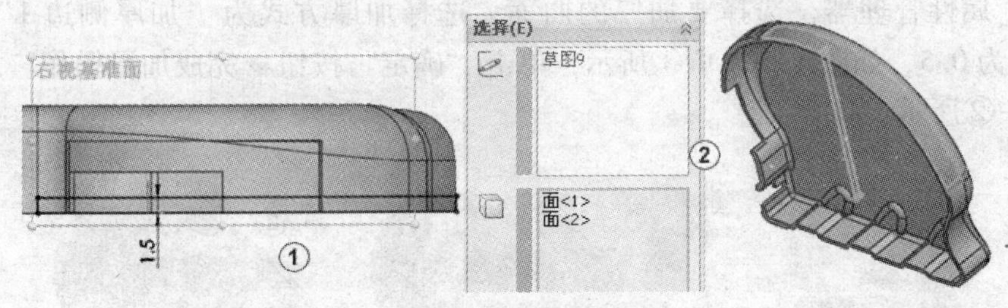

图 4-101　绘制草图 9，建立分割线

35）绘制草图 10。从特征管理器中选择“上视基准面”，单击“正视于”按钮，单击“草图”，切换到草图绘制面板，单击“中心线”按钮、“直线”按钮、“等距实体”按钮、“剪裁实体”按钮和“智能尺寸”按钮，绘制出如图 4-102 中①所示的“草图 10”。单击绘图区右上角的按钮，退出绘制草图。

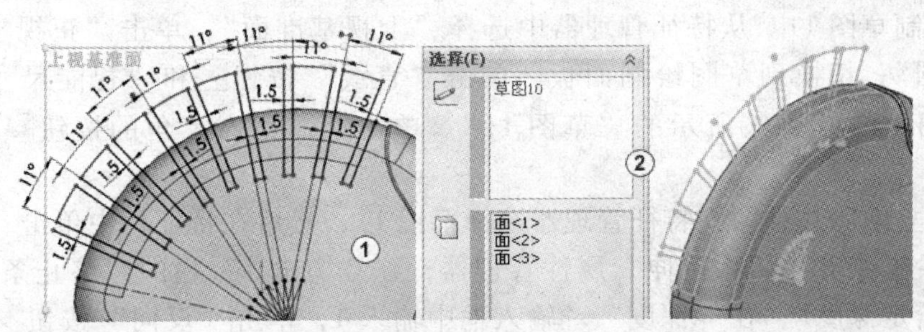

图 4-102　绘制草图 10，建立分割线

36）建立分割线。在菜单栏中单击“插入”→“曲线”→“分割线”按钮，系统弹出“分割线”属性管理器，在“分割类型”选项中选择“投影”，在“要投影的草图”

输入框中输入“草图10”，在“要投影的面”输入框中输入要分割的面，如图4-102中②所示。其他采用默认设置，单击“确定”按钮完成分割线操作。

37）建立曲面等距。在“曲面”栏中单击“曲面等距”按钮，系统弹出“曲面等距”属性管理器，在“要等距的面或曲面”输入框中输入要等距的面，在“等距距离”输入框中输入0，其他采用默认设置如图4-103中①所示。单击“确定”按钮完成曲面等距操作。结果如图4-103中②所示。

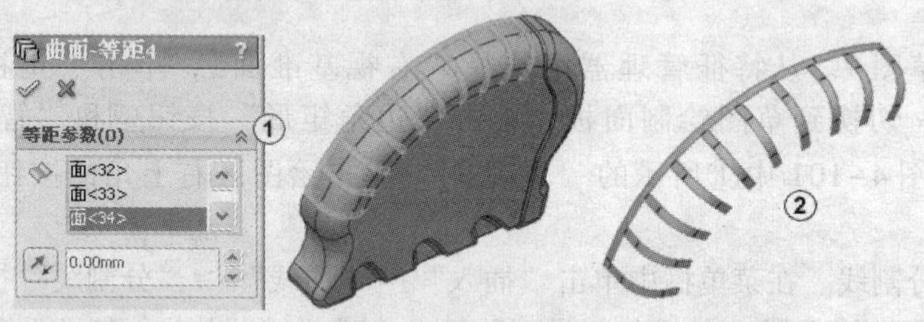

图4-103　建立曲面等距

38）建立加厚。在菜单栏中单击“插入”→“凸台/基体”→“加厚”按钮，系统弹出“加厚”属性管理器，选择要加厚的曲面，选择加厚方式为“加厚侧边1”，输入“厚度”为0.5，如图4-104中①所示，单击“确定”按钮完成加厚操作。加厚结果如图4-104中②所示。

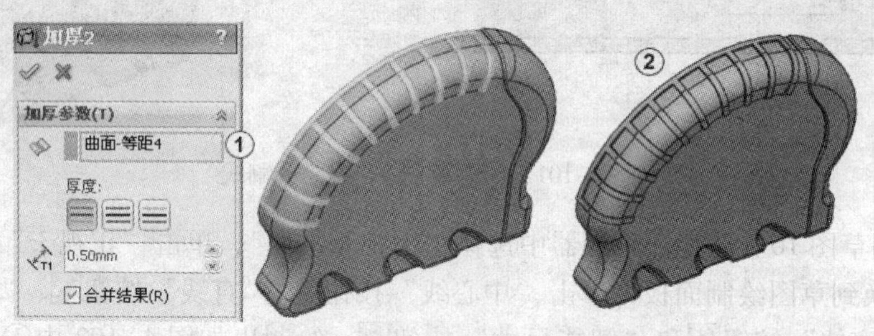

图4-104　建立加厚

39）绘制草图11。从特征管理器中选择“上视基准面”，单击“正视于”按钮，单击“草图”，切换到草图绘制面板，单击“直线”按钮和“智能尺寸”按钮，绘制出如图4-105中①所示的“草图11”。单击绘图区右上角的按钮，退出绘制草图。

40）建立切除拉伸。在特征管理器选择草图11，然后在特征栏中单击“切除拉伸”按钮，系统弹出“切除拉伸”属性管理器，在“方向1”栏的“终止条件”选择框中选择“给定深度”，在“深度”输入框中输入4，单击“反向”按钮，使切除方向反向，其他采用默认设置，如图4-105中②所示。单击“确定”按钮完成切除拉伸操作。

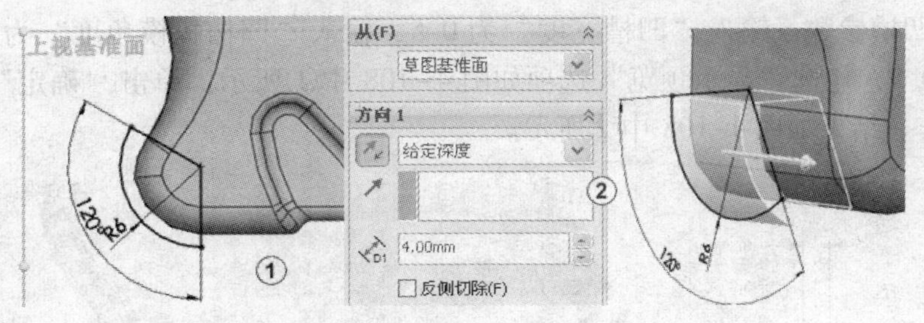

图 4-105　绘制草图 11，建立切除拉伸

41）建立镜像。在菜单栏中单击“插入”→“阵列/镜像”→“镜像”按钮，系统弹出“镜像”属性管理器，在“镜像面/基准面”输入框中输入“上视基准面”作为镜像面，在“要镜像的实体”输入框中输入“切除拉伸 2”实体，其他采用默认设置如图 4-106 中①所示，单击“确定”按钮✓完成镜像操作。结果如图 4-106 中②所示。

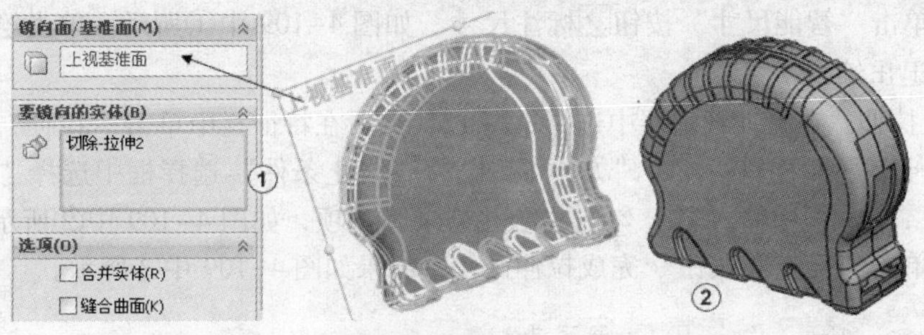

图 4-106　建立镜像

4.6.3　完善右边壳体形状

1）建立凹槽。在菜单栏中单击“插入”→“扣合特征”→“唇缘/凹槽”按钮，系统弹出“唇缘/凹槽”属性管理器，在“选取生成凹槽的实体”输入框中输入“切除－拉伸 2”实体，在“定义凹槽方向”输入框中输入“上视基准面”。在“选择生成凹槽的面”输入框中输入要生产“凹槽”的面。在“为凹槽选取内边线或外边线”输入框中输入内边线。勾选“切线延伸”复选框，如图 4-107 所示。

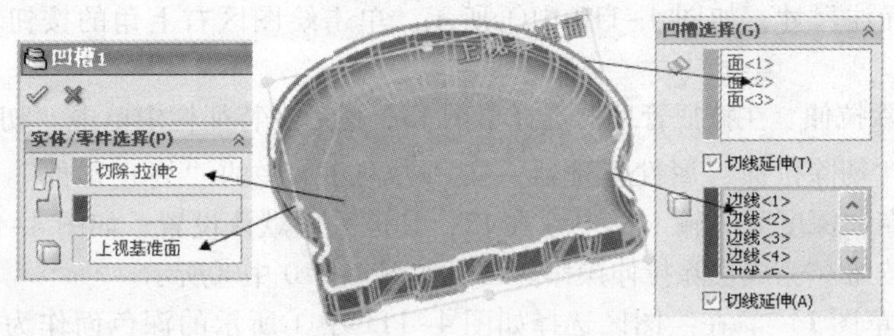

图 4-107　建立凹槽

2）设置凹槽参数。输入“凹槽宽度”为0.5，输入“凹槽拔模角度”为3，输入“凹槽高度”为0.5，勾选“显示预览”选项如图4-108中①所示，单击“确定”按钮✔完成凹槽创建操作。结果如图4-108中②所示。

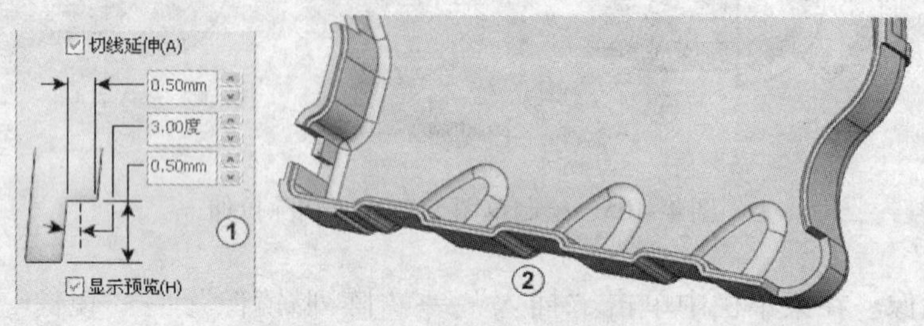

图4-108　设置凹槽参数

3）绘制草图12。在绘图区选择如图4-109中①所示的深色面作为草图绘制基准面，单击“正视于”按钮，单击“草图”，切换到草图绘制面板，单击“圆”按钮，绘制出两个同心圆，单击“智能尺寸”按钮标注尺寸，如图4-109中①所示。单击绘图区右上角的按钮，退出绘制草图。

4）建立拉伸。在特征管理器中选择草图12，然后在特征栏中单击“拉伸”按钮，系统弹出“拉伸”属性管理器，在“方向1”栏的“终止条件”选择框中选择“给定深度”，在“深度”输入框中输入18，勾选“合并结果”选项，如图4-109中②所示，其他采用默认设置，单击“确定”按钮✔完成拉伸操作。结果如图4-109中③所示。

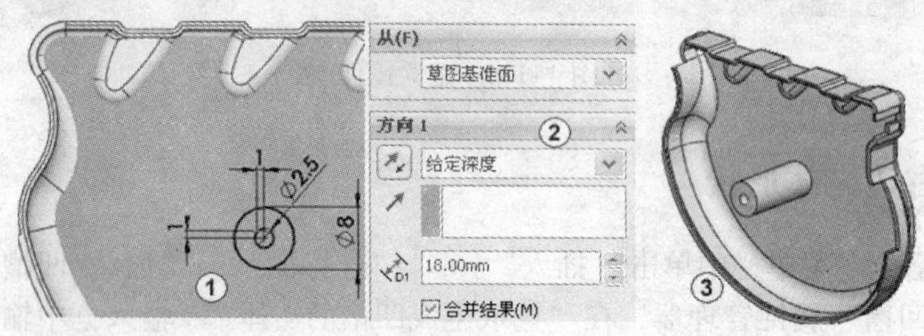

图4-109　绘制草图12，建立拉伸

5）绘制草图13。从特征管理器中选择“右视基准面”，单击“正视于”按钮，单击“草图”，切换到草图绘制面板，单击“中心矩形”按钮，绘制出一个矩形，单击“智能尺寸”按钮标注尺寸，如图4-110中①所示。单击绘图区右上角的按钮，退出绘制草图。

6）建立切除拉伸。在特征管理器选择草图13，然后在特征栏中单击“切除拉伸”按钮，系统弹出“切除拉伸”属性管理器，在“方向1”栏的“终止条件”选择框中选择“两侧对称”，在“深度”输入框中输入17，其他采用默认设置，如图4-110中②所示，单击“确定”按钮✔完成切除拉伸操作。结果如图4-110中③所示。

7）绘制“草图14”。在绘图区选择如图4-111中①所示的深色面作为草图绘制基准面，单击“正视于”按钮，单击“草图”，切换到草图绘制面板，单击“圆”按钮，绘制出两个直径为5的圆，单击“智能尺寸”按钮标注尺寸，如图4-111中①所示。

单击绘图区右上角的按钮，退出绘制草图。

图 4-110　绘制草图 13，建立切除拉伸

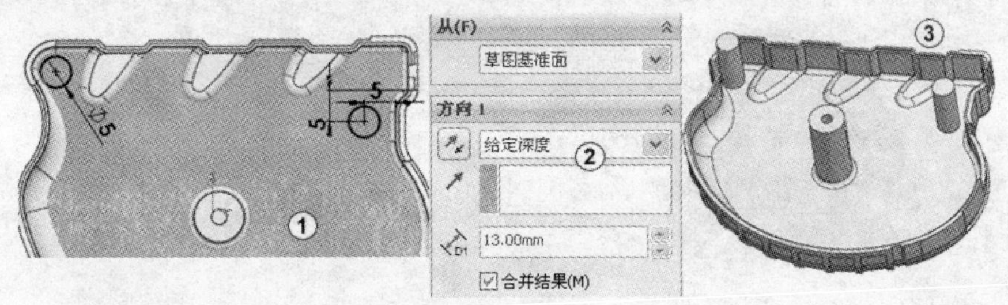

图 4-111　绘制草图 14，建立拉伸

8）建立拉伸。在特征管理器中选择草图 14，然后在特征栏中单击拉伸按钮，系统弹出“拉伸”属性管理器，在“方向 1”栏的“终止条件”选择框中选择“给定深度”，在“深度”输入框中输入 13，勾选“合并结果”复选框，如图 4-111 中②所示，其他采用默认设置，单击“确定”按钮完成拉伸操作。结果如图 4-111 中③所示。

9）绘制草图 15。在绘图区选择如图 4-112 中①所示的深色面作为草图绘制基准面，单击“正视于”按钮，单击“草图”，切换到草图绘制面板，单击“圆”按钮，绘制出两个两个直径为 2.5 的圆，两个圆的圆心分别落在“草图 14”拉伸的圆心上，如图 4-112 中①②所示。单击绘图区右上角的按钮退出绘制草图。

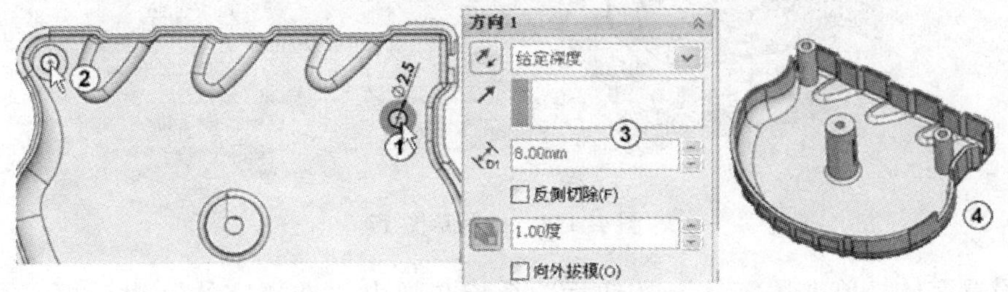

图 4-112　绘制草图 15，建立切除拉伸

10）建立切除拉伸。在特征管理器选择草图 15，然后在特征栏中单击“切除拉伸”按钮，系统弹出“切除拉伸”属性管理器，在“方向 1”栏的“终止条件”选择框中选择“给定深度”，在“深度”输入框中输入 8，打开“拔模开/关”，在拔模角度输入框中输入 1°。如图 4-112 中②所示，其他采用默认设置，单击“确定”按钮完成切除拉伸操作。结果如图 4-112 中③所示。

11）绘制草图16。在绘图区选择如图4–113中①所示的深色面作为草图绘制基准面，单击“正视于”按钮，单击“草图”，切换到草图绘制面板，单击“转换实体引用”按钮、“直线”按钮、“绘制圆角”按钮、“等距实体”按钮和“智能尺寸”按钮，绘制出如图4–113中①所示的草图16。单击绘图区右上角的按钮退出绘制草图。

12）建立拉伸。在特征管理器中选择草图16，然后在特征栏中单击“拉伸”按钮，系统弹出“拉伸”属性管理器，在“方向1”栏的“终止条件”选择框中选择“给定深度”，在“深度”输入框中输入1，勾选“合并结果”复选框，如图4–113中②所示，其他采用默认设置，单击“确定”按钮完成拉伸操作。结果如图4–113中③所示。

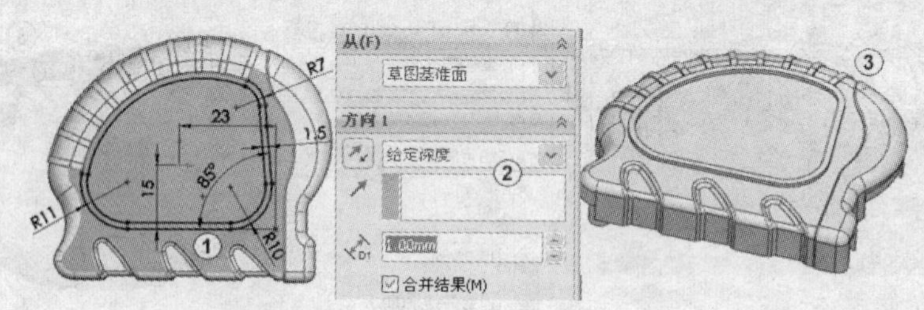

图4–113　绘制草图16，建立拉伸

13）绘制草图17。在绘图区选择如图4–114中①所示的深色面作为草图绘制基准面，单击“正视于”按钮，单击“草图”，切换到草图绘制面板，单击“中心线”按钮绘制出一条水平线，单击“草图”栏中的“草图文字”按钮，系统弹出“草图文字”属性管理器，在“曲线”栏的草图路径输入框中输入刚才绘制的水平线“直线1”，在“文字”输入框中输入“创业”两字。取消“使用文档字体”选项，如图4–114中②所示。单击“字体”按钮。

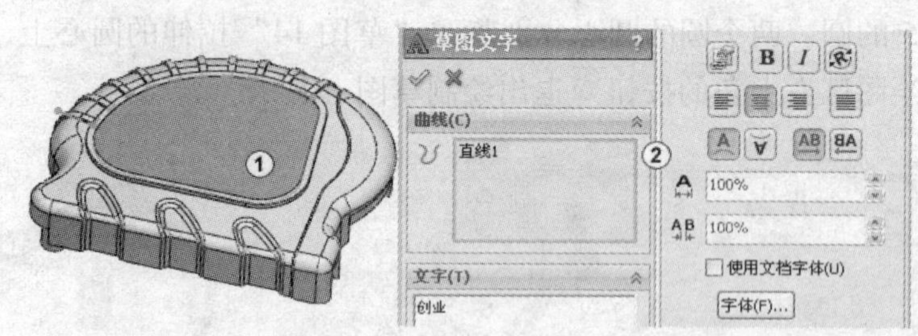

图4–114　绘制草图17

14）设置字体。单击“字体”按钮后，系统在弹出“选择字体”对话框，在“字体”列表中选择“隶书”，在“字体样式”列表中选择“常规”，在“高度”栏的单位输入框中输入10，其他采用默认设置，单击“确定”按钮 确定 ，如图4–115所示。

15）再次建立草图文字。单击“草图文字”属性管理器中的“确定”按钮，创建的文字结果如图4–116中①所示。单击“中心线”按钮再绘制出一条水平线，单击“草图”栏中的“草图文字”按钮，系统弹出“草图文字”属性管理器，在“曲线”栏的草图路径输入框中输入刚才绘制的水平线“直线2”，在“文字”输入框中输入“3M”二字。取消“使用文档字体”复选框，如图 4-116 中②所示。单击“字体”按钮。

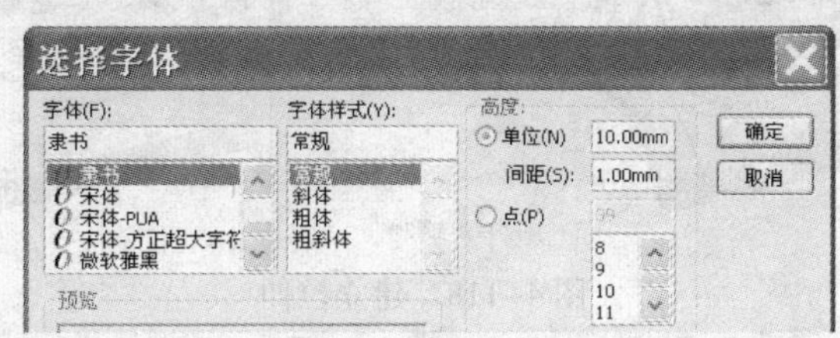

图 4-115　设置字体

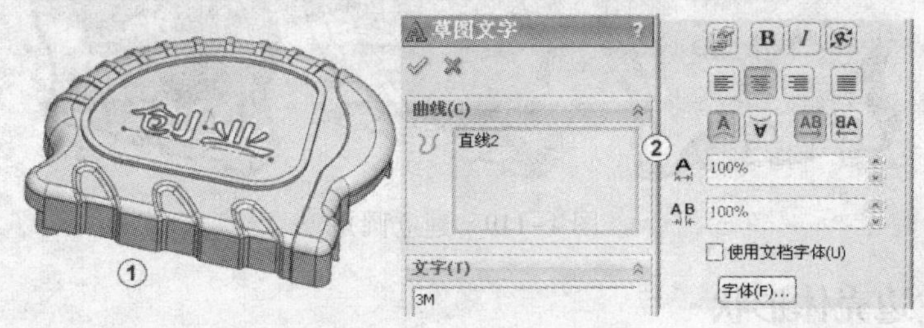

图 4-116　再次建立草图文字

16）设置字体。单击“字体”按钮后，系统弹出“选择字体”对话框，采用系统默认的字体，在“字体样式”列表中选择“常规”，在“高度”栏的单位输入框中输入 6，其他采用默认设置，单击“确定”按钮，如图 4-117 所示。单击绘图区右上角的按钮，退出绘制草图。

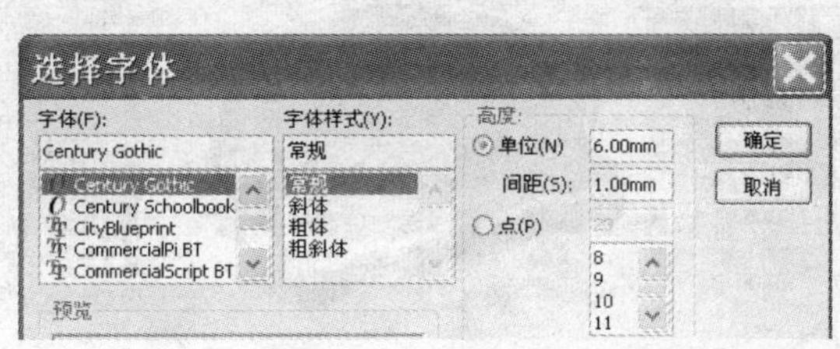

图 4-117　设置字体

17）建立拉伸。单击“草图文字”属性管理器中的“确定”按钮，创建的草图文字结果如图 4-118 中①所示。在特征管理器中选择草图 17，然后在特征栏中单击“拉伸”按钮，系统弹出“拉伸”属性管理器，在“方向 1”栏的“终止条件”选择框中选择“给定深度”，在“深度”入框中输入 1，勾选“合并结果”复选框，如图 4-118 中②所示，其他采用默认设置，单击“确定”按钮完成拉伸操作。结果如图 4-118 中③所示。

18）建立圆角。在“特征”栏中单击“圆角”按钮，系统弹出“圆角”属性管理器，选择“圆角类型”为“等半径”，分别对模型添加 R0.2、R0.2 圆角，如图 4-119 中①②所示，圆角结果如图 4-119 中③所示。

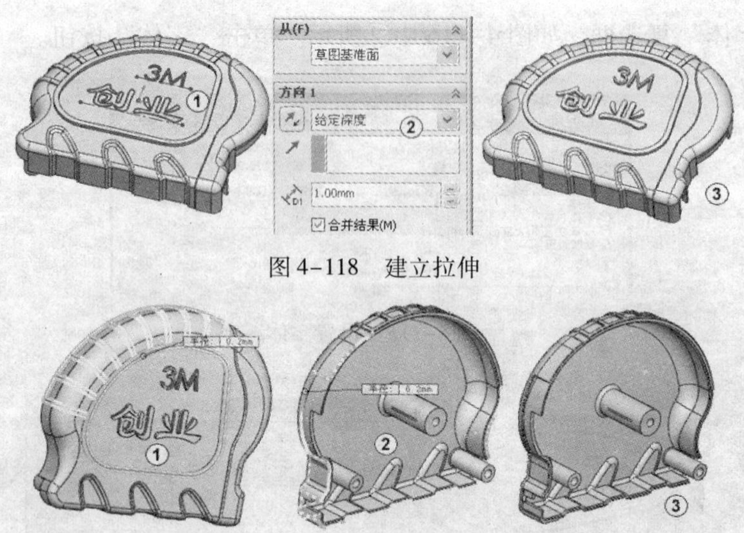

图 4-118　建立拉伸

图 4-119　建立圆角

4.6.4　完善左边壳体形状

1）建立唇缘。在菜单栏中单击“插入”→“扣合特征”→“唇缘/凹槽”按钮，系统弹出“唇缘/凹槽”属性管理器，在“选取生成唇缘的实体”输入框中输入“镜像 1”实体，在“定义唇缘方向”输入框中输入“上视基准面”。在“选择生成唇缘的面”输入框中输入要生成唇缘的面。在“为唇缘选取内边线或外边线”输入框中输入内边线。勾选“切线延伸”复选框，如图 4-120 所示。

图 4-120　建立唇缘

2）设置唇缘参数。输入“唇缘高度”为 0.5，输入“唇缘宽度”为 0.5，输入“唇缘拔模角度”为 3，勾选“显示预览”复选框，如图 4-121 中①所示，单击“确定”按钮完成唇缘创建操作。结果如图 4-121 中②所示。

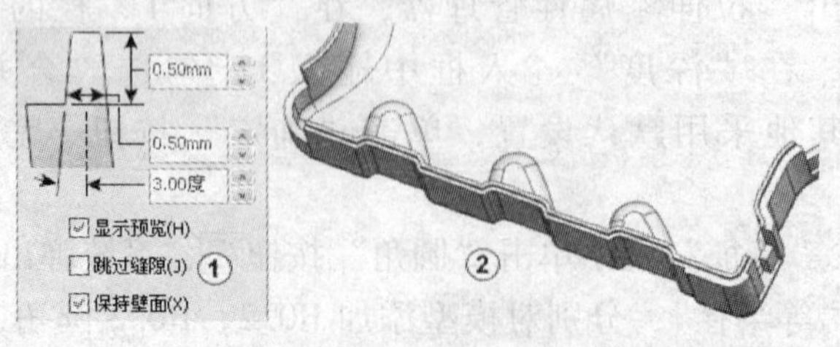

图 4-121　设置唇缘参数

3）绘制草图18。在绘图区选择如图4-122中①所示的深色面作为草图绘制基准面，单击“正视于”按钮，单击“草图”，切换到草图绘制面板，单击“圆”按钮，绘制出两组两个同心圆，圆心落在“草图14”绘制的圆心上。单击“智能尺寸”按钮标注尺寸，如图4-122中①所示。单击绘图区右上角的按钮，退出绘制草图。

4）建立拉伸。在特征管理器中选择草图18，然后在特征栏中单击“拉伸”按钮，系统弹出“拉伸”属性管理器，在“方向1”栏的“终止条件”选择框中选择“给定深度”，在“深度”输入框中输入5，勾选“合并结果”复选框，如图4-122中②所示，其他采用默认设置，单击“确定”按钮完成拉伸操作。结果如图4-122中③所示。

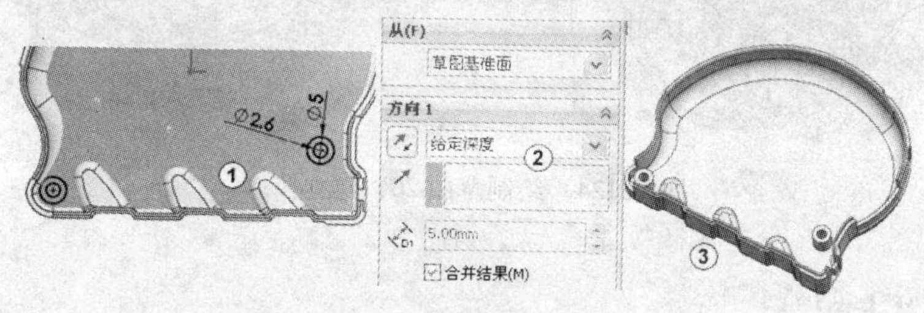

图4-122　绘制草图18，建立拉伸

5）绘制草图19。在绘图区选择如图4-123中①所示的深色面作为草图绘制基准面，单击“正视于”按钮，单击“草图”，切换到草图绘制面板，单击“圆”按钮，绘制出三个圆，圆心分别落在“草图18”和“草图12”绘制的圆心上。单击“智能尺寸”按钮标注尺寸，如图4-123中①所示。单击绘图区右上角的按钮，退出绘制草图。

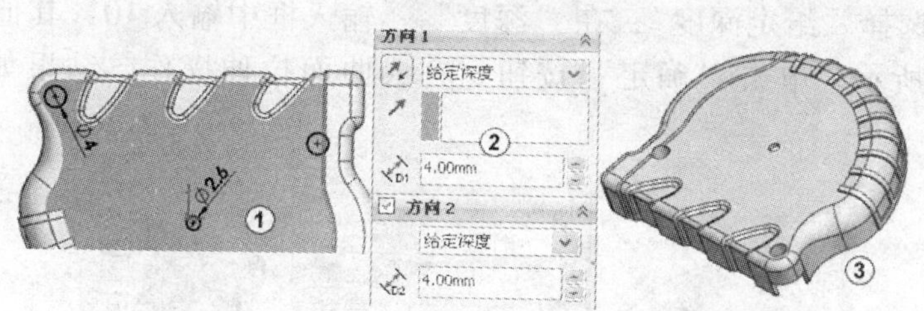

图4-123　绘制草图19，建立切除拉伸

6）建立切除拉伸。在特征管理器选择草图19，然后在特征栏中单击“切除拉伸”按钮，系统弹出“切除拉伸”属性管理器，在“方向1”栏的“终止条件”选择框中选择“给定深度”，在“深度”输入框中输入4，在“方向2”栏的“终止条件”选择框中选择“给定深度”，在“深度”输入框中输入4，如图4-123中②所示，其他采用默认设置，单击“确定”按钮完成切除拉伸操作。结果如图4-123中③所示。

7）绘制草图20。在绘图区选择如图4-124中①所示的深色面作为草图绘制基准面，单击“正视于”按钮，单击“草图”，切换到草图绘制面板，单击“转换实体引用”按钮、“直线”按钮、“绘制圆角”按钮、“等距实体”按钮和“智能尺寸”按钮，绘制出如图4-124中①所示的“草图20”。单击绘图区右上角的按钮，退出绘制草图。

8）建立拉伸。在特征管理器中选择草图20，然后在特征栏中单击“拉伸”按钮，系统弹出“拉伸”属性管理器，在“方向1”栏的“终止条件”选择框中选择“给定深度”，在“深度”输入框中输入1，勾选“合并结果”复选框，如图4-124中②所示，其他采用默认设置，单击“确定”按钮完成拉伸操作。结果如图4-124中③所示。

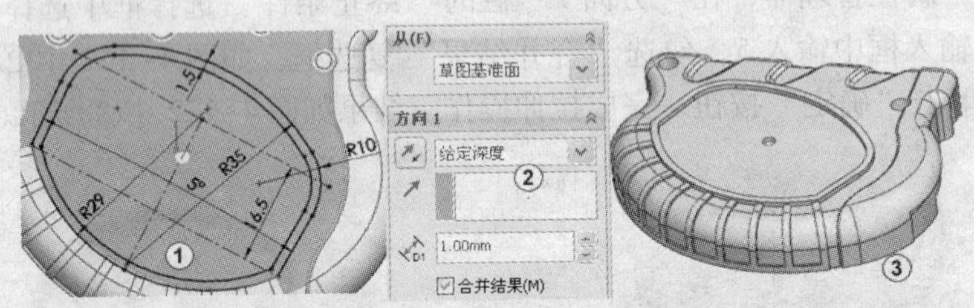

图4-124　绘制草图20，建立拉伸

4.6.5　创建“卡扣”

1）绘制草图21。在绘图区选择如图4-125中①所示的深色面作为草图绘制基准面，单击“正视于”按钮，单击“草图”，切换到草图绘制面板，单击“直线”按钮绘制出一条直线，如图4-125中①所示。单击绘图区右上角的按钮退出绘制草图。

2）建立曲面拉伸。在特征管理器中选择“草图21”，在“曲面”栏中单击“曲面拉伸”按钮，系统弹出“曲面拉伸”属性管理器，单击“方向1”中的拉伸类型选择框，在弹出的菜单中选择“给定深度”，在“深度”输入框中输入10，其他采用默认设置，如图4-125中②所示。单击“确定”按钮完成曲面拉伸操作。结果如图4-125中③所示。

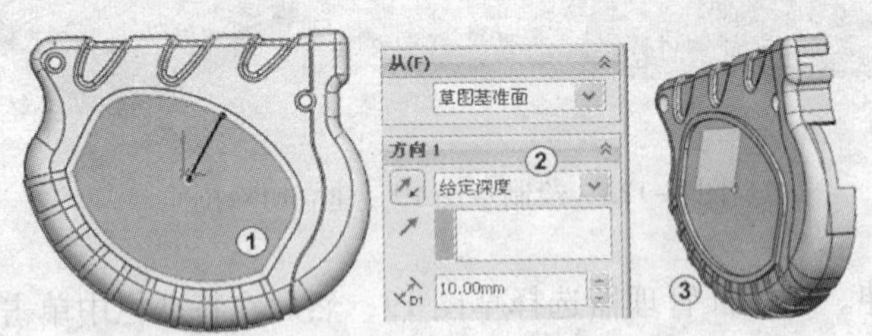

图4-125　绘制草图21，建立曲面拉伸

3）绘制草图22。在绘图区选择“草图21”拉伸的曲面作为草图绘制基准面，单击“正视于”按钮，单击“草图”，切换到草图绘制面板，单击“直线”按钮绘制出、“三点弧”按钮和“智能尺寸”按钮，绘制出如图4-126中①所示的“草图22”。单击绘图区右上角的按钮退出绘制草图。

4）建立薄壁拉伸。在特征管理器选择草图22，然后在“特征”栏中单击“拉伸”按钮，系统弹出“拉伸”属性管理器，在“方向1”栏的“终止条件”选择框中选择“两侧对称”，在“深度”输入框中输入20，勾选“薄壁特征”复选框，在“类型”选择框中选择“单向”，在“厚度”输入框中输入0.6，如图4-126中②所示。其他采用默认设置，单击“确定”按钮完成拉伸操作。结果如图4-126中③所示。

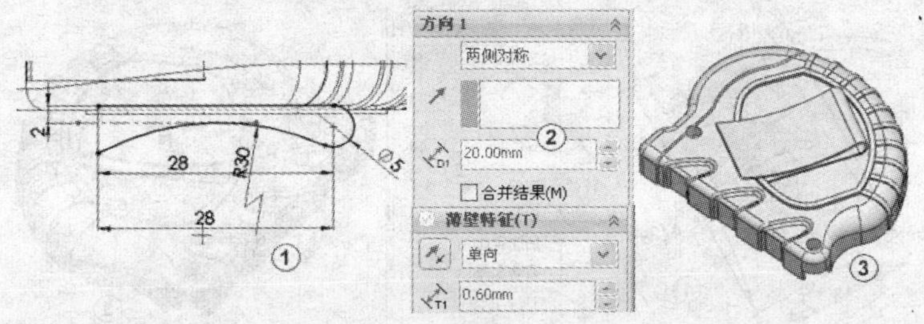

图4-126　绘制草图22，建立薄壁拉伸

5）绘制草图23。在绘图区选择如图4-127中①所示的深色面作为草图绘制基准面，单击“正视于”按钮，单击“草图”，切换到草图绘制面板，单击“转换实体引用”按钮，将圆弧边线引用，再单击“直线”按钮绘制出三条直线，单击“圆”按钮，绘制出一个圆，如图4-127中①所示。单击绘图区右上角的按钮退出绘制草图。

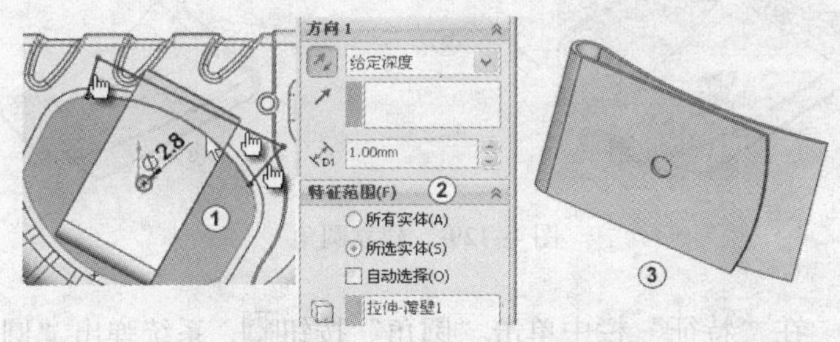

图4-127　绘制草图23，建立切除拉伸

6）建立切除拉伸。在特征管理器选择草图23，然后在特征栏中单击“切除拉伸”按钮，系统弹出“切除拉伸”属性管理器，在“方向1”栏的“终止条件”选择框中选择“给定深度”，在“深度”输入框中输入1，展开“特征范围”选项栏，取消“自动选择”选项，在“受影响的实体”输入框中输入“拉伸薄壁1”实体，如图4-127中②所示，其他采用默认设置，单击“确定”按钮完成切除拉伸操作。结果如图4-127中③所示。

7）绘制草图24。在绘图区选择“薄壁拉伸1”直线部分上表面作为草图绘制基准面，单击“正视于”按钮，单击“草图”，切换到草图绘制面板，单击“直线”按钮、“三点弧”按钮、“圆”按钮、“剪裁实体”按钮和“智能尺寸”按钮，绘制出如图4-128中①所示的“草图24”。单击绘图区右上角的按钮退出绘制草图。

8）建立切除拉伸。在特征管理器选择草图24，然后在特征栏中单击“切除拉伸”按钮，系统弹出“切除拉伸”属性管理器，在“方向1”栏的“终止条件”选择框中选择“给定深度”，在“深度”输入框中输入10，单击“反向”按钮，展开“特征范围”选项栏，取消“自动选择”选项，在“受影响的实体”输入框中输入“切除拉伸6”实体，如图 4-128 中②所示，其他采用默认设置，单击“确定”按钮完成切除拉伸操作。结果如图 4-128 中③所示。

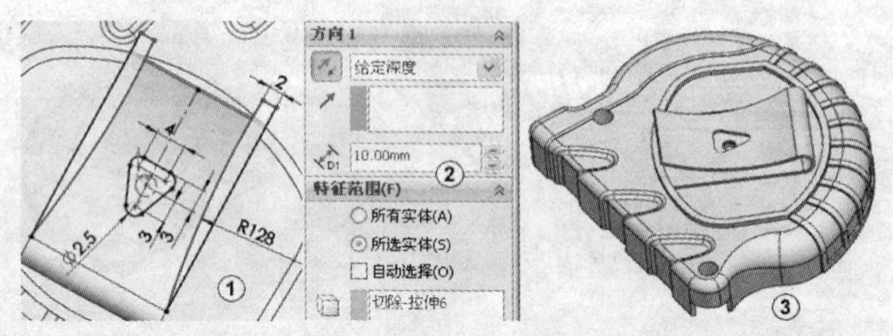

图 4-128　绘制草图 24，建立切除拉伸

9）建立圆角。在“特征”栏中单击“圆角”按钮，系统弹出“圆角”属性管理器，选择“圆角类型”为“等半径”，分别对模型添加 R3、R0.1 圆角，如图 4-129 中①、②所示，圆角结果如图 4-129 中③所示。

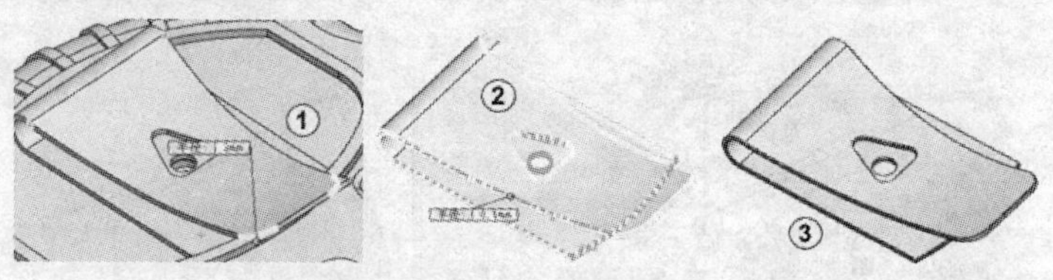

图 4-129　建立圆角

10）建立圆角。在“特征”栏中单击“圆角”按钮，系统弹出“圆角”属性管理器，选择“圆角类型”为“等半径”，分别对模型添加 R0.2、R0.2 圆角，如图 4-130中①②所示，圆角结果如图 4-130 中③所示。

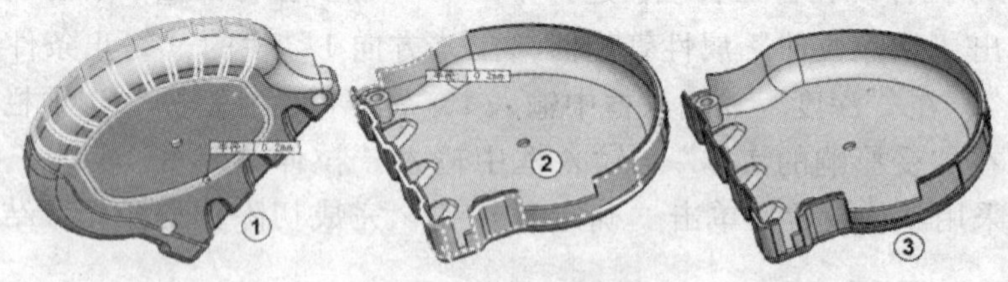

图 4-130　建立圆角

4.6.6　创建“止动滑键”

1）绘制草图 25。从特征管理器中选择“上视基准面”，单击“正视于”按钮，单击“草图”，切换到草图绘制面板，单击“转换实体引用”按钮引用一条边线，并将它延伸，单击“等距实体”按钮、“三点弧”按钮和“智能尺寸”按钮绘制出如图 4-131 中所示的草图 25。单击绘图区右上角的按钮退出绘制草图。

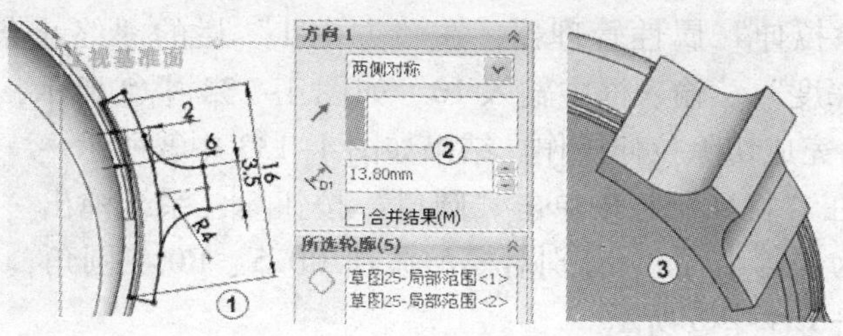

图 4-131 绘制草图 25，建立拉伸

2）建立拉伸。在特征管理器中选择草图 25，然后在特征栏中单击“拉伸”按钮，系统弹出“拉伸”属性管理器，在“方向 1”栏的“终止条件”选择框中选择“两侧对称”，在“深度”输入框中输入 13，取消“合并结果”复选框，如图 4-131 中②所示，其他采用默认设置，单击“确定”按钮完成拉伸操作。结果如图 4-131 中③所示。

3）建立圆角。在“特征”栏中单击“圆角”按钮，系统弹出“圆角”属性管理器，选择“圆角类型”为“等半径”，在“圆角半径”输入框中输入 1.5，在“边线、面、特征和环”输入框中输入要圆角的边线，如图 4-132 中①所示，其他采用默认设置。单击“确定”按钮完成圆角操作。圆角结果如图 4-132 中②所示。

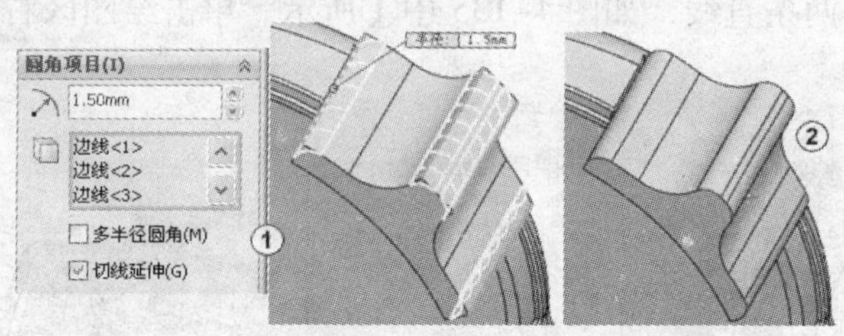

图 4-132 建立圆角

4）绘制草图 26。从特征管理器中选择“上视基准面”，单击“正视于”按钮，单击“草图”，切换到草图绘制面板，单击“转换实体引用”按钮引用一条圆弧边线，并将它转换成构造线，单击“圆”按钮，绘制出一个圆，单击“圆周阵列”按钮，阵列 10 个，单击“中心线”按钮绘制出一条直线。单击“镜像”按钮将 10 个圆镜像到另一边如图 4-133 中①所示。单击绘图区右上角的按钮退出绘制草图。

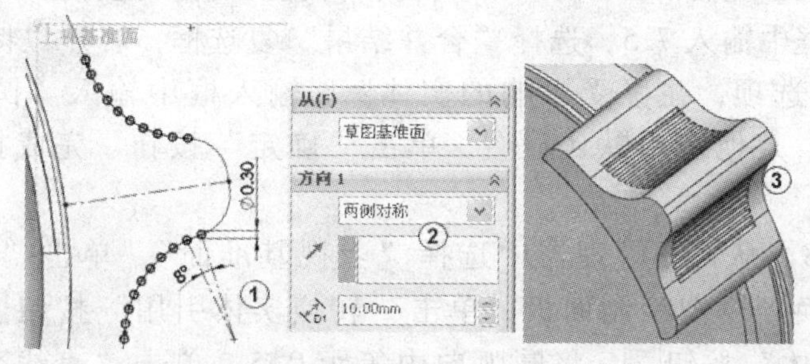

图 4-133 绘制草图 26，建立切除拉伸

5）建立切除拉伸。在特征管理器选择草图 25，然后在特征栏中单击“切除拉伸”按钮

，系统弹出“切除拉伸”属性管理器，在“方向1”栏的“终止条件”选择框中选择“两侧对称”，在“深度”输入框中输入10，如图4-133中②所示，其他采用默认设置，单击“确定”按钮完成切除拉伸操作。结果如图4-133中③所示。

6）建立圆角。在“特征”栏中单击“圆角”按钮，系统弹出“圆角”属性管理器，选择“圆角类型”为“等半径”，分别对模型添加R0.5、R0.1圆角，如图4-134中①②所示，圆角结果如图4-134中③所示。

图4-134　创建圆角

7）绘制草图27。从特征管理器中选择“上视基准面”，单击“正视于”按钮，单击“草图”，切换到草图绘制面板，单击“转换实体引用”按钮引用两条圆弧边线，单击“直线”按钮绘制出两条直线，如图4-135中①所示。单击绘图区右上角的按钮退出绘制草图。

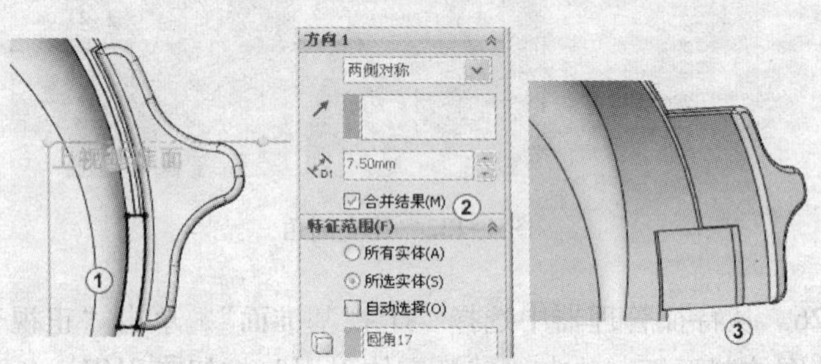

图4-135　绘制草图27，建立拉伸

8）建立拉伸。在特征管理器中选择草图25，然后在特征栏中单击“拉伸”按钮，系统弹出“拉伸”属性管理器，在“方向1”栏的“终止条件”选择框中选择“两侧对称”，在“深度”输入框中输入7.5，选择“合并结果”复选框，展开“特征范围”选项栏，取消“自动选择”选项，在“受影响的实体”输入框中输入“圆角17”实体，如图4-135中②所示，其他采用默认设置，单击“确定”按钮完成拉伸操作。结果如图4-135中③所示。

9）绘制草图28。从特征管理器中选择“上视基准面”，单击“正视于”按钮，单击“草图”，切换到草图绘制面板，单击“转换实体引用”按钮引用一条圆弧边线，单击“等距实体”按钮，将圆弧向内等距0.5，单击“直线”按钮绘制出两条直线封闭两条圆弧的两端，如图4-136中①所示。单击绘图区右上角的按钮退出绘制草图。

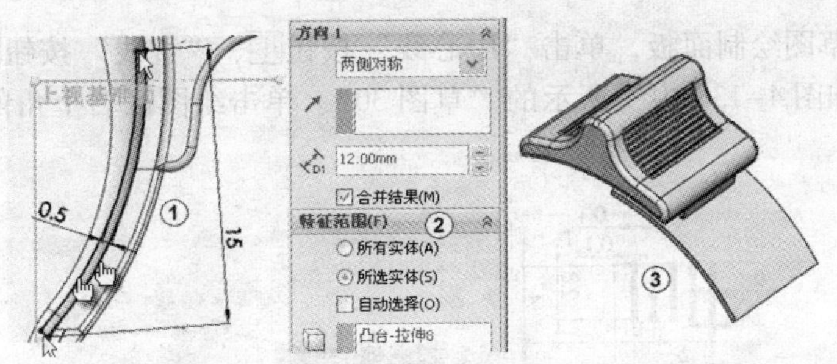

图 4-136 绘制草图 28，建立拉伸

10）建立拉伸。在特征管理器中选择草图 28，然后在特征栏中单击“拉伸”按钮，系统弹出“拉伸”属性管理器，在“方向 1”栏的“终止条件”选择框中选择“两侧对称”，在“深度”输入框中输入 12，勾选“合并结果”复选框，展开“特征范围”选项栏，取消“自动选择”选项，在“受影响的实体”输入框中输入“凸台拉伸 8”实体，如图 4-136 中②所示，其他采用默认设置，单击“确定”按钮完成拉伸操作。结果如图 4-136中③所示。

4.6.7 创建“卷尺片和扣头”

1）绘制草图 29。在绘图区选择如图 4-137 中①所示的深色面作为草图绘制基准面，单击“正视于”按钮，单击“草图”，切换到草图绘制面板，单击“三点弧”按钮绘制出一条圆弧，单击“中心线”按钮绘制出两条直线，单击“智能尺寸”按钮标注尺寸，如图 4-137 中①所示。单击绘图区右上角的按钮退出绘制草图。

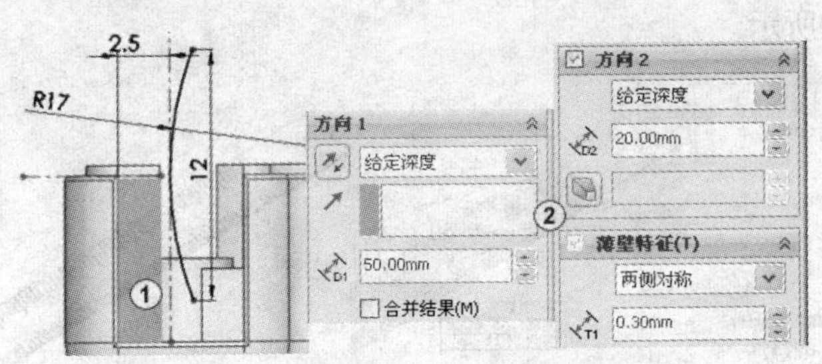

图 4-137 绘制草图 29，建立薄壁拉伸

2）建立薄壁拉伸。在特征管理器选择草图 29，然后在“特征”栏中单击“拉伸”按钮，系统弹出“拉伸”属性管理器，在“方向 1”栏的“终止条件”选择框中选择“给定深度”，在“深度”输入框中输入 50，在“方向 2”栏的“终止条件”选择框中选择“给定深度”，在“深度”输入框中输入 20，取消“合并结果”复选框。勾选“薄壁特征”复选框，在“类型”选择框中选择“两侧对称”，在“厚度”输入框中输入 0.3，如图 4-137 中②所示。其他采用默认设置，单击“确定”按钮完成拉伸操作。

3）绘制草图 30。从特征管理器中选择“前视基准面”，单击“正视于”按钮，单击

“草图”，切换到草图绘制面板，单击“中心线”按钮、“直线”按钮和“智能尺寸”按钮，绘制出如图 4-138 中①所示的“草图 30”。单击绘图区右上角的按钮退出绘制草图。

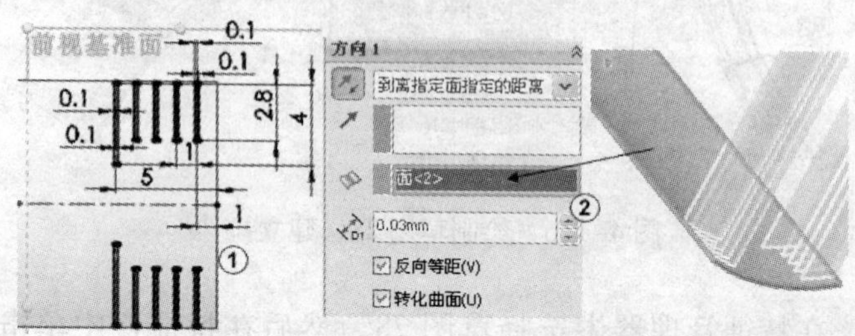

图 4-138　绘制草图 30，建立切除拉伸

4）建立切除拉伸。在特征管理器选择草图 30，然后在“特征”栏中单击“切除拉伸”按钮，系统弹出“切除拉伸”属性管理器，在“方向 1”栏的“终止条件”选择框中选择“到离指定面指定的距离”，在“指定面”输入框中输入要指定的面，在“深度”输入框中输入 0.03，勾选“反向等距”和“转化曲面”复选框，如图 4-138 中②所示。其他采用默认设置，单击“确定”按钮完成切除拉伸操作。

5）建立线性阵列。在特征栏中单击“线性阵列”按钮，系统弹出“线性阵列”属性管理器，在“方向 1”栏的“阵列方向”输入框中输入模型的直线边作为方向参考，系统显示出阵列方向箭头，单击“反向”按钮，在“间距”输入框中输入 5，在“实例数”输入框中输入 11，在“要阵列的特征”输入框中输入“切除拉伸 9”特征作为阵列对象，如图 4-139 中①所示，其他采用默认设置。单击“确定”按钮完成线性阵列操作。结果如图 4-139 中②所示。

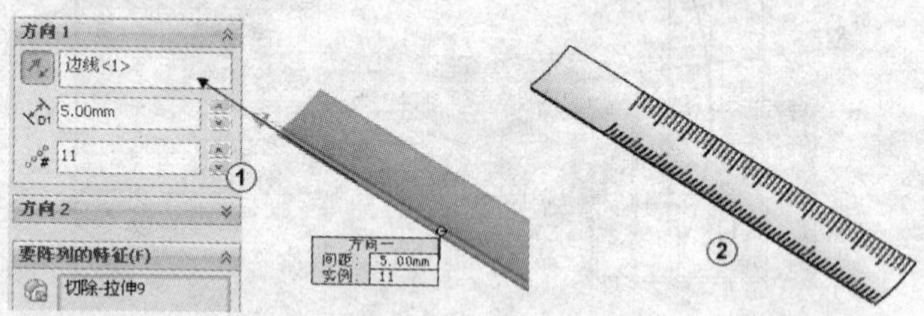

图 4-139　建立线性阵列

6）绘制草图 31。从特征管理器中选择“前视基准面”，单击“正视于”按钮，单击“草图”，切换到草图绘制面板，单击“中心线”按钮绘制出一条水平线。单击“草图”栏中的“草图文字”按钮，系统弹出“草图文字”属性管理器，在“曲线”栏的草图路径输入框中输入刚才绘制的水平线“直线 1”，在“文字”输入框中输入“1 2 3 4 5”五个数字。取消“使用文档字体”复选框，如图 4-140 中①所示。单击“字体”按钮。系统在弹出“选择字体”对话框，采用系统默认的字体和“字体样式”，在“高度”栏的单位输入框中输入 3.5，其他采用默认设置，单击“确定”按钮，如图 4-140 中②所示。单击“确定”按钮完成草图文字绘制。

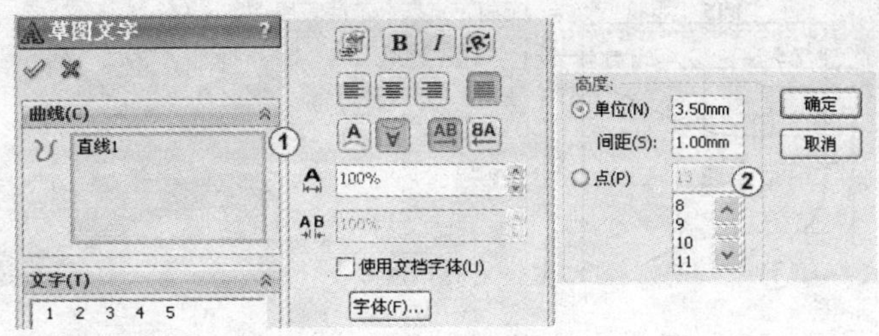

图 4-140　绘制草图 31

7）调整草图文字。单击“智能尺寸”按钮标注文字路径尺寸，如图 4-141 所示。单击绘图区右上角的按钮退出绘制草图。

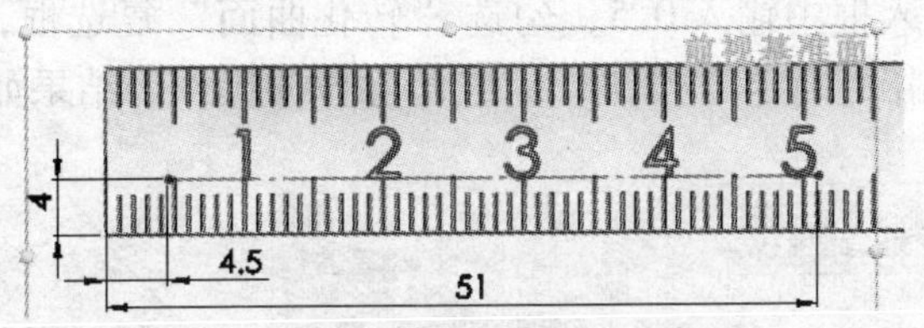

图 4-141　标注尺寸

8）建立切除拉伸。在特征管理器选择草图 31，然后在“特征”栏中单击“切除拉伸”按钮，系统弹出“切除拉伸”属性管理器，在“方向 1”栏的“终止条件”选择框中选择“到离指定面指定的距离”，单击“反向”按钮。在“指定面”输入框中输入要指定的面，在“深度”输入框中输入 0.1，勾选“反向等距”复选框，如图 4-142 中①所示。其他采用默认设置，单击“确定”按钮完成切除拉伸操作。结果如图 4-142 中②所示。

图 4-142　建立切除拉伸

9）绘制草图 32。从特征管理器中选择“前视基准面”，单击“正视于”按钮，单击“草图”，切换到草图绘制面板，单击“中心线”按钮、“直线”按钮、“三点弧”按钮、“绘制圆角”按钮和“智能尺寸”按钮绘制出如图 4-143 中①所示的“草图 32”。单击绘图区右上角的按钮退出绘制草图。

10）建立拉伸。在特征管理器选择草图 32，然后在“特征”栏中单击“拉伸”按钮，系统弹出“拉伸”属性管理器，在“方向 1”栏的“终止条件”选择框中选择“成形到一面”，在“指定面”输入框中输入要指定的面，取消“合并结果”复选框，如图 4-143中②所示。其他采用默认设置，单击“确定”按钮完成拉伸操作。

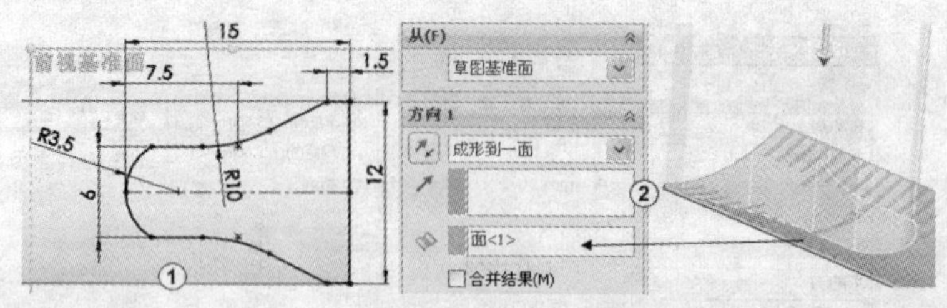

图 4-143　绘制草图 32，建立拉伸

11）建立切除拉伸。在特征管理器选择草图 32，然后在“特征”栏中单击“切除拉伸”按钮，系统弹出“切除拉伸”属性管理器，在“方向 1”栏的“终止条件”选择框中选择“到离指定面指定的距离”，单击“反向”按钮。在“指定面”输入框中输入要指定的面，在“深度”输入框中输入 0.5，勾选“转化曲面”复选框，如图 4-144 中①所示。其他采用默认设置，单击“确定”按钮完成切除拉伸操作。结果如图 4-144 中②所示。

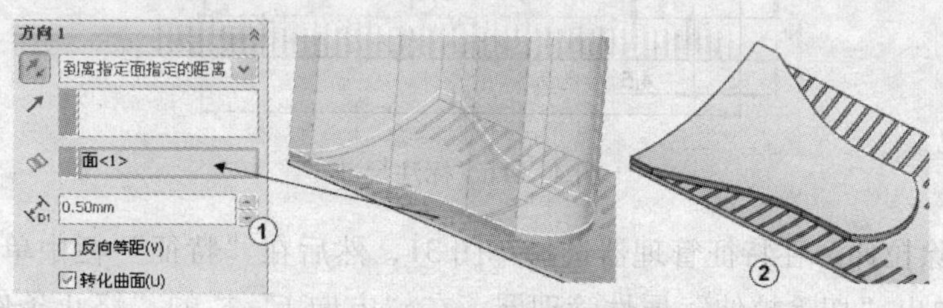

图 4-144　建立切除拉伸

12）绘制草图 33。在绘图区选择如图 4-145 中①所示的深色面作为草图绘制基准面，单击“正视于”按钮，单击“草图”，切换到草图绘制面板，单击“转换实体引用”按钮将圆弧边线引用，再单击“直线”按钮、“中心线”按钮、“圆”按钮、“中心点直槽口”按钮、“绘制圆角”按钮和“智能尺寸”按钮，绘制出如图 4-145 中①所示的“草图 33”。单击绘图区右上角的按钮退出绘制草图。

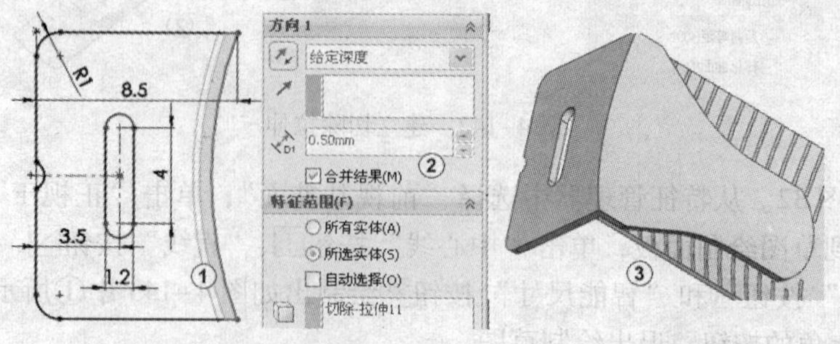

图 4-145　绘制草图 33，建立拉伸

13）建立拉伸。在特征管理器中选择草图 33，然后在特征栏中单击“拉伸”按钮，系统弹出“拉伸”属性管理器，在“方向 1”栏的“终止条件”选择框中选择“给定深度”，在“深度”输入框中输入 0.5，勾选“合并结果”复选框，展开“特征范围”选项

栏，取消“自动选择”复选框，在“受影响的实体”输入框中输入“切除拉伸 11”实体，如图 4-145 中②所示，其他采用默认设置，单击“确定”按钮完成拉伸操作。结果如图 4-145 中③所示。

14）建立圆角。在“特征”栏中单击“圆角”按钮，系统弹出“圆角”属性管理器，选择“圆角类型”为“等半径”，分别对模型添加 R1、R0.5 圆角，如图 4-146 中①、②所示，圆角结果如图 4-146 中③所示。

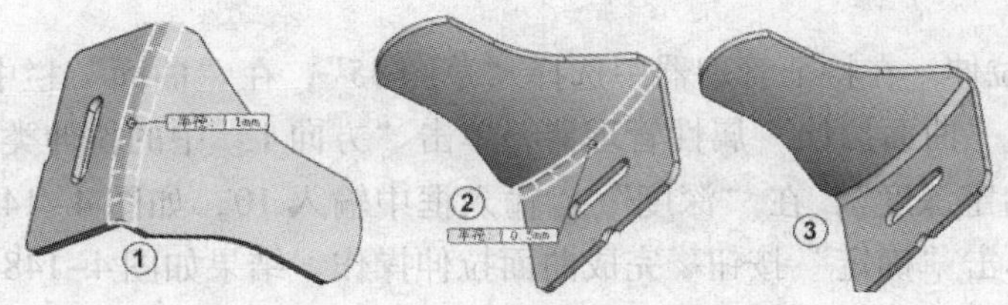

图 4-146　建立圆角

15）绘制草图 34。从特征管理器中选择“前视基准面”，单击“正视于”按钮，单击“草图”，切换到草图绘制面板，单击“中心线”按钮、“圆”按钮和“智能尺寸”按钮，绘制出如图 4-147 中①所示的“草图 34”。单击绘图区右上角的按钮退出绘制草图。

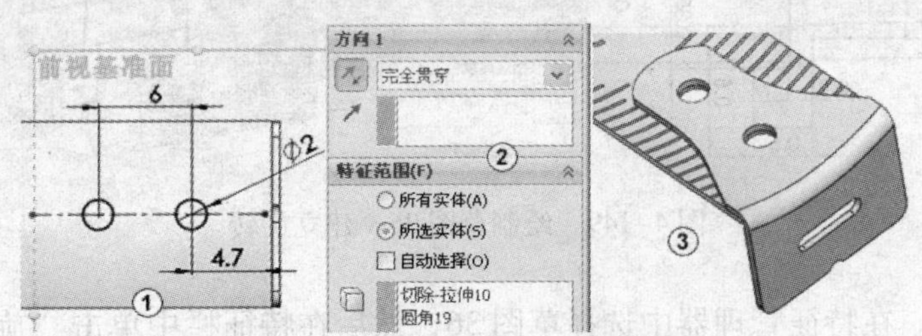

图 4-147　绘制草图 34，建立切除拉伸

16）建立切除拉伸。在特征管理器选择草图 34，然后在“特征”栏中单击“切除拉伸”按钮，系统弹出“切除拉伸”属性管理器，在“方向 1”栏的“终止条件”选择框中选择“完全贯穿”，在“特征范围”选项栏中取消“自动选择”复选框，在“受影响的实体”输入框中输入“切除拉伸 10”和“圆角 19”两个实体，如图 4-147 中②所示。其他采用默认设置，单击“确定”按钮完成切除拉伸操作。结果如图 4-147 中③所示。

4.6.8　创建“铆钉”

1）绘制草图 35。从特征管理器中选择“前视基准面”，单击“正视于”按钮，单击“草图”，切换到草图绘制面板，单击“直线”按钮绘制出一条直线，直线的两个端点分别落在两个孔的圆心上，如图 4-148 中①所示。单击绘图区右上角的按钮退出绘制草图。

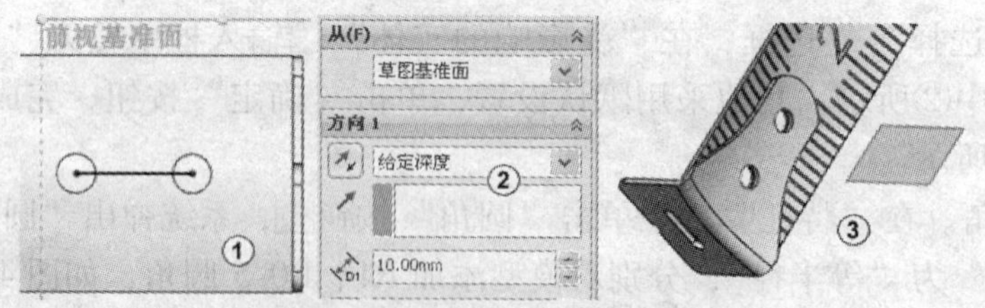

图 4-148　绘制草图 35，建立曲面拉伸

2）建立曲面拉伸。在特征管理器中选择“草图 35”，在“曲面”栏中单击“曲面拉伸”按钮，系统弹出“曲面拉伸”属性管理器，单击“方向 1”中的拉伸类型选择框，在弹出的菜单中选择“给定深度”，在“深度”输入框中输入 10，如图 4-148 中②所示，其他采用默认设置，单击“确定”按钮完成曲面拉伸操作。结果如图 4-148 中③所示。

3）绘制草图 36。选择刚才拉伸的曲面作为绘制草图基准面，单击“正视于”按钮，单击“草图”，切换到草图绘制面板，单击“直线”按钮和“智能尺寸”按钮，绘制出如图 4-149 中①所示的“草图 36”，单击绘图区右上角的按钮退出绘制草图。

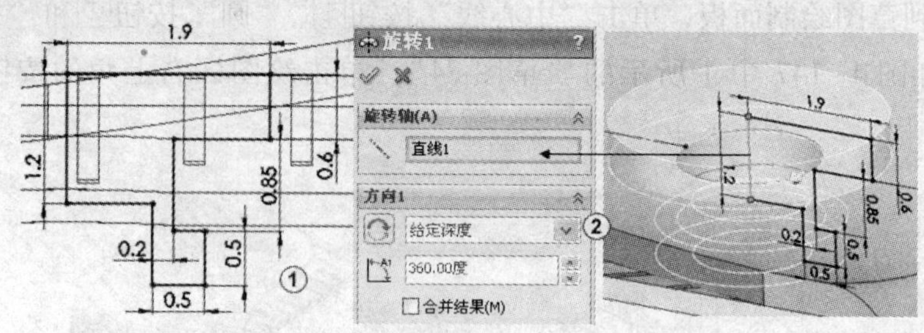

图 4-149　绘制草图 36，建立旋转

4）建立旋转。在特征管理器中选择草图 36，然后在特征栏中单击“旋转”按钮，系统弹出“旋转”属性管理器，在“旋转轴”输入框中输入草图 36 中的一条竖直线作为旋转轴，在“旋转类型”选择框中选择“给定深度”，在“角度”输入框中输入 360°，取消“合并结果”复选框，如图 4-149 中②所示，其他采用默认设置。单击“确定”按钮完成旋转操作。结果如图 4-149 中③所示。

5）建立圆角。在“特征”栏中单击“圆角”按钮，系统弹出“圆角”属性管理器，选择“圆角类型”为“等半径”，分别对模型添加 R0. 3、R0. 2 圆角，如图 4-150 中①②所示，圆角结果如图 4-150 中③所示。

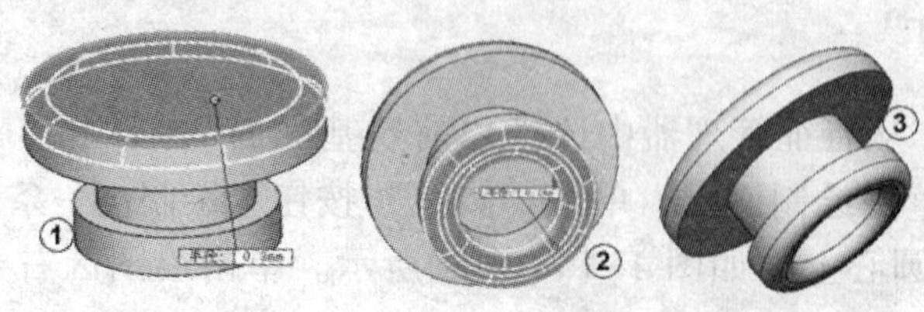

图 4-150　建立圆角

6）建立线性阵列。在特征栏中单击“线性阵列”按钮，系统弹出“线性阵列”属性管理器，在“方向 1”栏的“阵列方向”输入框中输入曲面拉伸的直线边作为方向参考，系统显示出阵列方向箭头，单击“反向”按钮，在“间距”输入框中输入 6，在“实例数”输入框中输入 2，在“要阵列的实体”输入框中输入“圆角 21”实体作为阵列对象，如图 4-151 中①所示，其他采用默认设置。单击“确定”按钮完成线性阵列操作。结果如图 4-151 中②所示。

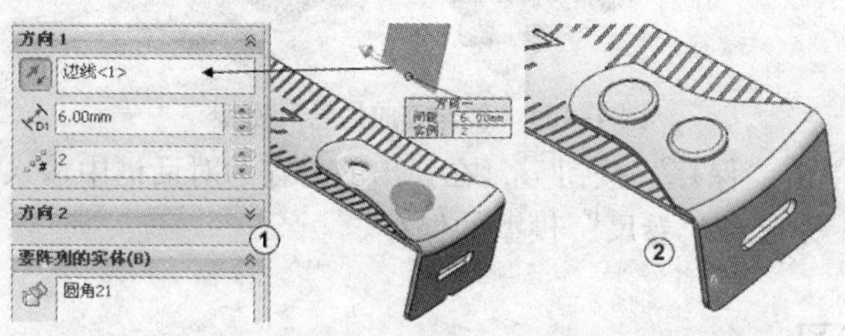

图 4-151　建立线性阵列

7）建立移动面。在菜单栏中单击“插入”→“面”→“移动面”按钮，系统弹出移动面属性管理器，选择移动面方式为“等距”，在“要移动的面”输入框中输入要移动的面，输入移动“深度”为 0.5，勾选“反转方向”复选框，如图 4-152 中①所示，其他采用默认设置，单击“确定”按钮完成面移动操作。结果如图 4-152 中②所示。移动前“卷尺片”与“卡头”有干涉如图 4-152 中③所示。

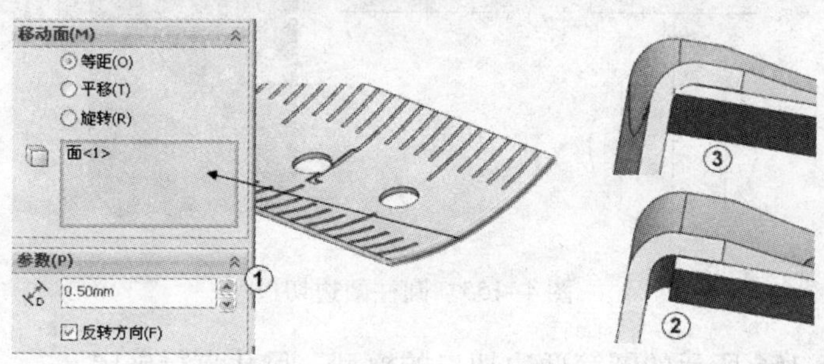

图 4-152　建立面移动

8）建立圆角。在“特征”栏中单击“圆角”按钮，系统弹出“圆角”属性管理器，选择“圆角类型”为“等半径”，在“圆角半径”输入框中输入 0.2，在“边线、面、特征和环”输入框中输入模型的四张面，如图 4-153 中①所示，其他采用默认设置。单击“确定”按钮完成圆角操作。圆角结果如图 4-153 中②所示。

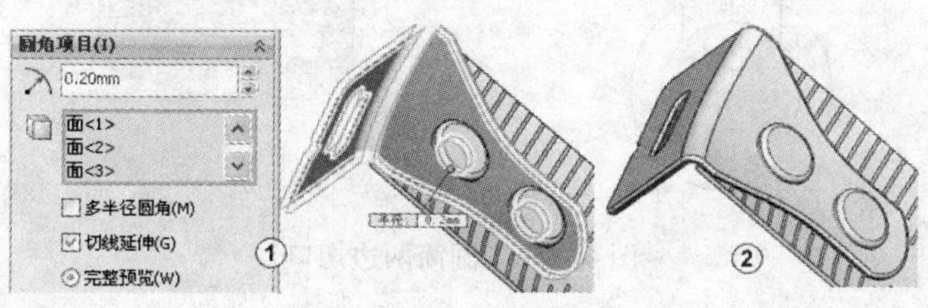

图 4-153　建立圆角

由于篇幅的限制螺钉部分的建模就不介绍，读者可以从“设计库”的“TOOIBOX”文件夹中调出。创建完成的“卷尺”模型如图 4-154 所示。

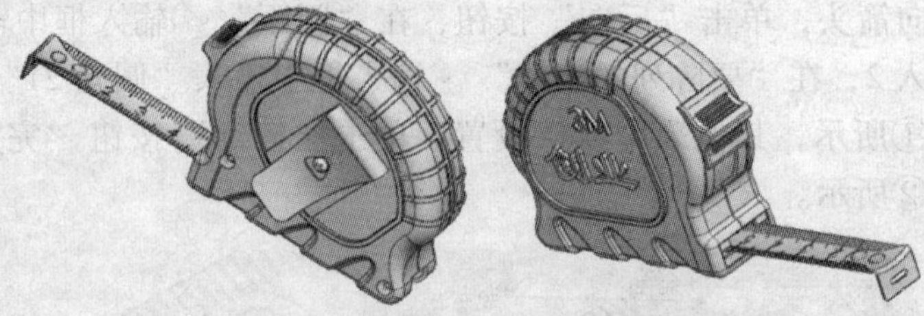

图 4-154　创建完成的卷尺模型

9）保存文件。单击“保存”按钮，在弹出的另存为对话框中输入文件名为“卷尺”，单击“保存”按钮，完成对“卷尺”模型的保存。

4.7　思考与练习

1. 建立如图 4-155 所示的圆柱两边切口的模型，尺寸自行确定。

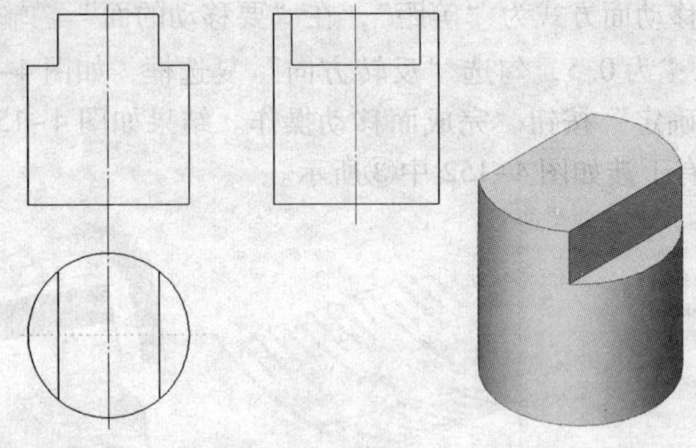

图 4-155　圆柱两边切口

2. 建立如图 4-156 所示的圆筒两边切口的模型，尺寸自行确定。

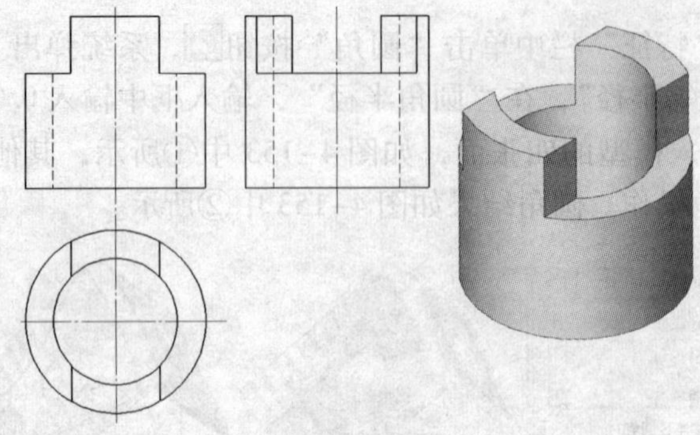

图 4-156　圆筒两边切口

3. 建立如图 4-157 所示的简单组合体的模型，尺寸自行确定。

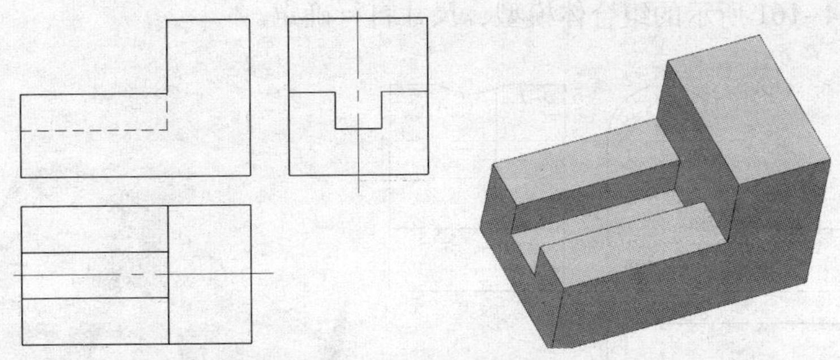

图 4-157　简单组合体 1

4. 建立如图 4-158 所示的简单组合体的模型，尺寸自行确定。

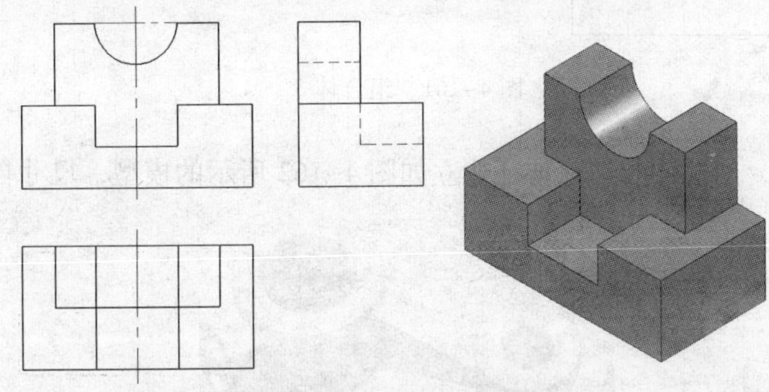

图 4-158　简单组合体 2

5. 建立如图 4-159 所示的组合体的模型，尺寸自行确定。

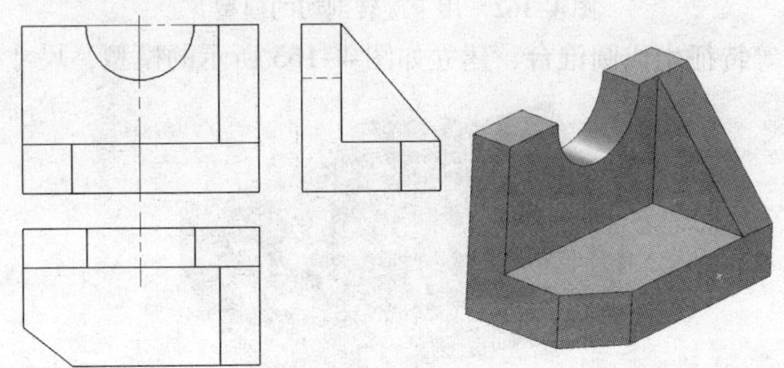

图 4-159　组合体 1

6. 建立如图 4-160 所示的组合体的模型，尺寸自行确定。

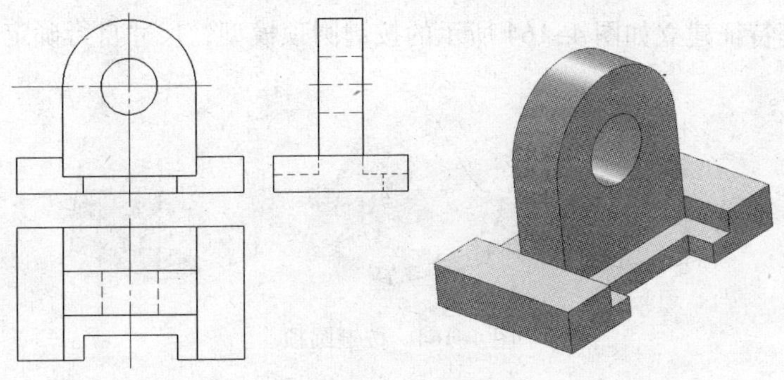

图 4-160　组合体 2

7. 建立如图 4-161 所示的组合体模型，尺寸自行确定。

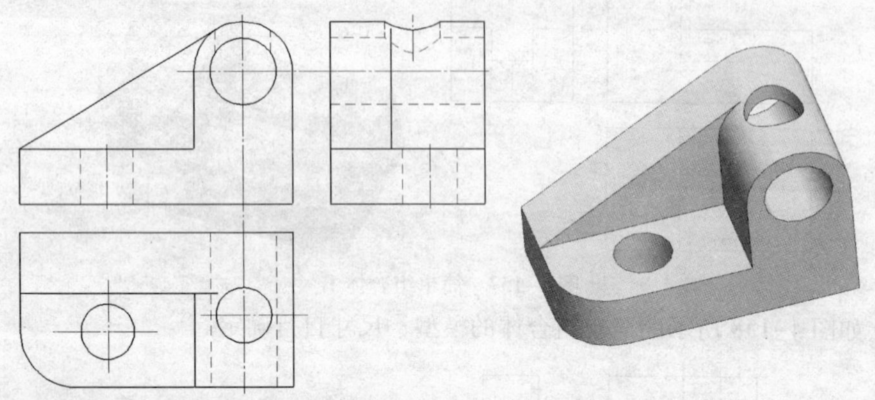

图 4-161　组合体 3

8. 建立基准面，用拉伸和切除特征建立如图 4-162 所示的模型，尺寸自行确定。

图 4-162　用于旋转剖切的模型

9. 用切除旋转等特征生成圆锥台，建立如图 4-163 所示的模型，尺寸自行确定。

图 4-163　切除旋转模型

10. 用圆顶等特征建立如图 4-164 所示的按键圆顶模型，尺寸自行确定。

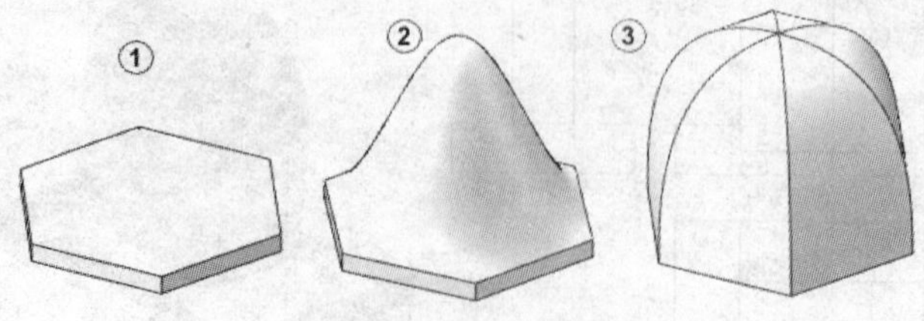

图 4-164　按键圆顶

11．建立如图 4-165 所示的烟灰缸模型，尺寸自行确定。

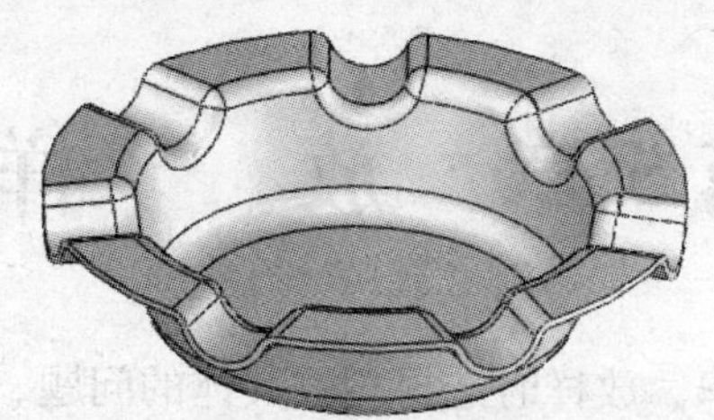

图 4-165　烟灰缸

12．用抽壳和筋特征等做出如图 4-166 所示的冰盒模型。

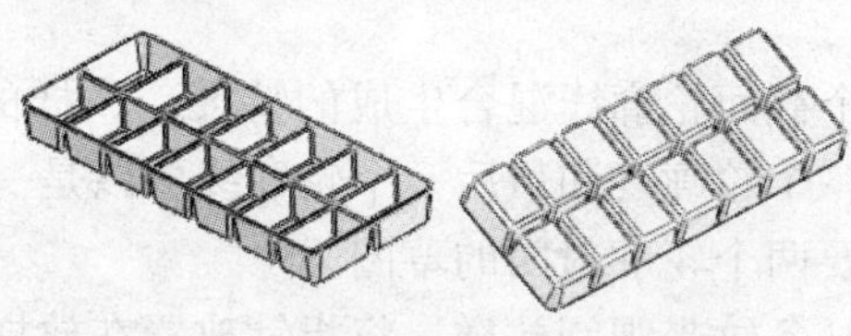

图 4-166　冰盒

第5章　放　　样

本章介绍了放样的基本知识、放样时选择相关实体的问题、轮廓草图线段节数不等时的放样、穿透与重合的概念。

5.1　放样的基本知识

放样就是利用两个或多个截面轮廓线混合生成的特征。放样的截面轮廓线可以是草图、曲线、模型边线。放样的第一个轮廓线和最后一个轮廓线可以是一条直线或一个点。放样与扫描的区别在于放样至少需要两个轮廓封闭的草图。

可在生成放样时使用斑马条纹来观阅放样。将指针放置在放样上，单击鼠标右键，打开快捷键菜单，然后选择“斑马条纹”即可。取消斑马条纹预览，同样是用快捷菜单。

1. 放样轮廓

放样之前一定要退出最后一张草图，选择放样轮廓时最好是在绘图区，而不是在特征管理器中选择，这样可以选择顶点附近的轮廓，使顶点与相邻的轮廓匹配。此外要注意按照期望的放样顺序选择轮廓，注意预览图是否与实际相符，如果不相符，应调整轮廓的选择顺序。

2. 轮廓草图线段节数不等时的放样与放样同步

放样时最好使轮廓草图具有相同的线段节数，否则对于多余的顶点，SolidWorks 也不知道该如何处理，常常造成放样扭曲，达不到理想的结果。在无法避免轮廓草图出现不同节数的线段时，通常需要将节数少的线段断开，以形成多段线段。

1）打开随书光盘上相应章节中的“1 放样 . SLDPRT”零件文件，如图 5-1 中①所示。单击“特征”面板上的“放样凸台/基体”按钮，系统弹出“放样”属性管理器。在绘图区移动鼠标选择草图如图 5-1 中②③所示。其他取默认值，单击“确定”按钮，结果如图 5-1 中④⑤所示，可见这时放样有扭转。

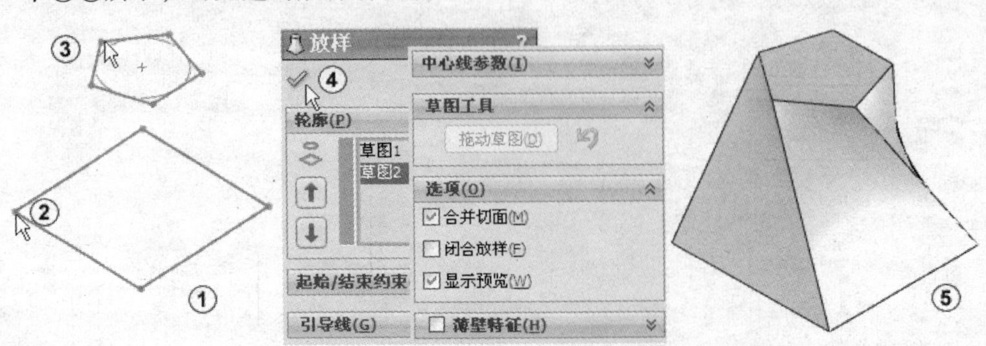

图 5-1　线段节数不等时的放样

2）单击“撤销”按钮或单击菜单“编辑”→“撤销”，或按〈Ctrl + Z〉键，恢复到未放样前的状态。按住“草图1”不放，将其拖动到“草图2”的后面，如图5-2中①②所示。

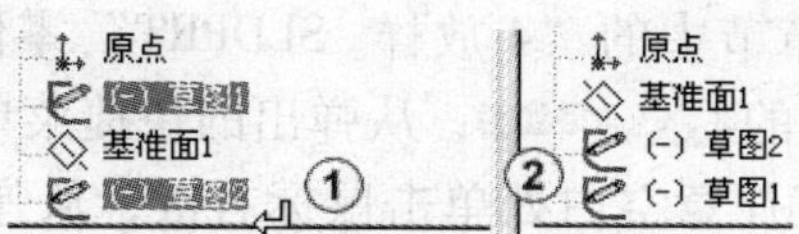

图5-2　调整草图的顺序

3）用鼠标右键单击“草图1”，从弹出的快捷菜单中选择“编辑草图”，如图5-3中①②所示，进入草图编辑状态。

4）单击菜单“工具”→“草图工具”→“分割实体”，如图5-3中③④⑤⑥所示。单击与五边形角点对应的矩形边线上的中点，如图5-3中⑦所示，单击“分割实体”属性管理器上的“关闭”按钮，如图5-3中⑧所示。

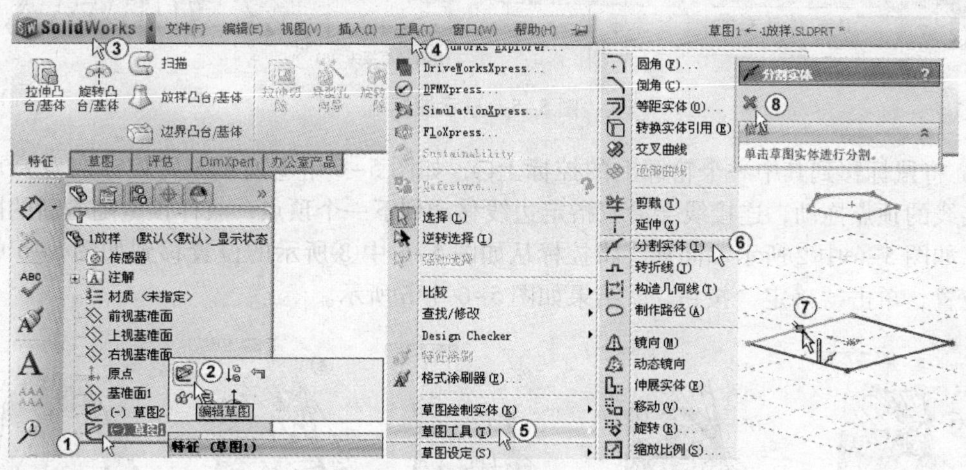

图5-3　分割草图实体

5）单击“特征”面板上的“放样凸台/基体”按钮，系统弹出“放样”属性管理器。在绘图区移动鼠标选择草图如图5-4中①②所示。其他取默认值，单击“确定”按钮，结果如图5-4中③④所示，可见这时放样扭转有所改善。

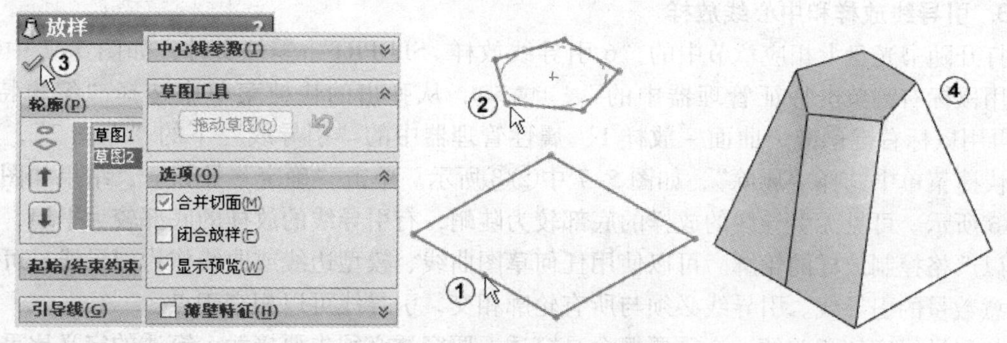

图5-4　放样面属性管理器

如果放样失败或扭曲，可使用放样同步来修改放样轮廓之间的同步，可以通过更改轮廓之间的对齐来调整同步。若要调整对齐，可操纵图形区域中出现的控标，此为连接线的一部分。连接线是在两个方向上连接对应点的多线。

1）打开随书光盘上相应章节中的“4 放样 . SLDPRT”零件文件，如图 5-5 中①所示。用鼠标右键单击特征管理器中的曲面-放样2，从弹出的快捷菜单中选择“编辑特征”，如图 5-5 中②③所示。在绘图区任意空白处单击鼠标右键，从弹出的快捷菜单中选择“显示所有接头”，如图 5-5 中④所示。结果如图 5-5 中⑤所示。

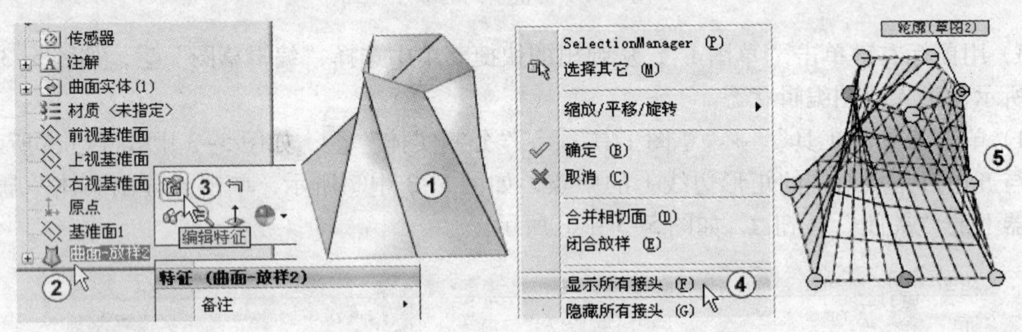

图 5-5　显示控标

2）将鼠标移到其中一个轮廓上的控标上，如图 5-6 中①所示。将控标向着要重新安放连接线的顶点拖动，连接线会沿着指定边线移动到下一个顶点，放样预览随着新的同步而更新，如图 5-6 中②所示。同理，将控标从如图 5-6 中③所示的位置移到如图 5-6 中④所示的位置，单击“确定”按钮，结果如图 5-6 中⑤所示。

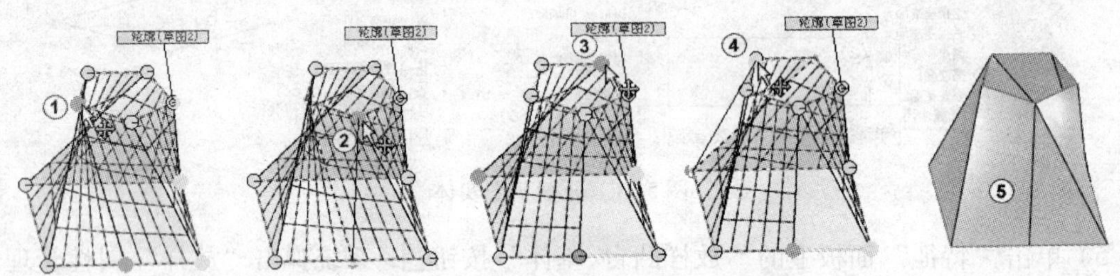

图 5-6　移动控标

3. 引导线放样和中心线放样

打开随书光盘上相应章节中的“6 引导线放样 . SLDPRT”零件文件，如图 5-7 中①所示。用鼠标右键单击特征管理器中的曲面-放样1，从弹出的快捷菜单中选择“编辑特征”，再用鼠标右键单击“曲面 - 放样 1”属性管理器中的“引导线”下的“草图 2”，从弹出的快捷菜单中选择“删除”，如图 5-7 中②③所示。单击“确定”按钮，结果如图 5-7 中④⑤所示。可见无引导线的放样的底部较为陡峭，有引导线的放样的底部较为平坦，引导线可以严格控制放样的轮廓。可以使用任何草图曲线、模型边线或曲线作为引导线，可以使用任意数量的引导线。引导线必须与所有轮廓相交，引导线可以相交于点。

与引导线密切相关的一个重要概念是穿透，要穿透必须先要接触，穿透的定义比重合严格，重合并不一定接触，如果对象不在当前的基准面上，重合意味着是与其在当前草图基准

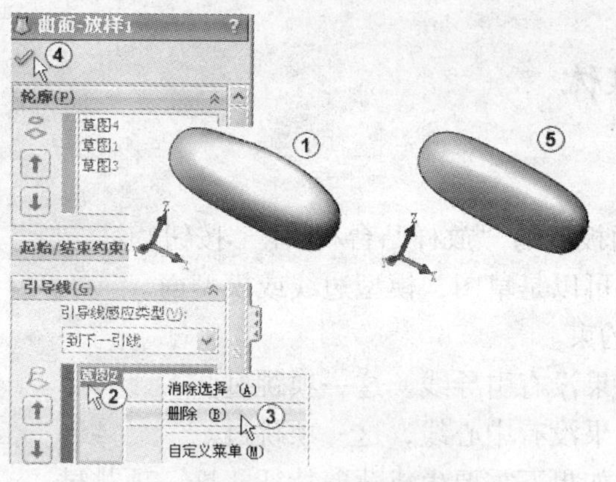

图 5-7　有无引导线的放样

面上的投影重合，并不是真正的接触，是与其延长线接触。为了加深理解，打开随书光盘上相应章节中的“7 重合与穿透 . SLDPRT”零件文件，单击“草图”，切换到草图绘制面板，单击“添加几何关系”按钮，如图 5-8 中①②③所示；在绘图区中选择点和曲线，如图 5-8中④⑤所示；单击“重合”，单击“确定”按钮，如图 5-8 中⑥⑦所示；可见所选择的点与所选择的样条曲线并没有真正接触，点只是与样条曲线在右视基准面上的投影重合了，如图 5-8 中⑧所示。

单击“撤销”按钮或单击菜单“编辑”→“撤销”，或按〈Ctrl + Z〉键，单击“穿透”，单击“确定”按钮，如图 5-9 所示，可见所选择的点与所选择的样条曲线真正接触了。可以生成一个使用一条变化的引导线作为中心线的放样。所有中间截面的草图都与此中心线垂直，而不是与放样路径垂直。此中心线可以是草图曲线、模型边线或曲线。引导线放样可以控制轮廓的形状和方向，而中心线放样只改变放样所沿的路径，它们的差别有时并不明显。

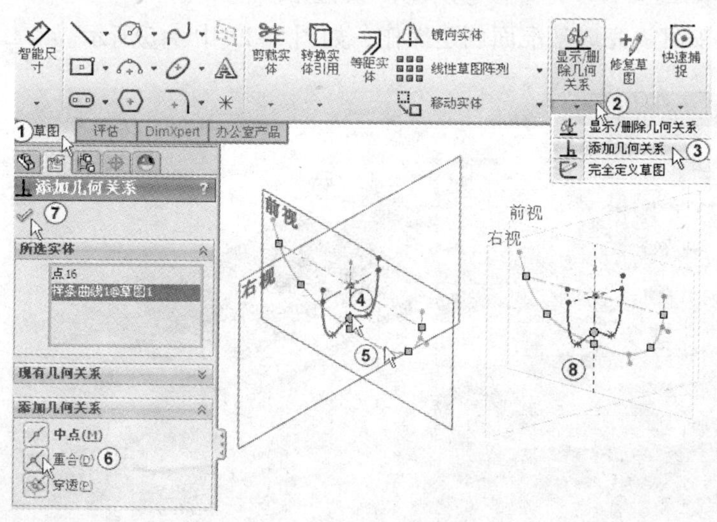

图 5-8　添加重合关系

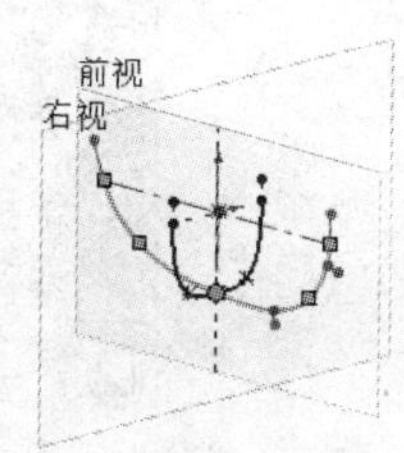

图 5-9　穿透关系

5.2 放样凸台/基体

创建放样的步骤：

1）单击“特征”面板上的“放样凸台/基体”按钮。

2）选择放样轮廓，可以是草图，模型边线或模型面。

3）设置起始/结束约束。

4）添加引导线，如果没有引导线，这一项跳过。

5）输入中心线，如果没有中心线，这一项跳过。

6）设置薄壁参数，如果不需要生成薄壁特征，这一项跳过。

7）单击“确定”按钮。

5.2.1 四棱锥

1）新建文件。选择“文件”→“新建”命令，在弹出的新建文件对话框中选择“零件”文件，单击“确定”按钮。

2）绘制草图1。从特征管理器中选择“前视基准面”→“正视于”按钮，切换到“草图”面板，单击“多边形”按钮，在绘图区中绘制出一个矩形，单击“智能尺寸”按钮标注出尺寸，如图5-10所示。单击“重建模型”按钮。

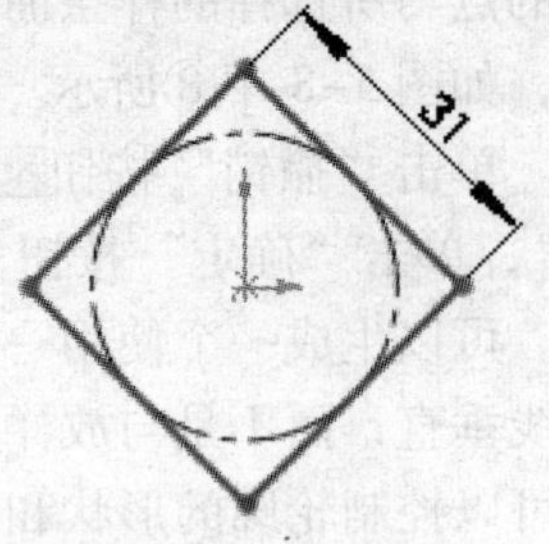

图5-10 绘制草图

3）创建基准面1。切换到“特征”面板，单击“参考几何体”→“基准面”按钮，系统弹出“基准面”属性管理器。移动鼠标在特征管理器中选择“上视基准面”，选择“距离”约束，输入距离值为36，如图5-11中①②③所示。其他采用默认设置。单击“确定”按钮完成基准面创建操作，如图5-11中④⑤所示。

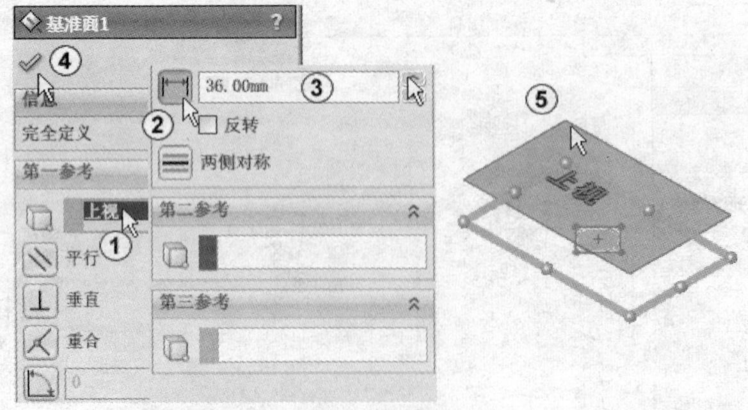

图5-11 生成基准面

4）从特征管理器中选择“基准面1”→“正视于”按钮，切换到“草图”面板，单击“点”按钮，在绘图区中绘制出一个与原点重合的点，如图5-12中①所示。单击“重建模型”按钮。

5）建立放样。切换到“特征”面板，单击“放样凸台/基体”按钮，系统弹出“放样”属性管理器，在“轮廓”输入框中输入“草图1”和“草图2”作为放样轮廓，如图5-13中①②所示。其他采用默认设置。单击“确定”按钮完成放样操作。结果如图5-13中③④所示。

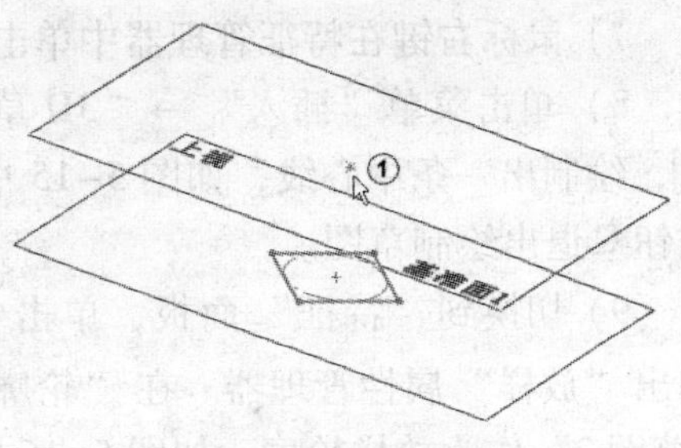

图5-12　绘制点

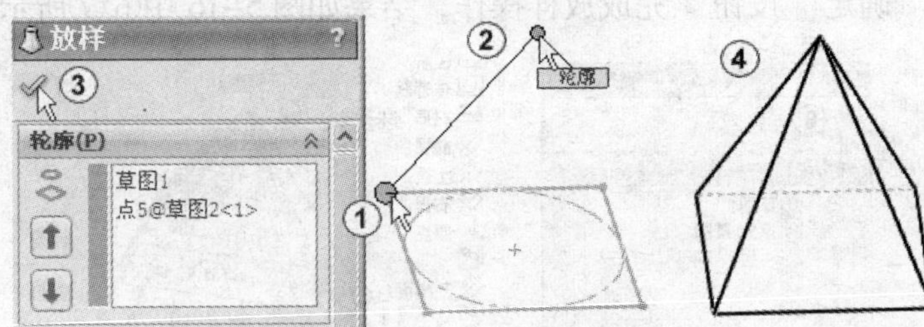

图5-13　放样属性管理器

6）编辑放样特征。在特征管理器中右键单击“放样1”，选择“编辑特征”，系统弹出放样属性管理器。在“开始/结束约束”栏的“开始约束”选择框中选择“垂直于轮廓”，在“起始处相切长度”输入框中输入1，如图5-14中⑤所示。其他采用默认设置，单击“确定”按钮完成编辑放样操作。

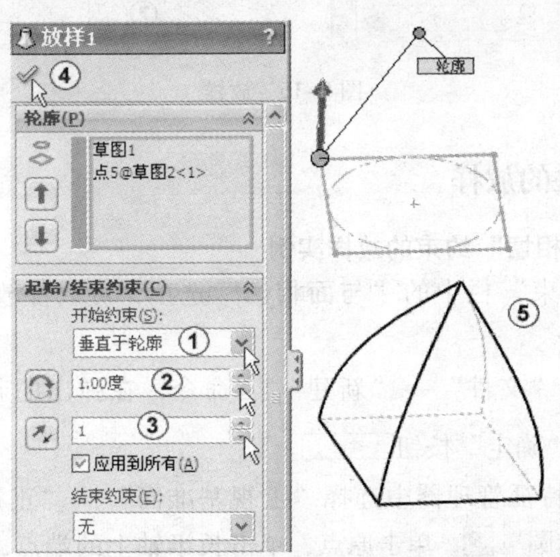

图5-14　加入“起始/结束约束”

可见放样的形状改变了。无任何约束的放样以直线连接两个轮廓，添加垂直于轮廓的约束后，两个轮廓之间的连接不再是直线而是与轮廓垂直的样条曲线的连接。

7）鼠标右键在特征管理器中单击“放样1”，从弹出的快捷菜单中选择“删除”命令。

8）单击菜单“插入”→“3D草图”命令，单击“中心线”按钮▯，绘制出一条中心线，如图5-15中①②所示。单击绘图区右上角的按钮▯退出绘制草图。

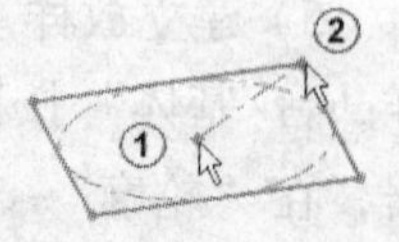

图5-15　绘制直线

9）切换到“特征”面板，单击“放样凸台/基体”按钮▯，系统弹出“放样”属性管理器。在“轮廓”▯输入框中输入“草图1”和“草图2”作为放样轮廓，如图5-16中①②所示。在“开始/结束约束”栏的“开始约束”选择框中选择“方向向量”，在绘图区选择“3D草图1”作为向量方向，在“起始处相切长度”输入框中输入1，如图5-16中③④⑤所示。其他采用默认设置，单击“确定”按钮✔完成放样操作，结果如图5-16中⑥⑦所示。

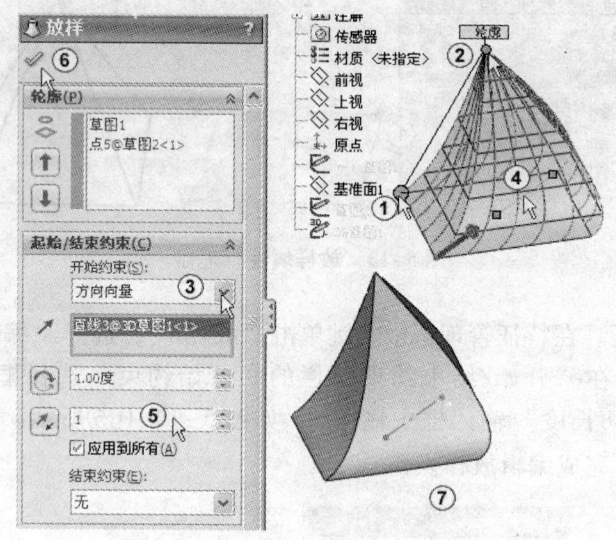

图5-16　放样

5.2.2　与面约束有关的放样

1. 创建使用“与面相切”约束的放样实例

利用“起始/结束约束”栏中的“与面相切”选项，可以使放样出的面质量达到G1效果。

1）新建文件。选择“文件”→“新建”▯命令，在弹出的新建文件对话框中选择“零件”▯文件，单击“确定”按钮▯。

2）绘制草图1。从特征管理器中选择“上视基准面”→“正视于”按钮▯，切换到“草图”面板，单击“椭圆”▯，单击原点，单击长半轴上的端点，单击短半轴上的端点，如图5-17中①②③所示。单击“确定”按钮✔，单击“重建模型”按钮▯。

3）创建拉伸1。在特征管理器中选择“草图1”，切换到“特征”面板，单击“拉伸凸台/基体”按钮▯，系统弹出“凸台-拉伸”属性管理器。单击“开始条件”旁的按钮▯，选择“等距”，单击“反向”按钮▯以便向下等距，输入等距值为60，如图5-18中①②③

所示。在“方向1”栏的“终止条件”选择框中选择“给定深度”，在“深度”输入框中输入10，如图5-18中④⑤所示。其他采用默认设置，单击“确定”按钮，结果如图5-18中⑥⑦所示。

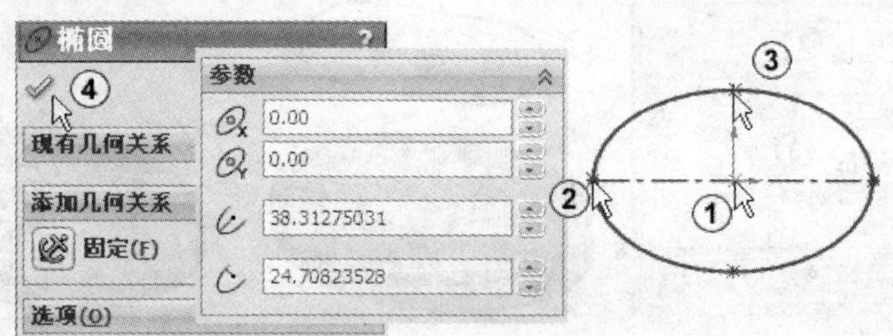

图5-17　绘制草图1

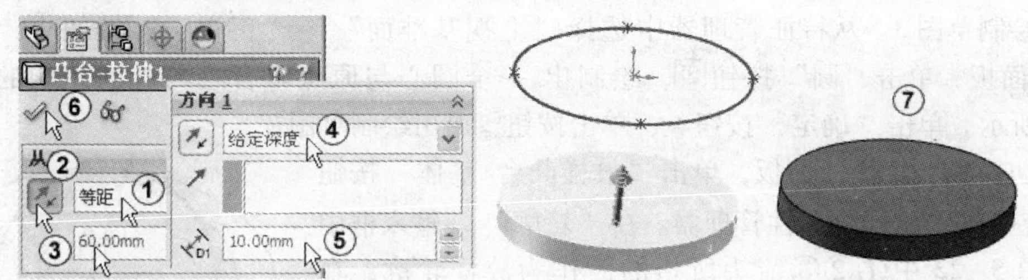

图5-18　拉伸属性管理器1

4）绘制草图2。从特征管理器中选择“上视基准面”→“正视于”按钮，切换到“草图”面板，单击“直槽口”按钮，系统弹出“槽口”属性管理器。选择“槽口类型”为“直槽口”，移动鼠标在绘图区分别单击三点，如图5-19中①~④所示。然后单击“确定”按钮完成直槽口草图实体绘制，单击“重建模型”按钮。

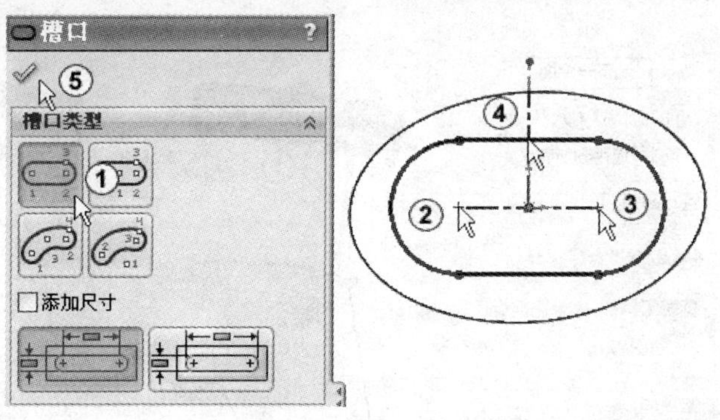

图5-19　绘制草图2

5）创建拉伸2。在特征管理器中选择“草图2”，切换到“特征”面板，单击“拉伸凸台/基体”按钮，系统弹出“凸台-拉伸”属性管理器。单击“开始条件”旁的按钮，选择“等距”，输入等距值为40，如图5-20中①②所示。在“方向1”栏的“终止条件”选择框中选择“给定深度”，在“深度”输入框中输入10，如图5-20中③④所示。其他采用默认设置，单击“确定”按钮，结果如图5-20中⑤⑥所示。

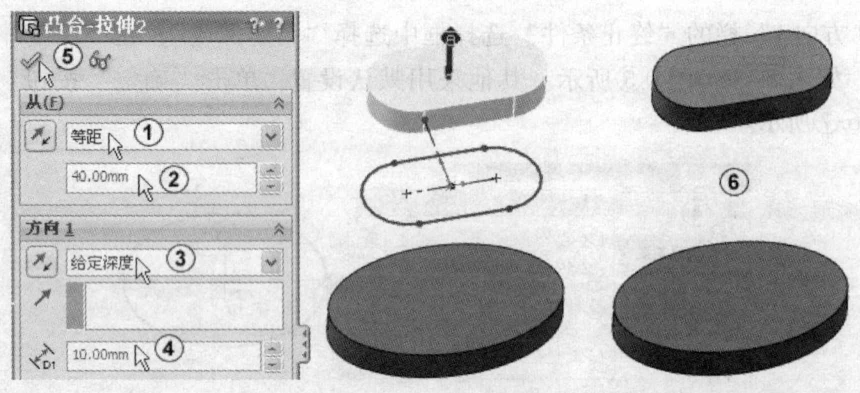

图 5-20　拉伸属性管理器 2

6）绘制草图 3。从特征管理器中选择“上视基准面”→“正视于”按钮，切换到“草图”面板，单击“圆”按钮，绘制出 一个圆心与原点重合且与椭圆相切的圆，如图 5-21所示。单击“确定”按钮，单击按钮退出绘制草图。

7）切换到“特征”面板，单击“放样凸台/基体”按钮，系统弹出“放样”属性管理器。在“轮廓”输入框中选择如图 5-22 中①②③箭头所指的面作为放样轮廓。在“开始/结束约束”栏的“开始约束”选择框中选择“与面相切”，在“起始处相切长度”输入框中输入 1.5，如图 5-22 中④⑤所示。在“结束约束”选择框中选择“与面相切”，在“结束处相切长度”输入框中输入 1，如图 5-22 中⑥⑦所示。勾选“合并结果”复选框，其他采用默认设置，单击“确定”按钮完成放样操作，结果如图 5-22 中⑧⑨所示。

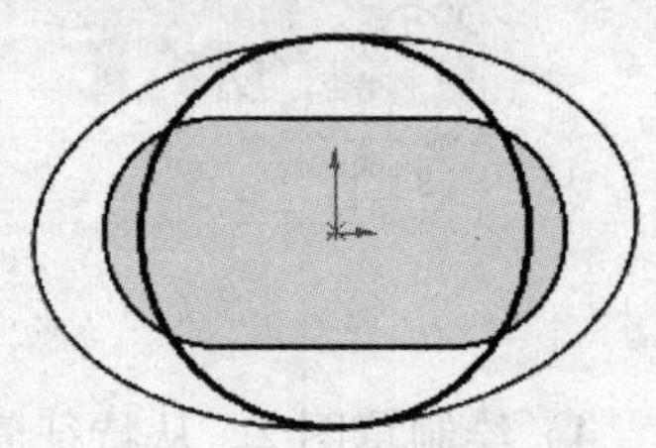

图 5-21　绘制圆

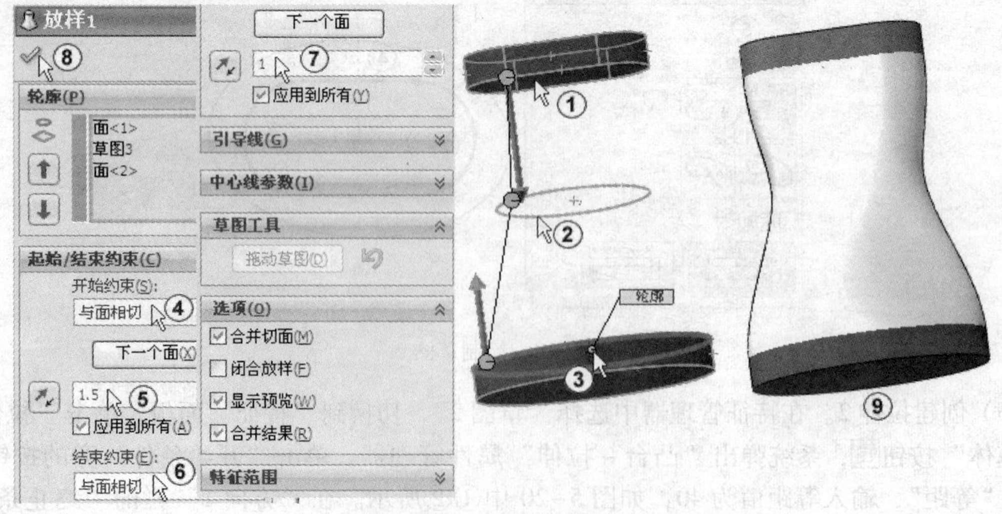

图 5-22　放样属性管理器

2. 创建使用“与面的曲率”约束的放样实例

利用“起始/结束约束”栏中的“与面曲率”选项，可以使放样出的面质量达到 G2 效果。

在特征管理器中用鼠标右键单击“放样 1”特征，选择“编辑特征”。在“起始/结束约束”栏的“开始约束”选择框中选择“与面的曲率”，在“起始处相切长度”输入框中输入 1，如图 5-23 中①②所示。在“结束约束”选择框中选择“与面的曲率”，在“结束处相切长度”输入框中输入 1，如图 5-23 中③④所示。勾选“合并结果”复选框，其他采用默认设置，单击“确定”按钮✓完成放样操作，结果如图 5-23 中⑤⑥所示。无“起始/结束约束”的结果如图 5-23 中⑦所示。

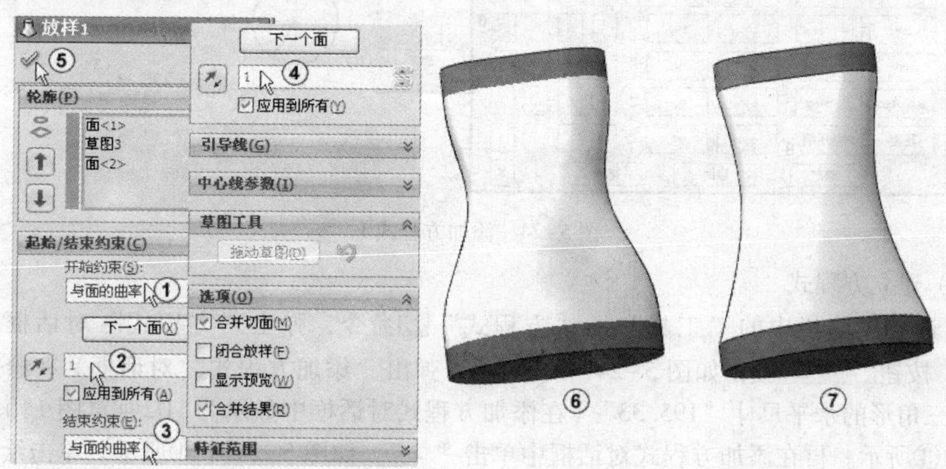

图 5-23　放样属性管理器

5.2.3　中心线控制放样

方程式以模型中的尺寸作为变量，在其之间建立数学关系。草图、特征、零件和装配等均可建立方程式。建立方程式后，修改驱动尺寸，则从动尺寸将根据方程式的设置，随着驱动尺寸而变化。驱动尺寸是自变量，从动尺寸是应变量；驱动尺寸都在等号的右侧，而从动尺寸都在等号的左侧。

用中心线控制放样是利用一条曲线为中心线生成放样特征，且特征的每个截面都与中心线垂直，中心线必须与轮廓相交于轮廓内部。

用中心线控制放样绘制螺旋面的实例。本实例介绍了方程式、螺旋线/涡状线、以及不用中心线控制的放样与用中心线控制的放样对比。

(1) 新建文件

选择“文件”→“新建”命令，在弹出的新建文件对话框中选择“零件”文件，单击“确定”按钮。

(2) 绘制草图 1

从特征管理器中选择“上视基准面”，单击“正视于”按钮，单击“草图”，切换到草图绘制面板，单击“圆”按钮和“智能尺寸”按钮，绘制出一个圆心通过原点，直径为 60 的圆。

（3）绘制三角形

单击“中心线”按钮和“智能尺寸”按钮，绘制出一个三角形，如图 5-24 中①所示。

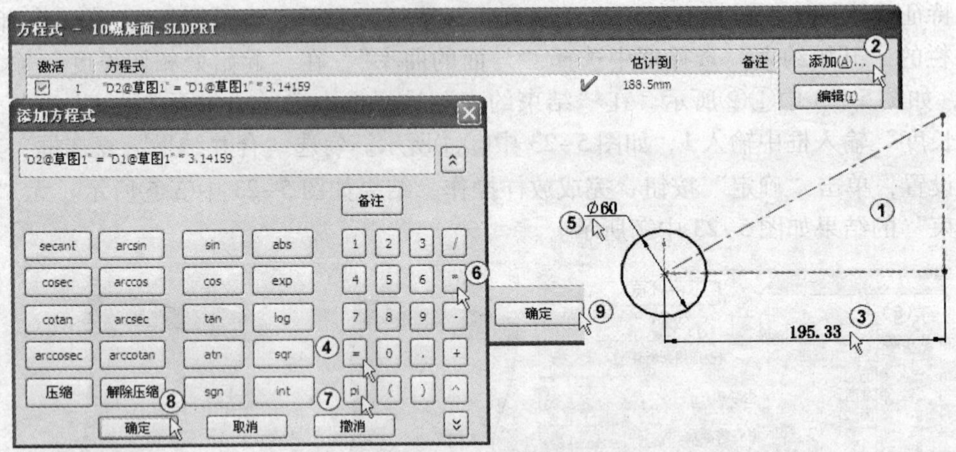

图 5-24 添加方程式 1

（4）建立方程式

1）选择菜单栏中的“工具”→“方程式”命令，弹出“方程式”对话框。单击“添加”按钮，如图 5-24 中②所示。弹出“添加方程式”对话框。在绘图区单击尺寸三角形的水平尺寸“195. 33”（在添加方程式对话框中显示为"D2@草图 1"），如图 5-24 中③所示。再在添加方程式对话框中单击“ =”，如图 5-24 中④所示。单击绘图区中的“直径 60”（在添加方程式对话框中"D1@草图 1"），如图 5-24 中⑤所示。在对话框中单击“ *”，如图 5-24 中⑥所示。手工从键盘上输入“3. 14159”或者在添加方程式对话框中单击“pi”，如图 5-24 中⑦所示，构成一个完整的方程式"D2@草图 1" = "D1@草图 1" * 3. 14159，单击添加方程式对话框中的“确定”按钮，如图 5-24 中⑧所示。再单击“方程式”对话框中的“确定”按钮，如图 5-24 中⑨所示。此时三角形的水平尺寸变为“188. 5”（即圆周长），如图 5-25 中①所示。

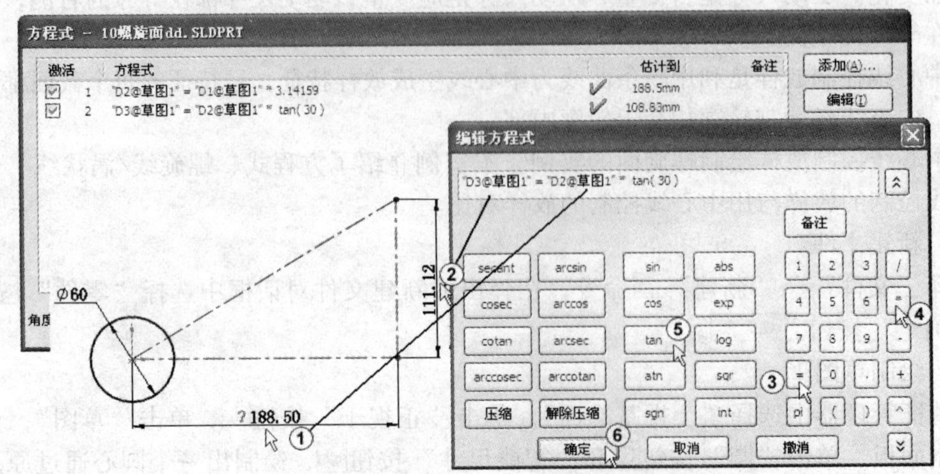

图 5-25 添加方程式 2

2）单击“智能尺寸”按钮，标注“111.12”，如图5-25中②所示。单击菜单栏中的“工具”→“方程式”命令，弹出“方程式”对话框。单击“添加”按钮，弹出“添加方程式”对话框。在绘图区单击尺寸“111.12”，在对话框中单击“=”，如图5-25中③所示。在绘图区单击“188.50”，在对话框中单击“*”，如图5-25中④所示。在对话框中单击“tan”，如图5-25中⑤所示。在对话框中单击“30”，构成一个完整的方程式"D3@草图1" = "D2@草图1" * tan(30)，单击“确定”按钮。再单击“确定”按钮，结果三角形的竖直尺寸变为“108.83”。

3）修改圆的直径，单击“重建模型”按钮，系统会自动按方程式计算出被动参数，即三角形的水平尺寸和竖直尺寸。单击绘图区右上角的按钮退出绘制草图。

（5）生成螺旋线

单击菜单“插入”→“曲线”→“螺旋线/涡状线”，系统弹出“螺旋线/涡状线”属性管理器，定义方式选择“螺距和圈数”，螺距为108.83mm，圈数为1，如图5-26中①②③所示。起始角度为0.00度，选择“逆时针”单选按钮，如图5-26中④⑤所示。单击“确定”按钮，生成螺旋线曲线，如图5-26中⑥⑦所示。

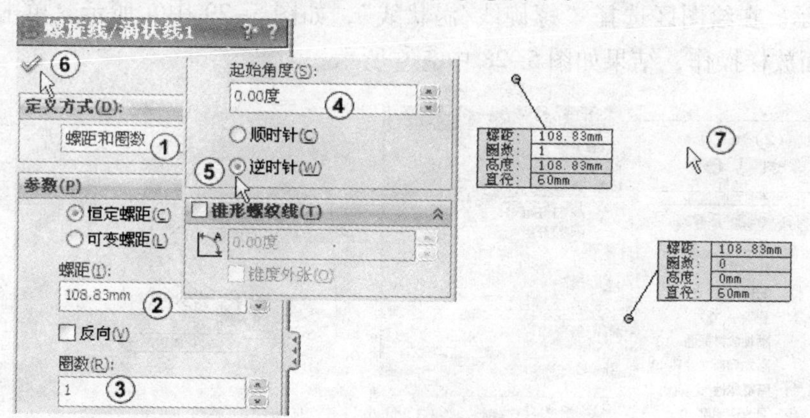

图5-26　生成螺旋线曲线

（6）绘制草图2

从特征管理器中选择“右视基准面”，单击“正视于”按钮，单击“草图”，切换到草图绘制面板，单击“直线”按钮，分别绘制出两条长度相等的水平线，如图5-27中①②所示，单击绘图区右上角的按钮退出绘制草图。

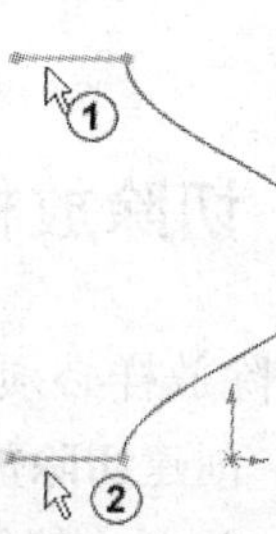

图5-27　草图2

（7）建立曲面放样

在“曲面”栏中单击“曲面放样”按钮，系统弹出“曲面放样”属性管理器，在绘图区中选择边线，系统弹出SelectionManager选择功能，单击“确定”按钮完成“打开组<1>”的选择，如图5-28中①②所示。在绘图区中选择另一条边线，单击鼠标右键，完成“打开组<2>”的选择，如图5-28中③所示。用鼠标选择控制点，如图5-28中④所示。按住鼠标左键不放将其拖到另一个控制点，如图5-28中⑤所示。其他采用默认设置，单击“确定”按钮完成曲面放样操作，结果如图5-28中⑥所示。

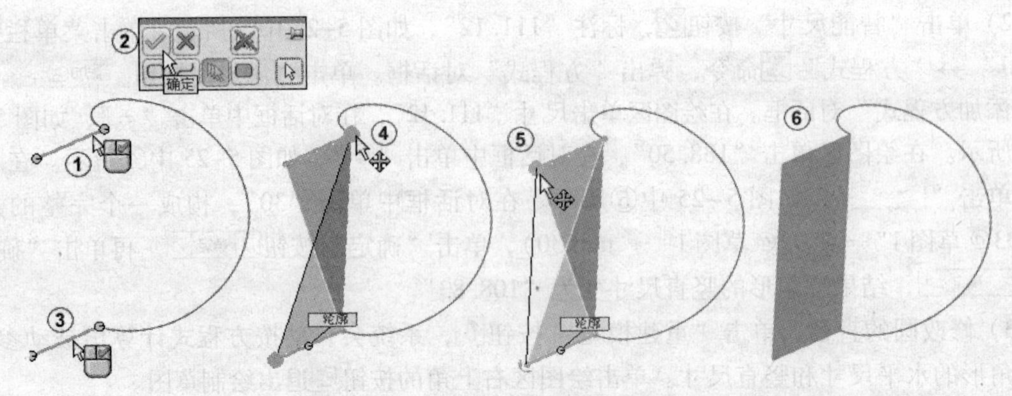

图 5-28　建立曲面放样

（8）编辑曲面放样

在设计树中用鼠标右键单击“曲面 - 放样 2”，在弹出的快捷菜单中选择“编辑特征”，如图 5-29 中①②所示。系统弹出“曲面放样”属性管理器，展开“中心线参数”栏，如图 5-29 中③所示。在绘图区选择“螺旋线/涡状线”，如图 5-29 中④所示。单击“确定”按钮✓完成曲面放样操作，结果如图 5-28 中⑤⑥所示。

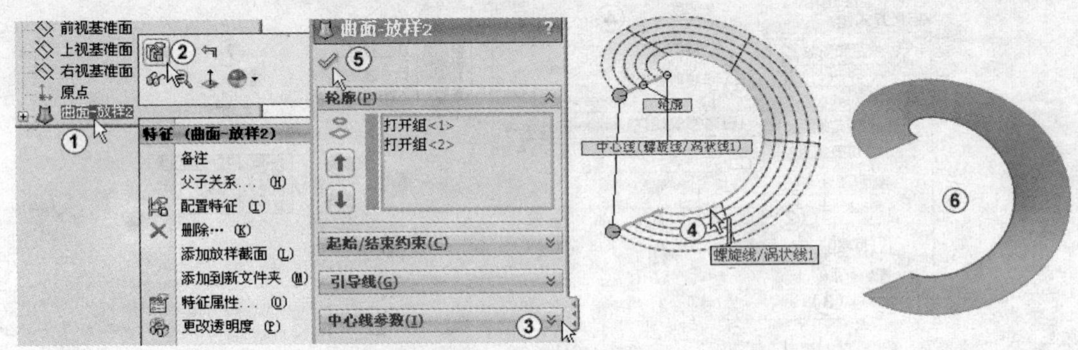

图 5-29　编辑曲面放样

5.3　切除放样

切除放样必须在已有实体的基础上进行。切除放样就是用放样特征去切除已有实体。

1. 创建切除放样的一般步骤

1）单击“特征”工具栏中的“切除放样”按钮。

2）选择放样轮廓，可以是草图，模型边线或模型面。

3）设置起始结束约束。

4）添加引导线，如果没有引导线这一项跳过。

5）输入中心线，如果没有中心线这一项跳过。

6）设置薄壁参数，如果不需要生成薄壁特征，这一项跳过。

7）单击“确定”按钮✓。

2. 切除放样属性管理器参数

切除放样属性管理器参数设置与放样属性管理器参数设置一样，这里不再介绍。

3. 切除放样实例

1）新建文件。选择“文件”→“新建”命令，在弹出的新建文件对话框中选择“零件”文件，单击“确定”按钮 确定 。

2）绘制草图1。从特征管理器中选择“上视基准面”，单击“正视于”按钮，进入草图绘制界面。单击“边角矩形”按钮，在绘图区中单击原点后松开鼠标，向左下方移动鼠标到适当的远离后单击鼠标，绘制出一个矩形。单击“智能尺寸”按钮标注尺寸，如图5-30中①所示。单击绘图区右上角的按钮退出绘制草图。

3）切换到“特征”面板，单击“拉伸凸台/基体”按钮，系统弹出“拉伸”属性管理器，在“方向1”栏的“终止条件”选择框中选择“给定深度”，在“深度”输入框中输入15，其他采用默认设置，单击“确定”按钮，如图5-30中②③所示。结果如图5-30中④所示。

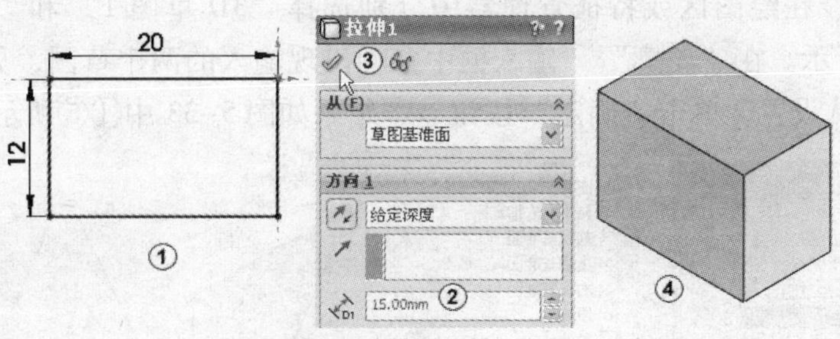

图5-30 绘制长方体

4）保存文件。单击“保存”按钮，在弹出的另存为对话框中输入文件名为“长方体”，单击“保存”按钮 保存(S) 。

5）绘制3D草图1。单击菜单“插入”→“3D草图”，如图5-31中①②③所示。单击草图面板上的“点”按钮，如图5-31中④所示。移动鼠标到长方形的右上前方单击鼠标，如图5-31中⑤所示绘制出一个点。单击绘图区最上方的“重建模型”按钮退出绘制3D草图。

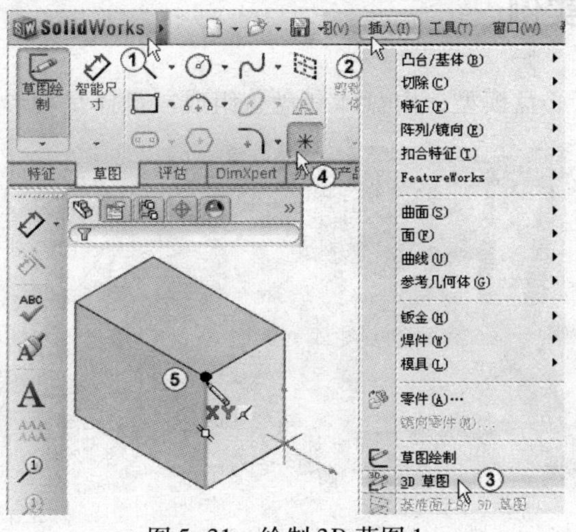

图5-31 绘制3D草图1

6）绘制 3D 草图 2。单击菜单“插入”→“3D 草图”命令，单击草图面板上的“直线”按钮，移动鼠标依次到长方形的各个点上单击，如图 5-32 中①②③④所示绘制出一个封闭的三角形。单击绘图区最上方的“重建模型”按钮退出绘制 3D 草图。

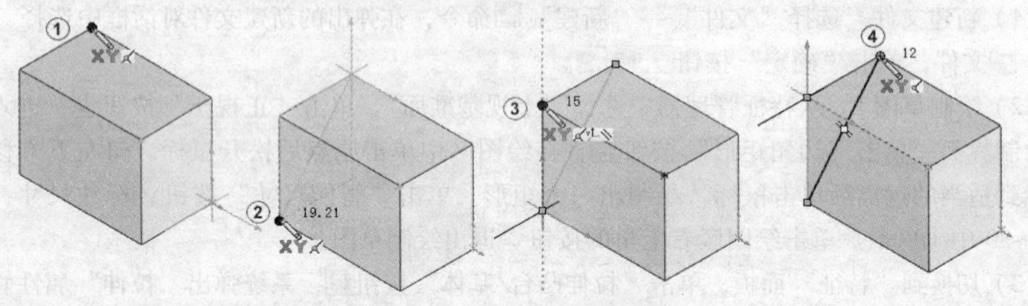

图 5-32　绘制 3D 草图 2

7）建立切除-放样。在特征工具栏中单击“放样切割”按钮，系统弹出“切除-放样”属性管理器，在绘图区或特征管理器中分别选择“3D 草图 1”和“3D 草图 2”，如图 5-33 中①②所示。在“轮廓”输入框中自动出现输入的两个草图，如图 5-33 中③所示，其他采用默认设置，单击“确定”按钮，结果如图 5-33 中④⑤所示。

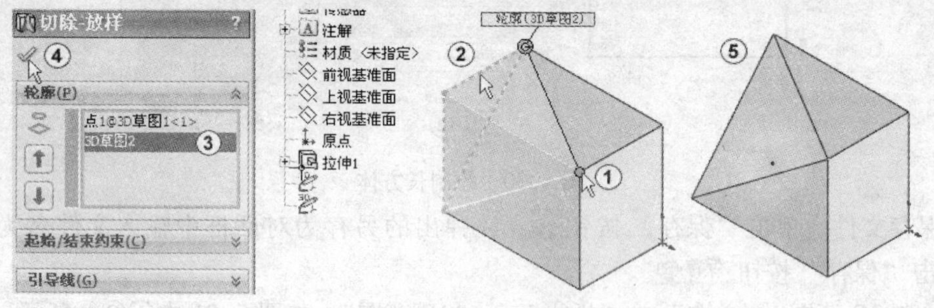

图 5-33　建立切除-放样

5.4　点心盘综合实例

如图 5-34 所示的点心盘模型，由盘体和盘盖组成。盘体呈心形，盘体中间有一个小心

图 5-34　点心盘

形凸台，凸台为薄壁体。盘盖中间也有一个小心形凸台，凸台为圆顶形，盘盖上建有手提。盘体和盘盖上建有凹槽和凸唇。点心盘是半透明树脂塑料制品。怎么样做出点心盘壳体的美观外形，是本实例的焦点和知识点。

5.4.1 设计思路

根据点心盘模型的特点，决定在“零件”环境下采用多实体建模的方式来完成，并在创建过程中力求保证外观美观、完整，省略一些内部看不到的特征。

点心盘模型的建模难点是心形外形的创建。根据点心盘的盘体外形特点，决定用曲面放样来完成主体曲面的创建。首先根据盘体的视觉外形轮廓，绘制出草图1，并拉伸成曲面，然后以此拉伸曲面作为“曲面放样”轮廓做出盘体的圆弧部分。用“曲面填充”做出底部平坦曲面，然后用“曲面剪裁”→“面圆角”→“曲面放样”→“边界曲面”等命令完成主体曲面的创建，再用“曲面缝合”命令将主体曲面缝合成一张曲面，“曲面缝合”的同时将曲面之间的小间隙缝合。将主体曲面“加厚”成壳体，再创建出薄壁型小心形凸台和凹槽。对于盘盖先用“曲面拉伸”拉伸出基本形状，再用“面圆角”→“曲面填充”→“曲面缝合”→“加厚”等命令完成盘盖的壳体创建，用“压凹”命令做出盘盖的凸唇。对于手提用“曲面拉伸”→“曲面剪裁”→“曲面放样”→“曲面填充”等命令完成主体曲面的创建，再用“曲面缝合”命令缝合成实体。然后用“曲面等距”出来的曲面去修剪手提中多余的实体，再用“组合”命令将手提与盘盖组合成一个实体。对于盘盖上的小心形凸台采用“圆顶”的方法来完成。

“点心盘”建模步骤如表5-1所示。

表5-1 点心盘建模-步骤

序号	图示	说明	序号	图示	说明
1		建立曲面拉伸	4		缝合成一张曲面
2		曲面放样做出盘体主体曲面	5		加厚成壳体并完成凹槽创建
3		曲面剪裁、曲面放样完善主体曲面	6		拉伸出凸台

（续）

序号	图　示	说　明	序号	图　示	说　明
7	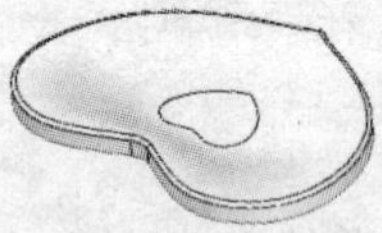	建立盘盖主体曲面	10	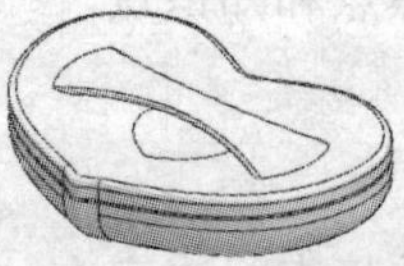	曲面放样创建出手提部分
8		加厚曲面并压凹出凸唇	11	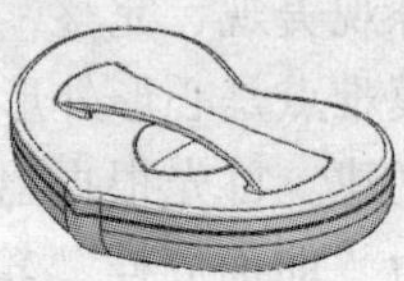	添加圆角、圆顶完成点心盘模型创建
9	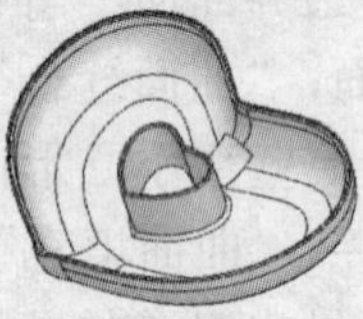	挖空凸台	12	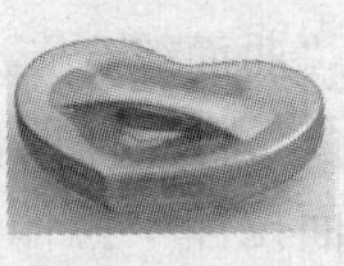	赋予半透明树脂塑料外观的渲染结果

5.4.2　创建盘体

1）新建文件。选择“文件”→“新建”命令，在弹出的“新建文件”对话框中选择“零件”或“模板”文件，单击“确定”按钮，如图5-35所示。

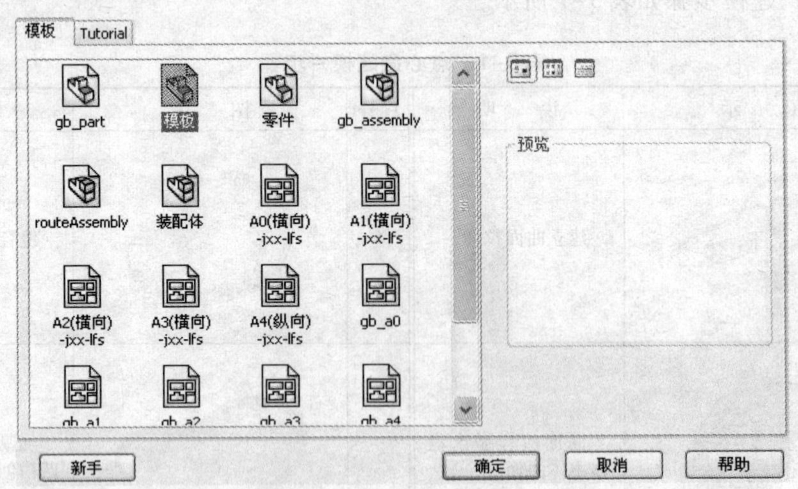

图5-35　新建零件文件

2）绘制草图1。从特征管理器中选择“上视基准面”，单击“正视于”按钮，单击“草图”，切换到草图绘制面板，单击“中心线”按钮、“样条曲线”按钮和“智能尺寸”按钮，绘制出如图5-36中①所示的“草图1”。单击绘图区右上角的按钮退出绘制草图。

3）建立曲面拉伸。在特征管理器中选择“草图1”，在“曲面”栏中单击“曲面拉伸”

按钮，系统弹出“曲面拉伸”属性管理器，单击“方向 1”中的拉伸类型选择框，在弹出的菜单中选择“给定深度”命令，在“深度”输入框中输入 10，其他采用默认设置，如图 5-36 中②所示。单击“确定”按钮完成曲面拉伸操作。

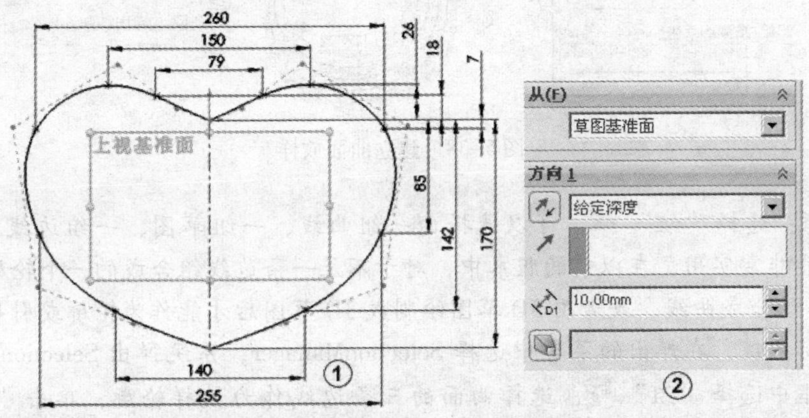

图 5-36　绘制草图 1，建立曲面拉伸

4）绘制草图 2。从特征管理器中选择“上视基准面”，单击“正视于”按钮，单击“草图”，切换到草图绘制面板，单击“等距实体”按钮，将“草图 1”向内等距 30，如图 5-37 中①所示。单击绘图区右上角的按钮退出绘制草图。

5）建立“曲面拉伸”。在特征管理器中选择“草图 2”，在“曲面”栏中单击“曲面拉伸”按钮，系统弹出“曲面拉伸”属性管理器，单击“方向 1”中的拉伸类型选择框，在弹出的菜单中选择“给定深度”，在“深度”输入框中输入 35，单击“反向”图标，使拉伸反向，其他采用默认设置，如图 5-37 中②所示。单击“确定”按钮完成曲面拉伸操作。拉伸结果如图 5-37 中③所示。

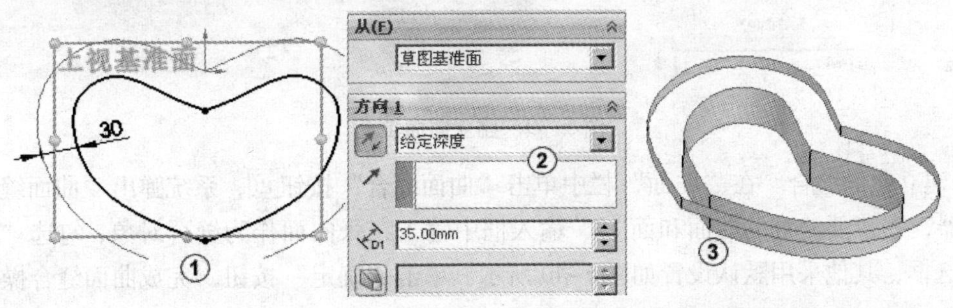

图 5-37　绘制草图 2，建立曲面拉伸

6）建立“曲面放样”。在“曲面”栏中单击“曲面放样”按钮，系统弹出“曲面放样”属性管理器，在“轮廓”输入框中输入两组曲面拉伸边线，在选择边线使用 SelectionManager 选择功能。选择在“起始/结束约束”栏的“开始约束”选择框中选择“无”，在“结束约束”选择框中选择“与面相切”，在“相切长度”输入框中输入 1.5，其他采用默认设置如图 5-38 中①②所示。单击“确定”按钮完成曲面放样操作。

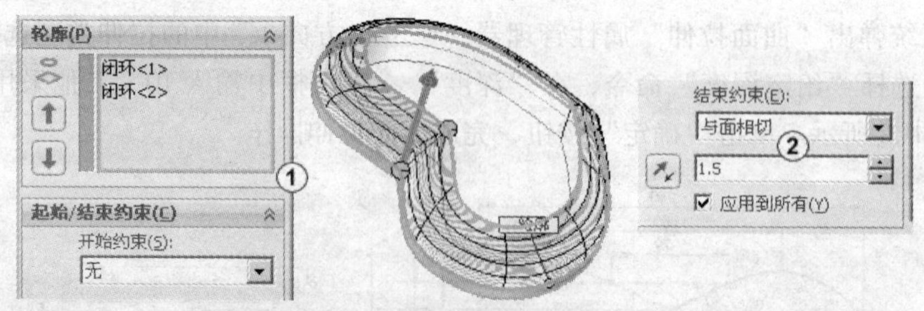

图 5-38　建立曲面放样

注意：选择“组” ，可以选择由一组曲线、一组草图、一组边线组成的轮廓，这个选择功能非常实用，在以前的版本中，对于不是一条边线组合成的一个轮廓，必须先用“组合曲线”组合成曲线，或者用3D草图绘制成3D草图后才能作为轮廓或引导线。

单击鼠标右键，在弹出的菜单中选择SelectionManager，系统弹出SelectionManager对话框，在对话框中选择“组” ，选择曲面的三条边线作为放样轮廓，单击“确定”按钮 ，系统接受组输入在“轮廓”输入框中以“打开组”名称显示。

7）建立曲面填充。在“曲面”栏中单击“曲面填充”按钮 ，系统弹出“曲面填充”属性管理器，在“修补边界” 输入框中输入两条边线，在“曲率控制”选择框中选择“接触”，如图5-39中①所示，其他采用默认设置。单击“确定”按钮 完成曲面填充操作。结果如图5-39中②所示。

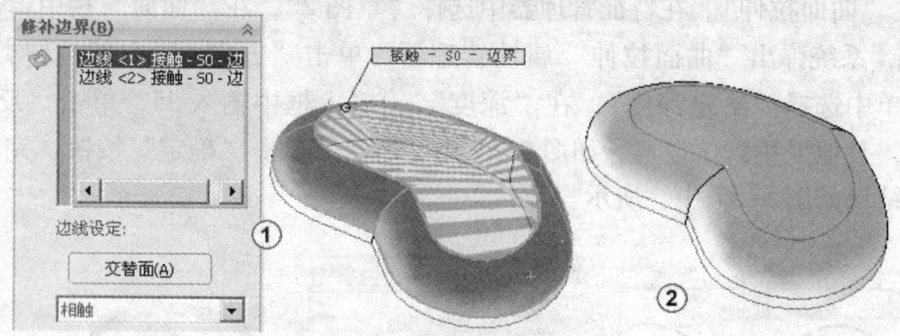

图 5-39　建立曲面填充

8）建立曲面缝合。在“曲面”栏中单击“曲面缝合”按钮 ，系统弹出“曲面缝合”属性管理器，在“要缝合的曲面和面” 输入框中输入三张曲面作为缝合对象，勾选“缝隙控制”复选框，其他采用默认设置如图5-40所示。单击“确定”按钮 完成曲面缝合操作。

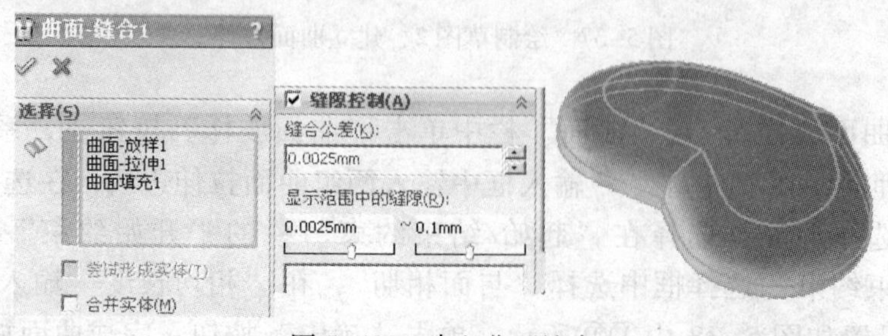

图 5-40　建立曲面缝合

9）建立圆角。在“特征”栏中单击“圆角”按钮，系统弹出“圆角”属性管理器，选择“圆角类型”为“等半径”，分别对模型添加 R20、R5 圆角，如图 5-41 中①②所示。结果如图 5-41 中③所示。

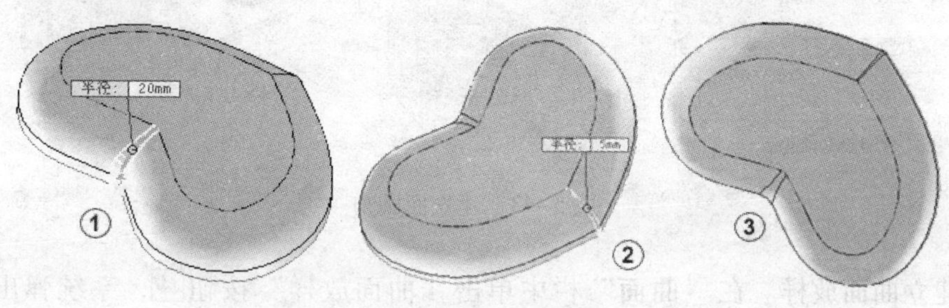

图 5-41　建立圆角

10）绘制草图 3。从特征管理器中选择“上视基准面”，单击“正视于”按钮，单击“草图”，切换到草图绘制面板，单击“中心线”按钮、“中心矩形”按钮和“智能尺寸”按钮绘制出如图 5-42 中①所示的“草图 3”。单击绘图区右上角的按钮退出绘制草图。

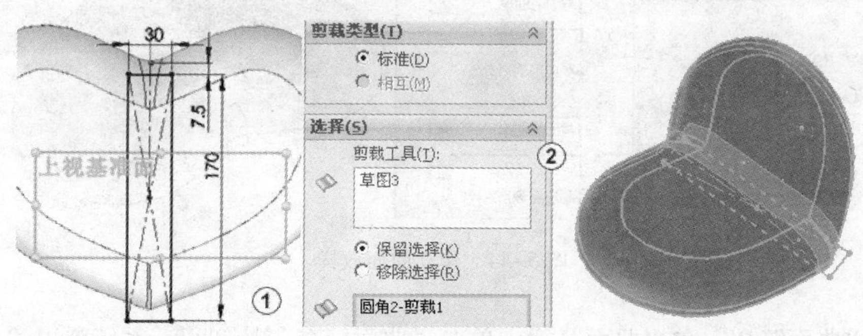

图 5-42　绘制草图 3，建立“曲面剪裁”

11）建立曲面剪裁。在“曲面”栏中单击“剪裁曲面”按钮，系统弹出“剪裁曲面”属性管理器，选择“剪裁类型”为“标准”，在“剪裁”输入框中输入“草图4”作为剪裁，选择“保留选择”复选框，在绘图区选择中要保留的曲面，保留面逞红色显示，并显示在“要保留的部分”输入框中，如图 5-42 中②所示，单击“确定”按钮完成曲面剪裁操作。

12）建立面圆角。在“特征”栏中单击“圆角”按钮，系统弹出“圆角”属性管理器，在“圆角类型”中选择“面圆角”，在“半径”输入框中输入 40，在“面组 1”输入框中输入要圆角的面，注意箭头方向要指向圆心，如果箭头方向不对，单击“反转面法向”按钮来改变箭头方向，在“面组 2”输入框中输入另一组面，注意箭头的方向。在“圆角选项”中勾选“曲率连续”选项，其他采用默认设置，如图 5-43 中①所示。单击“确定”按钮完成圆角操作。用同样的方法完成另一边的“面圆角”操作，结果如图 5-43 中②所示。

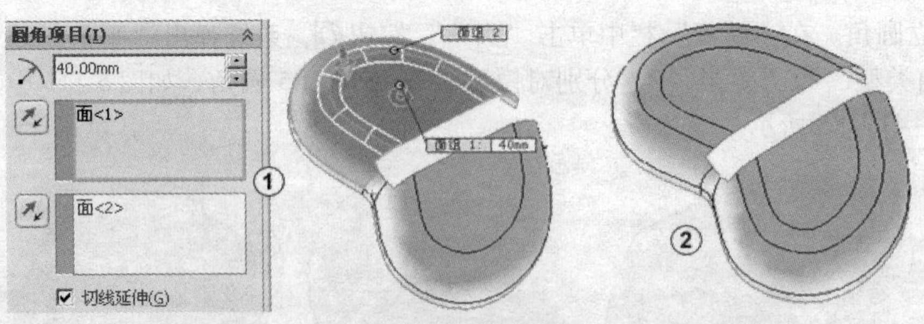

图 5-43　建立面圆角

13）建立曲面放样。在“曲面”栏中单击“曲面放样”按钮，系统弹出“曲面放样”属性管理器，在“轮廓”输入框中输入两组曲面拉伸边线，在“起始/结束约束”栏的“开始约束”选择框中选择“与面的曲率”，在“相切长度”输入框中输入1，在“结束约束”选择框中选择“与面的曲率”，在“相切长度”输入框中输入1，其他采用默认设置如图5-44所示。单击“确定”按钮完成曲面放样操作。

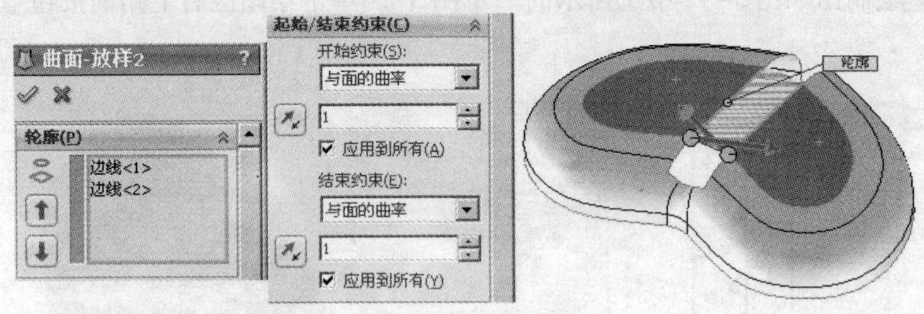

图 5-44　建立曲面放样

14）建立曲面缝合。在“曲面”栏中单击“曲面缝合”按钮，系统弹出“曲面缝合”属性管理器，在“要缝合的曲面和面”输入框中输入“圆角4”和“曲面放样2”两个曲面作为缝合对象，勾选“缝隙控制”复选框，其他采用默认设置如图5-45所示。单击“确定”按钮完成曲面缝合操作。

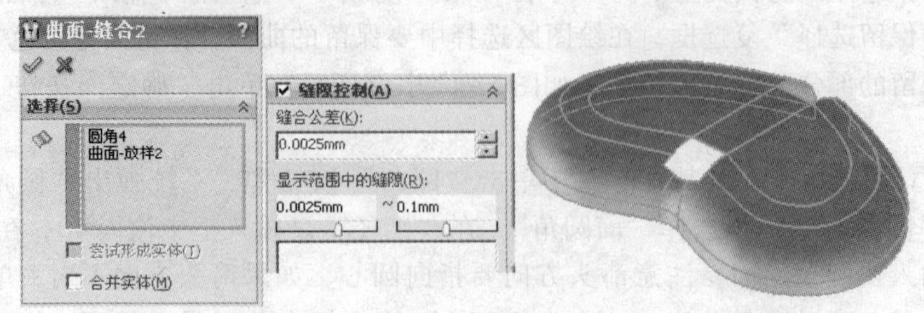

图 5-45　建立曲面放样

15）绘制草图4。从特征管理器中选择“上视基准面”，单击“正视于”按钮，单击“草图”，切换到草图绘制面板，单击“中心线”按钮、“样条曲线”按钮绘制出如图 5-46 中①所示的“草图 4”。单击绘图区右上角的按钮退出绘制草图。

16）建立曲面拉伸。在特征管理器中选择“草图 4”，在“曲面”栏中单击“曲面拉伸”按钮，系统弹出“曲面拉伸”属性管理器，单击“方向 1”中的拉伸类型选择框，在弹出的菜单中选择“给定深度”，在“深度”输入框中输入 10，其他采用默认设置，如图 5-46 中②所示。单击“确定”按钮完成曲面拉伸操作。拉伸结果如图 5-46 中③所示。

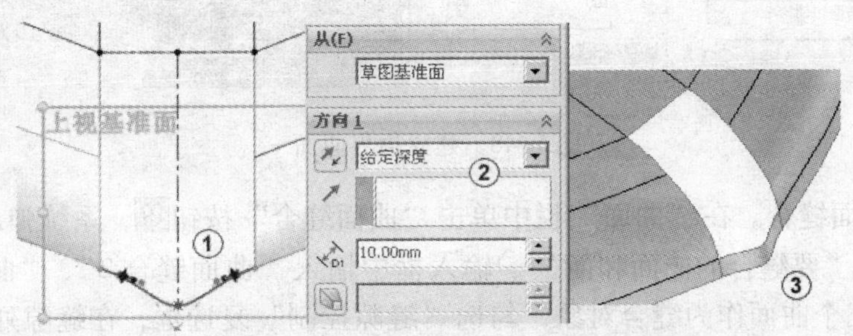

图 5-46　绘制草图 4，建立曲面拉伸

17）建立曲面放样。在“曲面”栏中单击“曲面放样”按钮，系统弹出“曲面放样”属性管理器，在“轮廓”输入框中输入两组曲面拉伸边线，在选择边线时使用 SelectionManager 选择功能。选择在“起始/结束约束”栏的“开始约束”选择框中选择“与面相切”，在“相切长度”输入框中输入 1，在“结束约束”选择框中选择“与面相切”，在“相切长度”输入框中输入 1，在“引导线”输入框中输入两条边线，分别将边线的约束条件设为“与面相切”，其他采用默认设置如图 5-47 所示。单击“确定”按钮完成曲面放样操作。

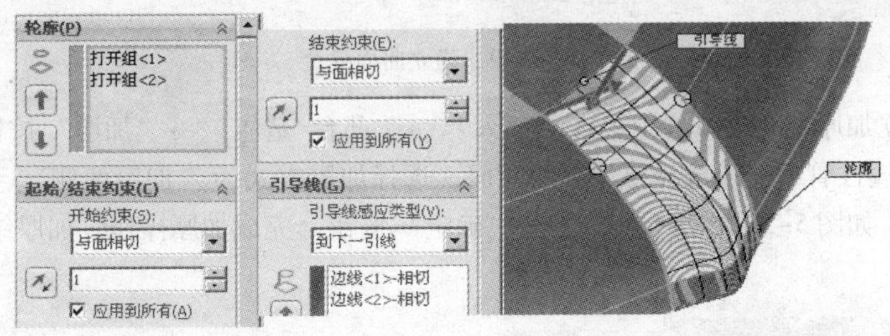

图 5-47　建立曲面放样

18）建立边界曲面。单击“曲面”栏中的“边界曲面”按钮，或单击菜单栏中的“插入”→“曲面”→“边界曲面”，系统弹出“边界曲面”属性管理器，在“方向 1”曲线输入框中输入“曲面剪裁”产生的两组边线，然后分别将两条边线的“相切类型”选择为“与面的相切”，选择“曲线感应”为“到下一曲线”。单击“方向 2”输入框，在曲线输入框中输入“曲面放样”产生的一条边线，和“曲面剪裁”产生的一组边线，分别将两条边线的“相切类型”选择为“与面的相切”，并将“相切感应”下方的滑块向右拖到最高。如图 5-48 中①②所示。单击“确定”按钮完成“边界曲面”操作。

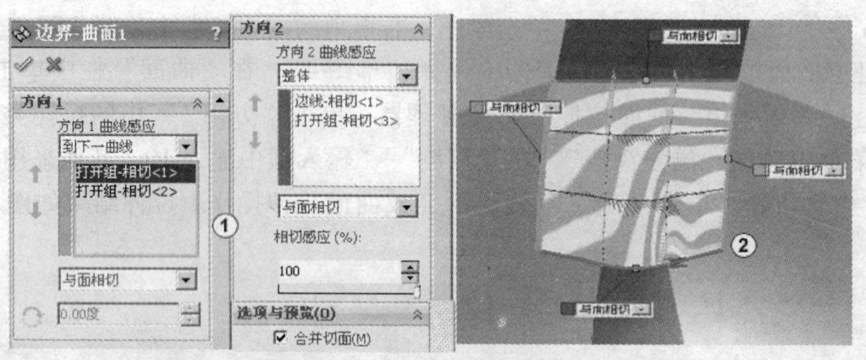

图 5-48　建立边界曲面

19）建立曲面缝合。在“曲面”栏中单击“曲面缝合”按钮，系统弹出“曲面缝合”属性管理器，在“要缝合的曲面和面”输入框中输入“曲面缝合 2”、“曲面放样 3”和“边界曲面 1”三个曲面作为缝合对象，勾选“缝隙控制”复选框，在缝隙列表中列出了所有“缝合公差”范围内的缝隙，在缝隙左边打上勾表示将缝隙缝合。其他采用默认设置如图 5-49 所示。单击“确定”按钮完成曲面缝合操作。

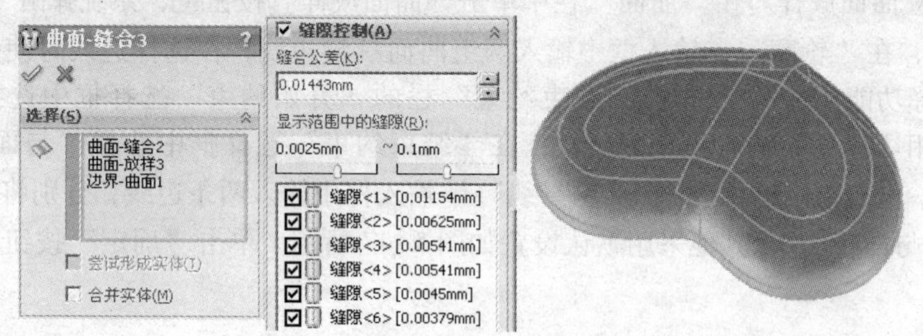

图 5-49　建立曲面缝合

20）建立加厚。在菜单栏中单击“插入”→“凸台/基体”→“加厚”按钮，系统弹出“加厚”属性管理器，选择要加厚的曲面，选择加厚方式为“加厚两侧”，输入“厚度”为2，如图 5-50 中①所示，单击“确定”按钮完成加厚操作。加厚结果如图 5-50 中②所示。

图 5-50　建立加厚

注意：选择加厚方式为“加厚两侧”时，输入的厚度为向两侧各加厚了的数值，输入厚度为 2，实际上加厚的总厚度为 4。

21）建立凹槽。在菜单栏中单击“插入”→“扣合特征”→“唇缘/凹槽”按钮，系统弹出“唇缘/凹槽”属性管理器，在“选取生成凹槽的实体”输入框中输入“加厚 1”实体，在“定义凹槽方向”输入框中输入“上视基准面”。在“选择生成凹槽的面”输入框中输入要生产“凹槽”的面。在“为凹槽选取内边线或外边线”输入框中输入内边线。勾选“切线延伸”复选框，如图 5-51 所示。

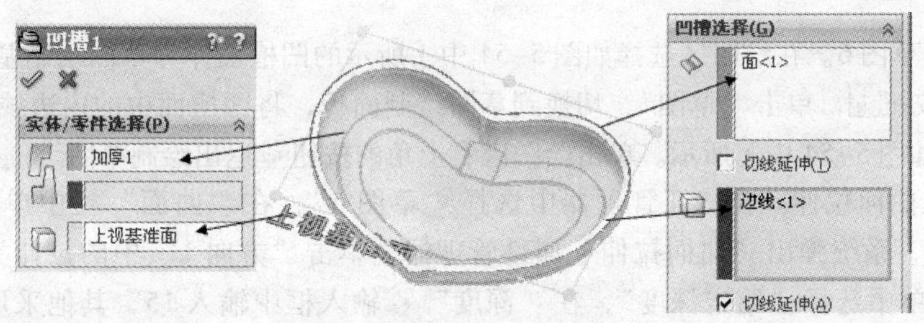

图 5-51　建立凹槽

22）设置凹槽参数。输入“凹槽宽度”为 2，输入“凹槽拔模角度”为 3，输入“凹槽高度”为 2，勾选“显示预览”复选框，如图 5-52 中①所示，单击“确定”按钮完成凹槽创建操作。结果如图 5-52 中②所示。

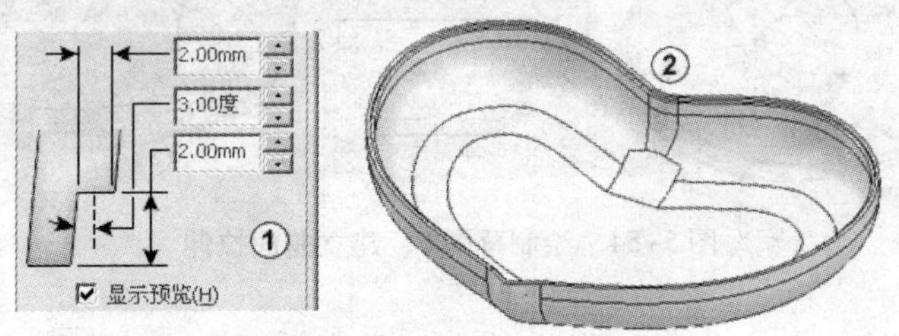

图 5-52　设置凹槽参数

23）绘制草图 5。在绘图区选择如图 5-53 中①所示的深色面作为草图绘制基准面，单击“正视于”按钮，单击“草图”，切换到草图绘制面板，单击“中心线”按钮、“样条曲线”按钮和“智能尺寸”按钮绘制出如图 5-53 中①所示的“草图 5”。单击绘图区右上角的按钮退出绘制草图。

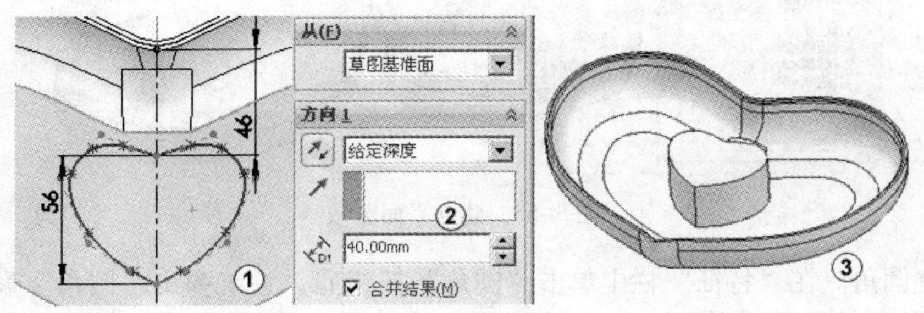

图 5-53　绘制草图 5，建立拉伸

24）建立拉伸。在特征管理器中选择草图5，然后在特征栏中单击“拉伸”按钮，系统弹出“拉伸”属性管理器，在“方向1”栏的“终止条件”选择框中选择“给定深度”，在“深度”输入框中输入40，勾选“合并结果”复选框，其他采用默认设置，如图5-53中②所示，单击“确定”按钮完成拉伸操作。拉伸结果如图5-53中③所示。

5.4.3 创建盘盖

1）绘制草图6。在绘图区选择如图5-54中①所示的凹槽面作为草图绘制基准面，单击“正视于”按钮，单击“草图”，切换到草图绘制面板，将凹槽面中的内边线引用到“草图6”中，如图5-54中①所示。单击绘图区右上角的按钮退出绘制草图。

2）建立曲面拉伸。在特征管理器中选择“草图6”，在“曲面”栏中单击“曲面拉伸”按钮，系统弹出“曲面拉伸”属性管理器，单击“方向1”中的拉伸类型选择框，在弹出的菜单中选择“给定深度”，在“深度”输入框中输入15，其他采用默认设置，如图5-54中②所示。单击“确定”按钮完成曲面拉伸操作。拉伸结果如图5-54中③所示。

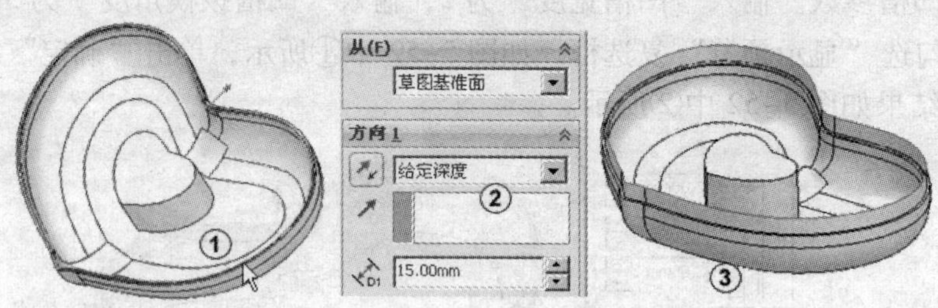

图5-54 绘制草图6，建立曲面拉伸

3）建立平面区域。在“曲面”栏中单击“平面区域”按钮，系统弹出“平面区域”属性管理器，在“边界实体”输入框中输入曲面拉伸的四条边线，如图5-55中①所示，其他采用默认设置。单击“确定”按钮完成平面区域操作。结果如图5-55中②所示。

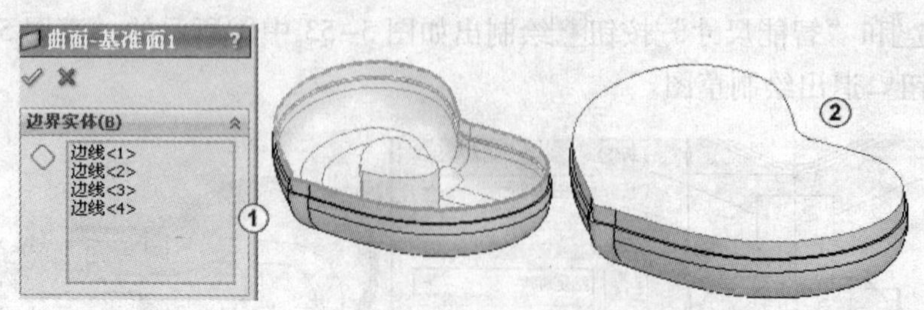

图5-55 建立平面区域

4）建立圆角。在“特征”栏中单击“圆角”按钮，系统弹出“圆角”属性管理器，在“圆角类型”中选择“等半径”，对模型添加R3圆角，如图5-56中①所示。用“面圆角”功能对模型添加R3圆角，如图5-56中②所示。

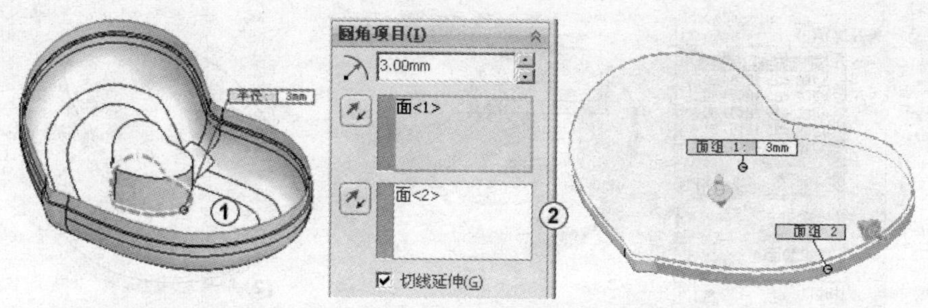

图 5-56　建立“圆角”

5）建立删除面。在菜单栏中单击“插入”→“面”→“删除”按钮，系统弹出“删除”属性管理器，在“要删除的面”输入框中输入圆角后产生的面，在“选项”栏中选择“删除”选项，如图 5-57 中①所示，其他采用默认设置，单击“确定”按钮完成删除面操作。结果如图 5-57 中②所示。

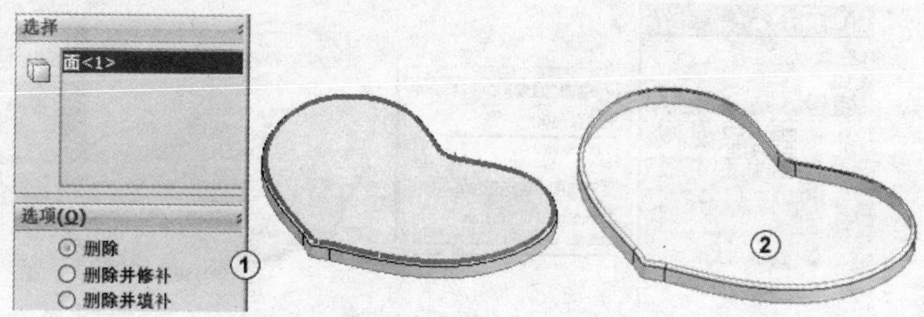

图 5-57　建立删除面

6）建立曲面等距。在“曲面”栏中单击“曲面等距”按钮，系统弹出“曲面等距”属性管理器，在“要等距的面或曲面”输入框中输入凸台拉伸的顶面作为等距对象，在“等距距离”输入框中输入 0，其他采用默认设置如图 5-58 中①所示。单击“确定”按钮完成曲面等距操作。结果如图 5-58 中②所示。

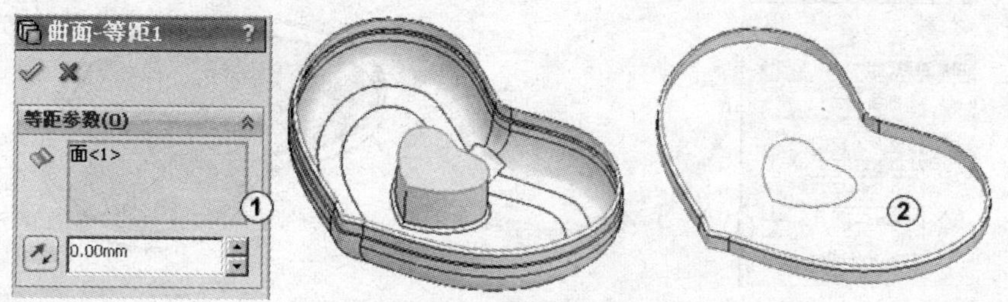

图 5-58　建立曲面等距

7）建立曲面填充。在“曲面”栏中单击“曲面填充”按钮，系统弹出“曲面填充”属性管理器，在“修补边界”输入框中输入删除面后产生的边线和曲面等距边线，在“曲率控制”选择框中选择“相切”，如图 5-59 中①所示，其他采用默认设置。单击“确定”按钮完成曲面填充操作。结果如图 5-59 中②所示。

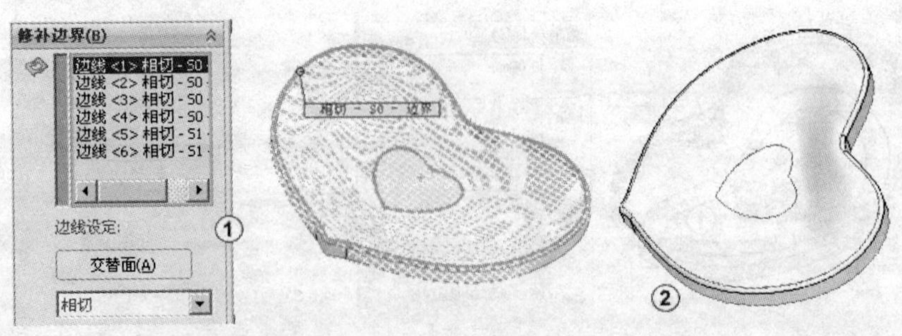

图 5-59　建立曲面填充

8）建立“曲面缝合”。在“曲面”栏中单击“曲面缝合”按钮，系统弹出“曲面缝合”属性管理器，在“要缝合的曲面和面”输入框中输入“曲面填充 2”、“曲面等距 1”和“删除面 1”三个曲面作为缝合对象，勾选“缝隙控制”复选框，其他采用默认设置如图 5-60 所示。单击“确定”按钮完成曲面缝合操作。

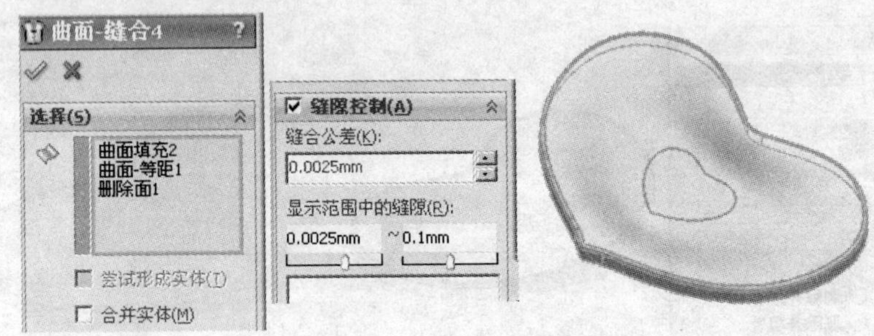

图 5-60　建立曲面缝合

9）建立加厚。在菜单栏中单击“插入”→“凸台/基体”→“加厚”按钮，系统弹出“加厚”属性管理器，选择要加厚的曲面，选择加厚方式为“加厚两侧”输入“厚度”为 2，如图 5-61 中①所示，单击“确定”按钮完成加厚操作。加厚结果如图 5-61 中②所示。

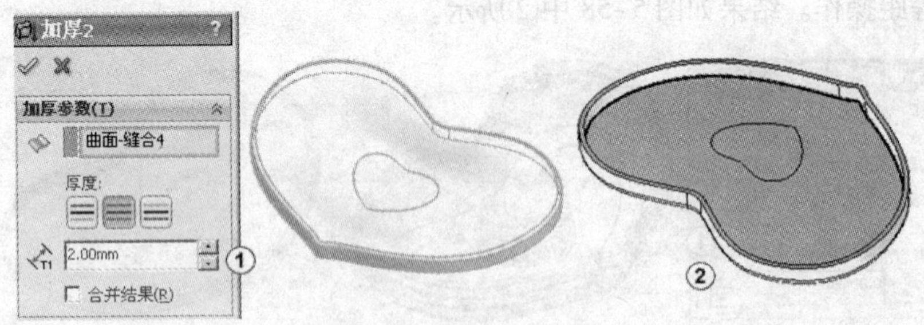

图 5-61　建立加厚

10）建立压凹。在菜单栏中单击“插入”→“特征”→“压凹”按钮，系统弹出“压凹”属性管理器，在“目标实体”输入框中输入“加厚 2”实体，在“实体”输入框中输入“圆角 5”实体，勾选“切除”复选框，在“间隙”输入框中输入 0，其他采用默认设置，如图 5-62 中①所示。单击“确定”按钮完成压凹操作。结果如图 5-62 中②所示。

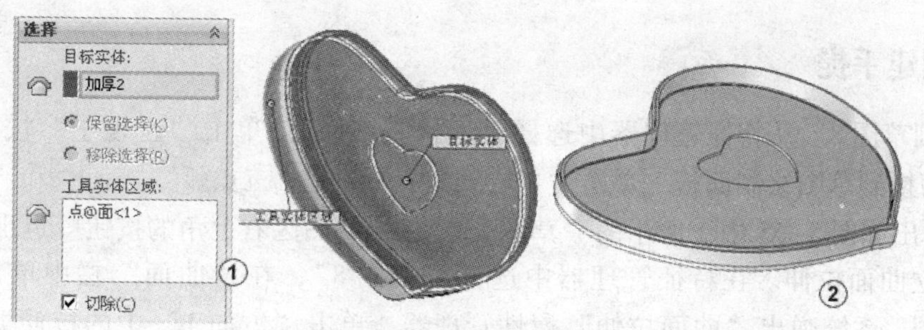

图 5-62　建立压凹

经验 对于“凸唇”可以用“扣合特征”栏中的“唇缘”命令来创建。当已经用“凹槽”命令创建好了凹槽后，用“压凹”命令来创建“凸唇”就显得比较简单些。采用那种方法建立“凸唇”视实际情况而定。

11）绘制草图 7。在绘图区选择如图 5-63 中①所示的深色面作为草图绘制基准面，单击“正视于”按钮，单击“草图”，切换到草图绘制面板，单击“等距实体”按钮，将凸台拉伸边线向内等距 3，如图 5-63 中①所示。单击绘图区右上角的按钮退出绘制草图。

12）建立切除拉伸。在特征管理器选择“草图 7”，然后在特征栏中单击“切除拉伸”按钮，系统弹出“切除拉伸”属性管理器，在“方向 1”栏的“终止条件”选择框中选择“给定深度”，在“深度”输入框中输入 40，其他采用默认设置，如图 5-63 中②所示。单击“确定”按钮完成切除拉伸操作。结果如图 5-63 中③所示。

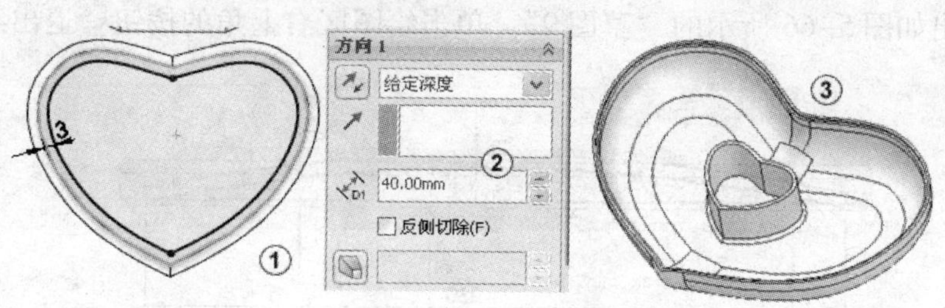

图 5-63　绘制草图 7，建立切除拉伸

13）建立圆角。在“特征”栏中单击“圆角”按钮，系统弹出“圆角”属性管理器，在“圆角类型”中选择“等半径”，分别对模型添加 R1.2、R1、R1 圆角，如图 5-64 中①②③所示。

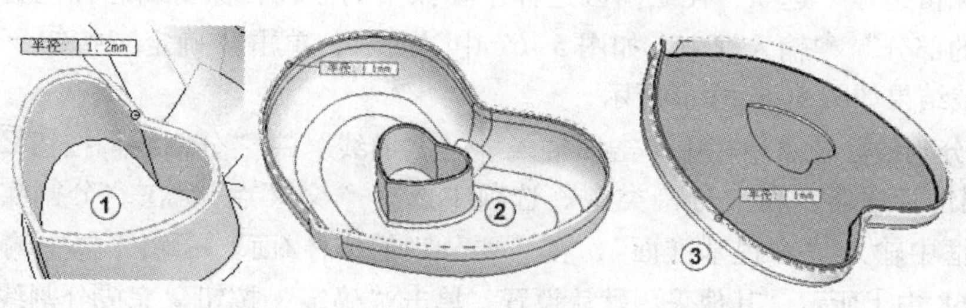

图 5-64　建立圆角

5.4.4 创建手提

1）绘制草图8。从特征管理器中选择“上视基准面”，单击“正视于”按钮，单击“草图”，切换到草图绘制面板，单击“中心线”按钮、“三点弧”按钮和“智能尺寸”按钮绘制出如图5-65中①所示的“草图8”。单击绘图区右上角的按钮退出绘制草图。

2）建立曲面拉伸。在特征管理器中选择“草图8”，在“曲面”栏中单击“曲面拉伸”按钮，系统弹出“曲面拉伸”属性管理器，单击“方向1”中的拉伸类型选择框，在弹出的菜单中选择“给定深度”，在“深度”输入框中输入30，其他采用默认设置，如图5-65中②所示。单击“确定”按钮完成曲面拉伸操作。拉伸结果如图5-65中③所示。

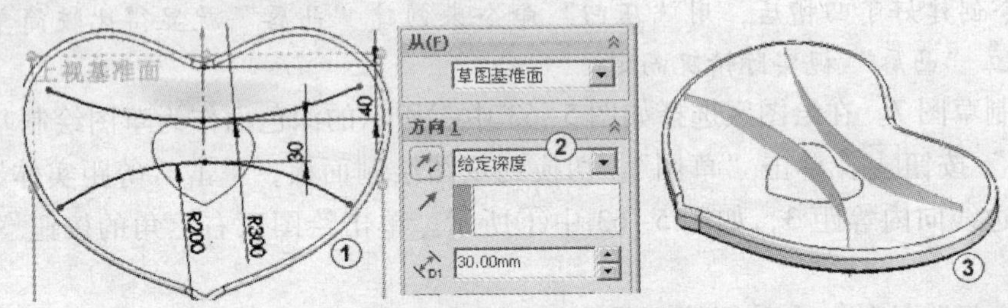

图5-65　绘制草图8，建立曲面拉伸

3）绘制草图9。从特征管理器中选择“前视基准面”，单击“正视于”按钮，单击“草图”，切换到草图绘制面板，单击“中心线”按钮、“三点弧”按钮和“智能尺寸”按钮，绘制出如图5-66所示的“草图9”。单击绘图区右上角的按钮退出绘制草图。

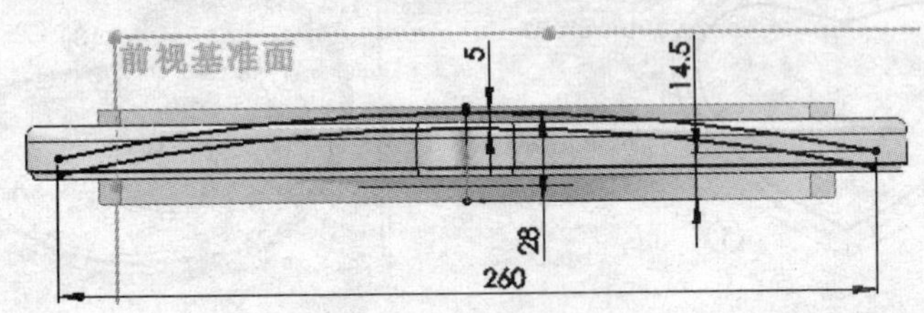

图5-66　绘制草图9

4）建立曲面剪裁。在“曲面”栏中单击“剪裁曲面”按钮，系统弹出“剪裁曲面”属性管理器，选择“剪裁类型”为“标准”，在“剪裁”输入框中输入“草图9”作为剪裁，选择“保留选择”选项，在绘图区选择中要保留的曲面，保留面逞红色显示，并显示在“要保留的部分”输入框中，如图5-67中①所示，单击“确定”按钮完成曲面剪裁操作。剪裁结果如图5-67中②所示。

5）创建分割线。在菜单栏中单击“插入”→“曲线”→“分割线”按钮，系统弹出“分割线”属性管理器，在“分割类型”选项中选择“交叉点”，在“分割实体/面/基准面”输入框中输入“右视基准面”，在“要分割的实体/面”输入框中输入要分割的面，如图5-68中①所示，其他采用默认设置，单击“确定”按钮完成分割线操作。分割结果如图5-68中②所示。

图 5-67　建立曲面剪裁

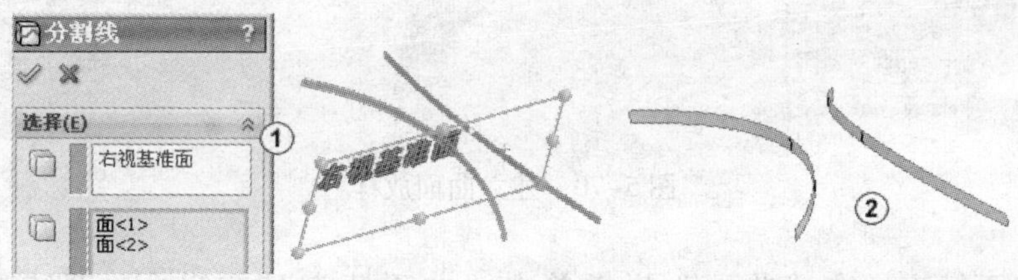

图 5-68　建立分割线

6）绘制草图 10。从特征管理器中选择“右视基准面”，单击“正视于”按钮，单击“草图”，切换到草图绘制面板，单击“三点弧”按钮和“智能尺寸”按钮，绘制出如图 5-69 中①所示的“草图 10”。单击绘图区右上角的按钮退出绘制草图。

7）建立曲面放样。在“曲面”栏中单击“曲面放样”按钮，系统弹出“曲面放样”属性管理器，在“轮廓”输入框中输入两组曲面边线，在选择边线使用 SelectionManager 选择功能。选择在“起始/结束约束”栏的“开始约束”选择框中选择“无”，在“结束约束”选择框中选择“无”，在“引导线”输入框中输入“草图 10”绘制的一条圆弧，选择时使用 SelectionManager 选择功能，其他采用默认设置如图 5-69 中②所示。单击“确定”按钮完成曲面放样操作。

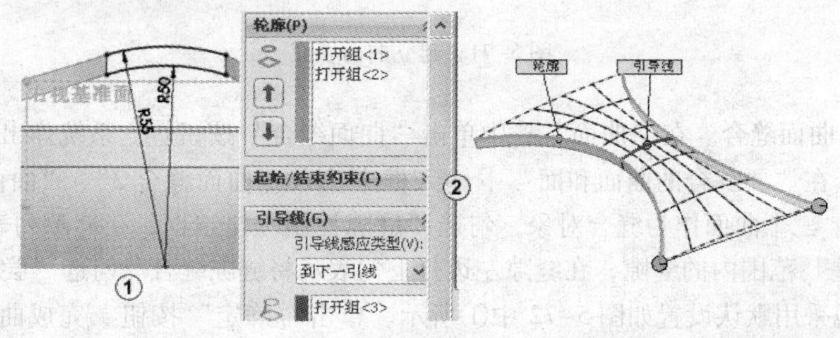

图 5-69　绘制草图 10，建立曲面放样

8）建立曲面放样。在“曲面”栏中单击“曲面放样”按钮，系统弹出“曲面放样”属性管理器，在“轮廓”输入框中输入两组曲面边线，在选择边线使用 SelectionManager 选择功能。选择在“起始/结束约束”栏的“开始约束”选择框中选择“无”，在“结束约束”选择框中选择“无”，在“引导线”输入框中输入“草图 10”绘制的一条圆弧，选

择时使用 SelectionManager 选择功能，其他采用默认设置如图 5-70 中①所示。单击“确定”按钮✓完成曲面放样操作。放样结果如图 5-70 中②所示。

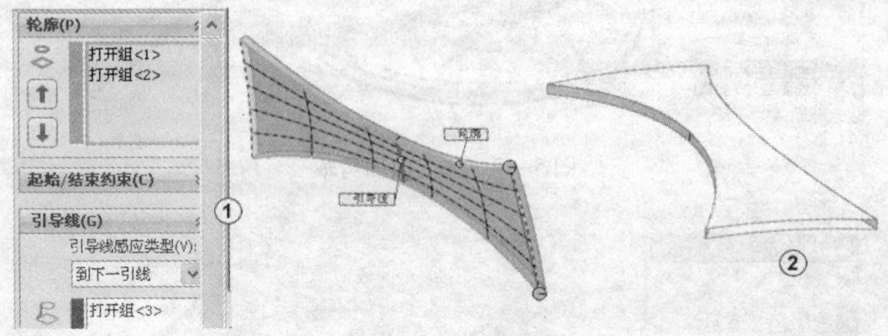

图 5-70 建立曲面放样

9）建立曲面填充。在“曲面”栏中单击“曲面填充”按钮，系统弹出“曲面填充”属性管理器，在“修补边界”输入框中输入放样和曲面剪裁产生的四条边线，在“曲率控制”选择框中选择“接触”，如图 5-71 中①所示，其他采用默认设置。单击“确定”按钮✓完成曲面填充操作。用同样的方法做出对面的“曲面填充”，结果如图 5-71 中②所示。

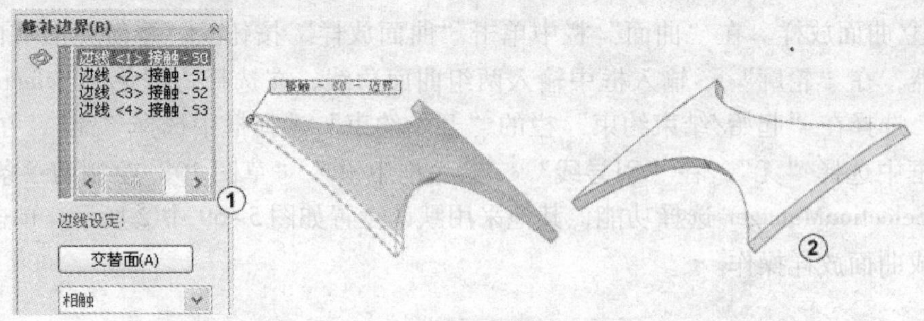

图 5-71 建立曲面填充

10）建立曲面缝合。在“曲面”栏中单击“曲面缝合”按钮，系统弹出“曲面缝合”属性管理器，在“要缝合的曲面和面”输入框中输入“曲面缝合 2”、“曲面放样 3”和“边界曲面 1”三个曲面作为缝合对象，勾选“缝隙控制”复选框，在缝隙列表中列出了所有“缝合公差”范围内的缝隙，在缝隙左边打上勾表示将缝隙缝合。勾选“尝试形成实体”复选框，其他采用默认设置如图 5-72 中①所示。单击“确定”按钮✓完成曲面缝合操作。结果如图 5-72 中②所示。

11）创建完整圆角。在“特征”栏中单击“圆角”按钮，系统弹出“圆角”属性管理器，选择圆角类型为“完整圆角”，在“圆角项目”栏的“面组 1”输入框中输入模型的上侧面，在“中央面组”输入框中输入模型的厚度面，在“面组 2”输入框中输入模型的内侧面，如图 5-73 中①所示，其他采用默认设置，单击“确定”按钮✓完成完整圆角操作。用同样的方法做出另一边的“完整圆角”，结果如图 5-73 中②所示。

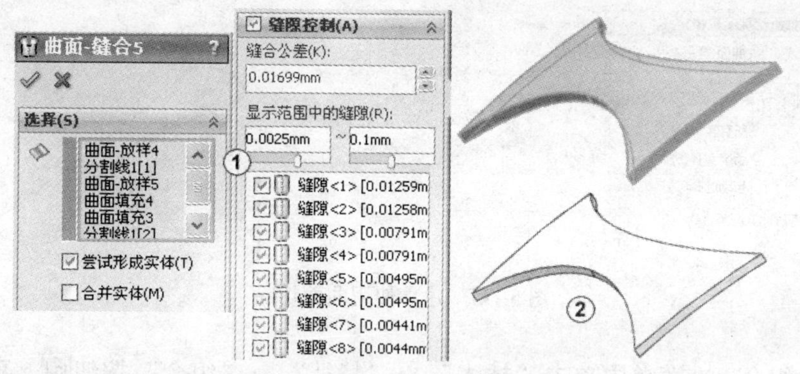

图 5-72　建立“曲面缝合”

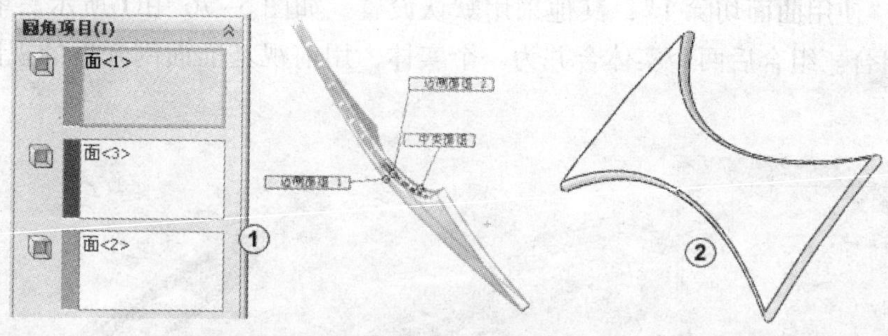

图 5-73　建立“完整圆角”

12）建立曲面等距。在“曲面”栏中单击“曲面等距”按钮，系统弹出“曲面等距”属性管理器，在“要等距的面或曲面”输入框中输入曲面填充产生的面作为等距对象，在“等距距离”输入框中输入 0，其他采用默认设置如图 5-74 中①所示。单击“确定”按钮完成曲面等距操作。结果如图 5-74 中②所示。

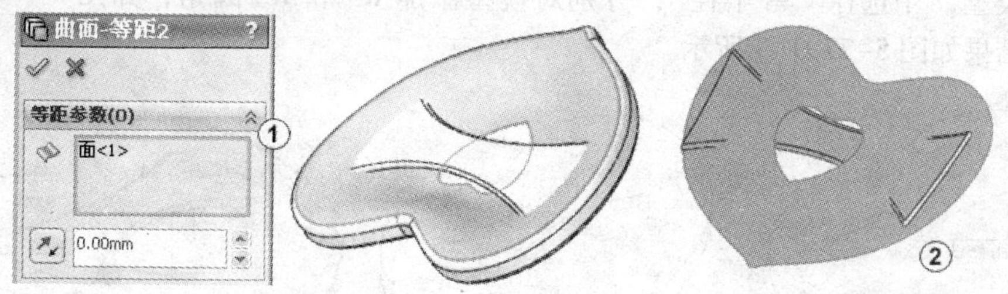

图 5-74　建立曲面等距

13）使用曲面切除。在菜单栏中单击“插入”→“切除”→“使用曲面切除”按钮，系统弹出“使用曲面切除”属性管理器，在“曲面切除参数”输入框中输入曲面等距 2，系统显示出切除方向的箭头，如方向不对，单击“反向”按钮可以改变切除方向，在“特征范围”栏中选择“所选实体”选项，在“受影响的实体”输入框中输入“圆角 11”实体，如图 5-75 中①所示。单击“确定”按钮完成使用曲面切除操作。切除结果如图 5-75 中②所示。

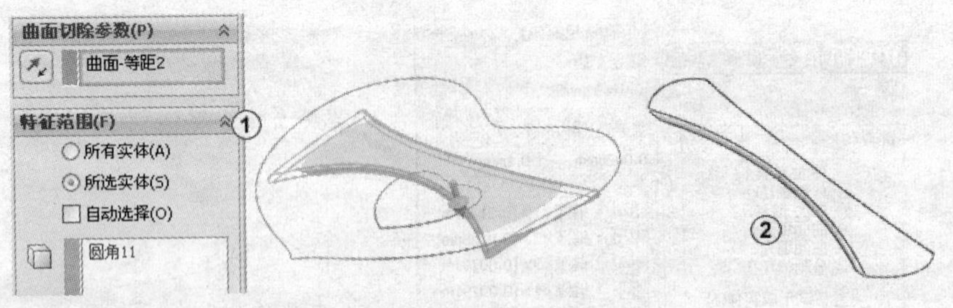

图 5-75　建立使用曲面切除

14）建立组合。在菜单中单击“插入”→“特征”→“组合”按钮，系统弹出“组合”属性管理器，选择“操作类型”为“添加”，在“要组合的实体”输入框中输入“圆角 9”和“使用曲面切除 1”，其他采用默认设置。如图 5-76 中①所示。单击“确定”按钮完成组合。组合后两个实体合并为一个实体，用前视基准面剖开后的视图如图 5-76 中②所示。

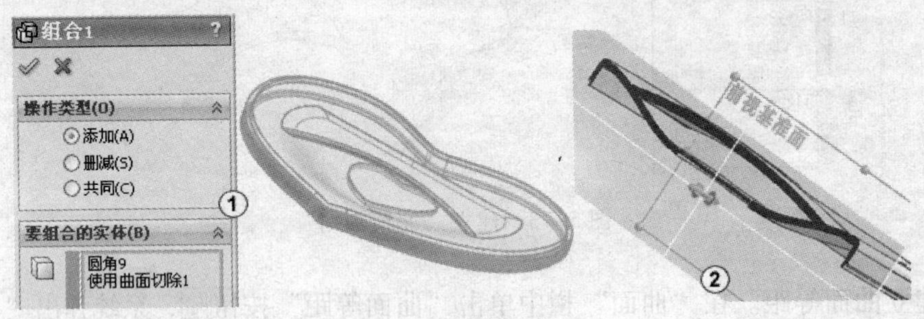

图 5-76　建立组合

15）建立圆角。在“特征”栏中单击“圆角”按钮，系统弹出“圆角”属性管理器，在“圆角类型”中选择“等半径”，分别对模型添加 R3 和 R2 圆角，如图 5-77 中①②所示。圆角结果如图 5-77 中③所示。

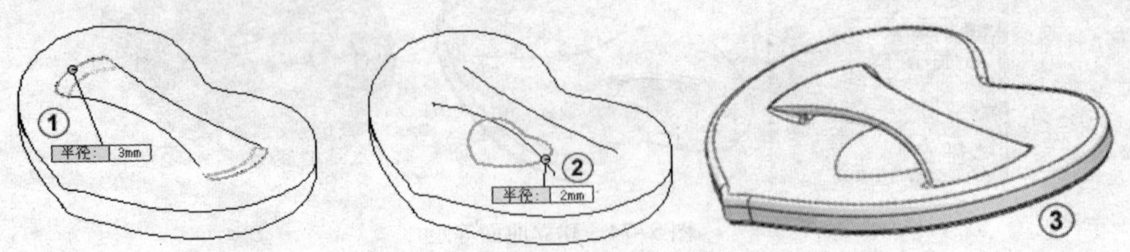

图 5-77　建立圆角

16）建立圆顶。在菜单中单击“插入”→“特征”→“圆顶”按钮，系统弹出“圆顶”属性管理器，在“参数”栏的“到圆顶面”选择框中输入要圆顶的面，在“深度”输入框中输入 3，取消“连续圆顶”选项，其他采用默认设置。如图 5-78 中①所示。单击“确定”按钮完成圆顶操作。对圆顶后边线添加 R2 圆角，如图 5-78 中②所示。

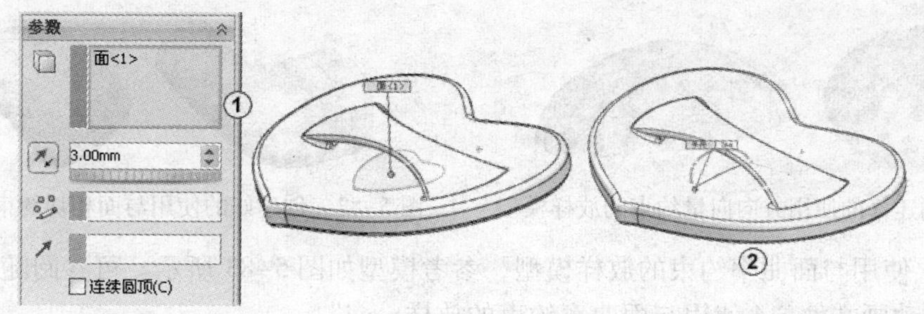

图 5-78　建立圆顶和圆角

创建好的点心盘模型如图 5-79 所示。

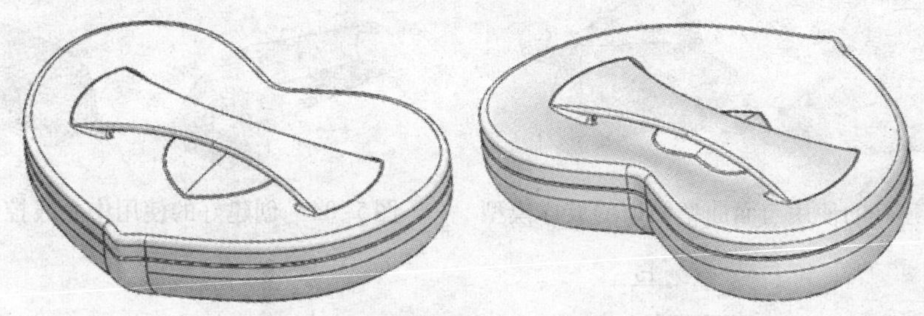

图 5-79　创建完成的点心盘模型

17）保存文件。单击“保存”按钮，在弹出的另存为对话框中输入文件名为“点心盘”，单击“保存”按钮，完成对点心盘模型的保存。

5.5　思考与练习

1. 完成如图 5-80 所示的简单放样及其相切控制选项。体验放样属性管理器中“起始/结束约束”选项下“垂直于轮廓”的使用效果。可参阅随书光盘上相应章节中的动画文件“1 无约束放样和垂直于轮廓的放样 . avi”。

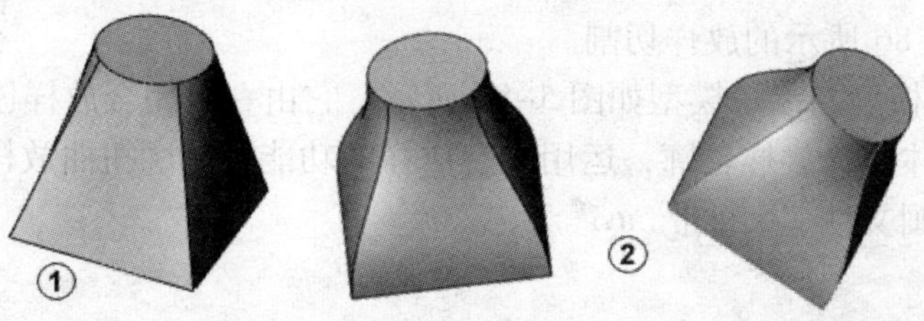

图 5-80　简单放样及其相切控制选项

2. 建立使用“方向向量”约束的放样模型，参考模型如图 5-81 所示。体验放样属性管理器中“起始/结束约束”选项下“方向向量”的使用效果。可参阅随书光盘上相应章节中的动画文件“2 使用方向向量约束的放样 . avi”。

3. 建立使用“与面相切”约束的放样模型，参考模型如图 5-82 所示。可参阅随书光盘上相应章节中的动画文件“3 使用与面相切约束的放样 . avi”。

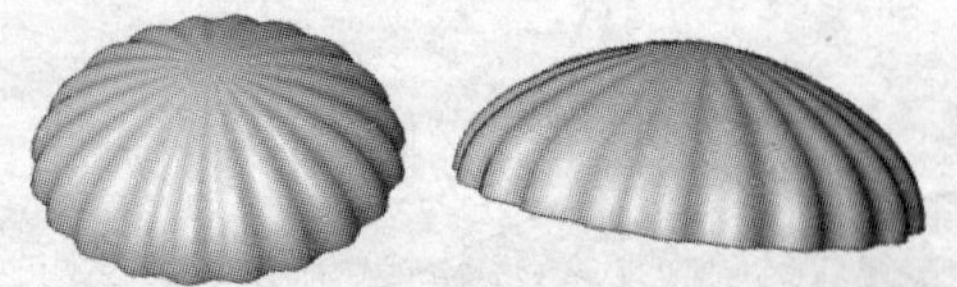

图 5-81　创建好的使用方向向量约束的放样模型　　图 5-82　创建好的使用与面相切约束的放样模型

4. 建立使用与面曲率约束的放样模型，参考模型如图 5-83 所示。可参阅随书光盘上相应章节中的动画文件“4 使用与面曲率约束的放样 . avi”。

5. 建立使用中心线控制的放样模型，参考模型如图 5-84 和图 5-85 所示。可参阅随书光盘上相应章节中的动画文件“5 使用中心线的放样 . avi”。

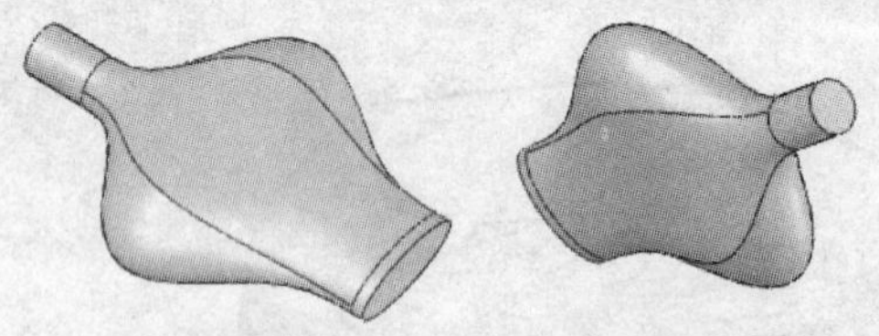

图 5-83　创建好的使用与面曲率约束的放样模型

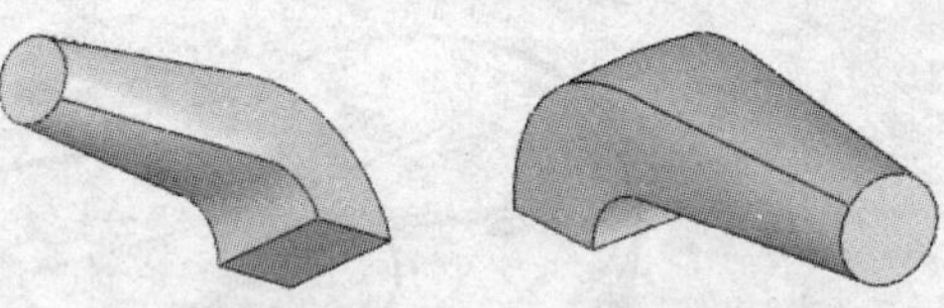

图 5-84　创建好的使用中心线控制的放样模型

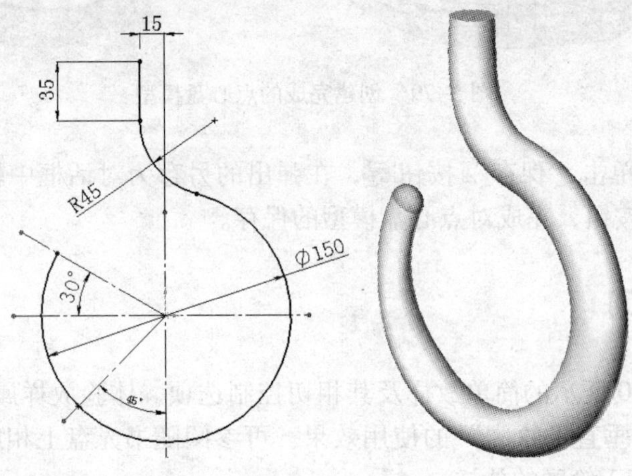

图 5-85　吊钩

6. 完成如图 5-86 所示的放样切割。

7. 建立纽带的模型，参考模型如图 5-87 所示。它由一个闭合放样创建而成，其特点是利用了两个拉伸实体作为放样轮廓，运用闭合放样的功能将轮廓扭曲放样。可参阅随书光盘上相应章节中的动画文件“6 纽带 . avi”。

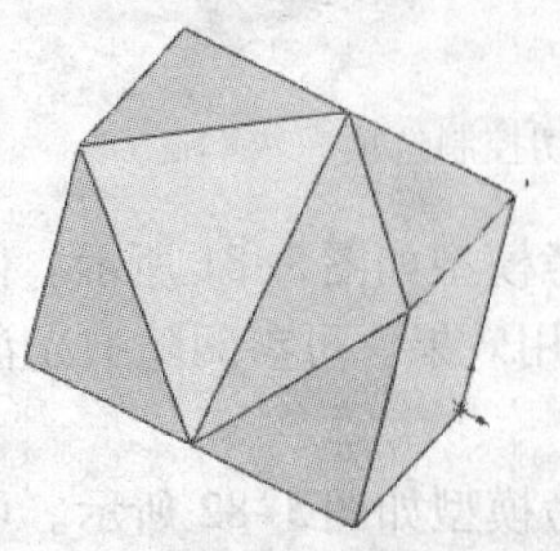

图 5-86　放样切割

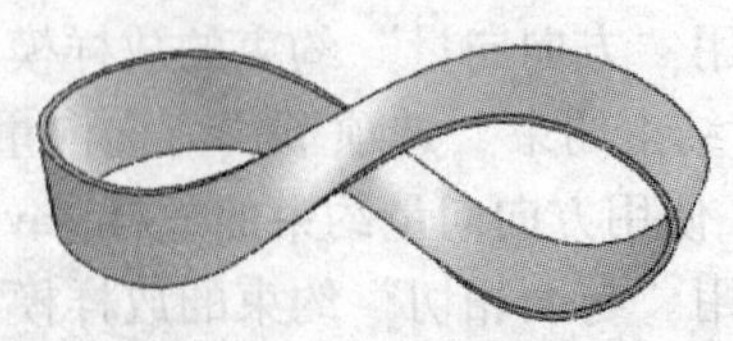

图 5-87　纽带

8. 建立可乐瓶底的模型，参考模型如图 5-88 所示。它由放样特征加圆周阵列创建而成。用放样做可乐瓶底的关键是做好十分之一的放样曲面。可乐瓶的创建方法有多种，用放样法创建的可乐瓶模型，形状比较精确，曲面比较流畅。在绘制草图 1 和草图 2 时要注意曲线的流畅，最好打开曲率梳，以便观察调整曲线。可参阅随书光盘上相应章节中的动画文件“7 可乐瓶底 . avi”。

9. 建立剃须刀基体的模型，参考模型如图 5-90 所示。它采用了多轮廓方式放样，多轮廓放样适用于模型轮廓变化较大时的建模。可参阅随书光盘上相应章节中的动画文件“8 剃须刀基体 . avi”。

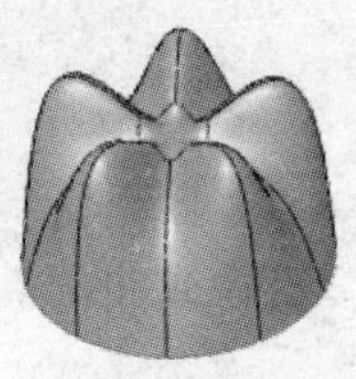

图 5-88　可乐瓶底

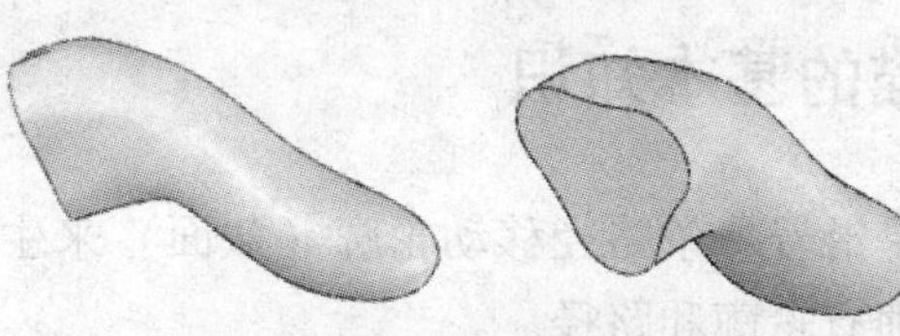

图 5-89　剃须刀基体

10. 建立方形盘的模型，参考模型如图 5-89 所示。它使用多引导线控制模型的轮廓线形，可以将模型的空间轮廓表现得更加细致。方形盘模型采用了多引导线控制的放样。可参阅随书光盘上相应章节中的动画文件“9 方形盘 . avi”。

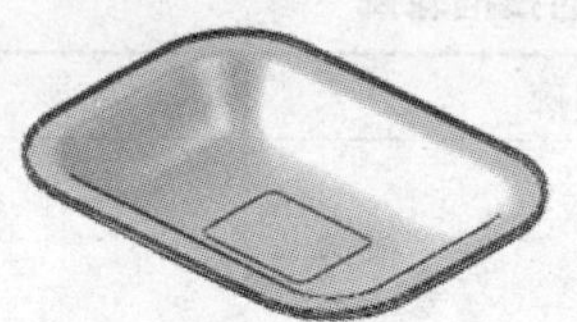

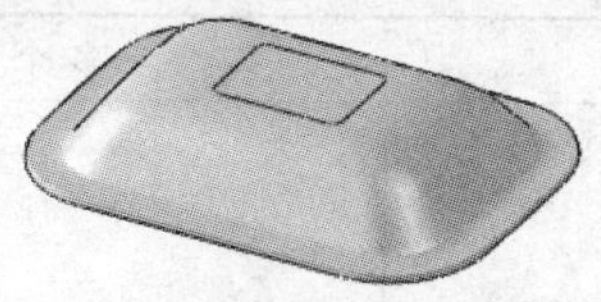

图 5-90　方形盘

第6章 扫 描

本章主要论述扫描的技法。所讲解的实例涵盖了扫描的基本知识、穿透与重合的概念、不允许出现自相交叉的情况，并再次强化了穿透与重合的问题。

6.1 扫描的基本知识

扫描就是沿着一条路径移动轮廓（截面）来生成基体、凸台、切除或曲面。

扫描必须有轮廓和路径。

对于基体或凸台扫描特征。轮廓必须是闭环的；对于曲面扫描特征，则轮廓可以是闭环的也可以是开环的。扫描轮廓可以是一个或多个封闭的轮廓。如果基体特征草图含有多个轮廓，就会创建多个实体。扫描轮廓可以是单独的、分开的、互相嵌套的，如表6-1所示。

表6-1 有效的扫描轮廓

单个轮廓	多个轮廓	嵌套轮廓
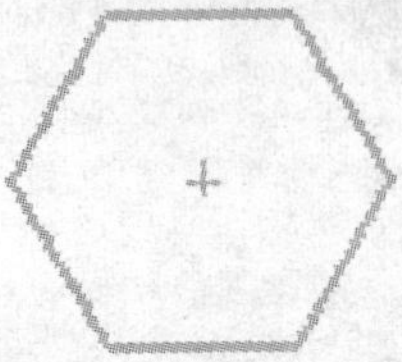	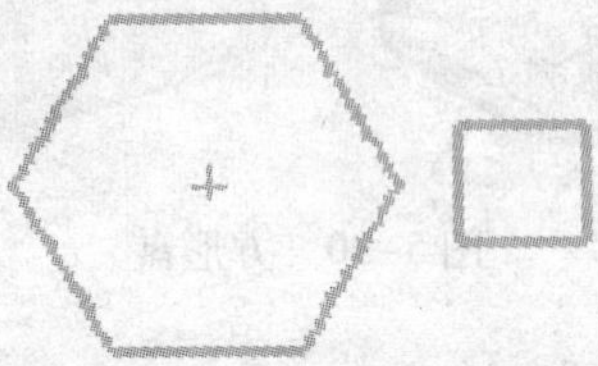	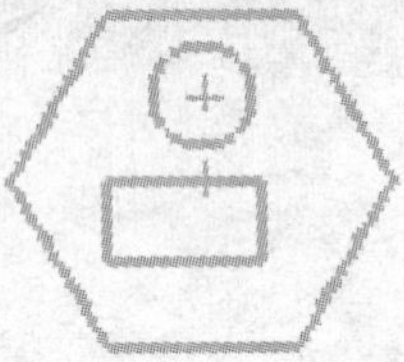

路径可以是草图、曲线或已有模型的边线等，路径可以为开环的或闭环的。路径的起点必须位于轮廓的基准面上。该基准面不一定是真正的基准面，它可以是一个平面。如果路径不从轮廓基准面开始，扫描就不能完成。路径没必要垂直于扫描的起始位置，也没必要沿整个扫描路径相切。下面用具体实例来加深理解。

1）单击菜单“文件”→“新建”命令，在弹出的新建文件对话框中选择“零件”文件，单击“确定”按钮。

2）在特征管理区中，用鼠标右键单击“前视基准面”，选择“显示”，如图6-1中①②所示。结果如图6-1中③所示。对“上视基准面”和“右视基准面”作同样的操作，结果如图6-1中④所示。

3）切换到“草图”面板，单击菜单“插入”→“3D草图”，如图6-2中①②③所示。单击“直线”按钮，单击坐标原点，移动鼠标单击另一点（请确保笔下方出现几何关系图标时才单击），如图6-2中④⑤⑥所示。单击“重建模型”按钮，结果如图6-2中⑦所示。

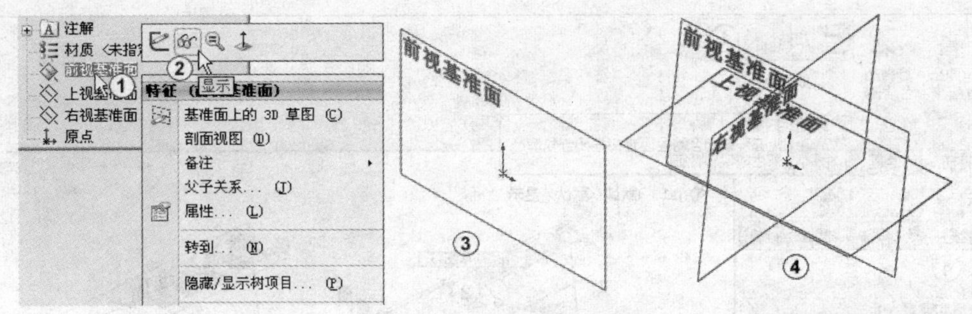

图6-1　显示基准面

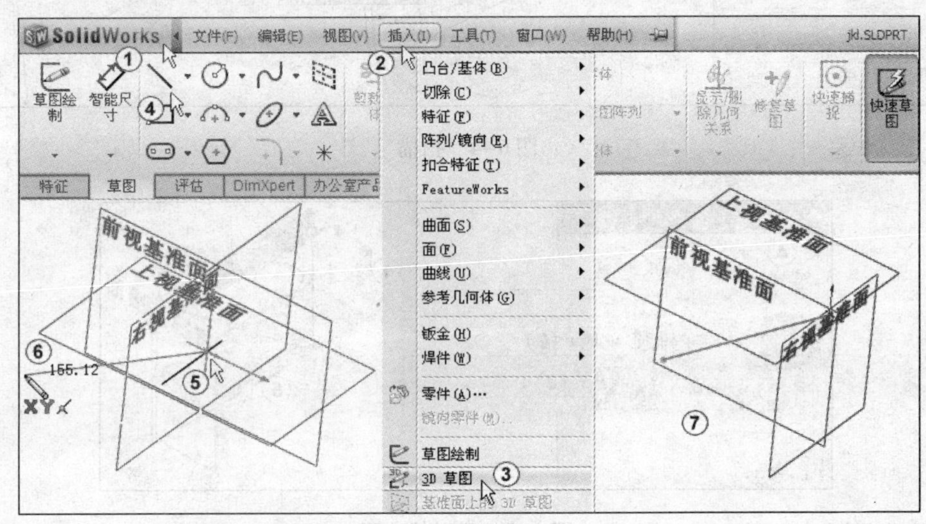

图6-2　绘制直线

4）在工作区中选择“上视基准面”，单击“圆”按钮，绘制出一个圆，如图6-3中所示。

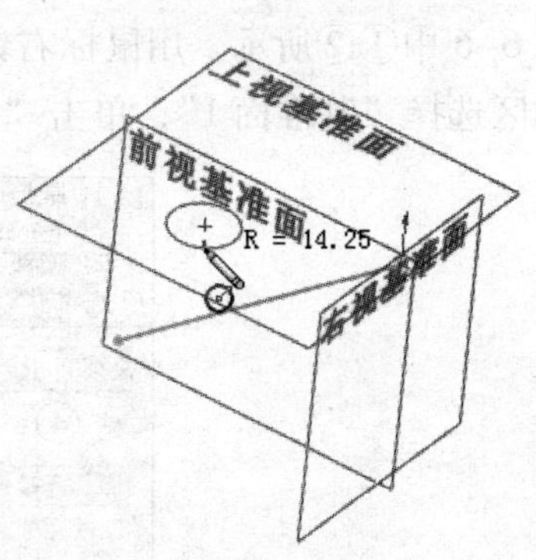

图6-3　绘制圆

5）切换到“特征”面板，单击“扫描”按钮，如图6-4中①所示。系统弹出“扫描”属性管理器，在工作区域中选择圆，再选择直线，如图6-4中②③所示，单击“确定”按钮✓，结果如图6-4中④⑤所示，可见，路径与扫描轮廓的起始位置不垂直，还有模型的长度与路径的长度一样长，单击“重建模型”按钮。

6）单击屏幕最上方的“撤销”按钮或者按组合键〈Ctrl + Z〉，取消“扫描”操作。单击菜单“插入”→“参考几何体”→“基准面”，弹出“基准面1”对话框，在工作区中选择“上视基准面”，如图6-5中①所示。单击“偏移距离”按钮，输入50，如图6-5中②所示。勾选“反转”复选框，如图6-5中③所示。单击“确定”按钮✓，建立了新的基准面，如图6-5中④⑤所示。

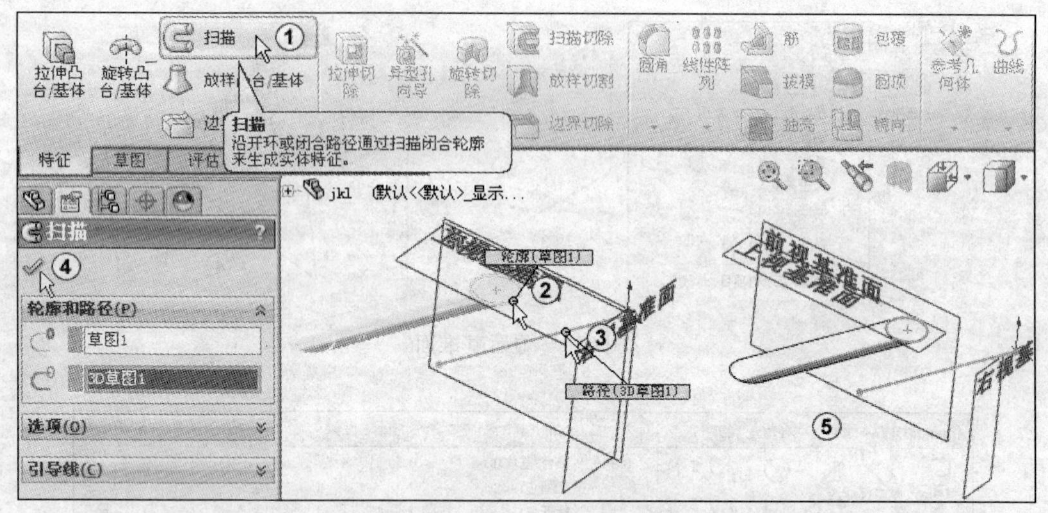

图 6-4　扫描

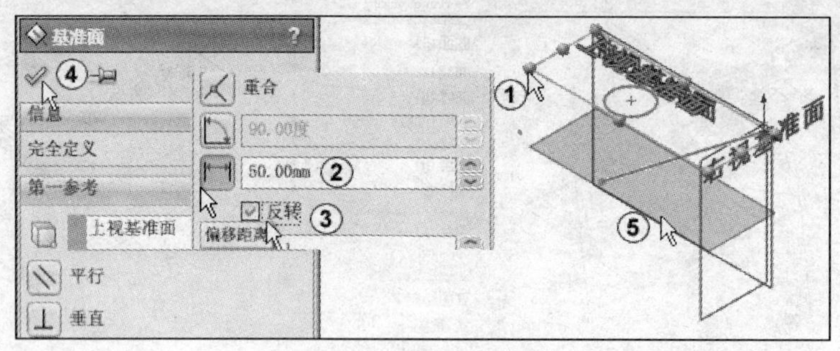

图 6-5　建立基准面

7）在特征树中选择“草图 1”，按住鼠标不放将其拖到新建的“基准面 1”的下方，如图 6-6 中①②所示。用鼠标右键单击特征树中的“草图 1”，选择“编辑草图平面”，在工作区选择“基准面 1”，单击“确定”按钮✓，如图 6-6 中③④所示。

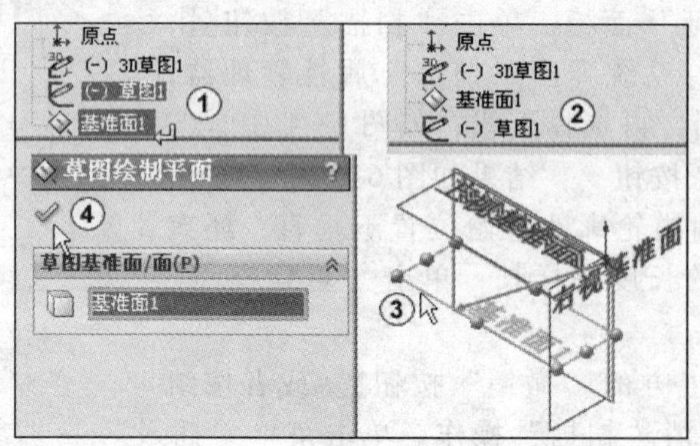

图 6-6　编辑草图平面

8）切换到“特征”面板，单击“扫描”按钮，系统弹出“扫描”属性管理器，在工作区域中选择圆，再选择直线，如图 6-7 中①②③所示，单击“确定”按钮✓，可见，路径与扫描的起始位置不垂直。单击“重建模型”按钮。

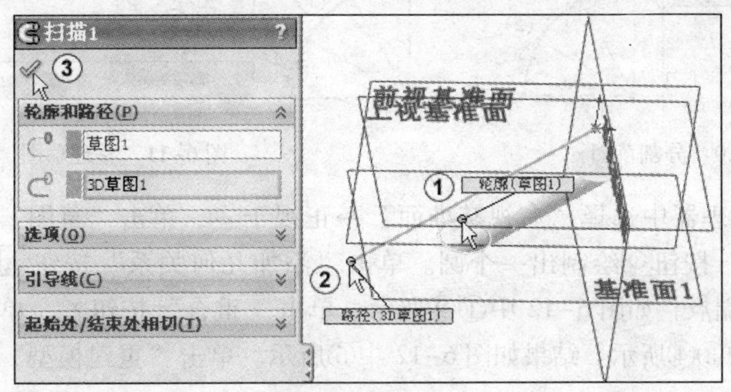

图6-7　扫描

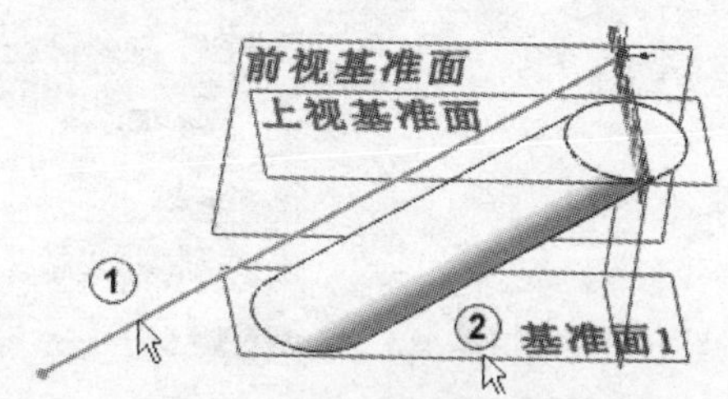

图6-8　显示草图

9）在特征树中展开“扫描1”特征，用鼠标右键单击特征树中的“3D草图1”，选择“显示”，如图6-8中①所示。可见模型的长度比路径的长度短许多，扫描是从轮廓基准面开始的，如图6-8中②所示。

在扫描属性管理器中有路径“方向/扭转类型”选项。其中的“随路径变化”是指由路径控制中间截面的方向和扭转。下面用具体实例来加深理解。

1）单击菜单“文件”→“新建”命令，在弹出的新建文件对话框中选择“零件”文件，单击“确定”按钮。从特征管理器中选择“前视基准面”→正视于，单击“草图”切换到草图绘制面板，单击“圆心/起/终点画弧”按钮绘制一段中心在原点的圆弧，如图6-9中①所示。单击“中心线”按钮绘制出一条垂直的中心线，如图6-9中②所示。单击“圆周草图阵列”按钮阵列出三条中心线，如图6-9中③~⑥所示。

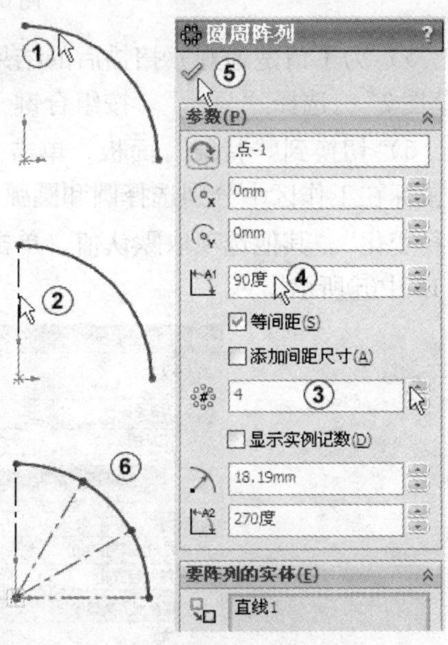

图6-9　绘制草图

2）单击菜单“工具”→“草图工具”→“分割实体”，移动鼠标在工作区中选择两点，单击“关闭”按钮，如图6-10中①②③所示。

3）用鼠标右键分别选择分割后的圆弧，如图6-11中①②所示。选择“构造几何线”，结果如图6-11中③④所示。单击“重建模型”按钮退出草图绘制。

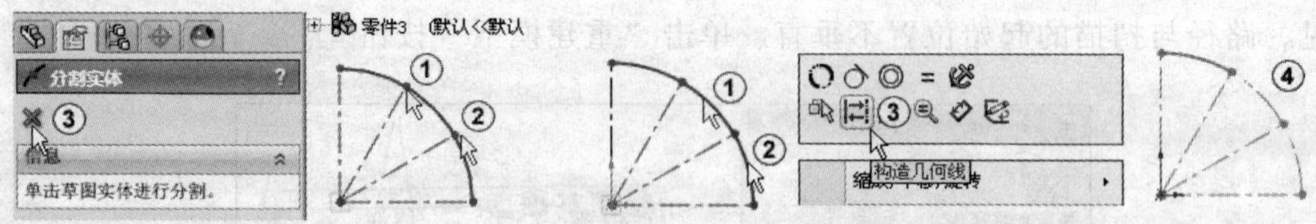

图6-10 分割草图　　　图6-11 整理草图

4）从特征管理器中选择“右视基准面”→正视于，单击“草图”切换到草图绘制面板，单击“圆”按钮绘制出一个圆。单击“添加几何关系”按钮，分别选择“圆心”和圆弧的上端点，如图6-12中①②所示。单击“重合”按钮，单击“确定”按钮，如图6-12中③④所示。结果如图6-12中⑤所示。单击“重建模型”按钮退出草图绘制。

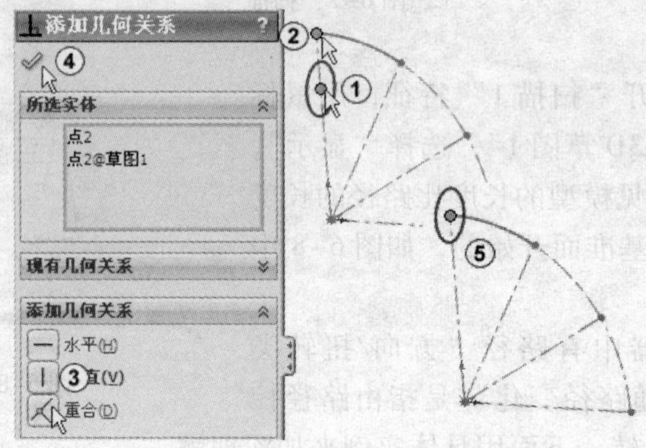

图6-12 添加“重合”约束

5）为了清楚地观察扫描后的结果，用鼠标右键分别在特征管理区中单击“草图1”和“草图2”，选择“显示”。按组合键〈Ctrl+7〉使草图呈立体显示。

6）切换到“特征”面板，单击“扫描”按钮，系统弹出“扫描”属性管理器，移动鼠标在工作区中分别选择圆和圆弧，如图6-13中①②所示。选择“选项”面板中的“随路径变化”，其他选项取默认值，单击“确定”按钮，如图6-13中③④所示。结果如图6-13中⑤所示。

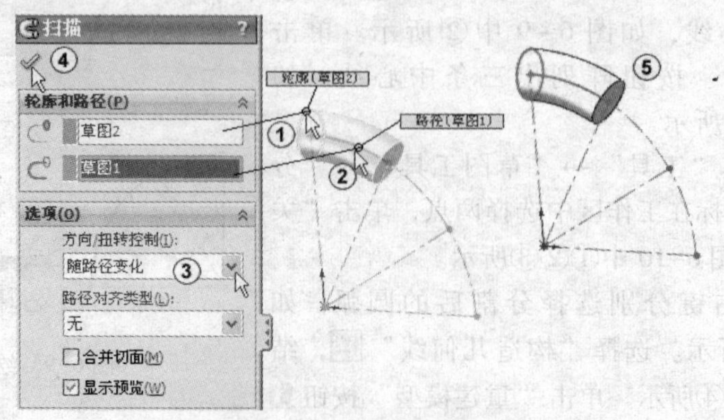

图6-13 扫描属性管理器

7）从特征管理器中选择“前视基准面”→正视于，单击“草图”切换到草图绘制面板，单击“草图绘制”按钮，如图6-14中①所示。单击“转换实体引用”按钮，移动鼠标在工作区中选择圆弧，单击“确定”按钮✓，结果如图6-14中⑤所示。单击“重建模型”按钮退出草图绘制。

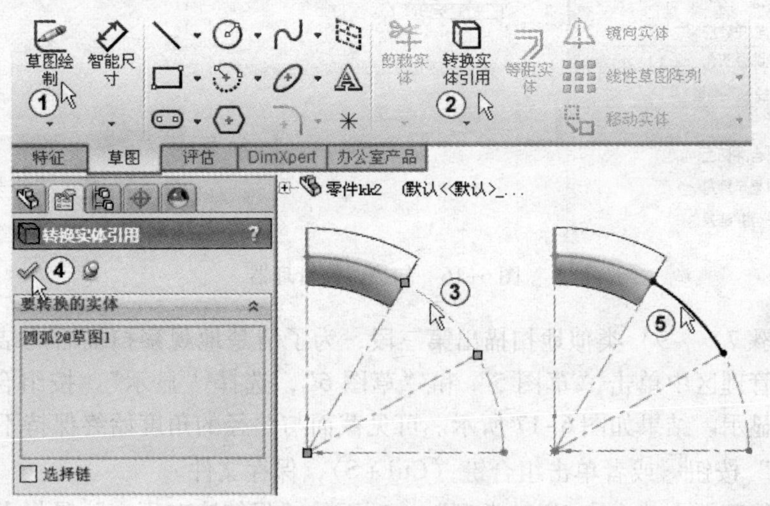

图6-14　绘制路径

8）选择模型的面，选择“草图绘制”按钮，如图6-15中①②所示。单击“转换实体引用”按钮，单击“确定”按钮✓，如图6-15中③④所示。结果如图6-15中⑤所示。单击“重建模型”按钮退出草图绘制。

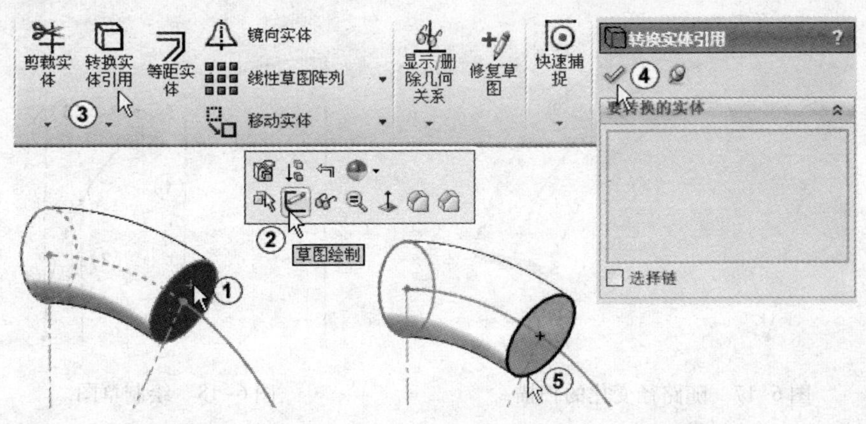

图6-15　转换实体引用

9）切换到“特征”面板，单击“扫描”按钮，系统弹出“扫描”属性管理器，移动鼠标在特征管理器中分别选择圆和圆弧，如图6-16中①②所示。选择“选项”面板中的“随路径变化”，其他选项取默认值，单击“确定”按钮✓，如图6-16中③④所示。显示“草图3”和“草图4”，结果如图6-16中⑤所示。

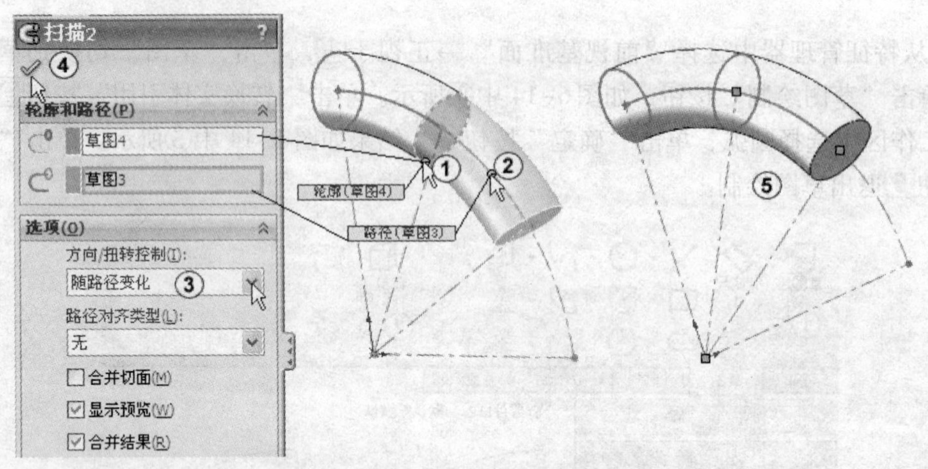

图 6-16　扫描属性管理器

10）与步骤 7）～9）类似地扫描出第三段，为了清楚地观察扫描后的结果，用鼠标右键分别在特征管理区中单击“草图 5”和“草图 6”，选择“显示”。按组合键〈Ctrl + 7〉使草图呈立体显示。结果如图 6-17 所示。可见截面与路径的角度始终保持不变。单击屏幕上方的“保存”按钮或者单击组合键〈Ctrl + S〉，保存文件。

扫描属性管理器中“方向/扭转类型”选项下的“保持法向不变”是指由轮廓草图的基准面决定中间截面的方向，并且截面不会发生扭转。下面用具体实例来加深理解。

11）用鼠标右键在特征管理区中单击“草图 1”，选择“编辑草图”。用“剪裁实体”删除三条斜线，用“中心线”绘制出三条垂直线，如图 6-18 中①②③所示。单击“重建模型”按钮退出草图绘制。

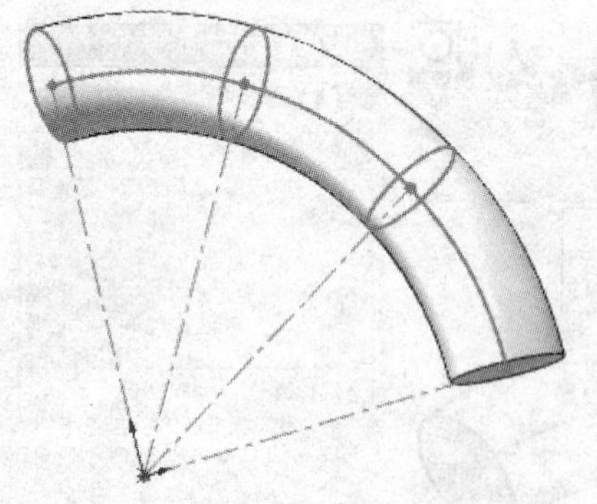

图 6-17　随路径变化的扫描

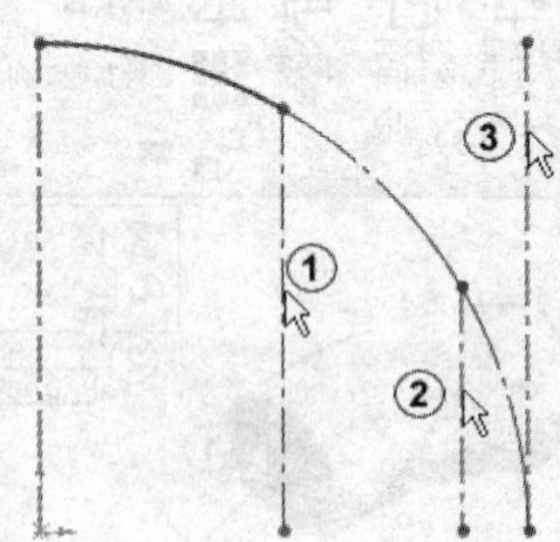

图 6-18　绘制草图

12）用鼠标右键在特征管理区中单击“扫描 1”，选择“编辑特征”。在弹出的“扫描 1”属性管理器中修改“选项”面板中的“方向/扭转控制”为“保持法向不变”，单击“确定”按钮✓，如图 6-19 中①②所示。结果如图 6-19 中③所示。

13）同理，用鼠标右键在特征管理区中分别编辑“扫描 1”和“扫描 2”特征，修改“选项”面板中的“方向/扭转控制”为“保持法向不变”，结果如图 6-20 中①②所示。单击屏幕上方的“保存”按钮或者单击组合键〈Ctrl + S〉，保存文件。

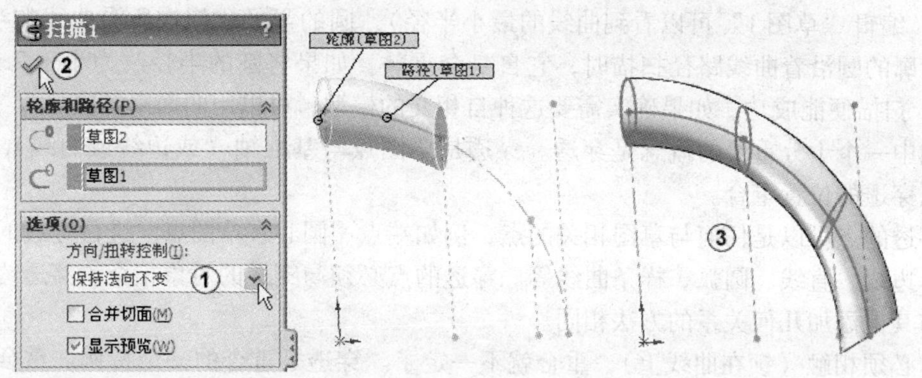

图 6-19　修改扫描选项

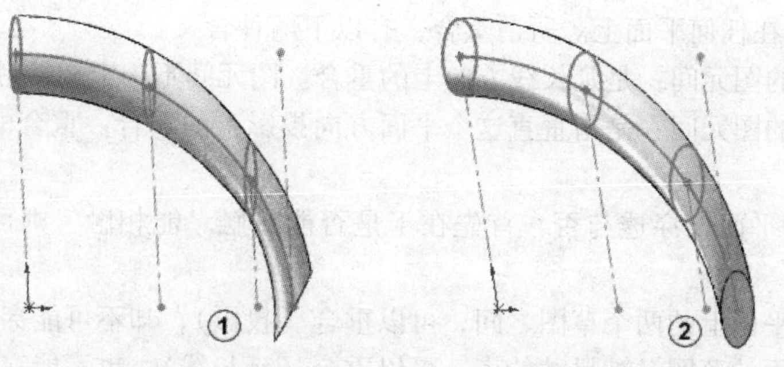

图 6-20　保持法向不变的扫描

不论是截面、路径，都不能出现自相交叉的情况。这说明路径不能在任一点接触，但并不是说扫描路径必须是开环的，例如，椭圆是可以作为扫描路径的。

扫描形成的实体也不允许自相交。下面用具体实例来加深理解。

打开相应文件夹中的模型“5 自相交 . SLDPRT”，如图 6-21 中①所示。单击“特征”面板上的“扫描”按钮，在特征管理器中选择截面和轮廓，如图 6-21 中②③④所示，单击“确定”按钮✓，当圆沿着路径扫描时，几何体会自相交，系统弹出“重建模型错误”对话框，如图 6-21 中⑤⑥所示。这是因为圆的半径是 8 mm，样条曲线顶部的最小半径是

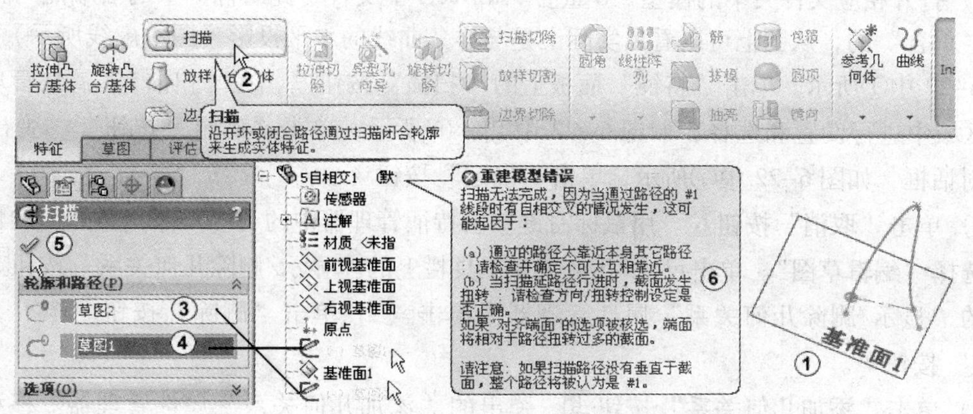

图 6-21　将产生自相交的扫描模型

2. 24 mm（编辑“草图 1”可以看到曲线的最小半径），圆的半径比扫描所沿曲线的半径大。当作为轮廓的圆沿着曲线路径扫描时，它自身会重叠。如果将圆的半径改为小于 2. 24 mm，如 2 mm，扫描便能成功。如果确实需要这种自相交的模型，可以用曲面来解决。

扫描中一个十分重要的概念是穿透。穿透是草图点与基准轴（或边线或曲线）在草图基准面上穿透的位置重合。

被穿透的点可以是任何与草图相关的点，例如端点、圆心、草图点。进行穿透的对象可以是轴、边线、直线、圆弧、样条曲线等。穿透的点必须与穿透的对象相交。穿透约束的添加方法与其他添加几何关系的方法相同。

穿透必须相触（锁在曲线上），重合就不一定了。穿透是重合的一个特例。重合不必穿透，但穿透绝对重合。如同数学中的“子集”概念，“穿透”正是“重合”中的一个子集。两个不能互相“接触”的图形间，可以“重合”，却不能“穿透”。

草图可以构建在任何平面上。所谓重合，有以下两种含义。

1）同一平面的图元间：是延长线方向上的重合。图元间不一定相接触。

2）不同平面的图元间：是指垂直这个平面方向投影上的重合。重合的对应点并不一定接触。

不论是否同一平面，穿透与否，首先在于是否能接触。能相触，则可能穿透，不能相触，则不能穿透。

1）例如平行平面上的两个草图之间，可以重合（投影），却不可能穿透。

2）又如同平面的草图，被尺寸约束，可以重合（延长线），也不能穿透。

在大多数情况下，SolidWorks 可以用“重合”关系代替“穿透”，完成建模工作。然而在有些复杂的情况下，必须要用“穿透”关系。

由于 SolidWords 在绘制草图时的默认状态是“自动添加几何关系”，所以许多的“重合”关系是自动加上的。尽管绝大多数情况下“重合”与“穿透”关系是不会冲突的，但并不是说任何情况下都不会冲突。在发生一些莫明其妙的“过定义”、“无解”等情况而不能扫描时，应该检查一下草图的约束情况（即查看几何关系），解除一些约束错误，约束冲突，双重，甚至多重定义的约束，特别是对于有“重合”约束的地方，因为不可能“穿透”的草图，却是“重合”着的。建构草图时请务必认真，该穿透的地方不要用重合来代替。

1）打开相应文件夹中的模型“6 重合 . SLDPRT”文件，此时椭圆上的右端点与样条曲线是“重合”的，从图上可以看出实际上是与样条曲线的水平投影（图中虚线所示）重合，如图 6-22 中①所示。单击“特征”面板上的“扫描”按钮，在“扫描 1”属性管理器和工作区域中进行设置和选择，如图 6-22 中②～⑤所示，单击“确定”按钮✓，弹出“出错”对话框，如图 6-22 中⑦所示，单击“确定”按钮✓。

2）单击“取消”按钮✕。用鼠标右键单击特征管理器中的（-）草图3，从弹出的快捷菜单中选择“编辑草图”。单击尺寸/几何关系工具栏上的“显示/删除几何关系”按钮，在弹出的“显示/删除几何关系”属性管理器中单击重合1，单击“删除”按钮 删除(D)，单击“确定”按钮✓。

3）单击“添加几何关系”按钮，弹出的“添加几何关系”属性管理器。移动鼠标在工作区选择椭圆上的右端点与样条曲线，单击“穿透”，如图 6-23 中①②③所示。单击

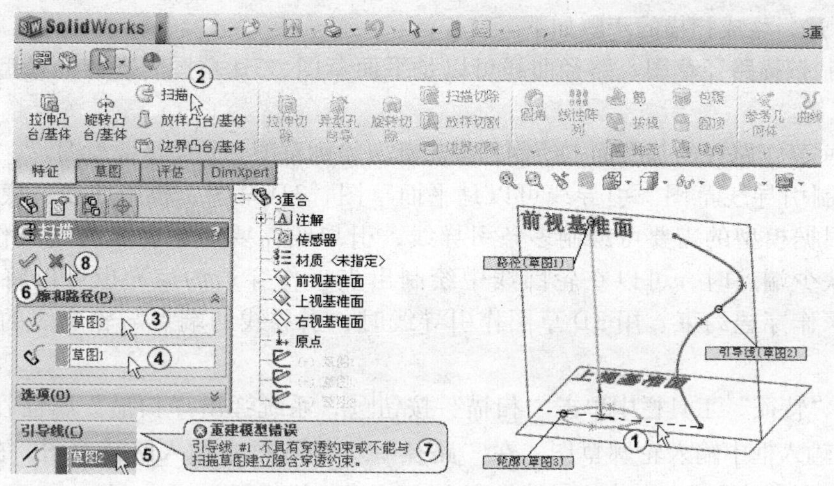

图 6-22　重合模型和扫描属性管理器

“确定”按钮✓，此时椭圆变大到与样条曲线下端点重合，如图 6-23 中④所示。

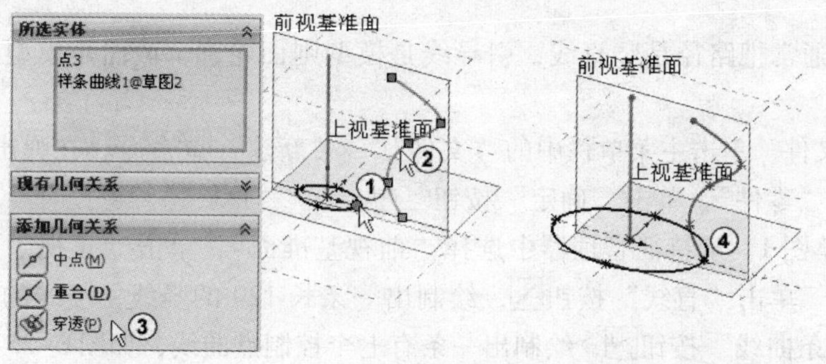

图 6-23　添加几何关系属性管理器和添加穿透后效果图

4）单击“特征”面板上的“扫描”按钮，在“扫描 2”属性管理器和绘图区域中进行设置和选择，如图 6-24 所示，由预览图可以看到，由于椭圆的圆心被锁定在路径上，穿透约束使得椭圆改变直径，即当椭圆沿着路径移动时，穿透点同时沿着引导线的形状移动，椭圆的形状不断地变化。单击“确定”按钮✓。

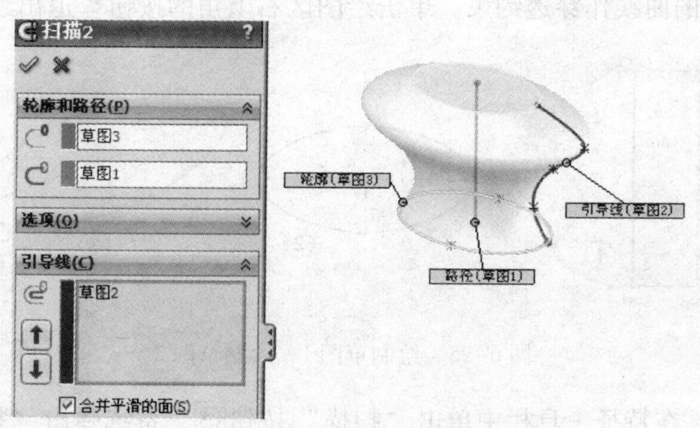

图 6-24　重合模型和扫描属性管理器

综上所述，生成扫描的步骤如下。

1）绘制扫描路径草图。路径曲线可以是平面草图、3D 草图、现有的模型边线、分割线、螺旋线等。

2）在垂直于路径的基准面上绘制扫描轮廓，轮廓草图必须是平面草图。

3）绘制引导线草图。引导线可以是平面草图、3D 草图、投影曲线、模型的边线或分割线。根据模型的需要可绘制多条引导线，引导线需要与轮廓线的端点作穿透约束，轮廓线中缺少端点时，可以在轮廓线中绘制出点来作穿透约束，也可以将轮廓线分段产生端点来作穿透约束。用 3D 草图作引导线时，引导线的端点与轮廓线的端点必须作穿透约束。

4）在“特征”工具栏中单击“扫描”按钮，系统弹出“扫描”属性管理器中，在“轮廓”输入框中输入轮廓草图，在“路径”输入框中输入路径草图，在“引导线”输入框中输入引导线，单击“确定”按钮✓完成扫描特征。

6.2 用一条引导线扫描（竖扫）

在扫描中通常把路径是竖直线，引导线是模型则面轮廓，截面是模型底面的扫描叫做竖扫。

1）新建文件。单击主菜单栏中的“文件”→“新建”命令，在弹出的“新建文件”对话框中选择“零件”，单击“确定”按钮确定。

2）绘制草图 1。从特征管理器中选择“前视基准面”，单击“正视于”按钮，进入草图绘制界面。单击“直线”按钮，绘制出一条长 120 的竖线，竖线的下端点与原点重合。单击“样条曲线”按钮，绘制出一条有七个控制点曲线，如图 6-25 中①所示。单击绘图区右上角的按钮退出绘制草图。

3）绘制草图 2。从特征管理器中选择“上视基准面”，单击“正视于”按钮，进入草图绘制界面。单击“中心线”按钮，绘制出一条竖线和一条水平线，竖线和水平线与原点作“中点”约束。单击“样条曲线”按钮，绘制出一个有四个控制点的闭合曲线，四个控制点落在竖线和水平线的端点上，如图 6-25 中②所示。将图 6-25 中③箭头所指的端点与草图 1 绘制的曲线作穿透约束。单击绘图区右上角的按钮退出绘制草图。

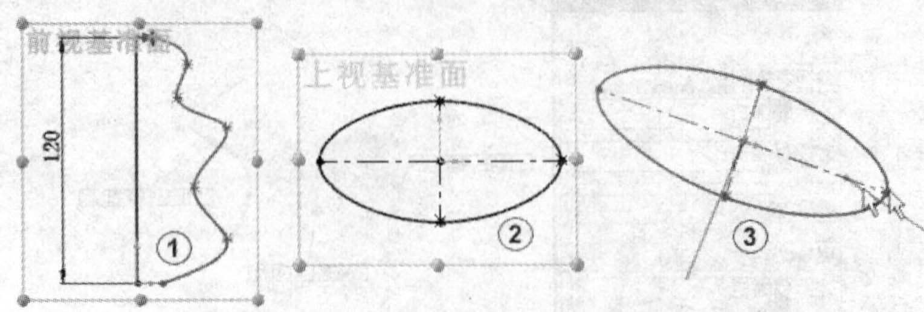

图 6-25　绘制草图 1，绘制草图 2

4）创建扫描。在特征工具栏中单击“扫描”按钮，系统弹出“扫描”属性管理器，在“轮廓”输入框中输入“草图 2”作为扫描轮廓，然后在绘图区右击，在弹出的菜单中选择“SelectionManager”，系统弹出“选择”对话框，系统已自动选择了“组”选择方式，移动鼠标选择如图6-26中④所指的直线，单击“确定”按钮✓完成路径的输入。再在绘图区右键单击，在弹出的下拉菜单中选择“SelectionManager”，系统弹出“选择”对话框，选择“组”选择方式，移动鼠标选择如图6-26中⑦所指的曲线，然后单击“确定”按钮✓完成“引导线”输入，其他采用默认设置。单击“确定”按钮✓完成扫描操作。

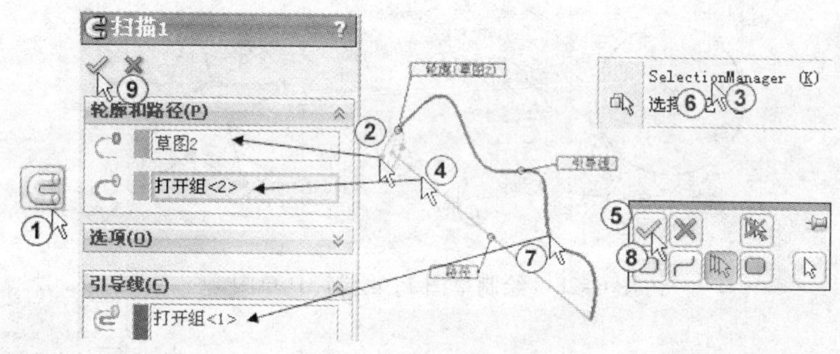

图6-26　扫描属性管理器

创建好的扫描模型如图6-27所示。

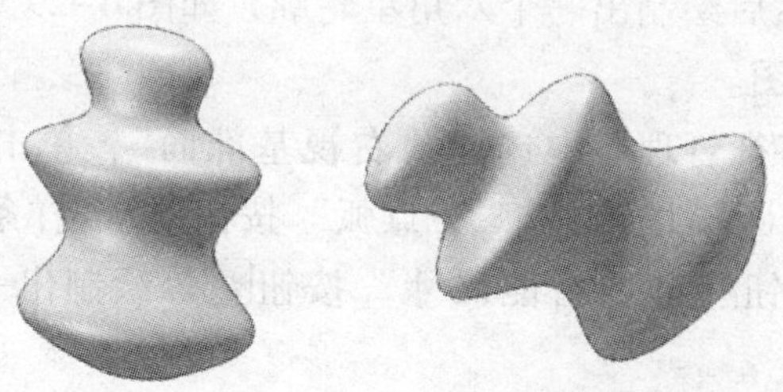

图6-27　创建好的扫描模型

6.3　使用多条引导线扫描（横扫）

在产品设计中常需要设计一些有曲线的造型，但使用路径及一条引导线仍嫌不足，尤其是在限制某方向的宽度时，就无法使用路径与一条引导线扫描，而必需使用第一条与第二条引导线来做出。

在扫描中通常把路径是圆，截面是模型侧面轮廓，引导线平行于路径草图平面也可以是3D曲线的扫描叫做横扫。

1）新建文件。单击主菜单栏中的“文件”→“新建”命令，在弹出的“新建文件”对话框中选择“零件”，单击“确定”按钮。

2）绘制草图1。从特征管理器中选择“前视基准面”，单击“正视于”按钮，进入草图绘制界面。单击“圆”按钮，绘制出一个圆，圆心与原点重合如图6-28中①所示，单击绘图区右上角的按钮退出绘制草图。

3）绘制“3D草图1”。在菜单中单击“插入”→“3D草图”按钮，进入3D草图绘制界面，单击草图工具栏中的“基准面”按钮，系统弹出“绘制草图平面”属性管理器，在“在第一参考”输入框中输入“前视”基准面，输入距离为10，如图6-28中③④所示。然后绘制出一个五角星轮廓，如图6-28中⑤所示。单击绘图区右上角的按钮退出绘制草图。

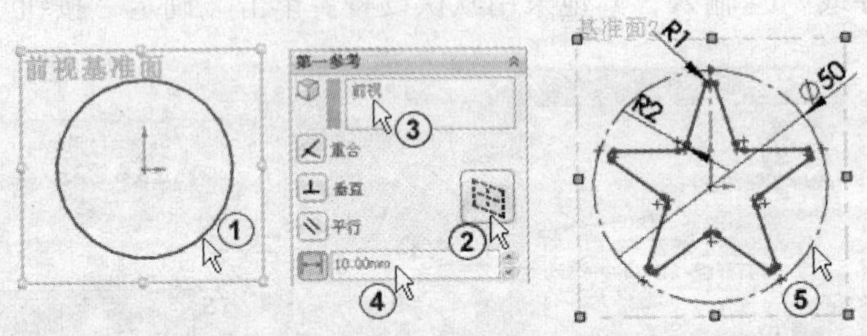

图6-28　绘制草图1，绘制3D草图1

4）绘制3D草图2。在菜单中单击“插入”→“3D草图”按钮，进入3D草图绘制界面，单击草图工具栏中的“基准面”按钮，系统弹出“绘制草图平面”属性管理器，在“在第一参考”输入框中输入“前视”基准面，输入距离为10，勾选“反向”选项如图6-29中②③④所示。然后绘制出一个六角星轮廓，如图6-29中⑤所示。单击绘图区右上角的按钮退出绘制草图。

5）绘制草图2。从特征管理器中选择“右视基准面”，单击“正视于”按钮，进入草图绘制界面。单击“圆”按钮、“三点弧”按钮、“样条曲线”按钮、“直线”按钮、“剪裁实体”按钮和“智能尺寸”按钮等绘制出一如图6-29中⑥所示的草图。

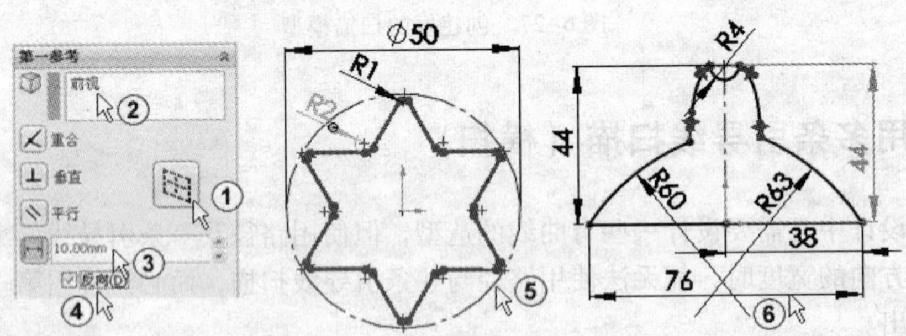

图6-29　绘制3D草图2，绘制草图2

6）按着键〈Ctrl〉选择箭头所指的点与“3D草图1”绘制的圆弧（如图6-30中①②所示），作“穿透”约束，如图6-30中③所示，单击“确定”按钮✔。对另一边的点和“3D草图2”绘制的圆弧（如图6-30中⑤⑥所示），也做类似的“穿透”约束。单击绘图区右上角的按钮退出绘制草图。

7）创建扫描。在特征工具栏中单击“扫描”按钮，系统弹出“扫描”属性管理器，在“轮廓”输入框中输入“草图2”作为扫描轮廓，在“路径”输入框中输入“草图

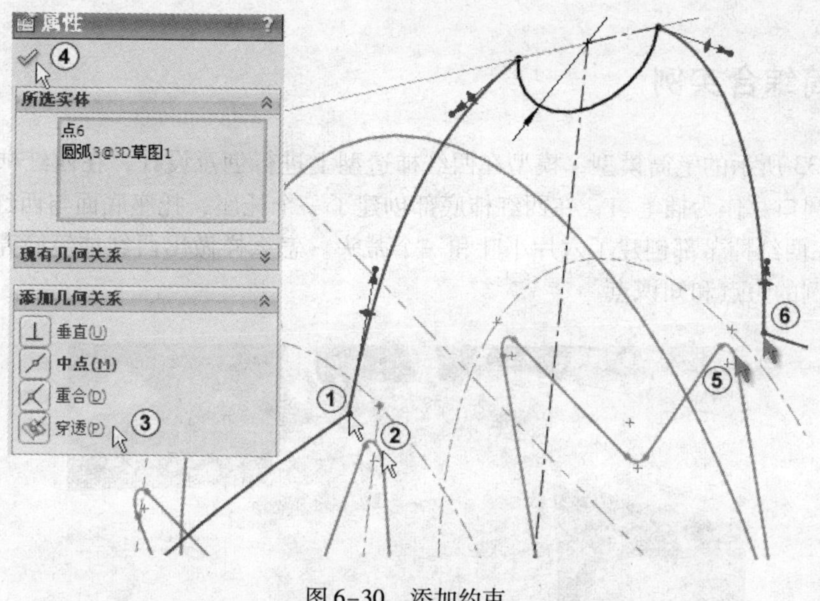

图 6-30　添加约束

1”作为扫描路径，在“引导线”输入框中输入“3D 草图 1”和“3D 草图 2”作为扫描引导线，其他采用默认设置如图 6-31 所示。单击“确定”按钮完成扫描操作。

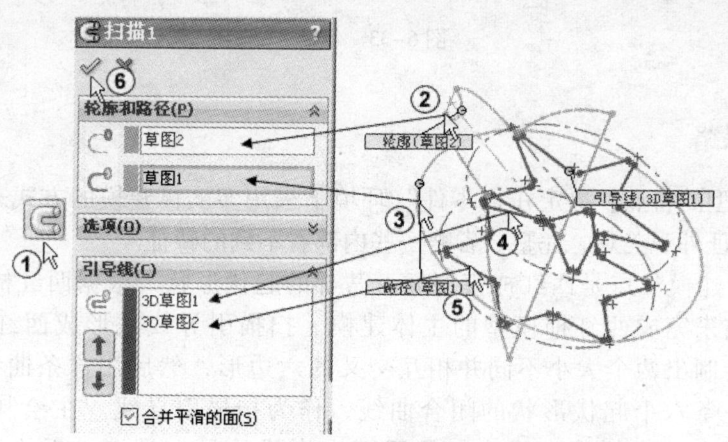

图 6-31　扫描属性管理器

创建好的扫描模型如图 6-32 所示。

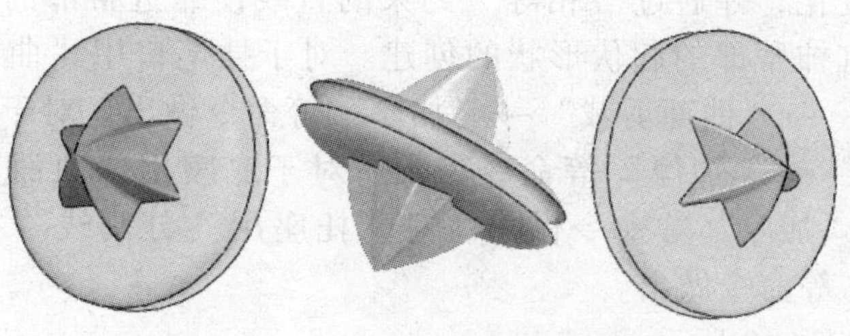

图 6-32　创建好的扫描模型

6.4 笔筒综合实例

如图 6-33 所示的笔筒模型，模型在西红柿造型上进行创意设计，在西红柿靠近蒂部处开了一个椭圆口，作为插笔口，在西红柿底部创建了一个托座，托座底面与西红柿主模型倾斜了 15°，在西红柿蒂部创建了六片小叶和一个蒂头。怎么样做出西红柿笔筒壳体的美观外形，是本实例的焦点和知识点。

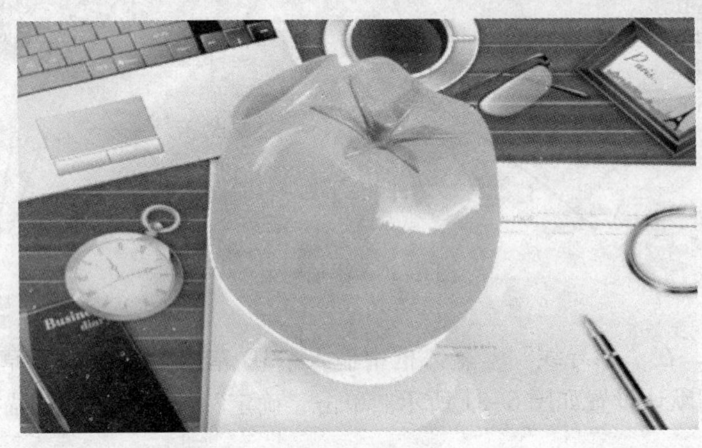

图 6-33 笔筒

6.4.1 设计思路

根据笔筒模型的特点，决定在“零件”环境下采用多实体建模的方式来完成，并在创建过程中力求保证外观美观、完整，省略一些内部看不到的特征。

笔筒模型的建模难点是西红柿模型靠近蒂部的起伏形状。根据西红柿模型的外形特点，确定用扫描来完成西红柿模型的主体建模。扫描引导线是形成西红柿蒂部起伏形状的关键，先绘制出两个大小不同并相互交叉的六边形，然后用样条曲线工具在 12 个角点上绘制出一条六个起伏形状的闭合曲线，作为扫描引导线。在绘制轮廓草图时将靠近蒂部的控制点与直线端点重合，然后固定直线的另一端点，再绘制出一条直线，直线的一端与原点重合，另一端与引导线作“穿透的”约束，将这条直线与刚才固定了端点的直线作“相等”约束，与引导线作“穿透”约束的直线长度，在扫描时会随引导的起伏变化而变化，并通过“相等”约束的直线使靠近蒂部的控制点也作起伏变化，从而实现了西红柿蒂部的起伏形状的创建。对于插笔口用“曲面拉伸”→“曲面剪裁”→“面圆角”→“曲面剪裁”→“加厚”等命令做出。对于叶片和蒂用“分割线”→“曲面等距”→“加厚”等命令做出。对于底座用“曲面剪裁”→“曲面放样”→“圆角”→“加厚”等命令做出。对于托座用“分割线”→“曲面等距”→“加厚”→“圆角”等命令做出。

笔筒建模步骤如表 6-2 所示。

表 6-2　笔筒建模步骤

序　号	图　示	说　明	序　号	图　示	说　明
1		建立扫描中径、引导线和轮廓草图	2		曲面扫描建立西红柿主体
3		曲面填充完善西红柿蒂部曲面	4		建立插笔口
5		建立底座	6		加厚成壳体
7		建立西红柿蒂	8		建立托座

6.4.2 创建基体模型

1）新建文件。选择“文件”→“新建”命令，在弹出的“新建文件”对话框中选择“零件”或“模板”文件，单击“确定”按钮，如图 6-34 所示。

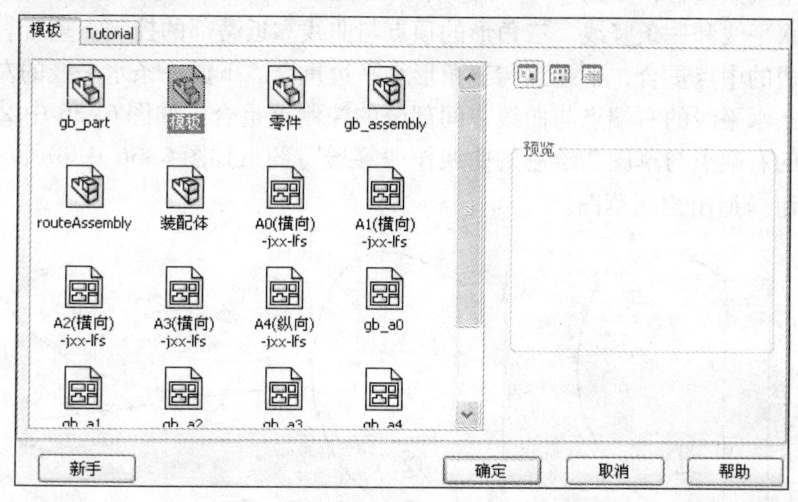

图 6-34　新建零件文件

2）绘制草图 1。从特征管理器中选择“上视基准面”，单击“正视于”按钮，单击“草图”，切换到草图绘制面板，单击“圆”按钮，绘制出一个直径为 120 的圆，如图 6-35 中①所示。单击绘图区右上角的按钮退出绘制草图。

3）绘制草图 2。从特征管理器中选择“上视基准面”，单击“正视于”按钮，单击“草图”，切换到草图绘制面板，单击“多边形”按钮，分别绘制出一个内切圆直径为70的六边形和一个内切圆直径为80的六边形，两个六边形的内切圆同心，将内切圆直径80的六边形边作水平约束，将内切圆直径70的六边形边作竖直约束，把两个六边形转换为结构线，结果如图6-35中②所示。单击“样条曲线”按钮，绘制出一条通过两个六边形12个角点的闭合曲线，如图6-35中③所示。单击绘图区右上角的按钮退出绘制草图。

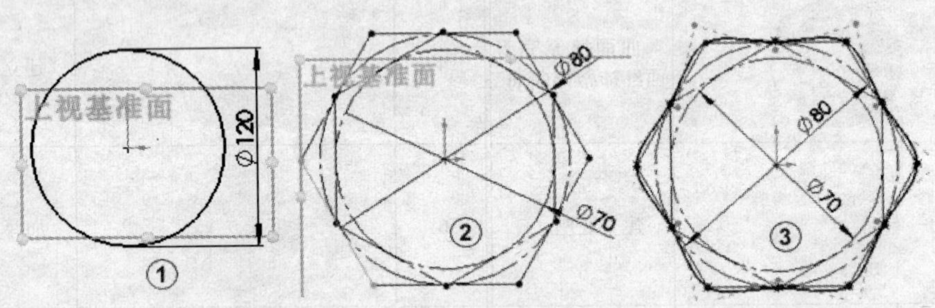

图6-35　绘制草图1和草图2

经验 草图2两个六边形内切圆直径的大小决定了引导的起伏强度，同时也影响了扫描成型对象的形状起伏强度。

4）绘制草图3。从特征管理器中选择“前视基准面”，单击“正视于”按钮，单击“草图”，切换到草图绘制面板，单击“中心线”按钮，从原点开始向上绘制出一条长为105的竖线。单击“样条曲线”按钮，绘制出一条用六个控制点的曲线，曲线的两个端点分别与竖的两个端点重合，如图6-36中①所示。单击“中心线”按钮，绘制出一个直角三角形、两条水平线和一条竖线。三角形的顶点与曲线靠近蒂部的控制点重合。竖线的上端点与三角形斜边的中点重合，下端点与三角形水平边重合。下面一条水平线的左端点与原点重合。上面一条水平线的右端点与曲线中间部分的控制点重合。如图6-36中②所示。将下面一条水平线的右端点与草图2绘制的曲线作“穿透”约束如图6-36中③所示。单击绘图区右上角的按钮退出绘制草图。

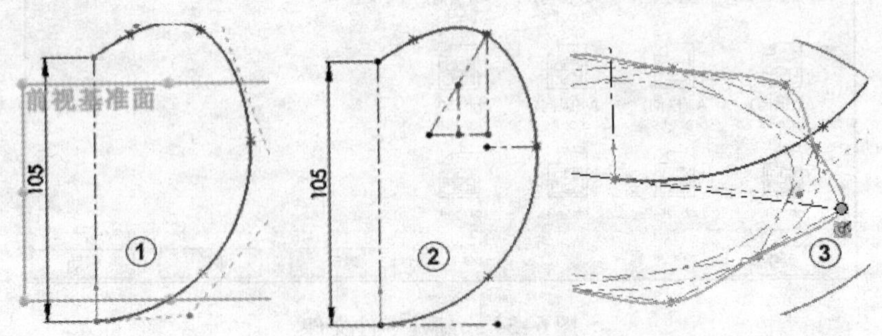

图6-36　绘制“草图3”

5）建立约束。将三角形斜边与下面条水平线作“相等”约束，如图6-37中①所示，将竖线与上面一条水平线作“相等”约束，如图6-37中②所示。将三角形左端点和上面一条水平线分别作“固定”约束，如图6-37中③所示。

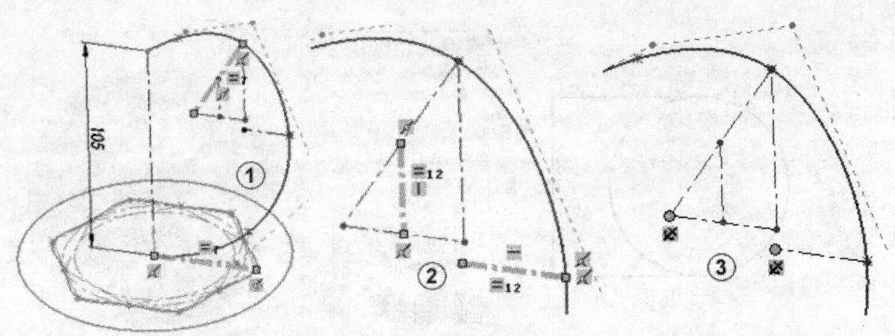

图 6-37　建立约束

注意：轮廓草图中的约束，以及与引导线的“穿透”约束是扫描成败的关键。读者必须充分理解约束的含义。

6）建立曲面扫描。在菜单栏中单击“插入”→“曲面”→“扫描曲面”按钮，系统弹出“扫描曲面”属性管理器，在“轮廓”输入框中输入“草图 3”作为扫描轮廓，在“路径”输入框中输入“草图 1”作为扫描路径，在“引导线”输入框中输入“草图 2”作为扫描引导线，其他采用默认设置如图 6-38 中①所示。单击“确定”按钮完成曲面扫描操作。结果如图 6-38 中②所示。

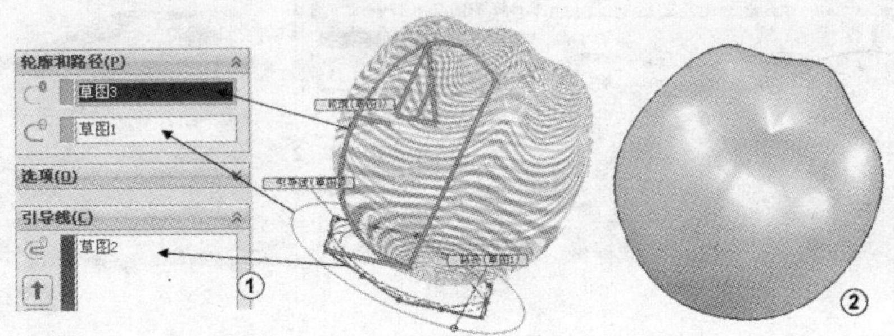

图 6-38　建立曲面扫描

6.4.3　创建带部曲面

1）绘制草图 4。从特征管理器中选择“上视基准面”，单击“正视于”按钮，单击“草图”，切换到草图绘制面板，单击“圆”按钮，绘制出一个直径为 35 的圆，圆心落在原点上，如图 6-39 中①所示。单击绘图区右上角的按钮退出绘制草图。

2）建立曲面剪裁。在“曲面”栏中单击“剪裁曲面”按钮，系统弹出“剪裁曲面”属性管理器，选择“剪裁类型”为“标准”，在“剪裁”输入框中输入“草图 4”作为剪裁，选择“保留选择”选项，在绘图区选择中要保留的曲面，保留面逞红色显示，并显示在“要保留的部分”输入框中，如图 6-39 中②所示，单击“确定”按钮完成曲面剪裁操作。

3）绘制草图 5。从特征管理器中选择“前视基准面”，单击“正视于”按钮，单击“草图”，切换到草图绘制面板，单击“交叉曲线”按钮，绘制出与“前视基准面”相交叉

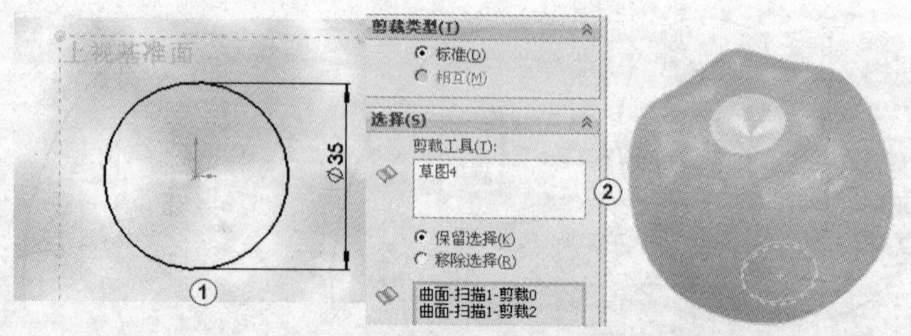

图 6-39　绘制草图 4，建立曲面剪裁

的曲线，并将曲线转换成构造线。单击“样条曲线”按钮，绘制出一条三个控制点的曲线，曲线的两个端点分别与交叉曲线的端点重合，将曲线分别与交叉曲线作“相切”约束，如图 6-40 中①所示。单击绘图区右上角的按钮退出绘制草图。

4）建立曲面填充。在“曲面”栏中单击“曲面填充”按钮，系统弹出“曲面填充”属性管理器，在“修补边界”输入框中输入曲面剪裁后的边线，在“曲率控制”选择框中选择“相切”，在“约束曲线”输入框中输入“草图 5”，其他采用默认设置如图 6-40 中②所示。单击“确定”按钮完成曲面填充操作。

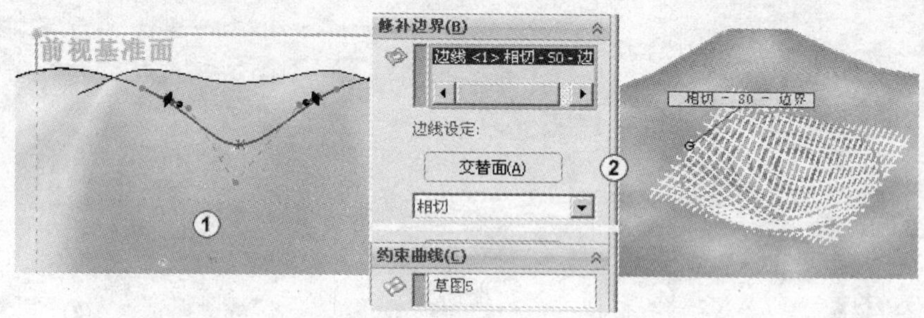

图 6-40　绘制草图 5，建立曲面填充

5）建立曲面缝合。在“曲面”栏中单击“曲面缝合”按钮，系统弹出“曲面缝合”属性管理器，在“要缝合的曲面和面”输入框中输入“曲面剪裁 1”和“曲面填充 1”两个曲面作为缝合对象，勾选“缝隙控制”复选框，其他采用默认设置如图 6-41 所示。单击“确定”按钮完成曲面缝合。

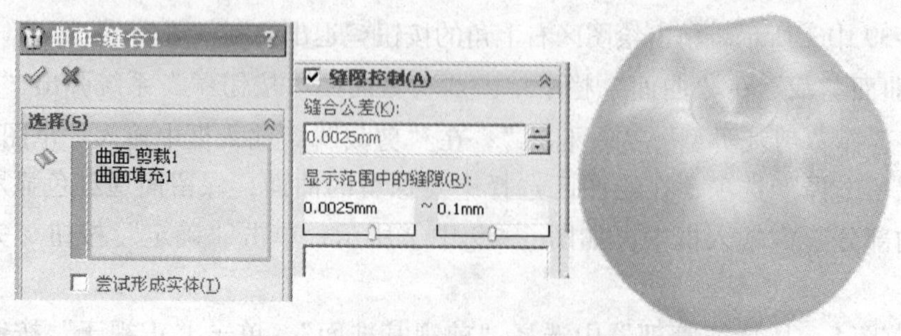

图 6-41　建立“曲面缝合”

6.4.4 创建插笔口

1）绘制草图6。从特征管理器中选择“前视基准面”，单击“正视于”按钮，单击“草图”，切换到草图绘制面板，单击“中心线”按钮，从原点开始向上绘制出一条竖线。单击“直线”按钮，绘制出两条直线，单击“智能尺寸”按钮标注尺寸，如图6-42中①所示。单击绘图区右上角的按钮退出绘制草图。

2）建立曲面拉伸。在特征管理器中选择“草图6”，在“曲面”栏中单击“曲面拉伸”按钮，系统弹出“曲面拉伸”属性管理器，单击“方向1”中的拉伸类型选择框，在弹出的菜单中选择“给定深度”，在“距离”输入框中输入30，如图6-42中②所示，其他采用默认设置，单击“确定”按钮完成曲面拉伸操作。结果如图6-42中③所示。

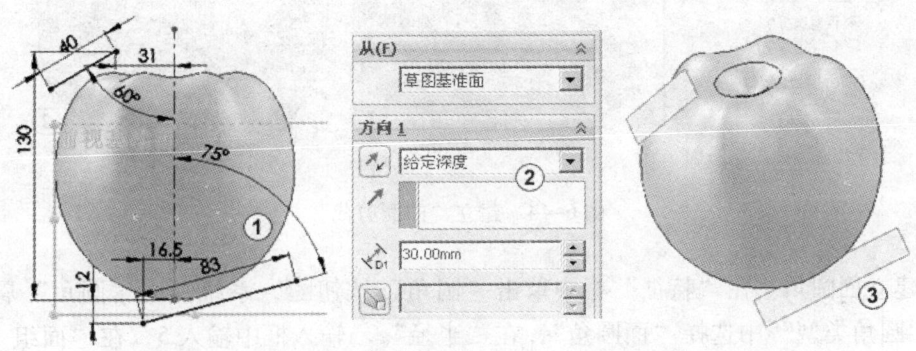

图6-42 绘制草图6，建立曲面拉伸

3）绘制草图7。从绘图区选择如图6-43中①所示的“深色”面作为草图绘制基准面，单击“正视于”按钮，单击“草图”，切换到草图绘制面板，单击“中心线”按钮，绘制出一条竖线，竖线的下端点与曲面水平边重合。单击“椭圆”按钮，绘制出一个椭圆，椭圆的圆心与竖线下端点重合，长轴点与竖线上端点重合，短轴点与曲面水平边重合。单击“智能尺寸”按钮标注尺寸，如图6-43中①所示，单击绘图区右上角的按钮退出绘制草图。

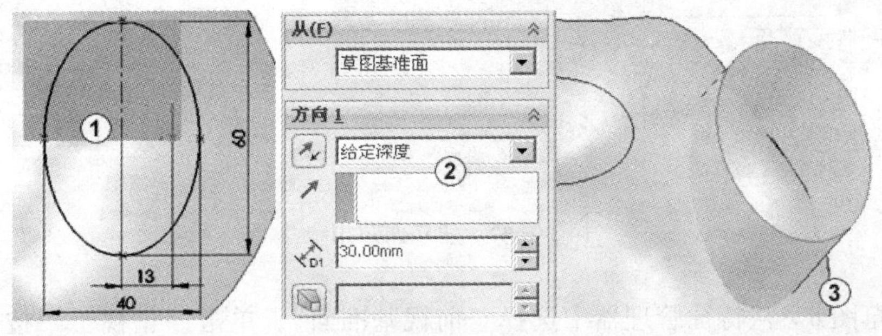

图6-43 绘制草图7，建立曲面拉伸

4）建立曲面拉伸。在特征管理器中选择“草图7”，在“曲面”栏中单击“曲面拉伸”按钮，系统弹出“曲面拉伸”属性管理器，单击“方向1”中的拉伸类型选择框，在弹出的菜单中选择“给定深度”，在“距离”输入框中输入30，如图6-43中②所示，其他采用默认设置，单击“确定”按钮完成曲面拉伸操作。结果如图6-43中③所示。

5）建立曲面剪裁。在“曲面”栏中单击“剪裁曲面”按钮，系统弹出“剪裁曲面”属性管理器，选择“剪裁类型”为“相互”，在“剪裁”输入框中输入“曲面缝合1”和“曲面拉伸2”，选择“保留选择”单选按钮，在绘图区选择中要保留的曲面，保留面逞红色显示，并显示在“要保留的部分”输入框中，如图6-44中①所示，单击“确定”按钮完成曲面剪裁操作。剪裁结果如图6-44中②所示。

图6-44　建立“曲面剪裁”

6）建立面圆角。在“特征”栏中单击“圆角”按钮，系统弹出“圆角”属性管理器，在“圆角类型”中选择“面圆角”，在“半径”输入框中输入5，在“面组1”输入框中输入要圆角的面，注意箭头方向要指向圆心，如果箭头方向不对，单击“反转面法向”按钮来改变箭头方向，在“面组2”输入框中输入另一组面，注意箭头的方向。在“圆角选项”中勾选“曲率连续”和“等宽”复选框，如图6-45中①②所示。其他采用默认设置，单击“确定”按钮完成圆角操作。

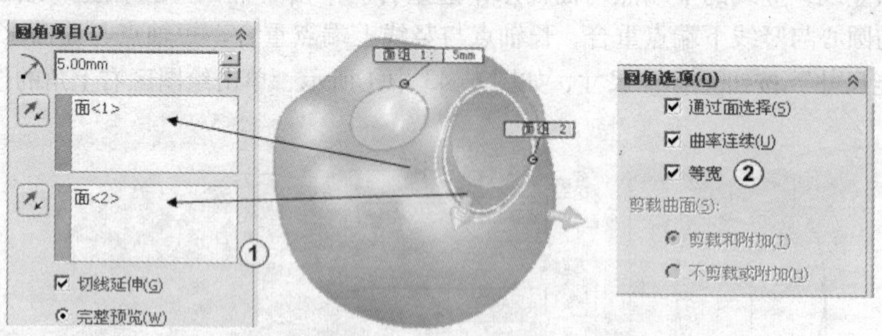

图6-45　建立面圆角

7）绘制草图8。从特征管理器中选择“前视基准面”，单击“正视于”按钮，单击“草图”，切换到草图绘制面板。单击“三点弧”按钮，绘制出一条R70的圆弧，如图6-46中①所示。单击绘图区右上角的按钮退出绘制草图。

8）建立曲面剪裁。在“曲面”栏中单击“剪裁曲面”按钮，系统弹出“剪裁曲面”

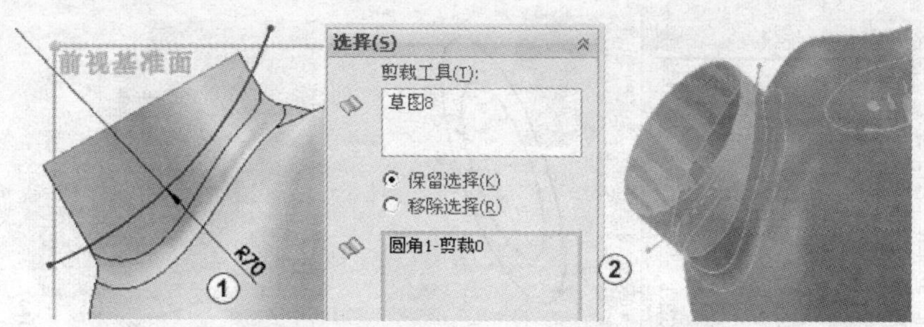

图6-46　绘制草图8，建立曲面剪裁

属性管理器，选择“剪裁类型”为“标准”，在“剪裁”输入框中输入“草图8”作为剪裁，选择“保留选择”单选按钮，在绘图区选择中要保留的曲面，保留面逞红色显示，并显示在“要保留的部分”输入框中，如图6-46中②所示，单击“确定”按钮完成曲面剪裁操作。

6.4.5　创建底座

1）绘制草图9。从绘图区选择如图6-47中①所示的“深色”面作为草图绘制基准面，单击“正视于”按钮，单击“草图”，切换到草图绘制面板，单击“圆”按钮，绘制出两个同心圆，圆心落在曲面水平边的中点上。单击“智能尺寸”按钮标注尺寸，如图6-47中①所示，单击绘图区右上角的按钮退出绘制草图。

2）建立曲面剪裁。在“曲面”栏中单击“剪裁曲面”按钮，系统弹出“剪裁曲面”属性管理器，选择“剪裁类型”为“标准”，在“剪裁”输入框中输入“草图9”作为剪裁，选择“保留选择”单选按钮，在绘图区选择中要保留的曲面，保留面逞红色显示，并显示在“要保留的部分输入框中，如图6-47中②所示，单击“确定”按钮完成曲面剪裁操作。

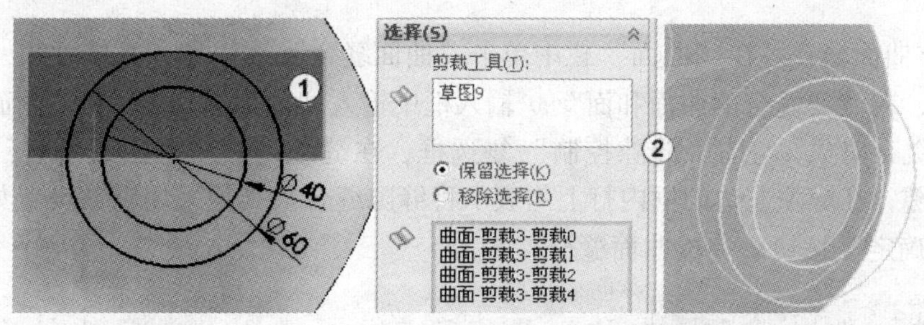

图6-47　绘制草图9，建立曲面剪裁

3）建立曲面拉伸。在特征管理器中选择“草图15”，在“曲面”栏中单击“曲面拉伸”按钮，系统弹出“曲面拉伸”属性管理器，在“开始条件”选择框中选择“等距”，在等距值输入框中输入3，单击“反向”按钮，单击“方向1”中的拉伸类型选择框，在弹出的菜单中选择“给定深度”，在“距离”输入框中输入30，如图6-48中①所示，其他采用默认设置，单击“确定”按钮完成曲面拉伸操作。结果如图6-48中②所示。

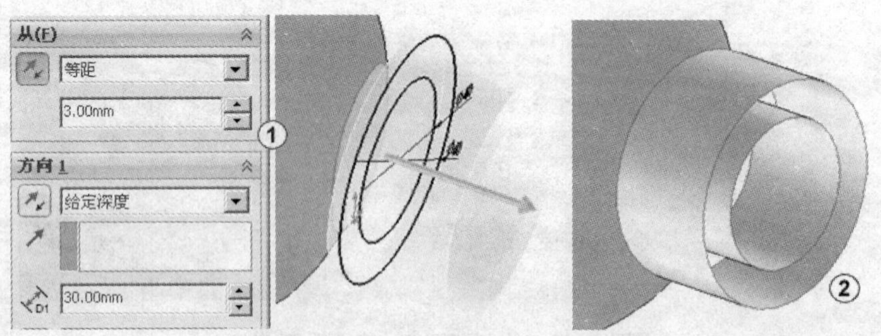

图 6-48　建立曲面拉伸

4）建立曲面放样。在“曲面”栏中单击“曲面放样”按钮，系统弹出“曲面放样”属性管理器，在“轮廓”输入框中输入两条边线，在“起始/结束约束”栏的“开始约束”选择框中选择“无”，在“结束约束”选择框中选择“与面相切”，在“相切长度”输入框中输入 1，其他采用默认设置如图 6-49 中①所示。单击“确定”按钮完成曲面放样操作。结果如图 6-49 中②所示。

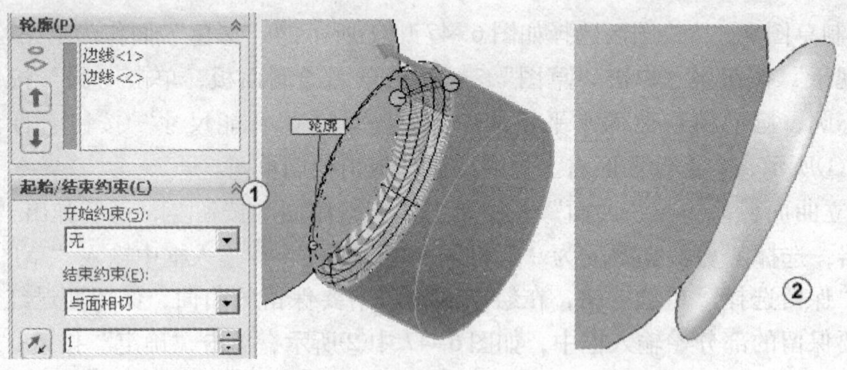

图 6-49　建立曲面放样

5）建立曲面缝合。在“曲面”栏中单击“曲面缝合”按钮，系统弹出“曲面缝合”属性管理器，在“要缝合的曲面和面”输入框中输入“曲面放样 1”和“曲面剪裁 4”两个曲面作为缝合对象，勾选“缝隙控制”复选框，在缝隙列表中列出了所有“缝合公差”范围内的缝隙，在缝隙左边的框内打上勾表示将缝隙缝合。其他采用默认设置如图 6-50 所示。单击“确定”按钮完成曲面缝合。

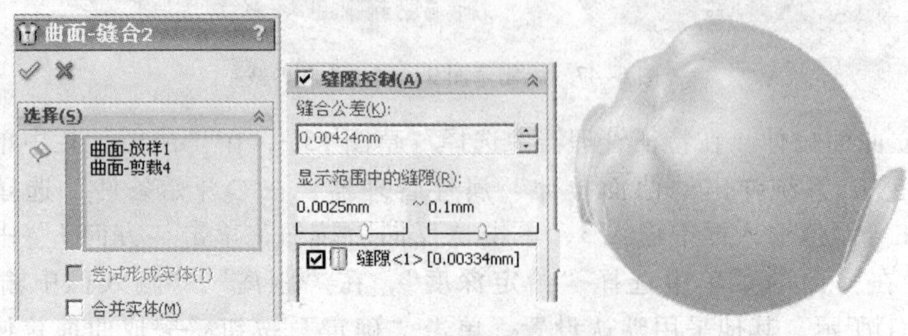

图 6-50　建立曲面缝合

6）创建圆角。在“特征”栏中单击“圆角”按钮，系统弹出“圆角”属性管理器，选择“圆角类型”为“等半径”，在“圆角半径”输入框中输入 2，在“边线、面、特征和环”输入框中输入模型的一条边线，如图 6-51 中①所示，其他采用默认设置。单击“确定”按钮完成圆角操作。结果如图 6-51 中②所示。

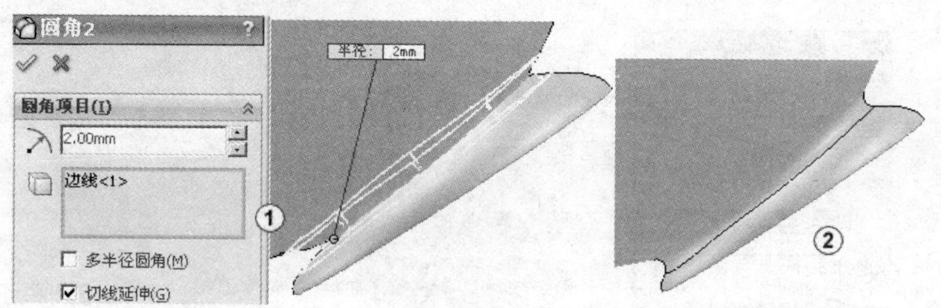

图 6-51 建立圆角

7）建立平面区域。在“曲面”栏中单击“平面区域”按钮，系统弹出“平面区域”属性管理器，在“边界实体”输入框中输入模型的一条边线，如图 6-52 中①所示，其他采用默认设置。单击“确定”按钮完成曲面区域操作。结果如图 6-52 中②所示。

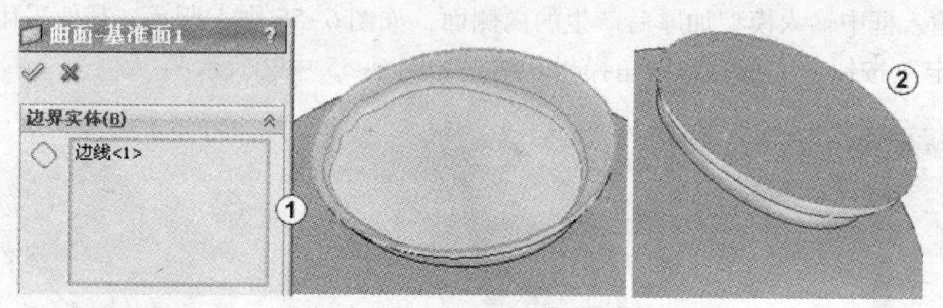

图 6-52 建立平面区域

8）建立曲面缝合。在“曲面”栏中单击“曲面缝合”按钮，系统弹出“曲面缝合”属性管理器，在“要缝合的曲面和面”输入框中输入“圆角 2”和“曲面-基准面 1”二个曲面作为缝合对象，勾选“缝隙控制”复选框，其他采用默认设置如图 6-53 所示。单击“确定”按钮完成曲面缝合操作。

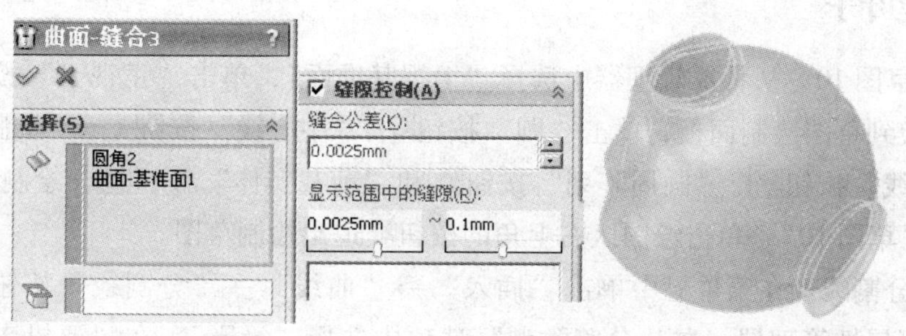

图 6-53 建立曲面缝合

9）建立加厚。在菜单栏中单击“插入”→“凸台/基体”→“加厚”按钮，系统弹出“加厚”属性管理器，选择要加厚的曲面，选择加厚方式为“加厚侧边2”，输入“厚度”为1.5，如图6-54中①所示，单击“确定”按钮完成加厚操作。单击“前视基准面”剖开后的结果如图6-54中②所示。

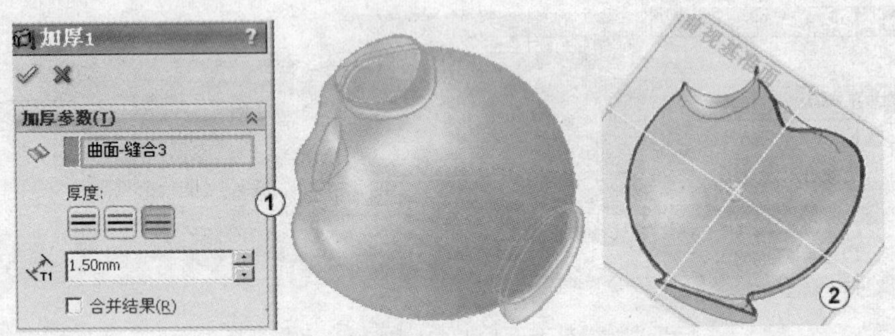

图6-54　建立加厚

10）创建完整圆角。在“特征”栏中单击“圆角”按钮，系统弹出“圆角”属性管理器，选择圆角类型为“完整圆角”，在“圆角项目”栏的“面组1”输入框中输入模型加厚后产生的外侧面，在“中央面组”输入框中输入模型加厚后产生的厚度面，在“面组2”输入框中输入模型加厚后产生的内侧面，如图6-55中①所示，其他采用默认设置，单击“确定”按钮完成完整圆角操作。结果如图6-55中②所示。

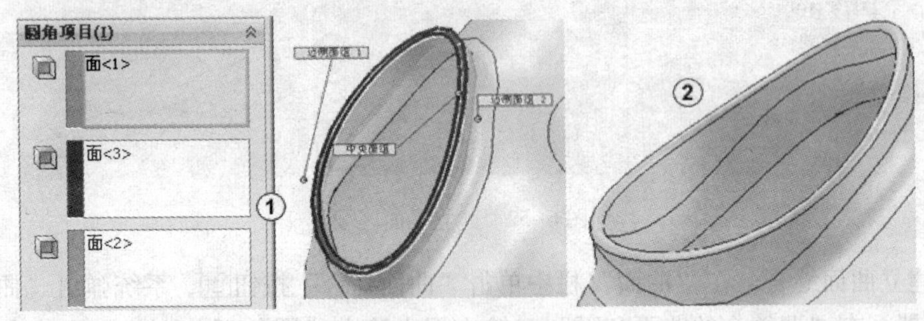

图6-55　建立完整圆角

6.4.6　创建叶子

1）绘制草图10。从特征管理器中选择“上视基准面”，单击“正视于”按钮，单击“草图”，切换到草图绘制面板，单击“圆”按钮、“中心线”按钮、“智能尺寸”按钮、“样条曲线”按钮、“圆周阵列”按钮和“剪裁实体”按钮，绘制出如图6-56中①所示的“草图10”。单击绘图区右上角的按钮退出绘制草图。

2）建立分割线。在菜单栏中单击“插入”→“曲线”→“分割线”按钮，系统弹出“分割线”属性管理器，在“分割类型”选项中选择“投影”，在“要投影的草图”输入框中输入“草图10”，在“要投影的面”输入框中输入要分割的面，如图6-56中②

所示。其他采用默认设置，单击“确定”按钮✓完成分割线操作。

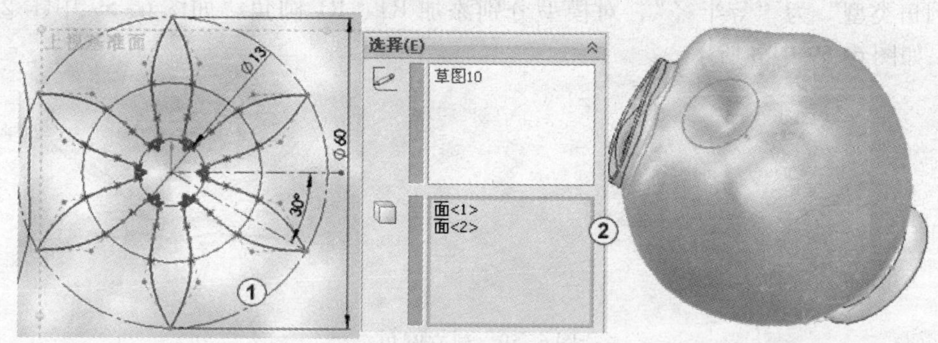

图 6-56 绘制草图 10，建立分割线

3）建立曲面等距。在“曲面”栏中单击“曲面等距”按钮，系统弹出“曲面等距”属性管理器，在“要等距的面或曲面”输入框中输入要等距的面，在“等距距离”输入框中输入0，其他采用默认设置如图 6-57 中①所示。单击“确定”按钮✓完成曲面等距操作。结果如图 6-57 中②所示。

图 6-57 建立曲面等距

4）建立加厚。在菜单栏中单击“插入”→“凸台/基体”→“加厚”按钮，系统弹出“加厚”属性管理器，选择要加厚的曲面，选择加厚方式为“加厚侧边 1”，输入“厚度”为 1.5，取消“合并结果”复选框，如图 6-58 中①所示，单击“确定”按钮✓完成加厚操作。加厚结果如图 6-58 中②所示。

图 6-58 建立加厚

5）建立圆角。在“特征”栏中单击“圆角”按钮，系统弹出“圆角”属性管理器，选择“圆角类型”为“等半径”，对模型分别添加 R1、R1 圆角。如图 6-59 中①②所示。圆角结果如图 6-59 中③所示。

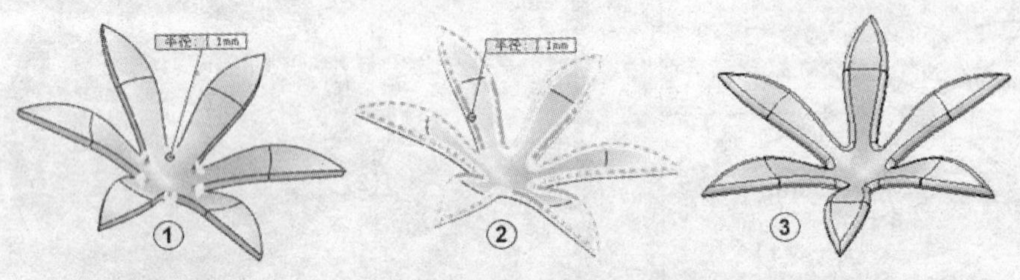

图 6-59　建立圆角

6）绘制草图 11。从特征管理器中选择“前视基准面”，单击“正视于”按钮，单击“草图”，切换到草图绘制面板，单击“直线”按钮、“三点弧”按钮和“智能尺寸”按钮，绘制出如图 6-60 中①所示的草图 11。单击绘图区右上角的按钮退出绘制草图。

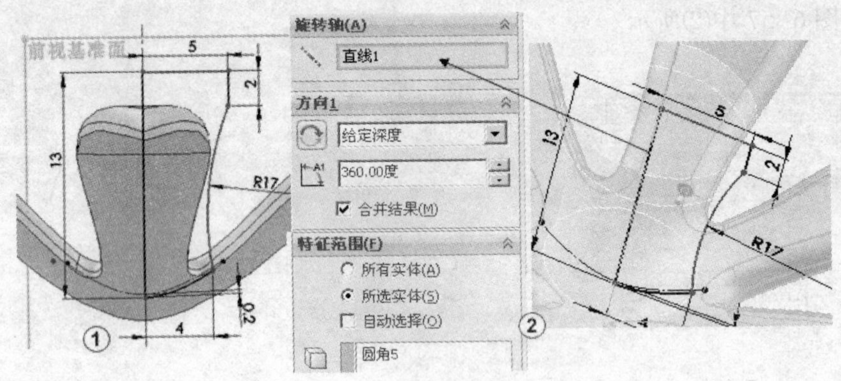

图 6-60　绘制草图 11，建立旋转

7）创建旋转。在特征管理器中选择草图 11，然后在特征栏中单击“旋转”按钮，系统弹出“旋转”属性管理器，在“旋转轴”输入框中输入草图 11 中的一条竖直线作为旋转轴，在“旋转类型”选择框中选择“给定深度”，在“角度”输入框中输入 360°，勾选“合并实体”单选按钮。在“特征范围”选项栏中取消“自动选择”复选框，在“受影响的特征”输入框中输入“圆角 5”实体。如图 6-61 中②所示，其他采用默认设置。单击“确定”按钮完成旋转操作。

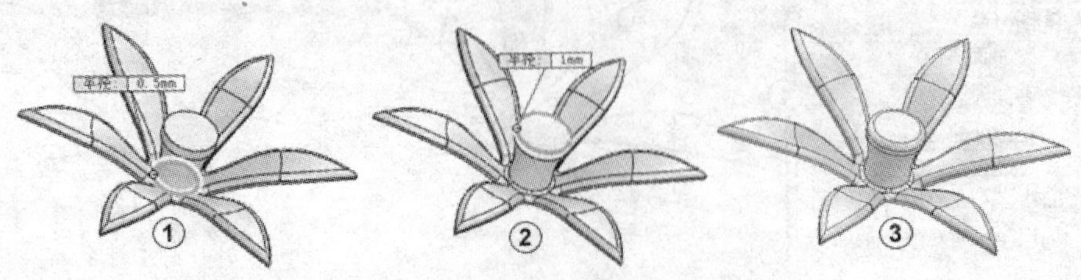

图 6-61　创建旋转和建立圆角

8）建立圆角。在“特征”栏中单击“圆角”按钮，系统弹出“圆角”属性管理器，选择“圆角类型”为“等半径”，对模型分别添加 R0.5、R1 圆角。如图 6-61 中①②所示。圆角结果如图 6-61 中③所示。

6.4.7 创建壳体

1）绘制草图 12。从特征管理器中选择“前视基准面”，单击“正视于”按钮，单击“草图”，切换到草图绘制面板，单击“样条曲线”按钮，绘制出一条三个控制点的曲线。如图 6-62 中①所示。单击绘图区右上角的按钮退出绘制草图。

2）建立分割线。在菜单栏中单击“插入”→“曲线”→“分割线”按钮，系统弹出“分割线”属性管理器，在“分割类型”选项中选择“投影”，在“要投影的草图”输入框中输入“草图 12”，在“要投影的面”输入框中输入要分割的面，如图 6-62 中②所示。其他采用默认设置，单击“确定”按钮完成分割线操作。

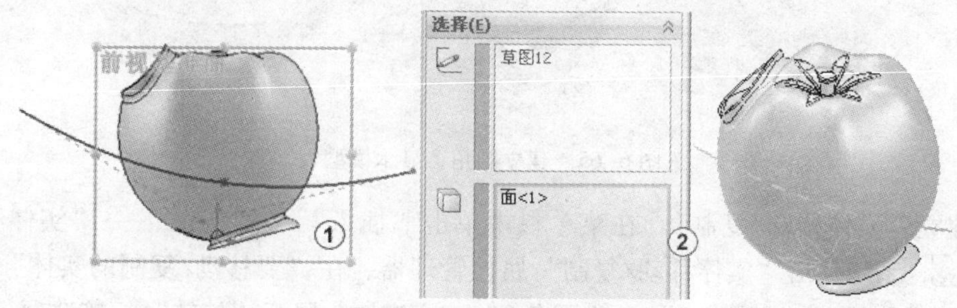

图 6-62　绘制草图 12，建立分割线

3）建立曲面等距。在“曲面”栏中单击“曲面等距”按钮，系统弹出“曲面等距”属性管理器，在“要等距的面或曲面”输入框中输入要等距的面，在“等距距离”输入框中输入 0，其他采用默认设置如图 6-63 中①所示。单击“确定”按钮完成曲面等距操作。结果如图 6-63 中②所示。

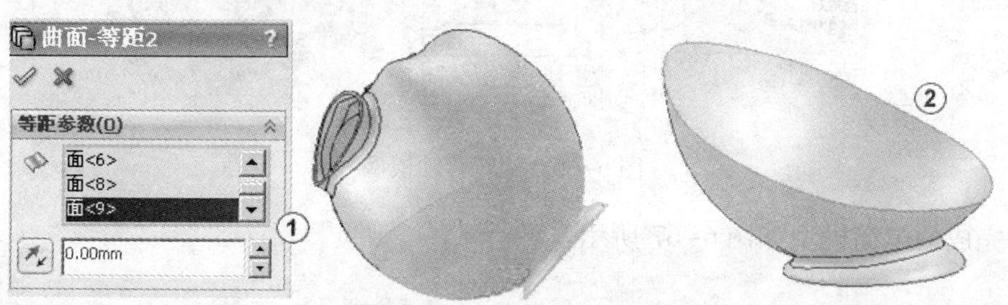

图 6-63　建立曲面等距

4）建立加厚。在菜单栏中单击“插入”→“凸台/基体”→“加厚”按钮，系统弹出“加厚”属性管理器，选择要加厚的曲面，选择加厚方式为“加厚侧边 1”，输入“厚度”为 1.5，取消“合并结果”复选框，如图 6-64 中①所示，单击“确定”按钮完成加厚操作。加厚结果如图 6-64 中②所示。

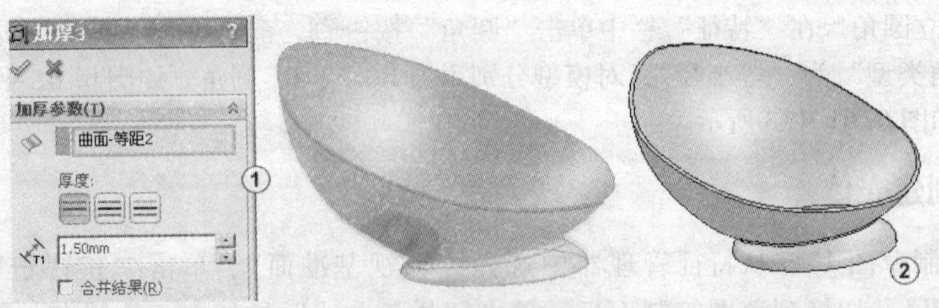

图 6-64　建立加厚

5）建立圆角。在“特征”栏中单击“圆角”按钮，系统弹出“圆角”属性管理器，选择“圆角类型”为“等半径”，对模型分别添加 R0.5、R1 圆角。如图 6-65 中①②所示。圆角结果如图 6-65 中③所示。

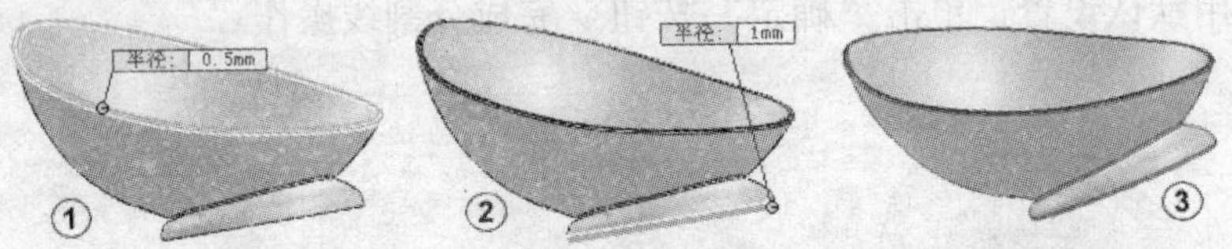

图 6-65　建立圆角，显示模型

6）建立“实体移动/复制”。在菜单栏中单击“插入”→“特征”→“实体移动/复制”按钮，系统弹出“实体移动/复制”属性管理器，在“要移动/复制的实体”输入框中输入“分割线 2”、“圆角 7”和“圆角 9”三个实体。展开“旋转”标签选项，输入为 0°，为 0°，为 -15°，其他采用默认设置，如图 6-66 所示。单击“确定”按钮完成实体旋转操作。

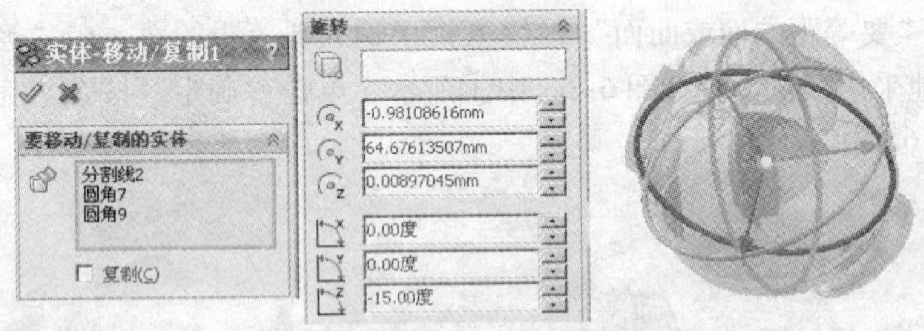

图 6-66　旋转移动模型

创建完成的笔筒模型如图 6-67 所示。

图 6-67　创建完成的笔筒模型

7）保存文件。单击“保存”按钮，在弹出的另存为对话框中输入文件名为“笔筒”，单击“保存”按钮，完成对笔筒模型的保存。

6.5 思考与练习

1. 运用简单路径扫描生成如图 6-68 所示的模型。可参阅随书光盘上相应章节中的动画文件“1 简单路径扫描 . avi”。

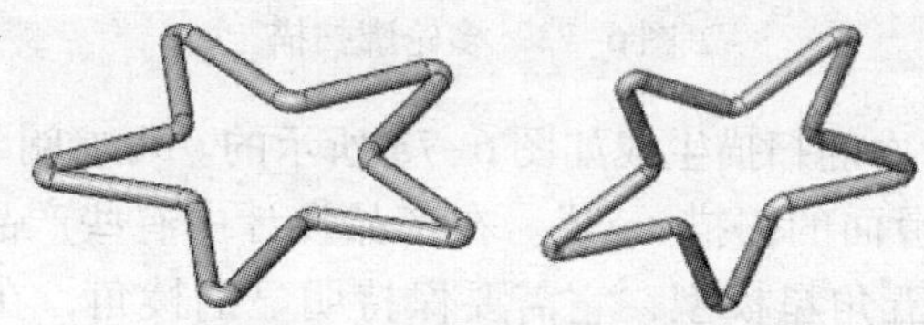

图 6-68 简单扫描模型

2. 用一条引导线扫描生成如图 6-69 的模型。可参阅随书光盘上相应章节中的动画文件“2 用一根引导线扫描 . avi”。

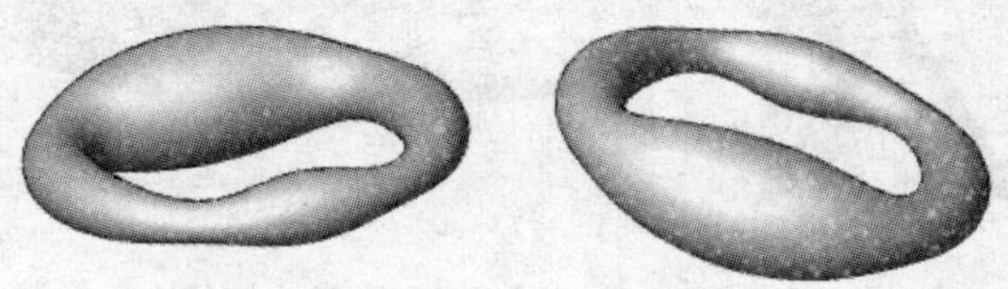

图 6-69 用一根引导线扫描

3. 运用横扫生成如图 6-70 所示的六角单面体模型。可参阅随书光盘上相应章节中的动画文件“3 横扫 . avi”。

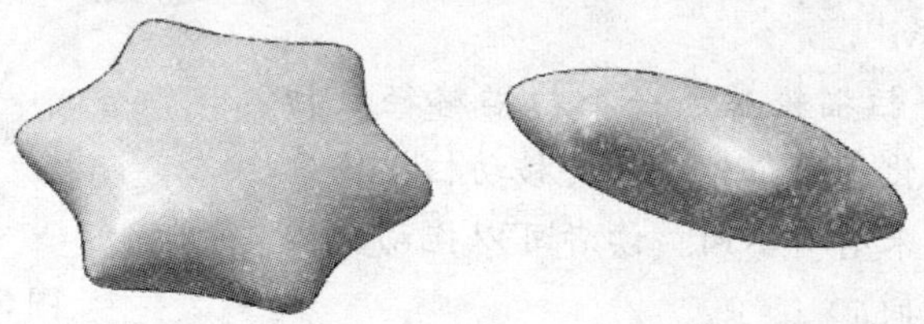

图 6-70 六角单面体模型

4. 运用沿路径扭转的扫描生成如图 6-71 所示的模型。可参阅随书光盘上相应章节中的动画文件“4 沿路径扭曲的扫描 . avi”。

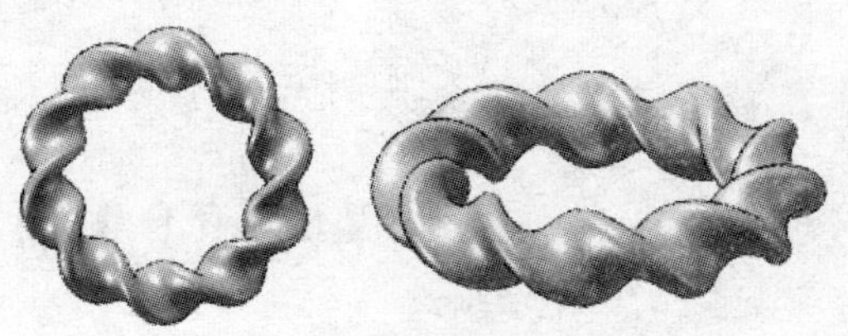

图 6-71 沿路径扭曲的扫描

5. 运用多轮廓扫描生成如图 6-72 所示的模型。可参阅随书光盘上相应章节中的动画文件“5 多轮廓扫描 . avi”。

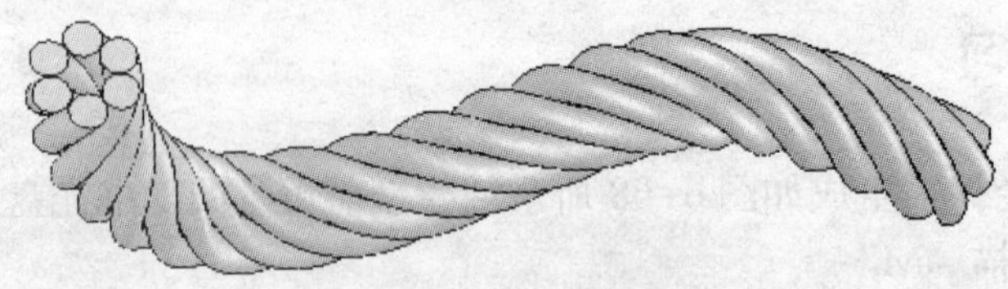

图 6-72　多轮廓扫描

6. 运用取消合并平滑面的扫描生成如图 6-73 所示的。可参阅随书光盘上相应章节中的动画文件“6 取消合并平滑面的扫描 . avi”。在产品设计中有些产品需要平滑的面，有些不需要平滑的面如下例中的五角星模型，它需要保持明显的棱角，在扫描时要取消“合并平滑面”的选项。

图 6-73　取消合并平滑面的扫描

7. 生成如图 6-74 所示的环连环，它由一个环路径和一个圆轮廓扫描而成。同一个轮廓沿两条路径扫描，而两条路径是闭合的。可参阅随书光盘上相应章节中的动画文件“7 环连环 . avi”。

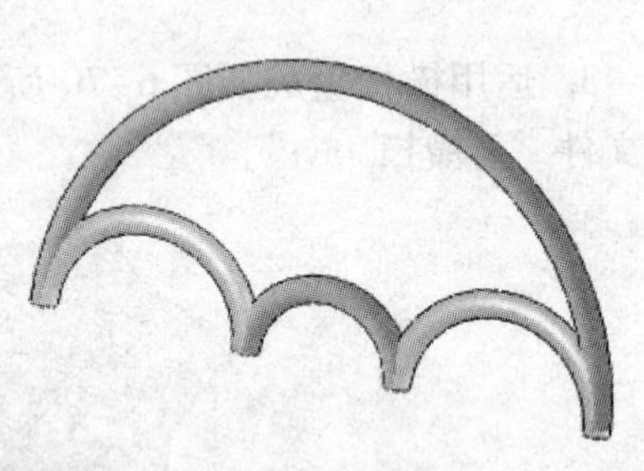

图 6-74　环连环

经验技巧：用一个扫描轮廓和一个扫描路径做扫描，产生随路径形状变化的特征，但只要移动扫描轮廓的位置，扫描出来的结果有所不同，读者可以拖动扫描轮廓观看结果有什么不同。

8. 生成如图 6-75 所示的弹簧线，它由一个扫描特征创建而成。可参阅随书光盘上相应章节中的动画文件“8 弹簧线 . avi”。

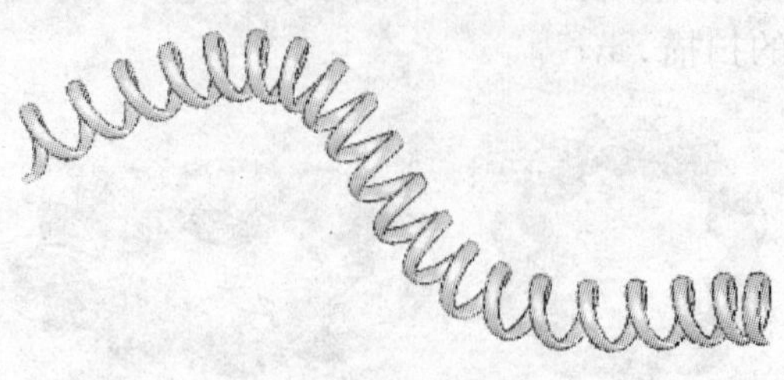

图 6-75　弹簧线

经验技巧：用一个扫描特征做出弹簧线是本实例的亮点。操作时要注意选择扫描类型为沿路径扭转。在绘制扫描路径草图时要注意曲线的半径曲率不能太大，否则扫描将不能成功。

9. 运用切除扫描生成如图 6-76 所示的模型。可参阅随书光盘上相应章节中的动画文件“9 实体切除扫描 . avi”。切除扫描的创建步骤和属性管理器参数与实体扫描基本一致，在切除扫描中“轮廓”选项可选择“轮廓扫描”和“实体扫描”。“轮廓扫描”是选择平面草图为轮廓的扫描；“实体扫描”是选择实体沿路径移动的扫描。

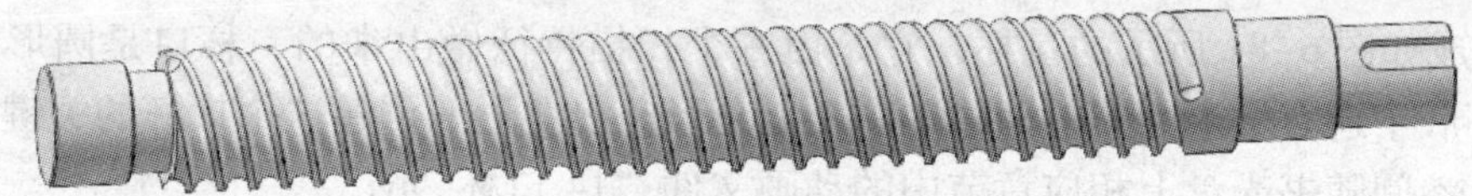

图 6-76　实体切除扫描

10. 生成如图 6-77 所示的螺栓。可参阅随书光盘上相应章节中的动画文件“10 切除放样 . avi”。

11. 生成如图 6-78 所示的轮廓切除扫描。可参阅随书光盘上相应章节中的动画文件“11 轮廓切除扫描 . avi”。

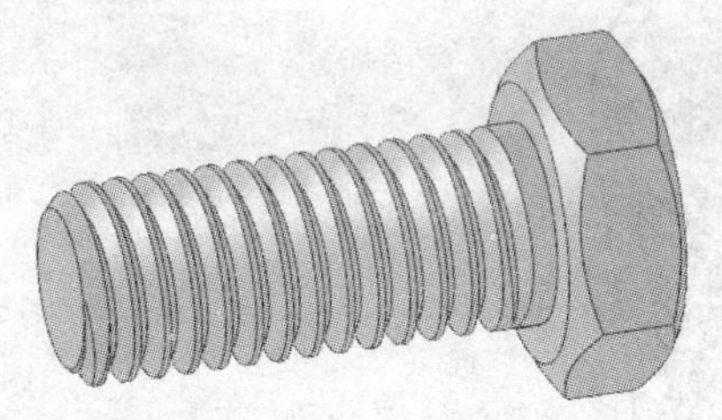

图 6-77　切除放样

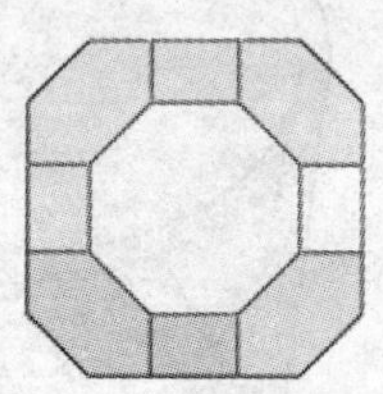

图 6-78　轮廓切除扫描

12. 生成如图 6-79 所示的拉簧，拉簧是以 3D 草图为路径的扫描创建而成的。将螺旋线与 2D 草图结合应用生成 3D 草图，以 3D 草图作为扫描路径创建出拉簧模型。可参阅随书光盘上相应章节中的动画文件“12 拉簧 . avi”。

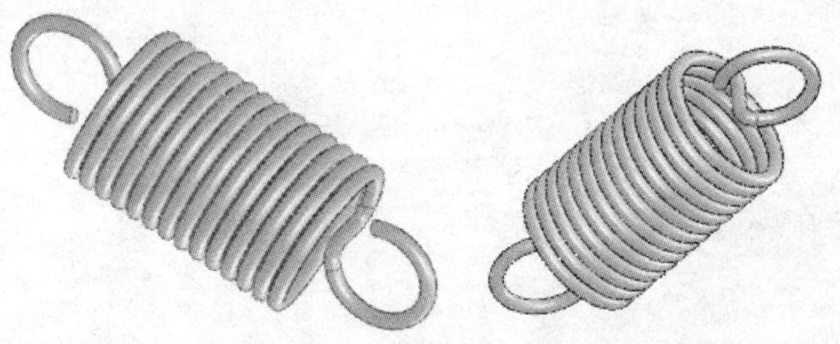

图 6-79　拉簧

13. 生成如图 6-80 所示的五角螺旋弹簧，它是以投影曲线为路径的扫描创建而成的。将现有的草图投影到模型面或曲面上来生成一条 3D 曲线，以 3D 曲线为路径创建扫描生成五角螺旋弹簧模型。可参阅随书光盘上相应章节中的动画文件“13 五角螺旋弹簧 . avi”。

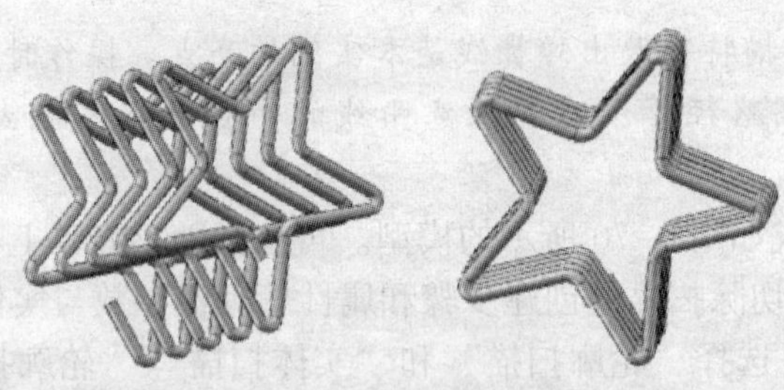

图 6-80 五角螺旋弹簧

14. 生成如图 6-81 所示的口杯，它是由一个扫描特征做出来的，杯口是圆形，杯底是五边形，杯底中还有一个圆形的凹槽和一个五角形凸出花形。创建这个口杯的关键在于草图的约束。可参阅随书光盘上相应章节中的动画文件“14 口杯 . avi”。

经验技巧：用一个扫描特征做出杯口圆形，杯底五边形而且在杯底中还有一个圆形凹槽的口杯是本实例的特点。要做到上下形状不一致的扫描，关键在于草图的约束。在操作时要注意 SelectionManager 选择工具的选择，在选择五边形做引导线时要选择“闭环”选择，如果选择“组”选择，则当选择五边形的五个小圆弧时很难选。

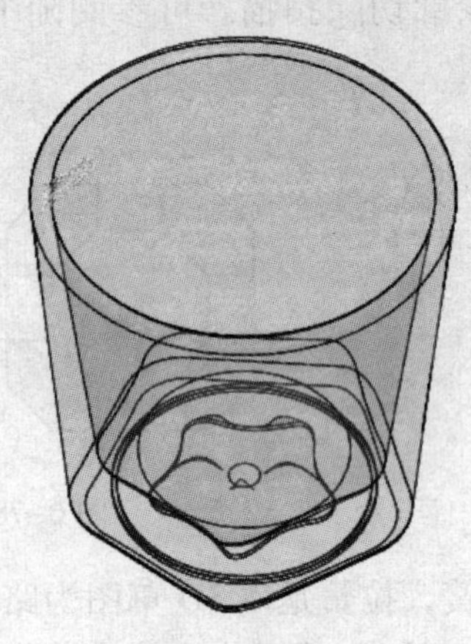

图 6-81 口杯

第7章　装　配　体

如图7-1所示的减速箱是机械减速传动中常用到的减速设备。减速箱可分为箱体、齿轮传动机构以及箱盖三部分。这里仅仅介绍软件操作中的装配方法，与实际生产中的真正装配过程无关，当然，将这里介绍的方法与生产实际结合起来更好，而这仅需事先规划好装配的步骤即可。与由于减速箱的零部件比较多，因此装配时先把能装配在一起的零部件装配起来作为子装配体，然后再进行减速箱的总装，装配过程如下。

1）"齿轮轴"子装配体。

2）"透气塞"子装配体。

3）"轴"子装配体。

4）减速箱总装配。

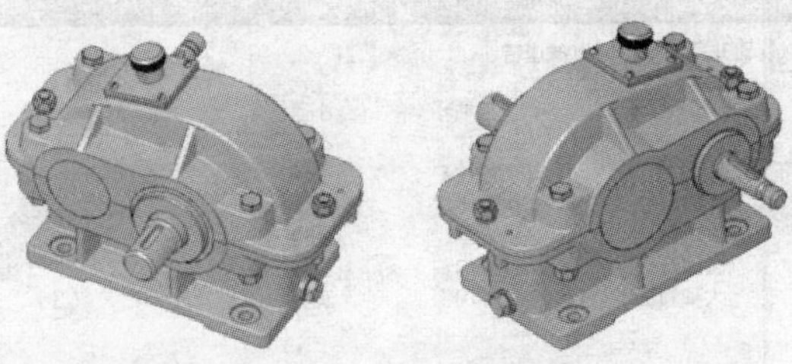

图7-1　减速箱装配体

7.1　"齿轮轴"子装配体

如图7-2所示的齿轮轴装配体由齿轮轴、挡油环等零部件装配而成。首先插入齿轮轴零部件并固定在原点上，然后分别插入挡油环、6204轴承和小端盖零部件，并分别作相应配合。具体的装配方法如下。

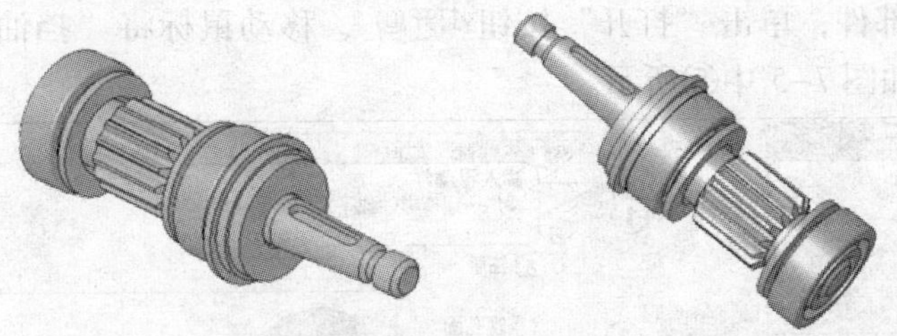

图7-2　"齿轮轴"子装配体

1）建立新文件。单击工具栏中的"新建"按钮或单击菜单"文件"→"新建"命令，系统弹出"新建 SolidWorks 文件"对话框，在模板内选择"装配体"按钮，单击"确定"按钮，如图7-3中③所示。

2）插入齿轮轴零部件。单击"确定"按钮后系统进入装配体"开始装配体"界面。单击"浏览"按钮，出现"打开"对话框，找到配套光盘中的"齿轮轴"零部件，

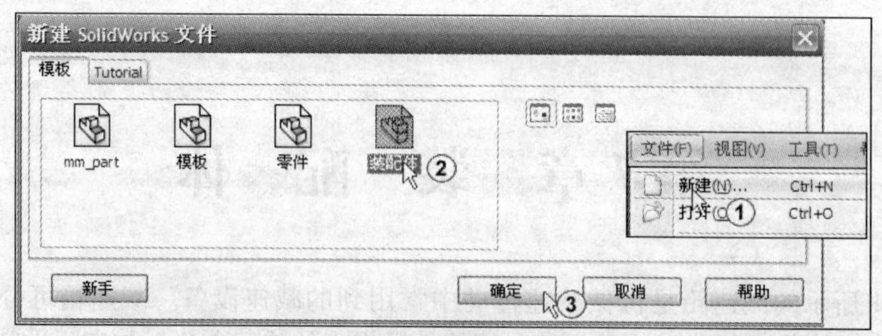

图 7-3　新建装配体文件

勾选“缩略图”选项，可以预览选中的零部件，如图 7-4 中③所示。单击“打开”按钮 打开(O)，“打开”对话框消失，打开的零部件跟着鼠标移动，在图形区域将鼠标移到“原点”位置单击，在原点插入固定的“齿轮轴”零部件。如图 7-4 中⑤所示。在特征管理器中“齿轮轴”零部件前面加上“固定”文字，如图 7-4 中⑥所示，说明这个零部件是固定的不能移动，凡是第一个插入的零部件系统自动将其固定。

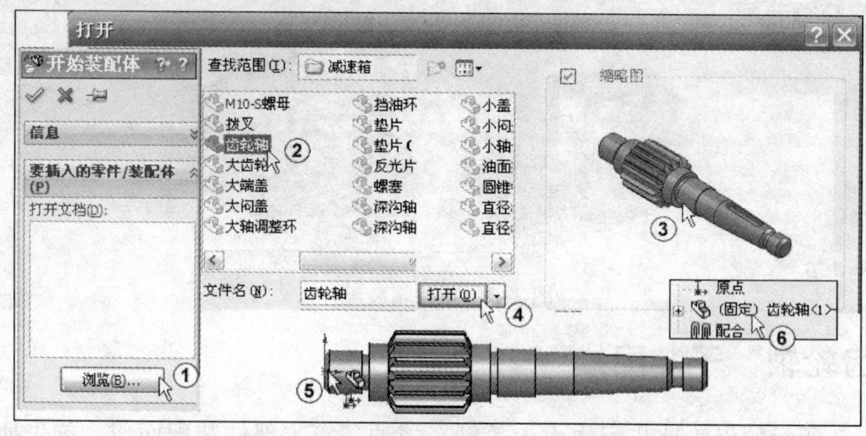

图 7-4　在原点插入齿轮轴零部件

3）插入挡油环零部件。单击“插入零部件”按钮，单击“浏览”按钮 浏览(B)...，找到“挡油环”零部件，单击“打开”按钮 打开(O)，移动鼠标将“挡油环”零部件放置到恰当的位置单击。如图 7-5 中⑤所示。

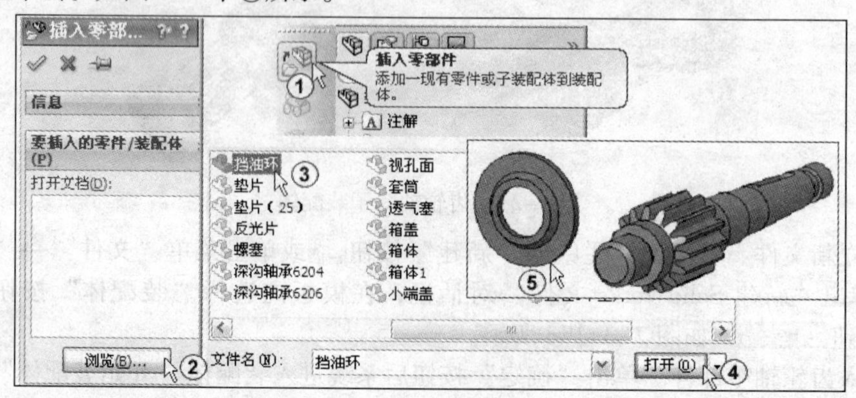

图 7-5　插入挡油环零部件

4）建立挡油环与齿轮轴“重合”配合和“同轴心”配合。单击“配合”按钮，出现“配合”属性管理器，选择如图7-6中①、②所示的平面，单击“重合”配合按钮，从预览中可以看出“挡油环”的方向反了，单击“反向对齐”按钮，预览无误后，单击“确定”按钮✔。选择如图7-6中⑥、⑦所示的圆柱面，单击“同轴心”配合按钮◎，预览无误后，单击“确定”按钮✔。

图7-6　选择两个平面作重合配合，选择两个圆柱面作同轴心配合

5）再次插入挡油环零部件。单击“插入零部件”按钮，单击“浏览”按钮 浏览(B)... ，找到“挡油环”零部件，单击“打开”按钮 打开(O) ，移动鼠标将“挡油环”零部件放置到恰当的位置单击。如图7-7中④所示。

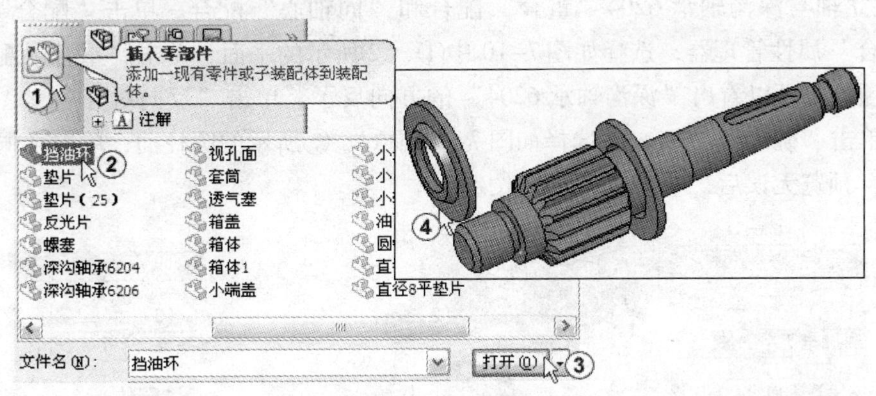

图7-7　再次插入挡油环零部件

6）建立挡油环与齿轮轴“重合”配合和“同轴心”配合。单击“配合”按钮，出现“配合”属性管理器，选择如图7-8中①、②所示的平面，单击“重合”配合按钮，预览无误后，单击“确定”按钮✔。选择如图7-8中⑤、⑥所示的圆柱面，单击“同轴心”配合按钮◎，预览无误后，单击“确定”按钮✔。结果如图7-8中⑨所示。

7）插入“深沟轴承6204”零部件。单击“插入零部件”，单击“浏览”按钮 浏览(B)... ，找到“深沟轴承6204”零部件，单击“打开”按钮 打开(O) ，移动鼠标将“深沟轴承6204”零部件放置到恰当的位置单击。如图7-9中③所示。

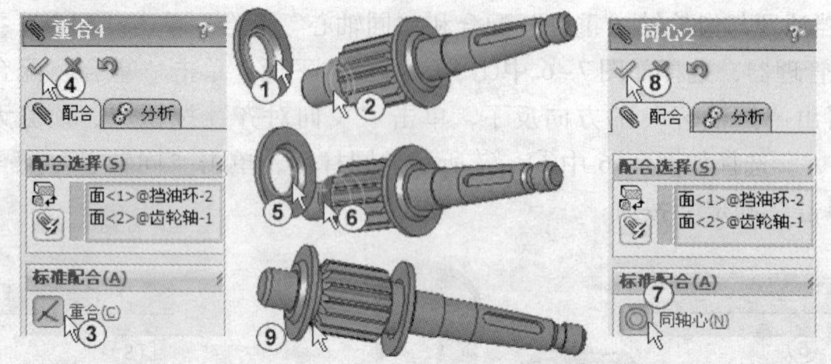

图 7-8　选择两个平面作“重合”配合，选择两个圆柱在作“同轴心”配合

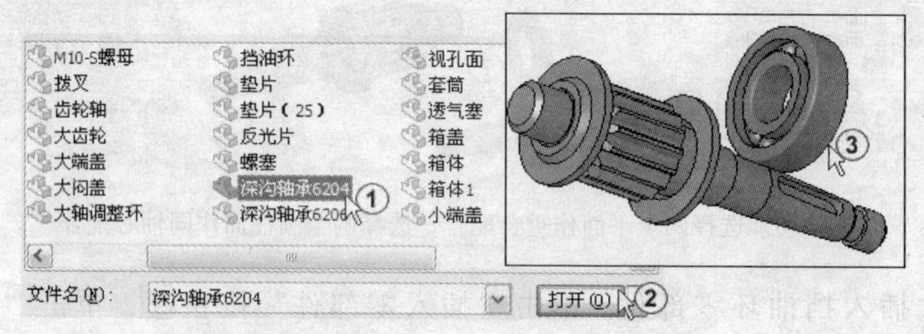

图 7-9　插入 6204 轴承

8）建立轴与深沟轴承 6204“重合”配合和“同轴心”配合。单击“配合”按钮，出现“配合”属性管理器，选择如图 7-10 中①、②所示的平面，单击“重合”配合按钮配合，从预览中可以看出“深沟轴承 6204”的方向反了，单击“反向对齐”图标，预览无误后，单击“确定”按钮。选择如图 7-10 中⑥、⑦所示的圆柱面，单击“同轴心”配合按钮，预览无误后，单击“确定”按钮。

图 7-10　选择两个平面作“重合”配合，选择两个圆柱面作“同轴心”配合

9）再次插入深沟轴承 6204 零部件。单击“插入零部件”按钮，单击“浏览”按钮 浏览(B)...，找到“深沟轴承 6204”零部件，单击“打开”按钮 打开(O)，移动鼠标将“深沟轴承 6204”零部件放置到恰当的位置单击。如图 7-11 中③所示。

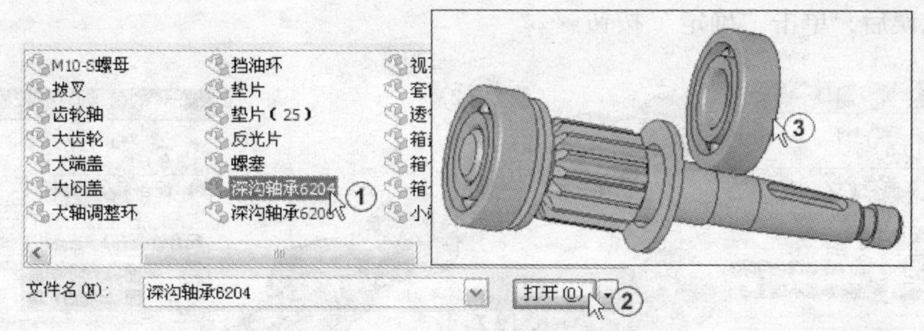

图 7-11　再插入 6204 轴承

10）建立轴与深沟轴承 6204 “重合” 配合和 “同轴心” 配合。单击 “配合” 按钮，出现 “配合” 属性管理器，选择如图 7-12 中①、②所示的平面，单击 “重合” 配合按钮，预览无误后，单击 “确定” 按钮。选择如图 7-12 中⑤、⑥所示的圆柱面，单击 “同轴心” 配合按钮，预览无误后，单击 “确定” 按钮。

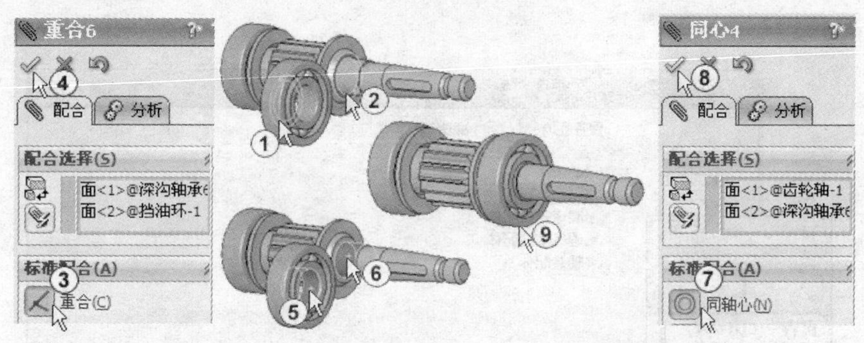

图 7-12　选择两个平面作 “重合” 配合，选择两个圆柱面作 “同轴心” 配合

11）插入小端盖零部件。单击 “插入零部件” 按钮，单击 “浏览” 按钮 浏览(B)...，找到小端盖零部件，单击 “打开” 按钮 打开(O)，移动鼠标将小端盖零部件放置到恰当的位置单击。如图 7-13 中③所示。

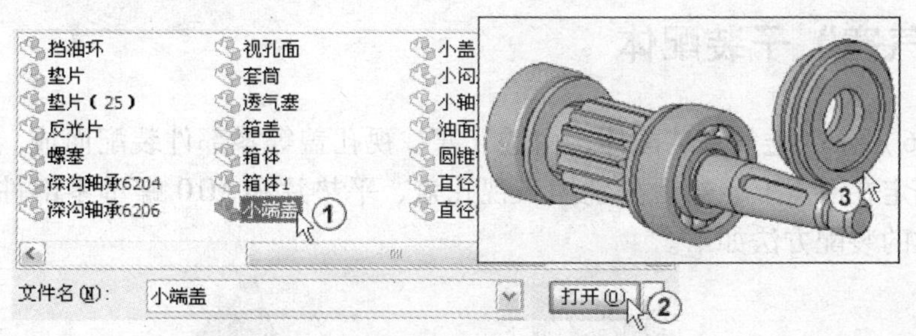

图 7-13　插入小端盖零部件

12）建立小端盖与深沟轴承 6204 “重合” 配合和轴与小端盖 “同轴心” 配合。单击 “配合” 按钮，出现 “配合” 属性管理器，选择如图 7-14 中①、②所示的平面，作 “重合” 配合，从预览中可以看出 “小端盖” 的方向反了，单击 “反向对齐” 按钮，预览无误后，单击 “确定” 按钮选择如图 7-14 中⑥、⑦所示的圆柱面，作 “同轴心” 配

合，预览无误后，单击“确定”按钮✔。

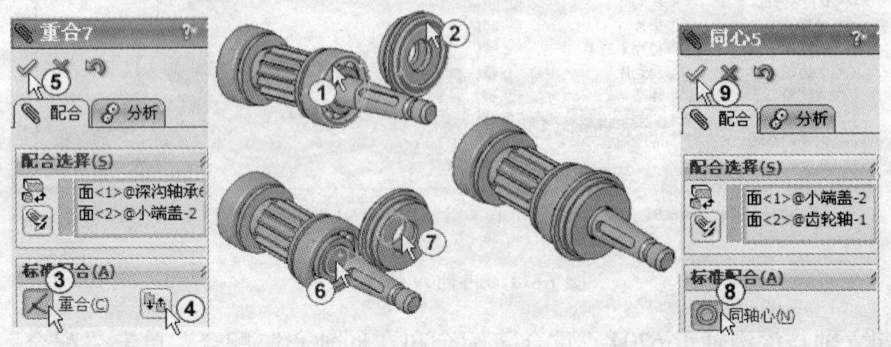

图 7-14　选择两个平面作“重合”配合，选择两个圆柱面作“同轴心”配合

13）保存装配体文件。单击工具栏中的“保存”按钮，系统弹出“另存为”对话框，在文件名输入框中输入“齿轮轴装配体”，单击“保存”按钮保存(S)将装配体文件保存。如图 7-15 所示。

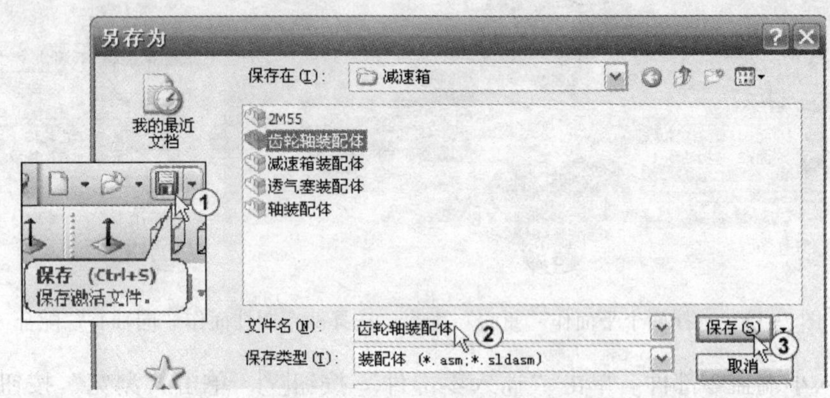

图 7-15　保存装配体文件

7.2 “透气塞”子装配体

如图 7-16 所示的透气塞装配体，由透气塞、视孔盖等零部件装配而成。首先插入透气塞零部件并固定在原点上，然后分别插入视孔盖、平垫片和 M10 螺母零部件，并分别作相应配合。具体的装配方法如下。

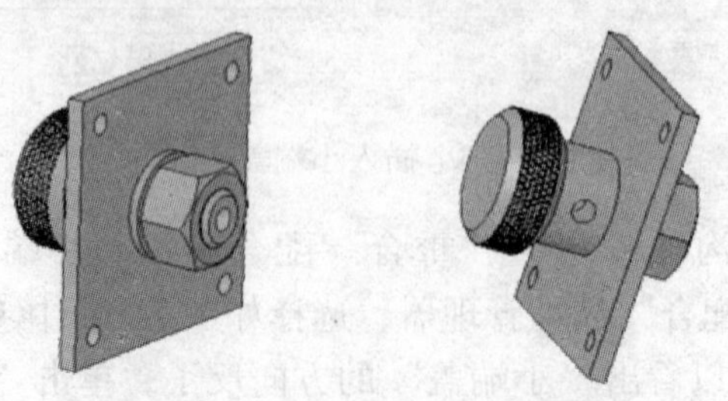

图 7-16　“透气塞”子装配体

1）建立新文件。单击工具栏中的“新建”按钮或单击菜单“文件”→“新建”命令，系统弹出“新建 SolidWorks 文件”对话框，在模板内选择“装配体”按钮，单击“确定”按钮，如图 7-17 中③所示。

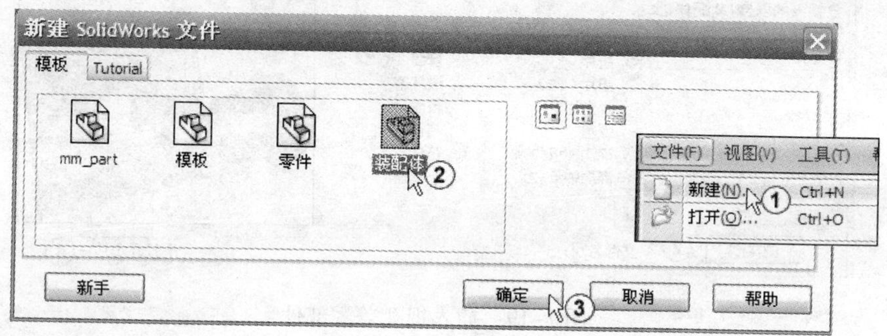

图 7-17　新建装配体文件

2）插入透气塞零部件。单击“确定”按钮后系统进入装配体“开始装配体”界面。单击“浏览”按钮，出现“打开”对话框，找到配套光盘中的“透气塞”零部件，单击“打开”按钮，打开对话框消失，打开的零部件跟着鼠标移动，在图形区域将鼠标移到“原点”位置单击，在原点插入固定的“透气塞”零部件。如图 7-18 中④所示。

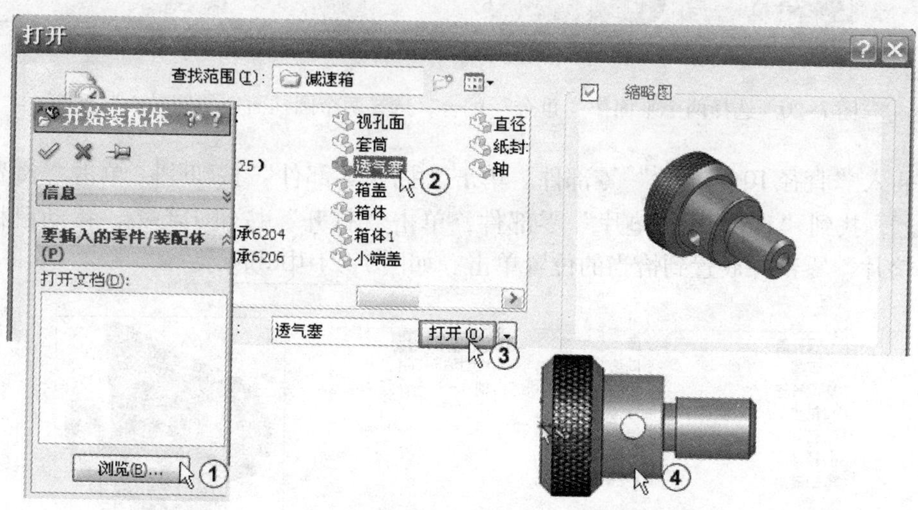

图 7-18　在原点插入主透气塞零部件

3）插入“视孔盖”零部件。单击“插入零部件”按钮，单击“浏览”按钮，找到“视孔盖”零部件，单击“打开”按钮，移动鼠标将“视孔盖”零部件放置到恰当的位置单击。如图 7-19 中⑤所示。

4）建立透气塞与视孔盖“重合”配合和“同轴心”配合。单击“配合”按钮，出现“配合”属性管理器，选择如图 7-20 中①、②所示的平面，作“重合”配合，预览无误后，单击“确定”按钮。选择如图 7-20 中⑤、⑥所示的圆柱面，作“同轴心”配合，预览无误后，单击“确定”按钮。

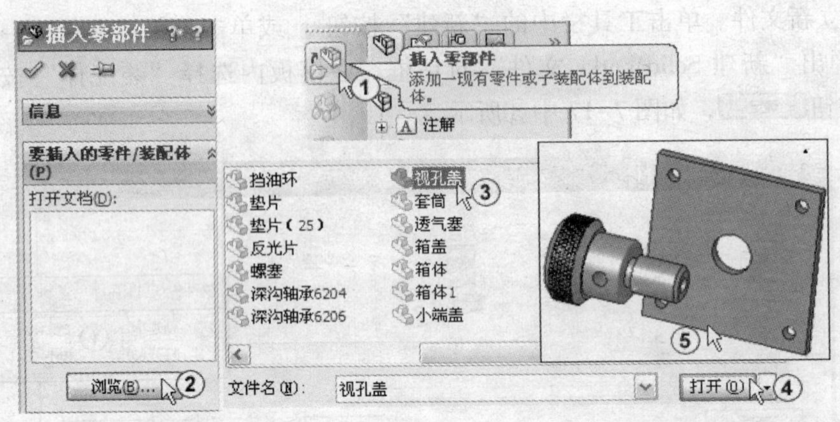

图 7-19　插入视孔盖零部件

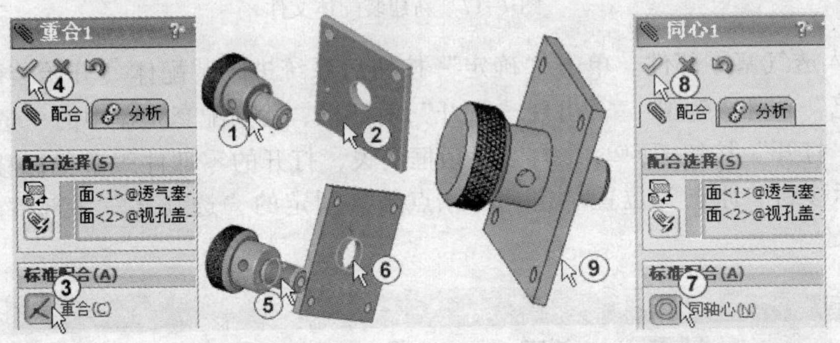

图 7-20　选择两个平面作“重合”配合，选择两个圆柱面作“同轴心”配合

5）插入“直径 10 平垫片”零部件。单击“插入零部件”按钮，单击“浏览”按钮 浏览(B)... ，找到“直径 10 平垫片”零部件，单击“打开”按钮 打开(O) ，移动鼠标将“直径 10 平垫片”零部件放置到恰当的位置单击。如图 7-21 中③所示。

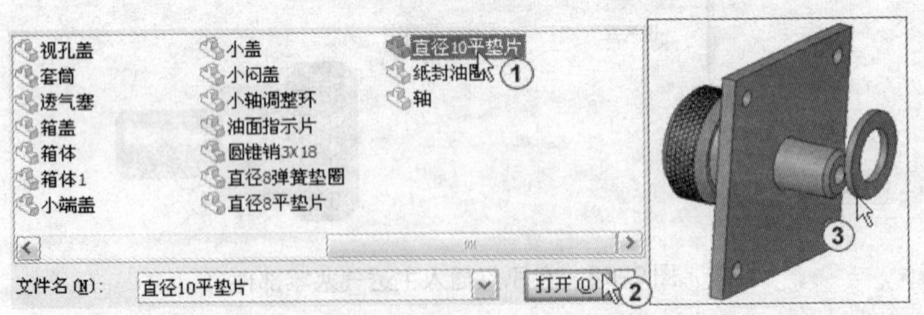

图 7-21　插入平垫片零部件

6）建立视孔盖与直径 10 平垫片“重合”配合和透气塞与“直径 10 平垫片”的“同轴心”配合。单击“配合”按钮，出现“配合”属性管理器，选择如图 7-22 中①、②所示的平面，作“重合”配合，从预览中可以看出“直径 10 平垫片”的方向反了，单击“反向对齐”图标，预览无误后，单击“确定”按钮✓。选择如图 7-22 中⑥、⑦所示的圆柱面，作“同轴心”配合，预览无误后，单击“确定”按钮✓。

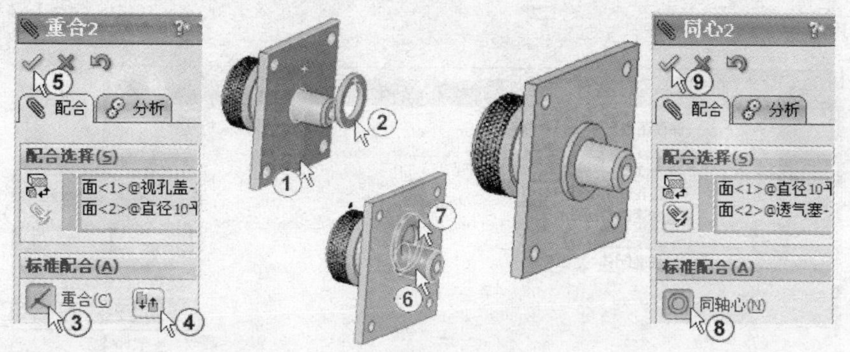

图 7-22　选择两个平面作“重合”配合，选择两个圆柱面作“同轴心”配合

7）插入“M10 螺母”零部件。单击“插入零部件”按钮，单击“浏览”按钮 浏览(B)... ，找到“M10 螺母”零部件，单击“打开”按钮 打开(O) ，移动鼠标将“M10 螺母”零部件放置到恰当的位置单击。如图 7-23 中③所示。

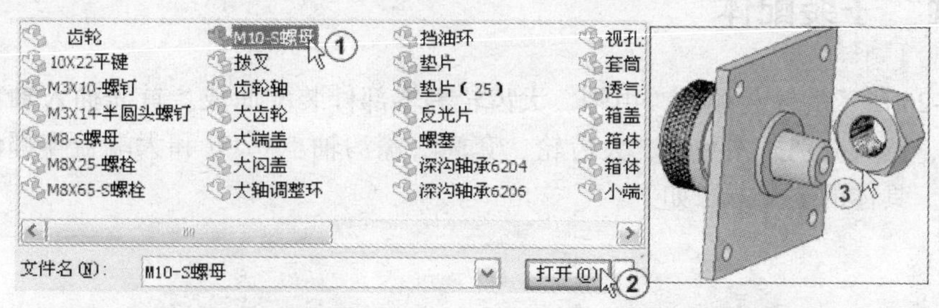

图 7-23　插入 M10 螺母

8）建立平垫片与 M10 螺母“重合”配合和透气塞与 M10 螺母的“同轴心”配合。单击“配合”按钮，出现“配合”属性管理器，选择如图7-24 中①、②所示的平面，作“重合”配合，预览无误后，单击“确定”按钮✓。选择如图 7-24 中⑤、⑥所示的圆柱面和圆弧边，作“同轴心”配合，预览无误后，单击“确定”按钮✓。

图 7-24　选择两个平面作“重合”配合，选择圆柱面和圆弧边线作“同轴心”配合

9）保存装配体文件。单击工具栏中的“保存”按钮，系统弹出“另存为”对话框，在文件名输入框中输入“透气塞装配体”，单击“保存”按钮 保存(S) 将装配体文件保存。如

图 7-25 所示。

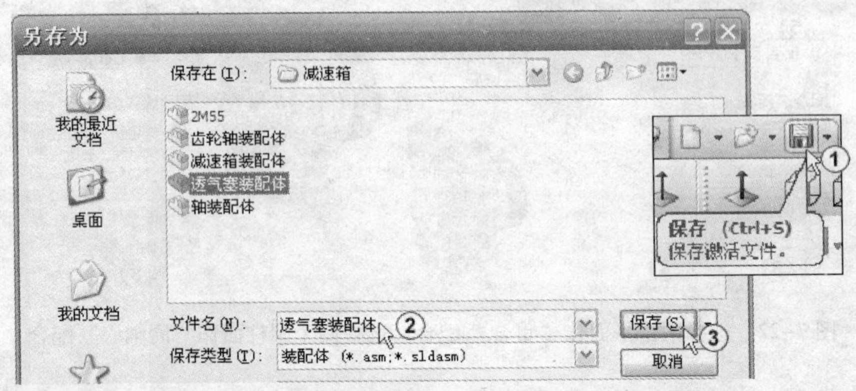

图 7-25　保存装配体文件

7.3 “轴”子装配体

如图 7-26 所示的轴装配体，由轴、大齿轮等零部件装配而成。首先插入轴零部件并固定在原点上，然后分别插入平键、大齿轮、套筒、深沟轴承 6206 和大端盖零部件，并分别作相应配合。具体的装配方法如下。

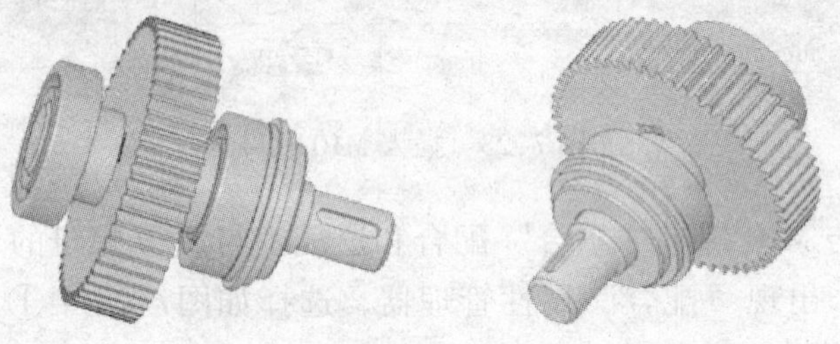

图 7-26　轴装配体

1) 建立新文件。单击工具栏中的“新建”按钮或单击菜单“文件”→“新建”命令，系统弹出“新建 SolidWorks 文件”对话框，在模板内选择“装配体”按钮，单击“确定”按钮，如图 7-27 中③所示。

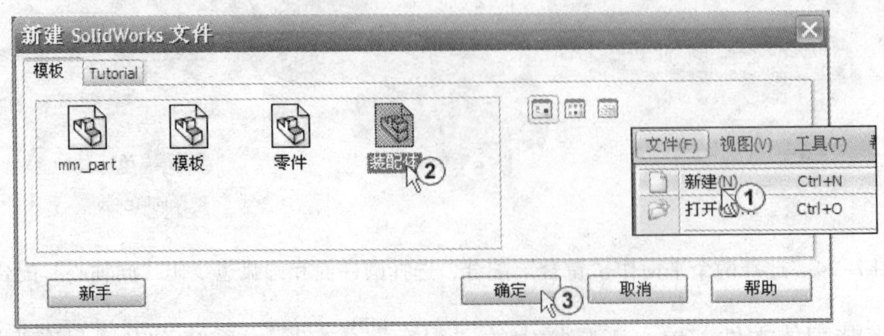

图 7-27　新建装配体文件

2）插入轴零部件。单击“确定”按钮后系统进入装配体“开始装配体”界面。单击“浏览”按钮 浏览(B)... ，出现“打开”对话框，找到配套光盘中的“轴”零部件，单击“打开”按钮 打开(O) ，打开对话框消失，打开的零部件跟着鼠标移动，在图形区域将鼠标移到“原点”位置单击，在原点插入固定的“轴”零部件。如图 7-28 中④所示。

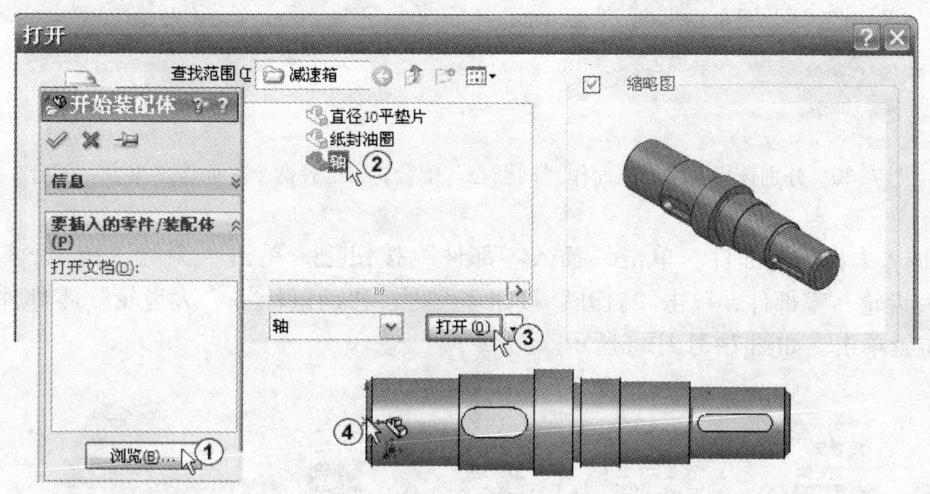

图 7-28　在原点插入轴零部件

3）插入“10×22 平键”零部件。单击“插入零部件”按钮，单击“浏览”按钮 浏览(B)... ，找到“10×22 平键”零部件，单击“打开”按钮 打开(O) ，移动鼠标将“10×22 平键”零部件放置到恰当的位置单击。如图 7-29 中⑤所示。

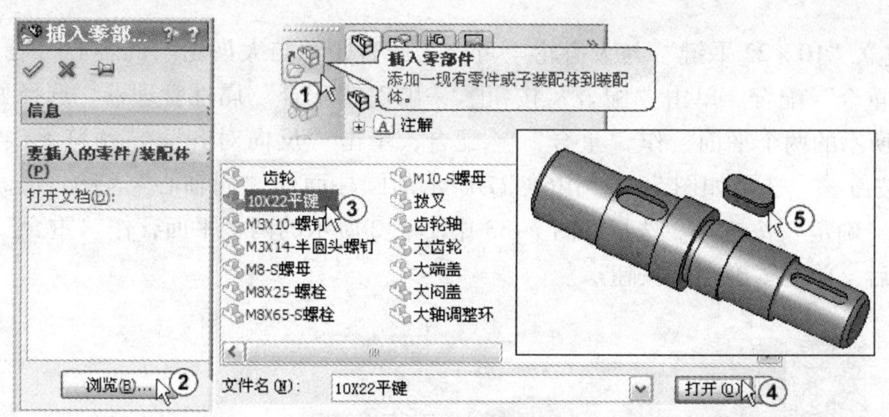

图 7-29　插入平键零部件

4）建立“10×22 平键”与轴“同轴心”配合和“重合”配合。单击“配合”按钮，出现“配合”属性管理器，选择如图 7-30 中①、②所示的圆弧面，作“同轴心”配合，预览无误后，单击“确定”按钮。选择如图 7-30 中④、⑤所示的圆弧面作“同轴心”配合，预览无误后，单击“确定”按钮。选择如图⑦、⑧所示的平面作“重合”配合，预览无误后，单击“确定”按钮。

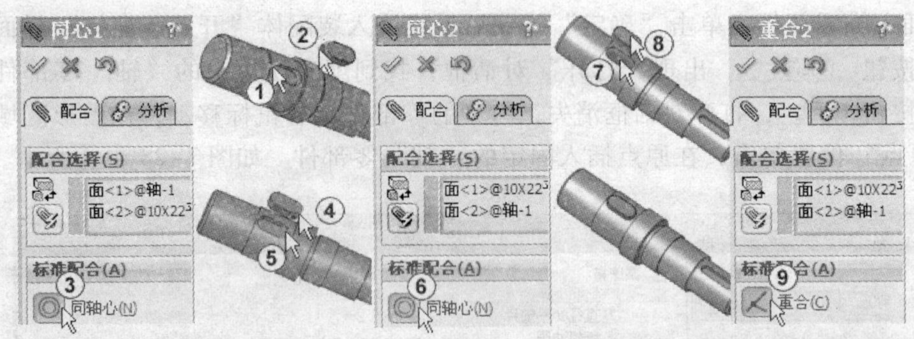

图 7-30　分别选择两组圆弧面作“同轴心”配合，再选择两个平面作“重合”配合

5）插入大齿轮零部件。单击“插入零部件”按钮，单击“浏览”按钮 浏览(B)...，找到“大齿轮”零部件，单击“打开”按钮 打开(O)，移动鼠标将“大齿轮”零部件放置到恰当的位置单击。如图 7-31 中③所示。

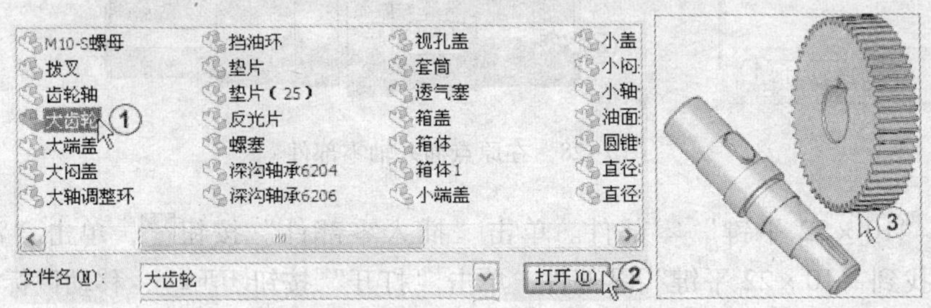

图 7-31　插入大齿轮零部件

6）建立“10×22 平键”与大齿轮“重合”配合，轴与大齿轮“同轴心”配合和轴与大齿轮“重合”配合。单击“配合”按钮，出现“配合”属性管理器，选择如图 7-32 中①、②所示的两个平面，作“重合”配合，单击“反向对齐”预览无误后，单击“确定”按钮✓。选择如图 7-32 中⑥、⑦所示的圆柱面作“同轴心”配合，预览无误后，单击“确定”按钮✓。选择如图 7-33 中①、②所示的两个平面，作“重合”配合，预览无误后，单击“确定”按钮✓。

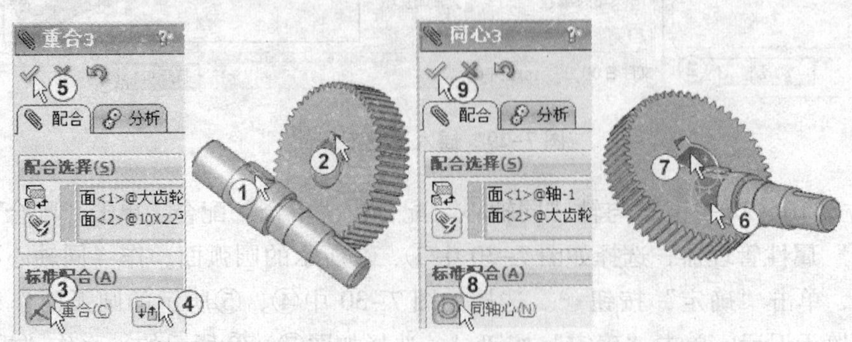

图 7-32　选择两个平面作“重合”配合，选择两个圆弧面作“同轴心”配合

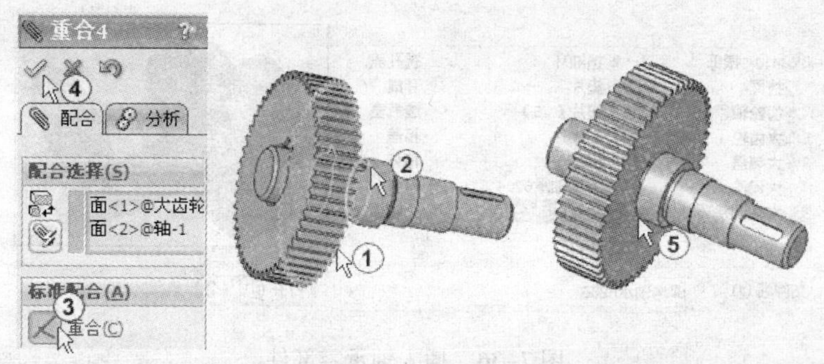

图 7-33　选择两个平面作“重合”配合

7）插入套筒零部件。单击“插入零部件”按钮，单击“浏览”按钮 浏览(B)...，找到“套筒”零部件，单击“打开”按钮 打开(O)，移动鼠标将“套筒”零部件放置到恰当的位置单击。如图 7-34 中③所示。

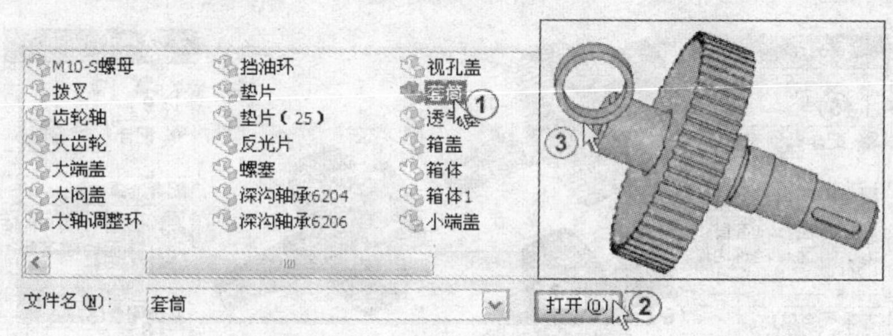

图 7-34　插入套筒零部件

8）建立大齿轮与套筒“重合”配合和轴与套筒“同轴心”配合。单击“配合”按钮，出现“配合”属性管理器，选择如图 7-35 中①、②所示的两个平面，作“重合”配合，预览无误后单击“确定”按钮。选择如图 7-35 中⑤、⑥所示的圆柱面作“同轴心”配合，预览无误后，单击“确定”按钮。

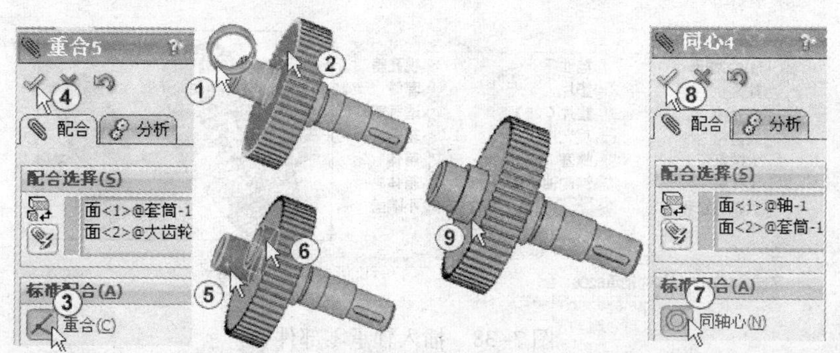

图 7-35　选择两个平面作“重合”配合，选择两个圆柱面作“同轴心”配合

9）插入“深沟轴承 6206”零部件。单击“插入零部件”按钮，单击“浏览”按钮 浏览(B)...，找到“深沟轴承 6206”零部件，单击“打开”按钮 打开(O)，移动鼠标将“深沟轴承 6206”零部件放置到恰当的位置单击。如图 7-36 中③所示。

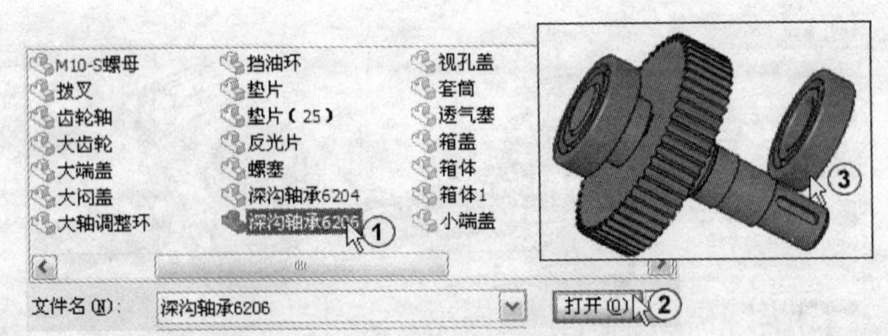

图 7-36　插入轴承零部件

10）建立轴与套筒“重合”配合和“深沟轴承 6206”与轴“同轴心”配合。单击“配合”按钮，出现“配合”属性管理器，选择如图 7-37 中①、②所示的两个平面，作“重合”配合，预览无误后单击“确定”按钮。选择如图 7-37 中⑥、⑦所示的圆柱面作“同轴心”配合，预览无误后，单击“确定”按钮。

图 7-37　选择两个平面作“重合”配合，选择两个圆柱面作“同轴心”配合

11）插入“深沟轴承 6206”零部件。单击“插入零部件”按钮，单击“浏览”按钮 浏览(B)...，找到“深沟轴承 6206”零部件，单击“打开”按钮 打开(O)，移动鼠标将“深沟轴承 6206”零部件放置到恰当的位置单击。如图 7-38 中③所示。

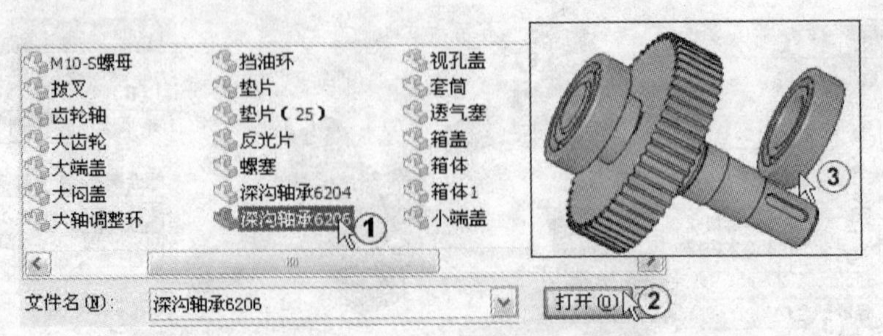

图 7-38　插入轴承零部件

12）建立轴与“深沟轴承 6206”的“同轴心”配合和“重合”配合。单击“配合”按钮，出现“配合”属性管理器，选择如图 7-39 中①、②所示的两个圆柱面，作“同轴心”配合，预览无误后单击“确定”按钮。选择如图 7-39 中⑤、⑥所示的平面作“重合”配合，预览无误后，单击“确定”按钮。

图 7-39　选择两个圆柱面作“同轴心”配合，选择两个平面作“重合”配合

13）插入大端盖零部件。单击“插入零部件”按钮，单击“浏览”按钮 浏览(B)... ，找到“大端盖”零部件，单击“打开”按钮 打开(O) ，移动鼠标将“大端盖”零部件放置到恰当的位置单击。如图 7-40 中③所示。

图 7-40　插入大端盖零部件

14）建立“深沟轴承 6206”与“大端盖”“重合”配合和“轴”与“大端盖”“同轴心”配合。单击“配合”按钮，出现“配合”属性管理器，选择如图 7-41 中①、②所示的两个平面，作“重合”配合，单击“反向对齐”按钮预览无误后，单击“确定”按钮✓。选择如图 7-41 中⑥、⑦所示的圆柱面作“同轴心”配合，预览无误后，单击“确定”按钮✓。

图 7-41　选择两个平面作“重合”配合，选择两个圆柱面作“同轴心”配合

15）保存装配体文件。单击工具栏中的“保存”按钮，系统弹出“另存为”对话框，在文件名输入框中输入“轴装配体”，单击“保存”按钮 保存(S) 将装配体文件保存。如图

7-42 所示。

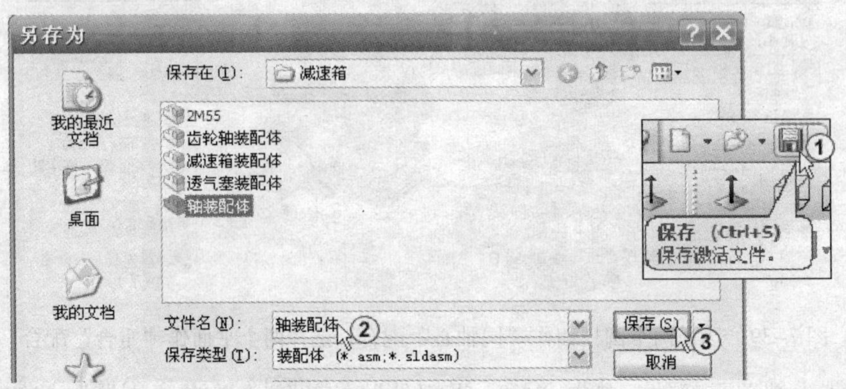

图 7-42　保存装配体文件

7.4　减速箱总装配

首先插入“箱体”零部件并固定在原点上，然后分别插入箱体部分的相关零部件，并分别作相应配合；再插入“齿轮轴”子装配体、“轴”子装配体及传动部分的相关零部件，并分别作相应配合；最后插入“箱盖”部分零部件以及“透气塞”子装配体，并分别作相应配合最后完成减速箱的装配。其具体装配方法如下。

1）建立新文件。单击工具栏中的“新建”按钮或单击菜单“文件”→“新建”命令，系统弹出“新建 SolidWorks 文件”对话框，在模板内选择“装配体”按钮，单击“确定”按钮 确定 。

2）插入“箱体”零部件。单击“确定”按钮后系统进入装配体“开始装配体”界面。单击“浏览”按钮 浏览(B)... ，出现“打开”对话框，找到配套光盘中的“箱体”零部件，单击“打开”按钮 打开(O) ，打开对话框消失，打开的零部件跟着鼠标移动，在图形区域将鼠标移到“原点”位置单击，在原点插入固定的“箱体”零部件。如图 7-43 中④所示。

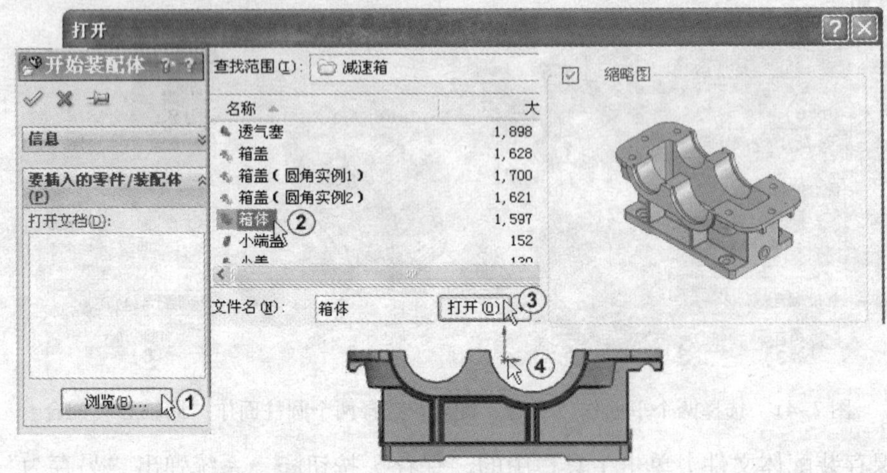

图 7-43　在原点插入“箱体”零部件

3）插入小闷盖零部件。单击“插入零部件”按钮，单击“浏览”按钮 浏览(B)... ，找到“小闷盖”零部件，单击“打开”按钮 打开(O) ，移动鼠标将“小闷盖”零部件放置到恰当的位置单击。如图 7-44 中⑤所示。

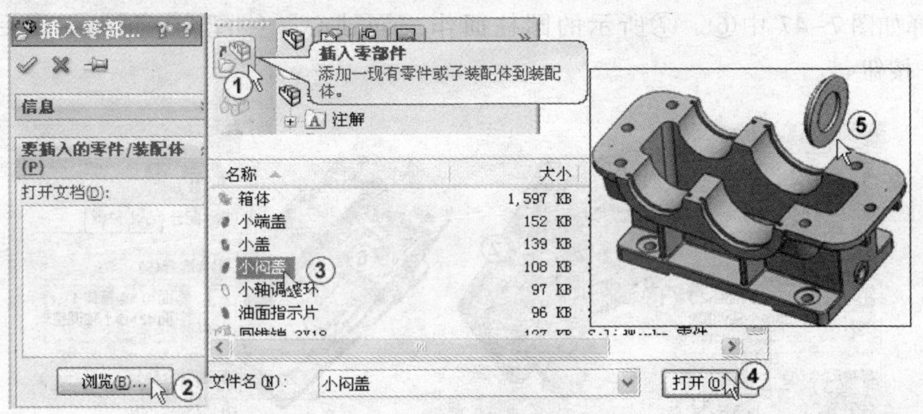

图 7-44　插入小闷盖零部件

4）建立小闷盖与箱体“重合”和“同轴心”配合。单击“配合”按钮，出现“配合”属性管理器，选择如图 7-45 中①、②所示的两个平面，作“重合”配合，预览无误后，单击“确定”按钮。选择如图 7-45 中⑤、⑥所示的圆柱面作“同轴心”配合，预览无误后，单击“确定”按钮。

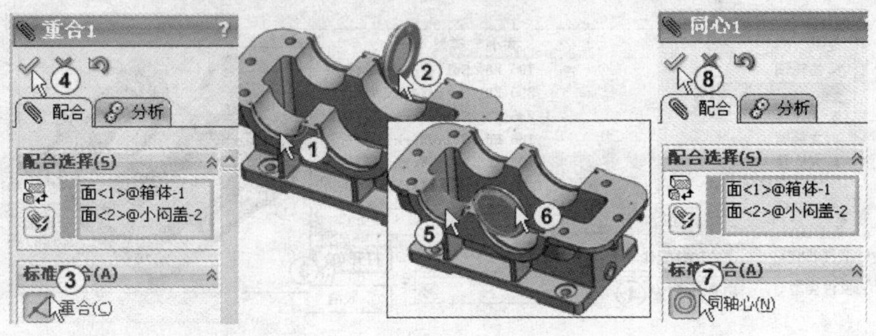

图 7-45　选择两个平面作“重合”配合，选择两个圆柱面作“同轴心”配合

5）插入小轴调整环零部件。单击“插入零部件”按钮，单击“浏览”按钮 浏览(B)... ，找到“小轴调整环”零部件，单击“打开”按钮，移动鼠标将“小轴调整环”零部件放置到恰当的位置单击。如图 7-46 中③所示。

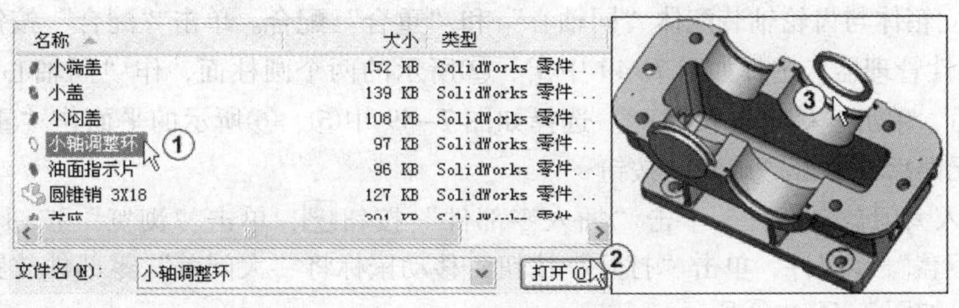

图 7-46　插入小轴调整环零部件

6）建立小闷盖与小轴调整环“重合”配合和箱体与小轴调整环“同轴心”配合。单击“配合”按钮，出现“配合”属性管理器，选择如图7-47中①、②所示的两个平面，作“重合”配合，单击“反向对齐”按钮，预览无误后，单击“确定”按钮。选择如图7-47中⑥、⑦所示的圆柱面作“同轴心”配合，预览无误后，单击“确定”按钮。

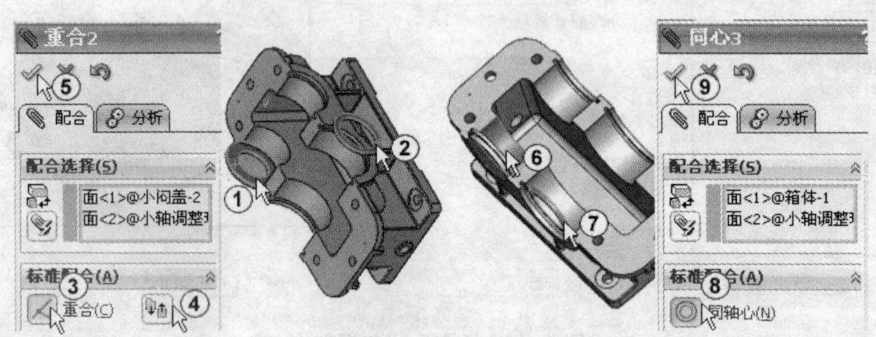

图7-47　选择两个平面作“重合”配合，选择两个圆柱面作“同轴心”配合

7）插入“齿轮轴装配体”。单击“插入零部件”按钮，单击“浏览”按钮浏览(B)...，找到“齿轮轴装配体”，单击“打开”按钮，移动鼠标将“齿轮轴装配体”放置到恰当的位置单击。如图7-48中④所示。

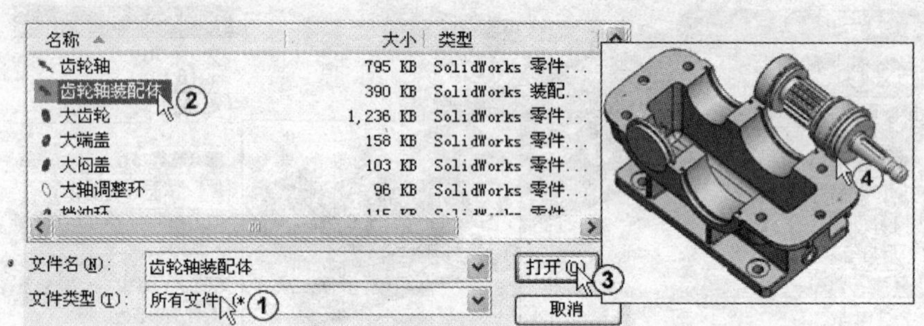

图7-48　插入“齿轮轴装配体”

注意： 如果找不到“齿轮轴装配”文件，在“文件类型”选择框中选择“所有文件”，系统将显示所有文件，如图7-48中①所示。

8）建立箱体与齿轮轴装配体“同轴心”和“重合”配合。单击“配合”按钮，出现“配合”属性管理器，选择如图7-49中①、②所示的两个圆柱面，作“同轴心”配合，预览无误后，单击“确定”按钮。选择如图7-49中⑤、⑥所示的平面作“重合”配合，预览无误后，单击“确定”按钮。

9）插入大闷盖零部件。单击“插入零部件”按钮，单击“浏览”按钮浏览(B)...，找到“大闷盖”零部件，单击“打开”按钮，移动鼠标将“大闷盖”零部件放置到恰当的位置单击。如图7-50中③所示。

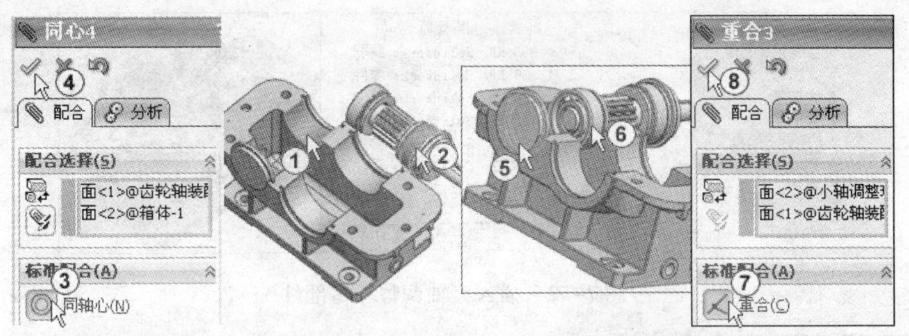

图 7-49　选择两个圆柱面作“同轴心”配合，选择两个平面作“重合”配合

图 7-50　插入大闷盖零部件

10）建立箱体与大闷盖“重合”和“同轴心”配合。单击“配合”按钮，出现“配合”属性管理器，选择如图 7-51 中①、②所示的两个平面，作“重合”配合，单击“同向对齐”按钮预览无误后，单击“确定”按钮✓。选择如图 7-51 中⑥、⑦所示的圆柱面作“同轴心”配合，预览无误后，单击“确定”按钮✓。

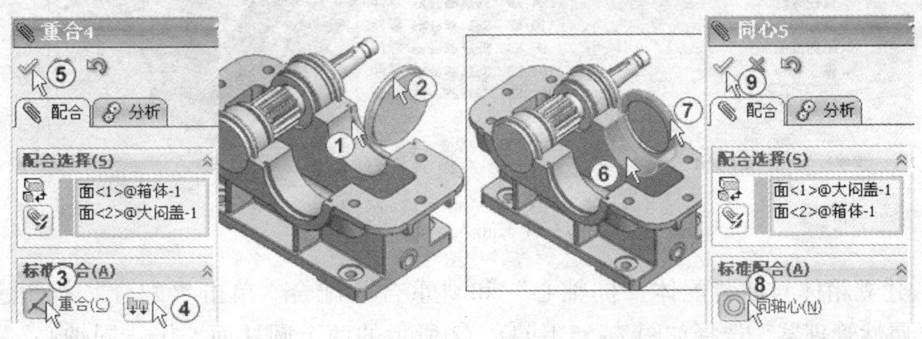

图 7-51　选择两个平面作“重合”配合，选择两个圆柱面作“同轴心”配合

11）插入“大轴调整环”零部件。单击“插入零部件”按钮，单击“浏览”按钮 浏览(B)...，找到“大轴调整环”零部件，单击“打开”按钮，移动鼠标将“大轴调整环”零部件放置到恰当的位置单击。如图 7-52 中③所示。

12）建立“箱体”与“大轴调整环”“重合”和“同轴心”配合。单击“配合”按钮，出现“配合”属性管理器，选择如图 7-53 中①、②所示的两个平面，作“重合”配合，预览无误后，单击“确定”按钮✓。选择如图 7-53 中⑤、⑥所示的圆柱面作“同轴心”配合，预览无误后，单击“确定”按钮✓。

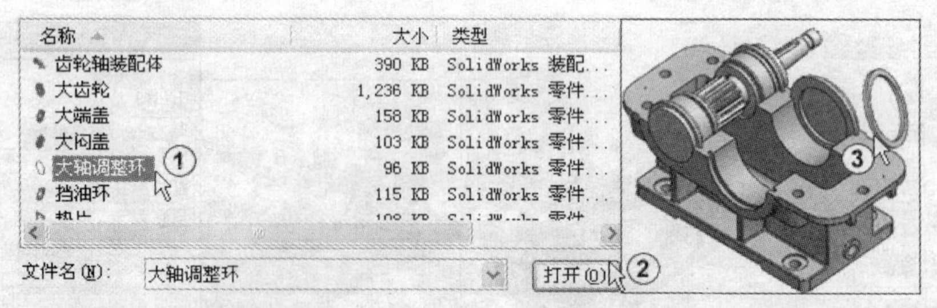

图 7-52 插入大轴调整环零部件

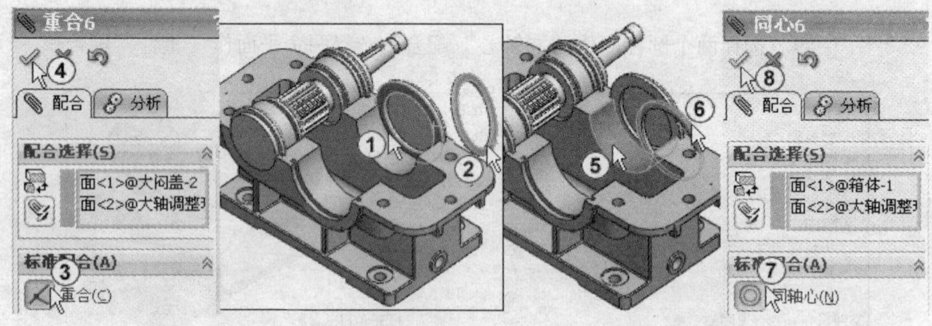

图 7-53 选择两个平面作“重合”配合，选择两个圆柱面作“同轴心”配合

13）插入轴装配体。单击“插入零部件”按钮，单击“浏览”按钮浏览(B)...，找到“轴装配体”，单击“打开”按钮，移动鼠标将“轴装配体”放置到恰当的位置单击。如图 7-54 中③所示。

图 7-54 插入“轴装配体”

14）建立箱体与轴装配体“同轴心”和“重合”配合。单击“配合”按钮，出现“配合”属性管理器，选择如图 7-55 中①、②所示的两个圆柱面，作“同轴心”配合，单击“同向对齐”图标预览无误后，单击“确定”按钮✓。选择如图 7-55 中⑥、⑦所示的平面作“重合”配合，预览无误后，单击“确定”按钮✓。

15）插入纸封油圈零部件。单击“插入零部件”按钮，单击“浏览”按钮浏览(B)...，找到“纸封油圈”零部件，单击“打开”按钮，移动鼠标将“纸封油圈”零部件放置到恰当的位置单击。如图 7-56 中③所示。

16）建立箱体与纸封油圈“重合”和“同轴心”配合。单击“配合”按钮，出现“配合”属性管理器，选择如图 7-57 中①、②所示的两个平面，作“重合”配合，预览无误后，单击“确定”按钮✓。选择如图 7-57 中⑤、⑥所示的圆柱面作“同轴心”配合，预览无误后，单击“确定”按钮✓。

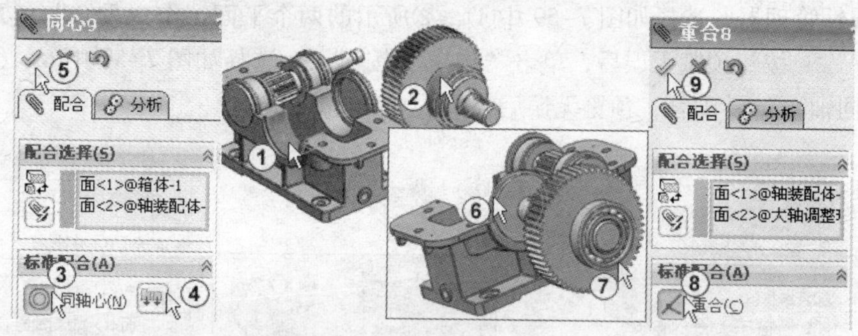

图 7-55 选择两个圆柱面作“同轴心”配合，选择两个平面作“重合”配合

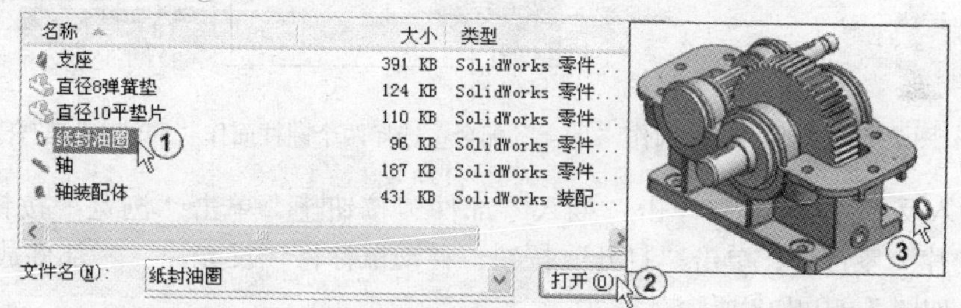

图 7-56 插入纸封油圈零部件

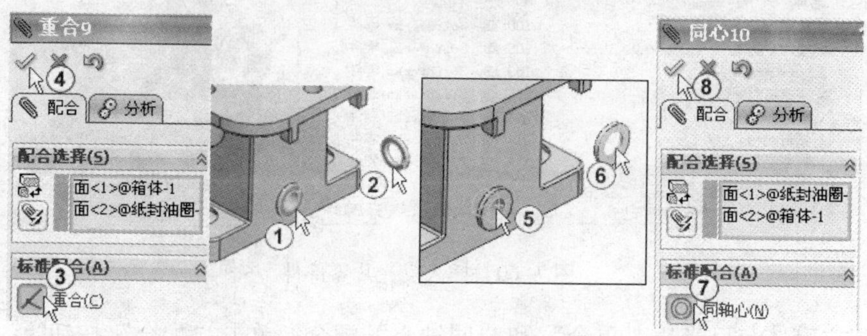

图 7-57 选择两个平面作“重合”配合，选择两个圆柱面 作“同轴心”配合

17）插入螺塞零部件。单击“插入零部件”按钮，单击“浏览”按钮 浏览(B)... ，找到“螺塞”零部件，单击“打开”按钮，移动鼠标将“螺塞”零部件放置到恰当的位置单击。如图 7-58 中③所示。

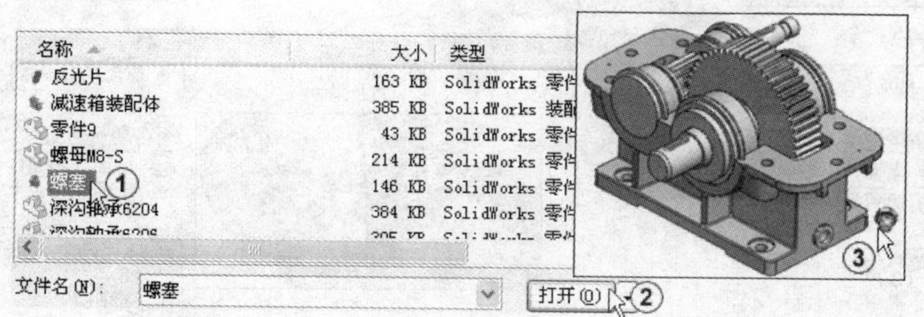

图 7-58 插入螺塞零部件

18）建立纸封油圈与螺塞“重合”和“同轴心”配合。单击“配合”按钮，出现“配合”属性管理器，选择如图 7-59 中①、②所示的两个平面，作“重合”配合，单击“反向对齐”按钮预览无误后，单击“确定”按钮✓。选择如图 7-59 中⑥、⑦所示的圆柱面作“同轴心”配合，预览无误后，单击“确定”按钮✓。

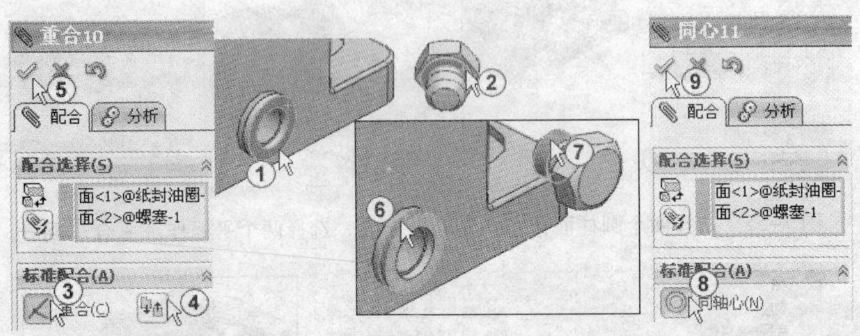

图 7-59　选择两个平面作“重合”配合，选择两个圆柱面作“同轴心”配合

19）插入反光片零部件。单击“插入零部件”按钮，单击“浏览”按钮 浏览(B)...，找到“反光片”零部件，单击“打开”按钮，移动鼠标将“反光片”零部件放置到恰当的位置单击。如图 7-60 中③所示。

图 7-60　插入反光片零部件

20）建立箱体与反光片“重合”和“同轴心”配合。单击“配合”按钮，出现“配合”属性管理器，选择如图 7-61 中①、②所示的两个平面，作“重合”配合，单击“反向对齐”按钮预览无误后，单击“确定”按钮✓。选择如图 7-61 中⑥、⑦所示的圆柱面作“同轴心”配合，预览无误后，单击“确定”按钮✓。

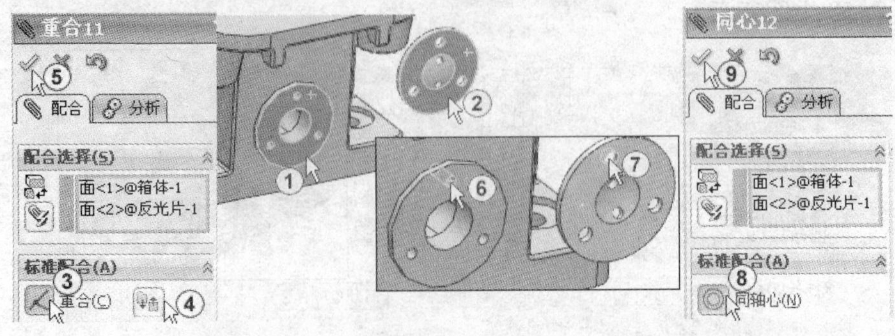

图 7-61　选择两个平面作“重合”配合，选择两个圆柱面 作“同轴心”配合

选择如图7-62中①、②所示的圆柱面作“同轴心”◎配合，预览无误后，单击“确定”按钮✔。

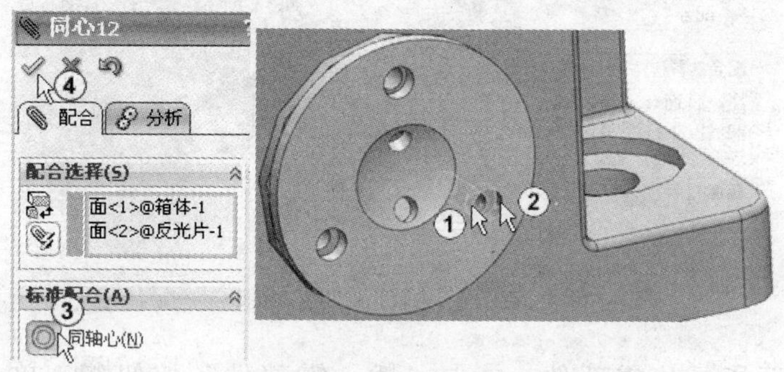

图7-62　选择两个圆柱面作“同轴心”配合

21）插入垫片（圆）零部件。单击“插入零部件”按钮，单击“浏览”按钮 浏览(B)... ，找到“垫片（圆）”零部件，单击“打开”按钮，移动鼠标将“垫片（圆）”零部件放置到恰当的位置单击。如图7-63中③所示。

图7-63　插入“垫片”零部件

22）建立“反光片”与“垫片（圆）”“重合”和“同轴心”配合。单击“配合”按钮，出现“配合”属性管理器，选择如图7-64中①、②所示的两个平面，作“重合”配合，预览无误后，单击“确定”按钮✔。选择如图7-64中⑤、⑥所示的圆柱面作“同轴心”◎配合，预览无误后，单击“确定”按钮✔。

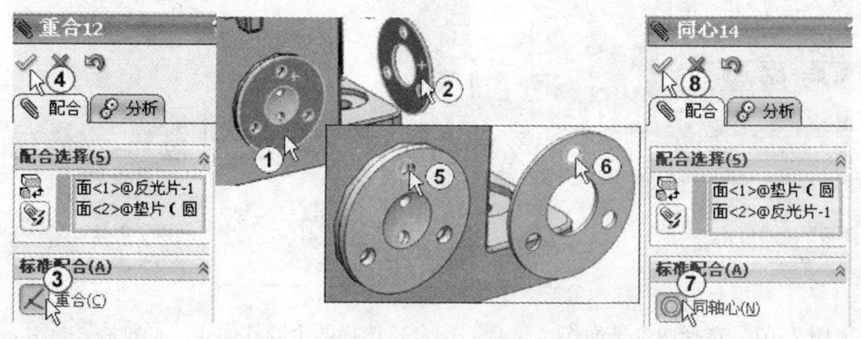

图7-64　选择两个平面作“重合”配合，选择两个圆柱面作“同轴心”配合

选择如图7-65中①、②所示的圆柱面作“同轴心”◎配合，预览无误后，单击“确定”按钮✔。

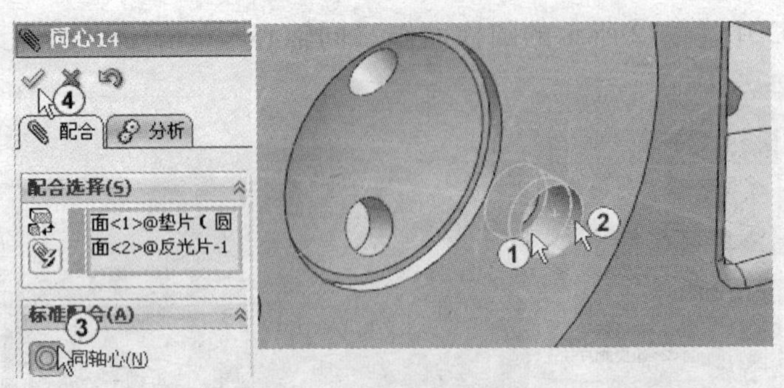

图 7-65　选择两个圆柱面作“同轴心”配合

23）插入油面指示片零部件。单击“插入零部件”按钮，单击“浏览”按钮 浏览(B)...，找到“油面指示片”零部件，单击“打开”按钮，移动鼠标将“油面指示片”零部件放置到恰当的位置单击。如图 7-66 中③所示。

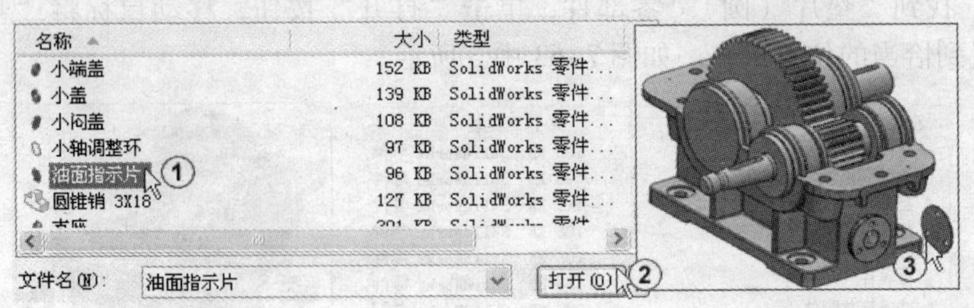

图 7-66　插入油面指示片零部件

24）建立油面指示片与垫片（圆）“重合”和“同轴心”配合。单击“配合”按钮，出现“配合”属性管理器，选择如图 7-67 中①、②所示的两个平面，作“重合”配合，预览无误后，单击“确定”按钮✓。选择如图 7-67 中⑤、⑥所示的圆柱面作“同轴心”配合，预览无误后，单击“确定”按钮✓。

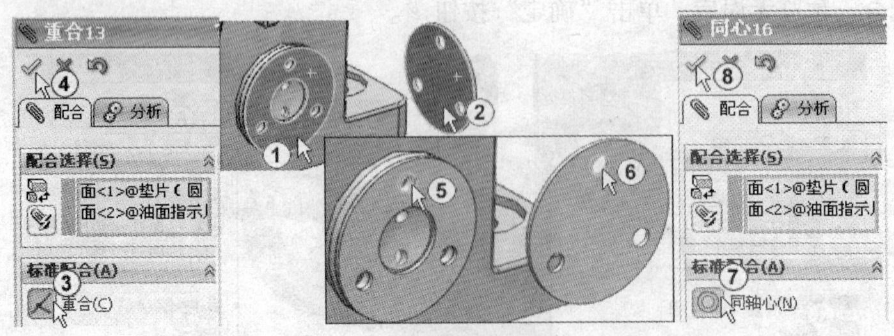

图 7-67　选择两个平面作“重合”配合，选择两个圆柱面作“同轴心”配合

选择如图 7-68 中①、②所示的圆柱面作“同轴心”配合，预览无误后，单击“确定”按钮✓。

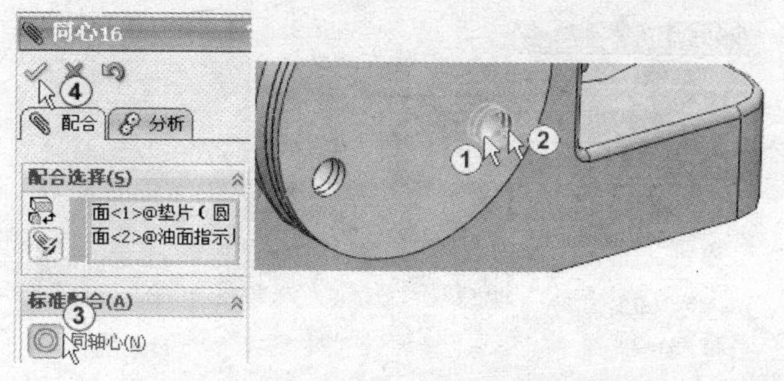

图 7-68　选择两个圆柱面作“同轴心”配合

25）插入小盖零部件。单击“插入零部件”按钮，单击“浏览”按钮 浏览(B)...，找到“小盖”零部件，单击“打开”按钮，移动鼠标将“小盖”零部件放置到恰当的位置单击。如图 7-69 中③所示。

图 7-69　插入小盖零部件

26）建立油面指示片与小盖“重合”和“同轴心”配合。单击“配合”按钮，出现“配合”属性管理器，选择如图 7-70 中①、②所示的两个平面，作“重合”配合，预览无误后，单击“确定”按钮✓。选择如图 7-70 中⑤、⑥所示的圆柱面作“同轴心”配合，预览无误后，单击“确定”按钮✓。

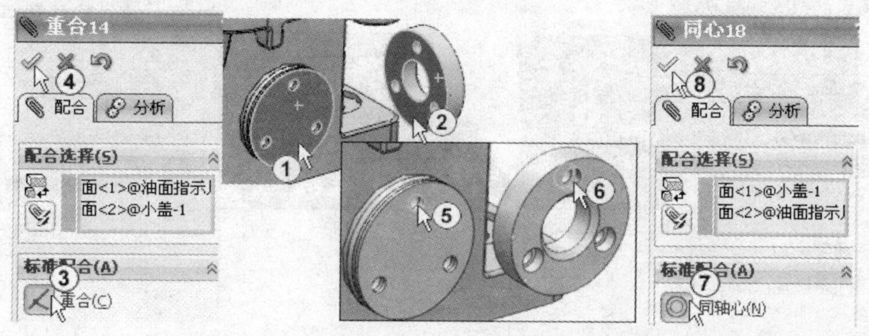

图 7-70　选择两个平面作“重合”配合，选择两个圆柱面作“同轴心”配合

选择如图 7-71 中①、②所示的圆柱面作“同轴心”配合，预览无误后，单击“确定”按钮✓。

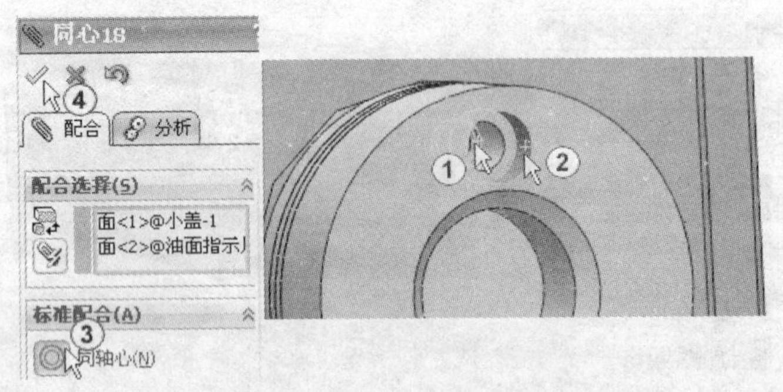

图 7-71　选择两个圆柱面作“同轴心”配合

27）插入 M3 × 14 螺钉零部件。单击“插入零部件”按钮，单击“浏览”按钮 浏览(B)... ，找到“M3 × 14 螺钉”零部件，单击“打开”按钮，移动鼠标将“M3 × 14 螺钉”零部件放置到恰当的位置单击。如图 7-72 中③所示。

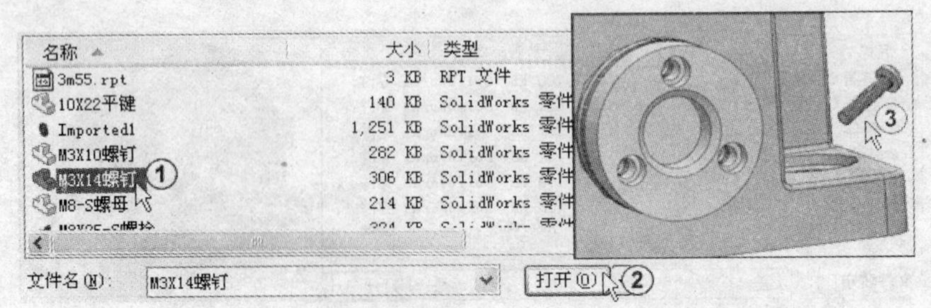

图 7-72　插入“M3 × 14 螺钉”零部件

28）建立小盖与 M3 × 14 螺钉“重合”和“同轴心”配合。单击“配合”按钮，出现“配合”属性管理器，选择如图 7-73 中①、②所示的两个平面，作“重合”配合，单击“反向对齐”按钮预览无误后，单击“确定”按钮✓。选择如图 7-73 中⑥、⑦所示的圆柱面作“同轴心”配合，预览无误后，单击“确定”按钮✓。

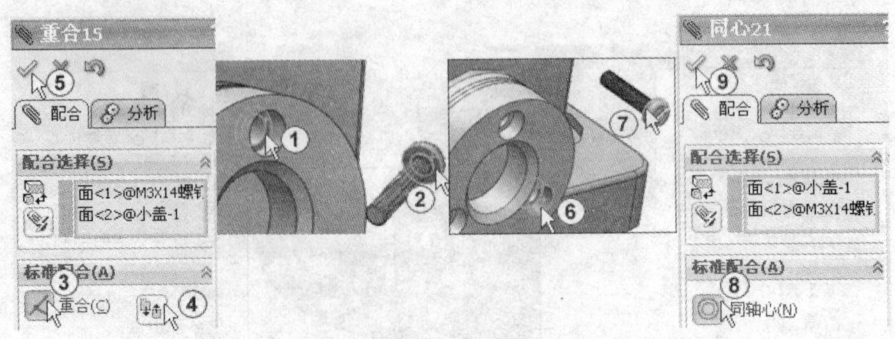

图 7-73　选择两个平面作“重合”配合，选择两个圆柱面作“同轴心”配合

29）建立 M3 × 14 螺钉圆周阵列。在装配工具栏中单击“圆周零部件阵列”按钮，或在主菜单栏中单击“插入”命令，在弹出的下拉菜单中选择“零部件阵列”→“圆周阵列”命令，系统弹出“圆周阵列”属性管理器，在“旋转轴”输入框中输入如图 7-74

中③所示的圆柱面作为圆周阵列旋转轴，勾选“等间距”复选框，在“阵列数”输入框中输入3，在“要阵列的零部件”输入框中输入“M3×14 螺钉”作为圆周阵列对象，其他采用默认设置。单击“确定”按钮完成圆周阵列。结果如图 7-74 中⑧所示。

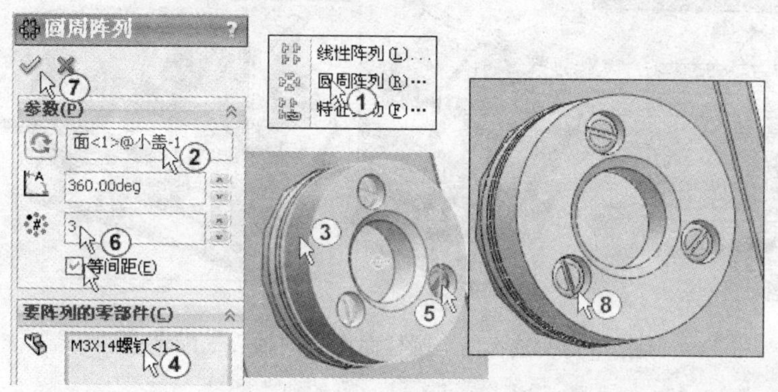

图 7-74　创建圆周阵列

30）插入箱盖零部件。单击“插入零部件”按钮，单击“浏览”按钮，找到“箱盖”零部件，单击“打开”按钮，移动鼠标将“箱盖”零部件放置到恰当的位置单击。如图 7-75 中③所示。

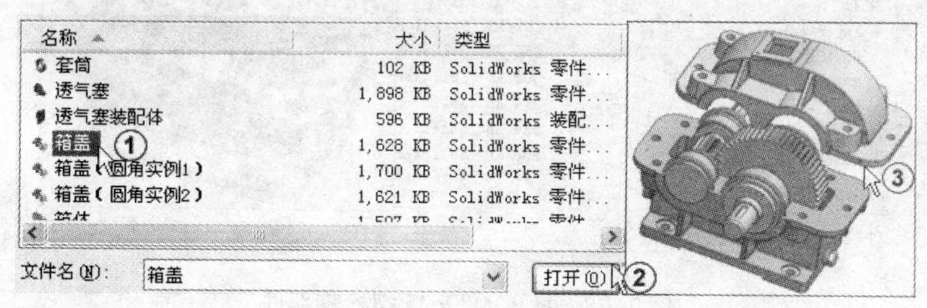

图 7-75　插入箱盖零部件

31）建立箱盖与箱体“重合”配合和箱盖与轴装配体“同轴心”配合。单击“配合”按钮，出现“配合”属性管理器，选择如图 7-76 中①、②所示的两个平面，作“重合”配合，预览无误后，单击“确定”按钮。选择如图 7-76 中⑤、⑥所示的圆柱面和圆弧边作“同轴心”配合，预览无误后，单击“确定”按钮。

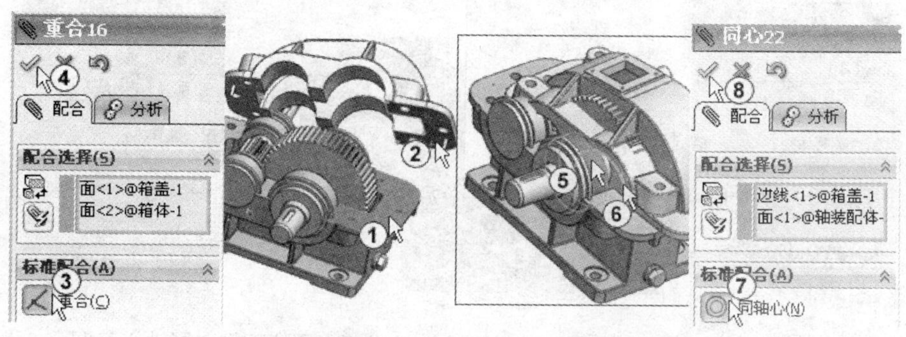

图 7-76　选择两个平面作“重合”配合，选择两个圆柱面作“同轴心”配合

选择如图 7-77 中①、②所示的两个圆柱面作“同轴心”◎配合，预览无误后，单击“确定”按钮✓。

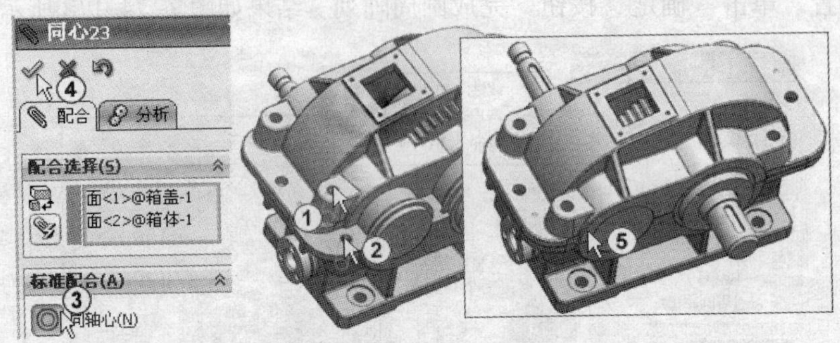

图 7-77　选择两个圆柱面作“同轴心”配合

32）插入 M8 ×25 螺栓零部件。单击“插入零部件”按钮，单击“浏览”按钮 浏览(B)... ，找到“M8 ×25 螺栓”零部件，单击“打开”按钮，移动鼠标将“M8 ×25 螺栓”零部件放置到恰当的位置单击。如图 7-78 中③所示。

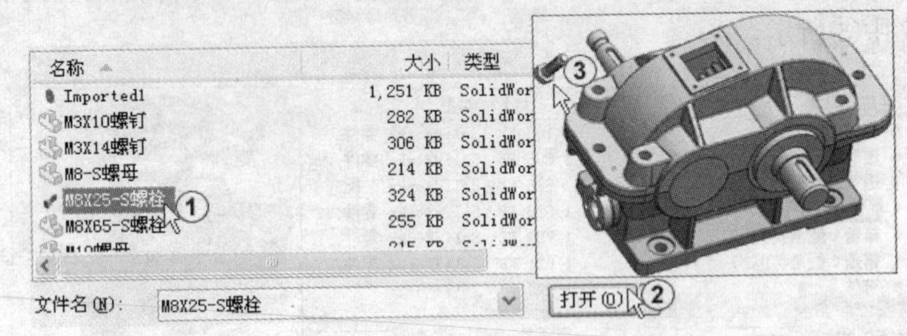

图 7-78　插入 M8 ×25 螺栓零部件

33）建立 M8 ×25 螺栓与箱体“重合”和“同轴心”配合。单击“配合”按钮，出现“配合”属性管理器，选择如图 7-79 中①、②所示的两个平面，作“重合”配合，预览无误后，单击“确定”按钮✓。选择如图 7-79 中⑤、⑥所示的两个圆柱面作“同轴心”◎配合，预览无误后，单击“确定”按钮✓。

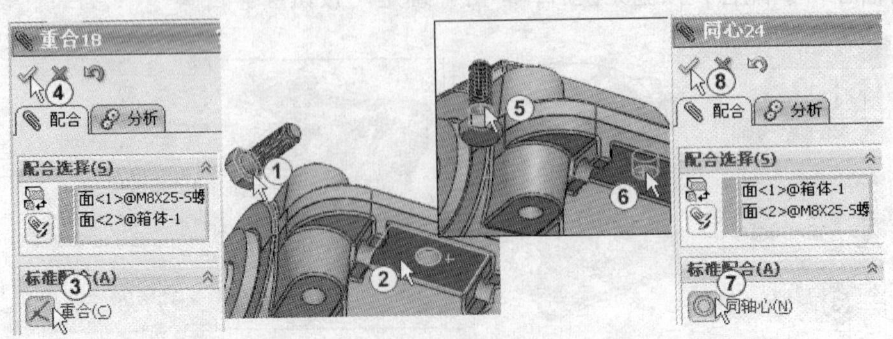

图 7-79　选择两个平面作“重合”配合，选择两个圆柱面作“同轴心”配合

34）插入直径 8 弹簧垫零部件。单击“插入零部件”按钮，单击“浏览”按钮 浏览(B)...，找到“直径 8 弹簧垫”零部件，单击“打开”按钮，移动鼠标将“直径 8 弹簧垫”零部件放置到恰当的位置单击。如图 7-80 中③所示。

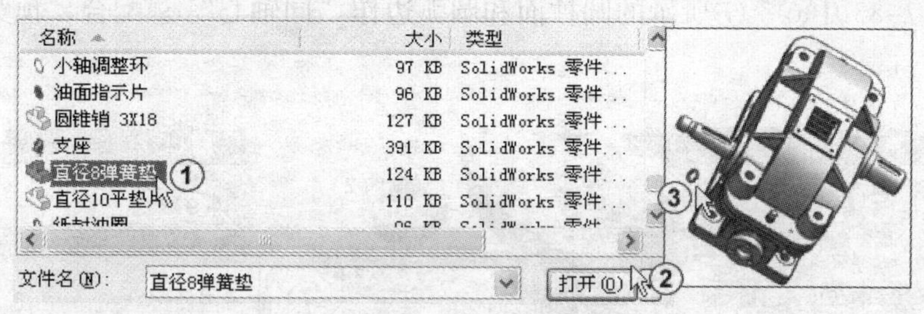

图 7-80　插入直径 8 弹簧垫零部件

35）建立直径 8 弹簧垫与箱盖“重合”和直径 8 弹簧垫与 M8 ×25 螺栓“同轴心”配合。单击“配合”按钮，出现“配合”属性管理器，选择如图 7-81 中①、②所示的两个平面，作“重合”配合，单击“反向对齐”按钮预览无误后，单击“确定”按钮✓。选择如图 7-81 中⑥、⑦所示的圆柱面作“同轴心”配合，预览无误后，单击“确定”按钮✓。

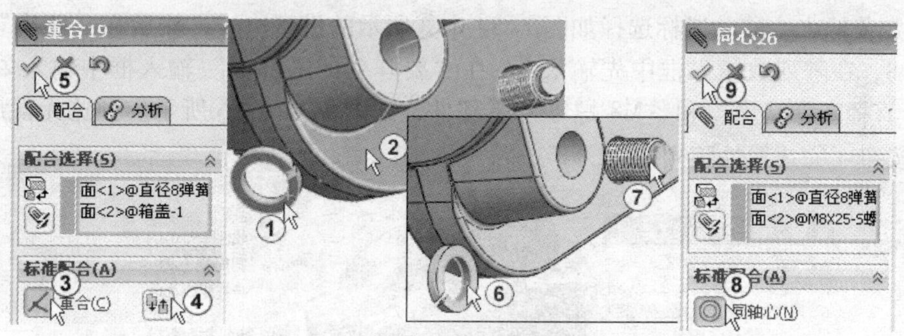

图 7-81　选择两个平面作“重合”配合，选择两个圆柱面作“同轴心”配合

36）插入 M8 螺母零部件。单击“插入零部件”按钮，单击“浏览”按钮 浏览(B)...，找到“M8 螺母”零部件，单击“打开”按钮，移动鼠标将 M8 螺母零部件放置到恰当的位置单击。如图 7-82 中③所示。

图 7-82　插入 M8 螺母零部件

37）建立直径 8 弹簧垫与 M8 螺母“重合”配合和 M8 螺母与 M8 ×25 螺栓“同轴心”配合。单击“配合”按钮，出现“配合”属性管理器，选择如图 7-83 中①、②所示的两个平面，作“重合”配合，单击“反向对齐”按钮预览无误后，单击“确定”按钮✓。选择如图 7-83 中⑥、⑦所示的圆柱面和圆弧边作“同轴心”配合，预览无误后，单击“确定”按钮✓。

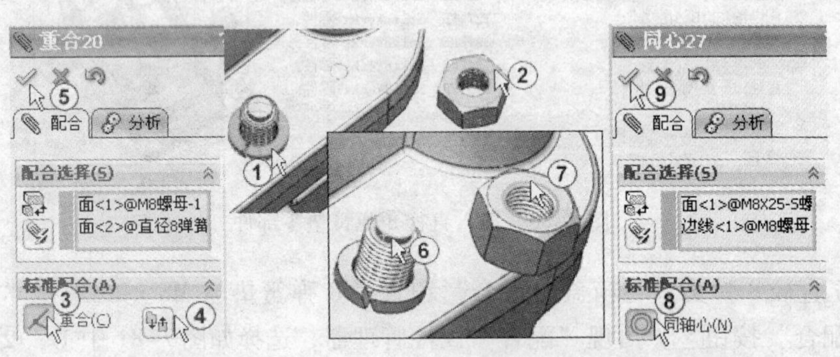

图 7-83　选择两个平面作“重合”配合，选择圆柱面和圆弧边作“同轴心”配合

38）建立“线性阵列”。单击菜单栏中的“插入”→“零部件阵列”→“线性阵列”命令，系统弹出线性阵列属性管理器，单击“方向 1”阵列方向输入框，输入框变成淡蓝色，接受数值输入，移动鼠标选择如图 7-84 中③所示的模型边线，然后在“距离”输入框中输入 208，在阵列数输入框中先输入 2，在“要阵列的零部件”输入框中输入“M8 ×25 螺栓”、“直径 8 弹簧垫”和“M8 螺母”零部件，如图 7-84 中⑥所示。预览无误后，单击“确定”按钮✓完成线性阵列操作。

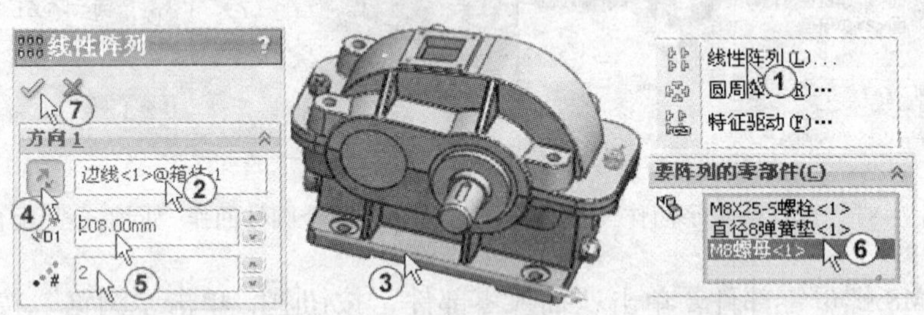

图 7-84　创建线性阵列

用上面同样的方法插入 M8 ×65 螺栓、M8 螺母和直径 8 弹簧垫零部件，并作相应的配合。

39）建立线性阵列。单击菜单栏中的“插入”→“零部件阵列”→“线性阵列”命令，系统弹出线性阵列属性管理器，在“方向 1”阵列方向输入框中输入如图 7-85 中③所示的边线作为阵列方向，单击“反向”按钮，使阵列方法符合设计要求。在“距离”输入框中输入 158，在“阵列数”输入框中先输入 2。在“方向 2”阵列方向输入框中输入如图 7-85 中⑥所示的边线作为阵列方向，在“距离”输入框中输入 74，在“阵列数”输入框中输入 2。在“要阵列的零部件”输入框中输入“M8 ×65 螺栓”、“直径 8 弹簧垫”和“M8 螺母”零部件，如图 7-85 中⑧所示。预览无误后，单击“确定”按钮✓完成线性阵列操作。

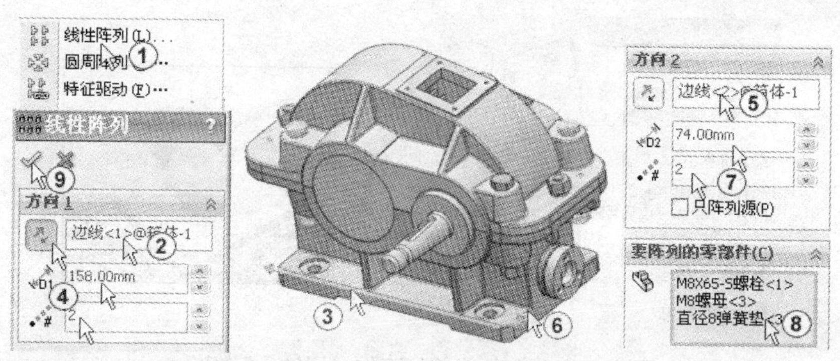

图 7-85　创建线性阵列

40）插入透气塞装配体。单击“插入零部件”按钮，单击“浏览”按钮 浏览(B)... ，找到“透气塞装配体”，单击“打开”按钮，移动鼠标将“透气塞装配体”放置到恰当的位置单击。如图 7-86 中③所示。

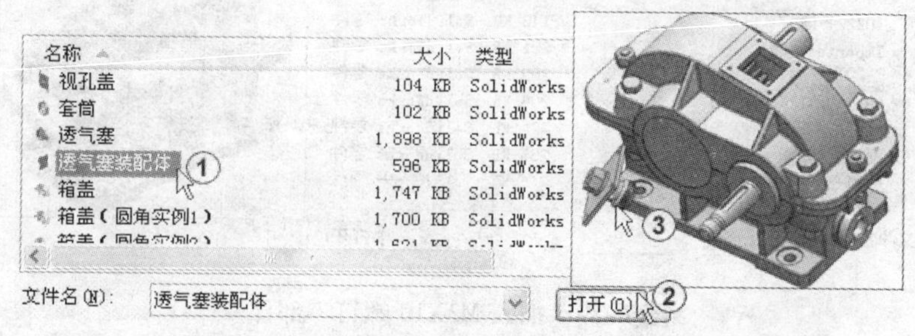

图 7-86　插入透气塞装配体

41）建立箱盖与透气塞装配体“重合”和“同轴心”配合。单击“配合”按钮，出现“配合”属性管理器，选择如图 7-87 中①、②所示的两个平面，作“重合”配合，单击“反向对齐”按钮预览无误后，单击“确定”按钮✓。选择如图 7-87 中⑥、⑦所示的两个圆柱面作“同轴心”配合，预览无误后，单击“确定”按钮✓。

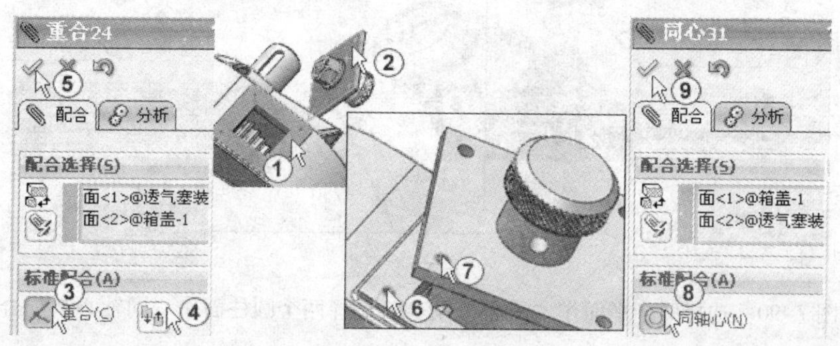

图 7-87　选择两个平面作“重合”配合，选择两个圆柱面作“同轴心”配合

选择如图 7-88 中①、②所示的两个圆柱面作“同轴心”配合，预览无误后，单击“确定”按钮✓。结果如图 7-88 中⑤所示。

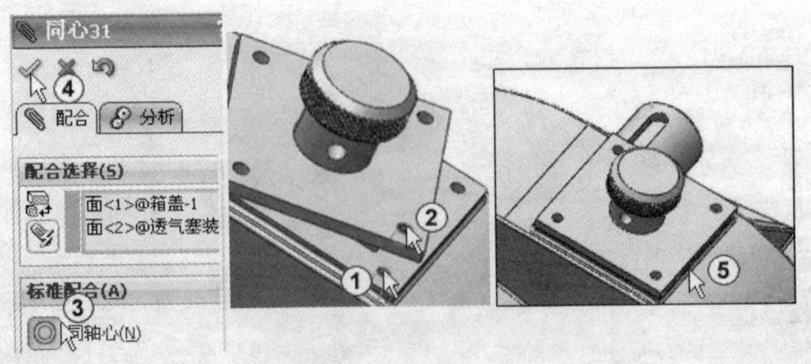

图 7-88　选择两个圆柱面作“同轴心”配合

42）插入 M3 × 10 螺钉零部件。单击“插入零部件”按钮，单击“浏览”按钮浏览(B)...，找到“M3 × 10 螺钉”零部件，单击“打开”按钮，移动鼠标将“M3 × 10 螺钉”零部件放置到恰当的位置单击。如图 7-89 中③所示。

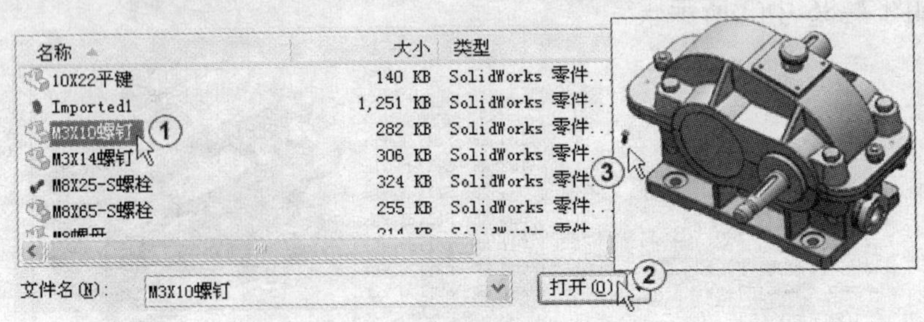

图 7-89　插入 M3X10 螺钉零部件

43）建立 M3 × 10 螺钉与透气塞装配体“重合”和“同轴心”配合。单击“配合”按钮，出现“配合”属性管理器，选择如图 7-90 中①、②所示的两个平面，作“重合”配合，单击“反向对齐”按钮预览无误后，单击“确定”按钮✓。选择如图 7-90 中⑥、⑦所示的两个圆柱面作“同轴心”配合，预览无误后，单击“确定”按钮✓。

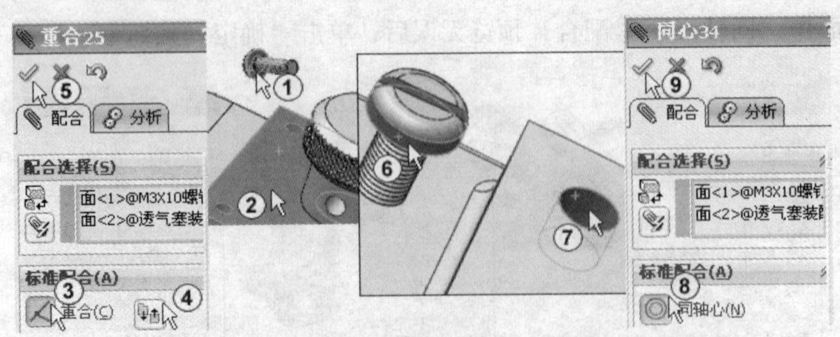

图 7-90　选择两个平面作“重合”配合，选择两个圆柱面作“同轴心”配合

44）建立 M3 × 10 螺钉“线性阵列”。单击菜单栏中的“插入”→“零部件阵列”→“线性阵列”命令，系统弹出线性阵列属性管理器，在“方向 1”阵列方向输入框中输入如图 7-91 中③所示的边线作为阵列方向，在“距离”输入框中输入 36，在“阵列数”输入框中先输入 2。在“方向 2”阵列方向输入框中输入如图 7-91 中⑥所示的边线作为阵列

方向，在“距离”输入框中输入 36，在阵列数输入框中输入 2。在“要阵列的零部件”输入框中输入“M3 ×10 螺钉”零部件，如图 7-91 中⑧所示。预览无误后，单击“确定”按钮✓完成线性阵列操作。

装配好的减速箱装配体如图 7-92 所示。

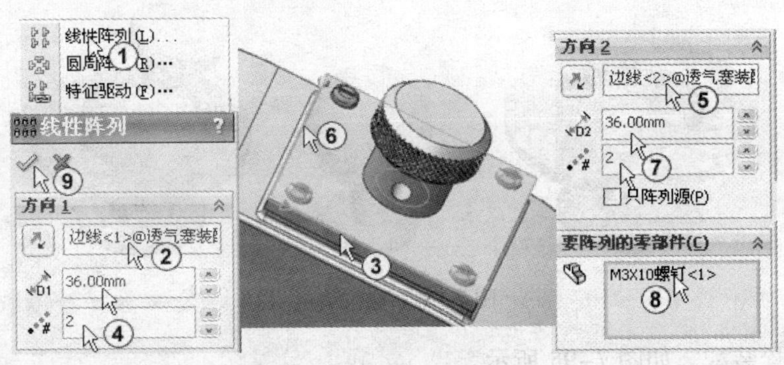

图 7-91　创建线性阵列

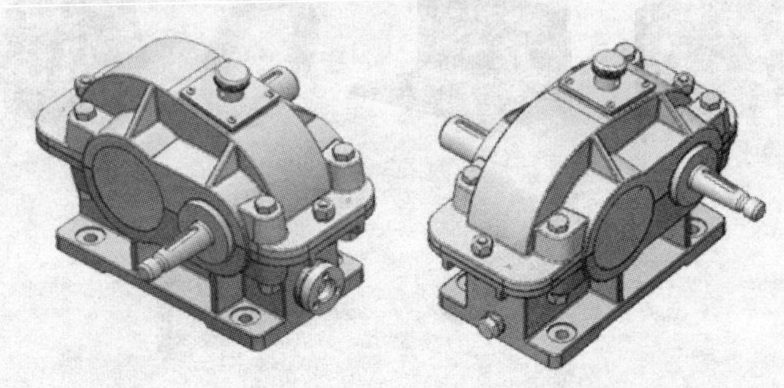

图 7-92　装配完成的减速箱

45）保存装配体文件。单击工具栏中的“保存”按钮，系统弹出“另存为”对话框，在文件名输入框中输入“减速箱装配体”，单击“保存”保存(S)按钮将装配体文件保存，如图 7-93 所示。

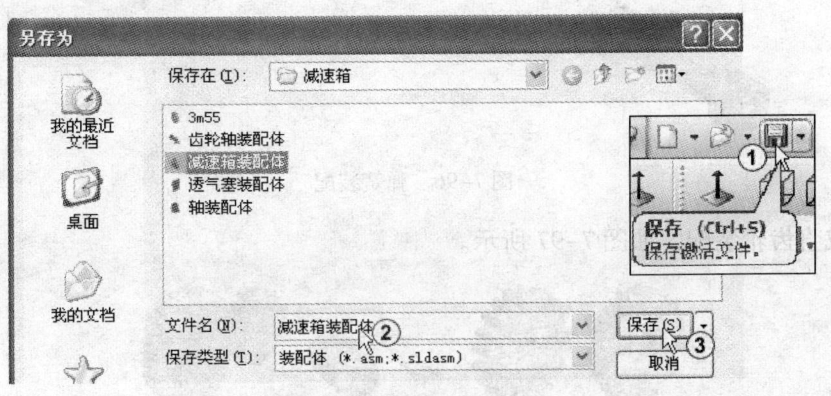

图 7-93　保存装配体文件

7.5 思考与练习

1. 完成球铰的装配，如图 7–94 所示。

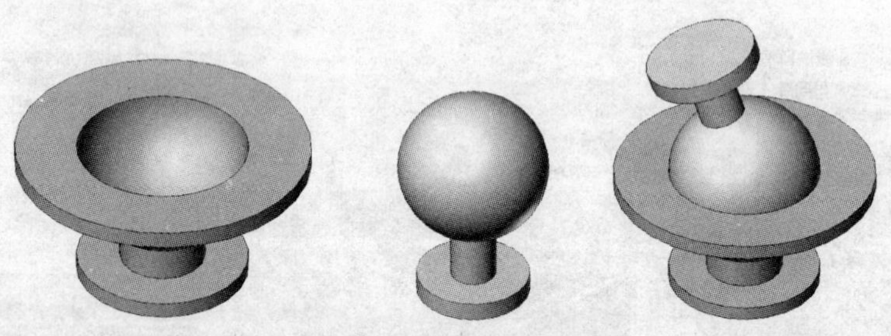

图 7–94 球铰装配

2. 完成螺栓装配，如图 7–95 所示。

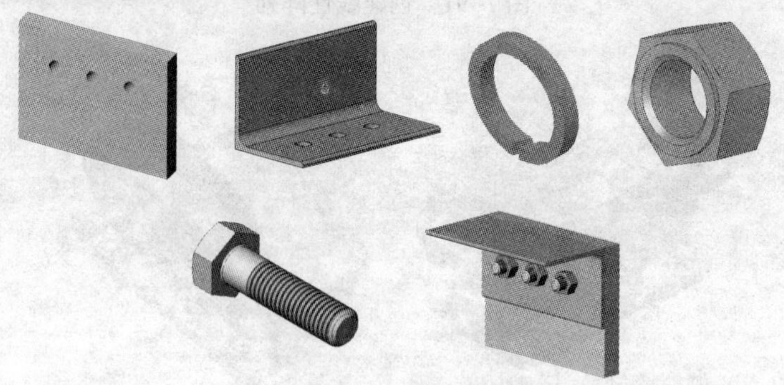

图 7–95 螺栓装配

3. 完成弹簧装配，如图 7–96 所示。

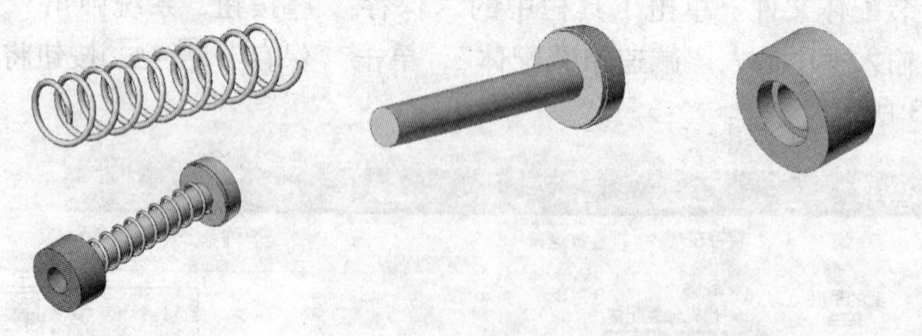

图 7–96 弹簧装配

4. 完成直齿轮装配，如图 7–97 所示。

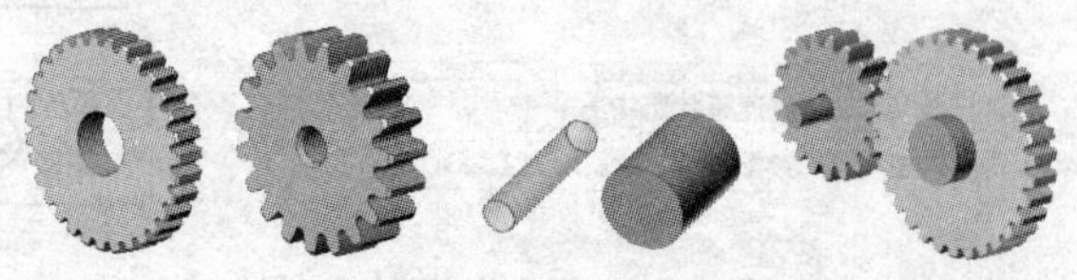

图 7–97 直齿轮装配

5. 完成齿轮配合和动画，如图 7–98 所示。

图 7–98　齿轮配合和动画

6. 制作减速箱装配图及其爆炸视图，如图 7–99 所示。

图 7–99　减速箱装配图

第8章　工　程　图

本章将介绍具体的实际零件或装配体的二维工程图的视图、剖视图、尺寸、注释等的全过程。

8.1　工程图

例1：生成如图8-1所示的小盖工程图。

本节的重点在于如何生成所需要的视图，如何用一种新的方法进行全剖视，如何处理尺寸、如何标注倒角、如何标注注释、如何标注粗糙度、如何将常用的东西添加到库中并调用。

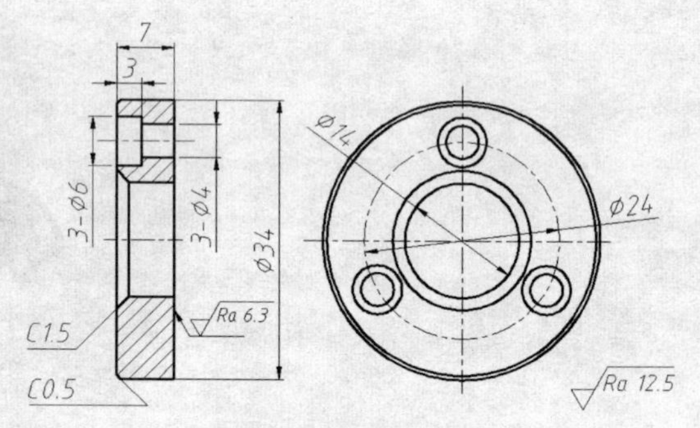

图8-1　小盖工程图

1）单击屏幕最上方的“新建”按钮，在弹出的“新建文件”对话框中选择“工程图”，单击“高级”按钮 高级，如图8-2中①②③所示。选择“gb_ a4”模板，单击“确定”按钮 确定，如图8-2中④⑤所示。

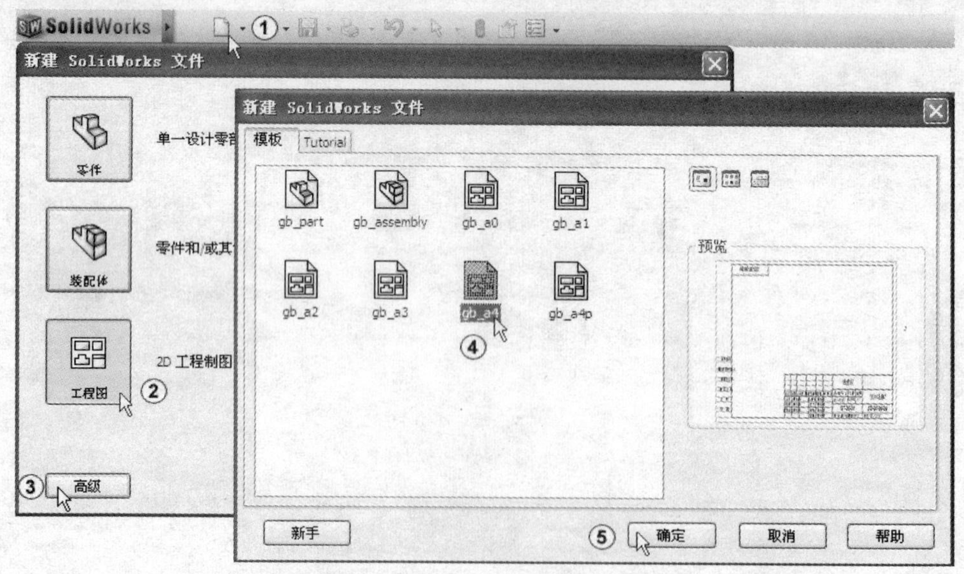

图8-2　新建工程图并选择模板

2）在弹出的“模型视图”属性管理器中单击“浏览”按钮 浏览(B)...，如图8-3中①所示。在弹出的“打开”对话框中找到光盘中相应文件夹里的“27 小盖 .SLDPRT”文件，单击“打开”按钮 打开(O)，如图8-3中②③所示。

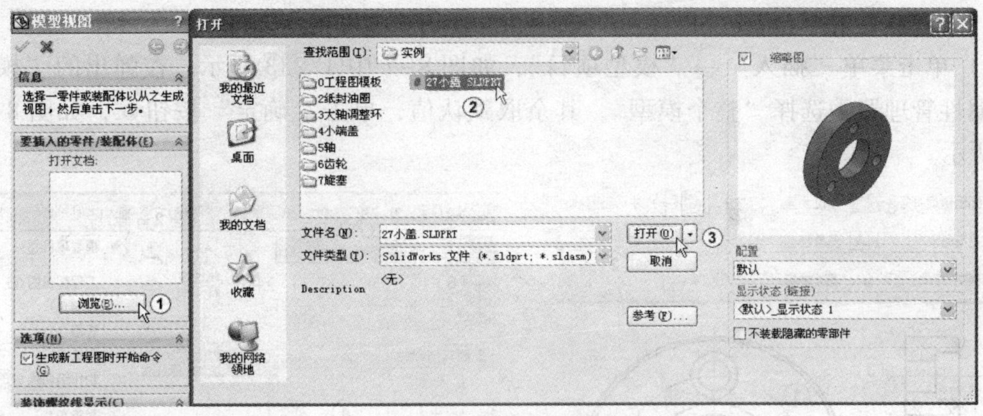

图 8-3　打开模型

3）用鼠标左键在绘图区中适当位置单击以确定主视图的位置，如图 8-4 中①所示。向左移动鼠标到适当的距离后单击生成左视图，如图 8-4 中②所示。单击“确定”按钮✓。

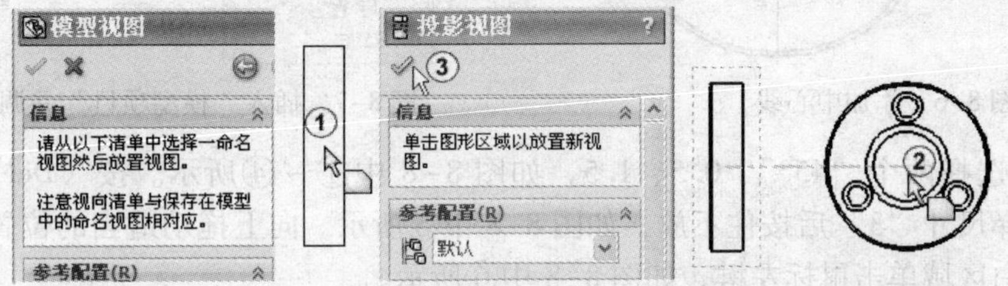

图 8-4　生成视图·

4）按〈F10〉键可调出面板，再按〈F10〉键可关闭面板。单击草图面板中的“边角矩形”按钮，绘制出一个包围了主视图的矩形，如图 8-5 中①②所示。单击“视图布局”，如图 8-5 中③所示。单击“断开的剖视图”按钮，在绘图区中选择圆，勾选“预览”复选框，如图 8-5 中④⑤⑥所示。单击“确定”按钮✓，生成全剖视图，如图 8-5 中⑦⑧所示。

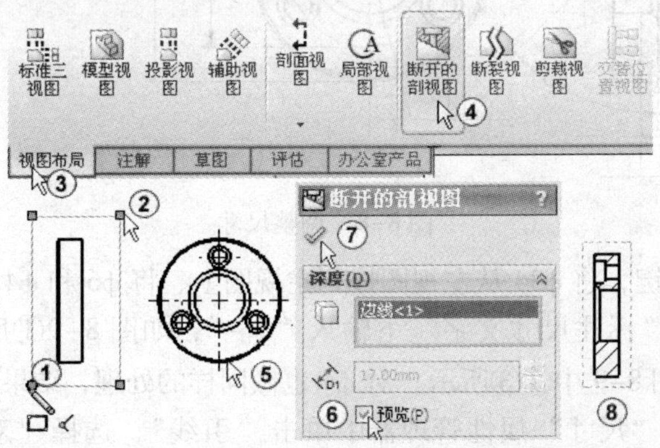

图 8-5　生成“断开的剖视图”

5）切换到“草图”面板，单击“圆”按钮，在左视图绘制出一个通过 3 个小孔圆心的圆。单击鼠标右键选择刚绘制的圆，从弹出的快捷菜单中选择“构造几何线”将其转化为构造线，如图 8-6 中①所示。切换到“注解”面板，单击“中心线”，如图 8-6 中②所示，移动鼠标到绘图区中分别单击两条直线，可绘制出一条中心线，如图 8-6 中③所示。

同理，绘出另一条中心线，如图 8-6 中④所示。

6）单击菜单“插入”→“模型项目”，如图 8-7 中①②③所示。在弹出的“模型项目”属性管理器中选择“整个模型”，其余取默认值，单击“确定”按钮✔，如图 8-7 中④⑤所示。

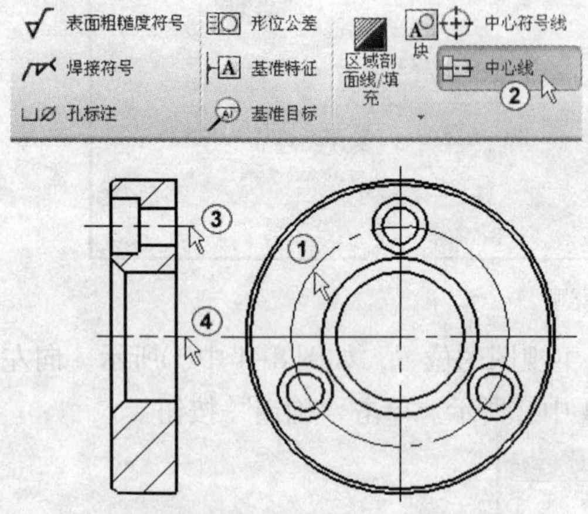

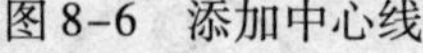
图 8-6 添加中心线

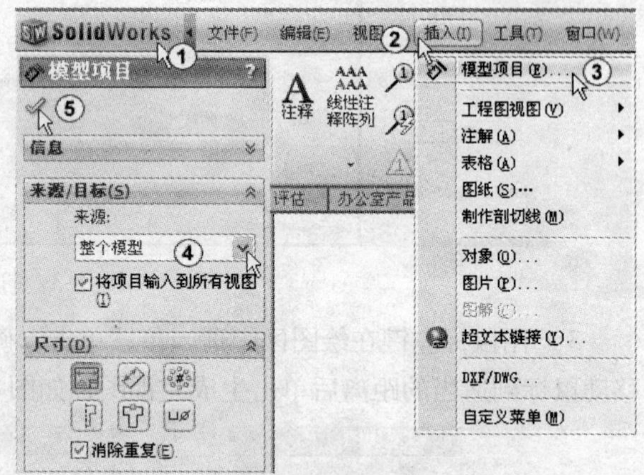

图 8-7 插入“模型项目”并调整尺寸

7）分别选择两个“45°”、0.5、1.5，如图 8-8 中①~④所示。按〈Del〉键，删除。鼠标左键选择尺寸“3”后按住不放，如图 8-8 中⑤所示。向上拖动适当的位置，调整完毕后在图纸空白区域单击鼠标左键，如图 8-8 中⑥所示。

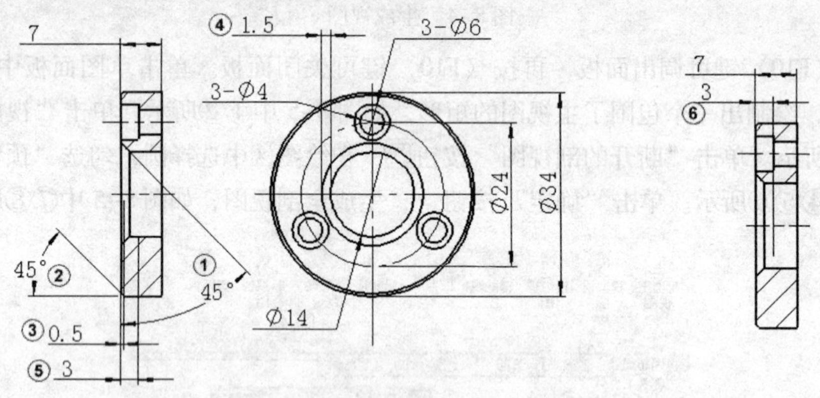

图 8-8 调整尺寸

8）按住〈Shift〉键，将 φ34 从左视图拖到主视图上、将 φ6 和 φ4 也做同样的处理。单击鼠标左键选择 φ6，在“标注尺寸文字”下输入“3 -”，如图 8-9①所示。单击“关闭对话框”按钮✔，结果如图 8-9 中②③所示。对 φ4 也做同样的处理，结果如图 8-9 中④所示。

9）选择 φ24，在“尺寸”属性管理器中单击“引线”，选择“双箭头/实引线”，如图 8-10 中①②所示。取消选择“使用文档第二箭头”复选框，如图 8-10 中③所示。勾选“自定义文字位置”复选框，如图 8-10 中④所示。选择“实引线，文字对齐”，如图 8-10 中⑤所示。单击“关闭对话框”按钮✔。

10）单击“局部放大”按钮，框选有倒角的要标注的图形矩形区域，再次单击“局部放大”按钮退出放大模式。单击“注解”，单击注解面板上的“注释”按钮，如图 8-11 中

①②所示。在弹出的“注释”属性管理器中的“引线”栏下选择“下画线引线”，如图 8-11 中③所示。单击按钮，选择“箭头样式”为直线，如图 8-11 中④⑤所示。在绘图区中单击倒角点，如图 8-11 中⑥所示，移动鼠标再单击一点，如图 8-11 中⑦所示。输入“C1.5”，单击“格式化”对话框上的“关闭”按钮，单击“确定”按钮。单击“C1.5”，将其拖动适当的位置。再次单击“注释”按钮，只是在弹出的“注释”属性管理器中的“引线”栏下选择“引线为向右”，其余同上一步骤，标注出“C0.5”，如图 8-11 中⑨所示。

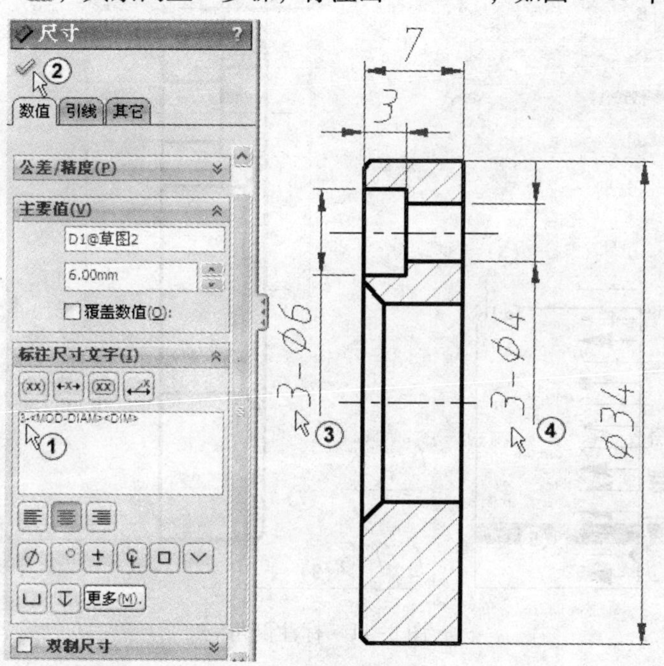

图 8-9　调整尺寸

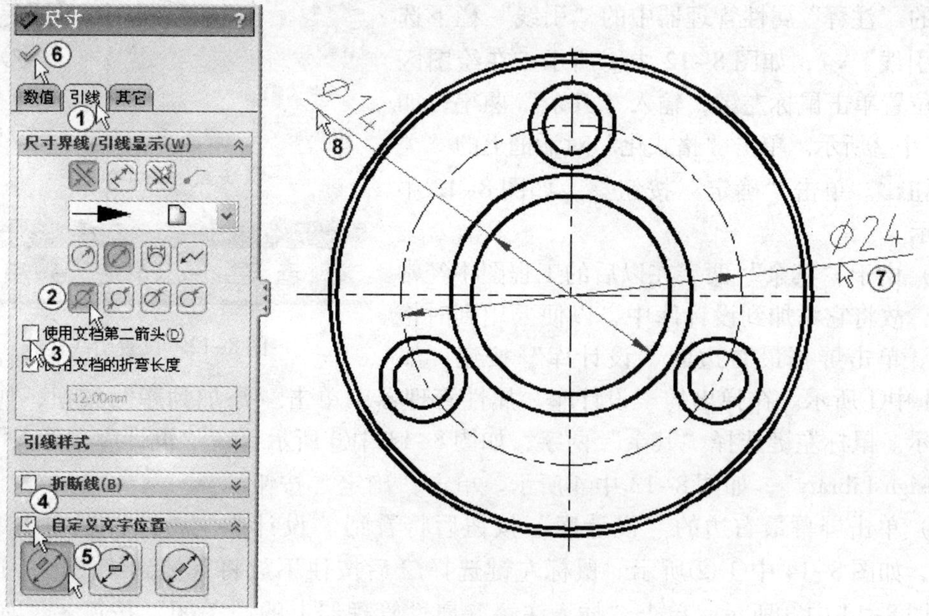

图 8-10　调整引线

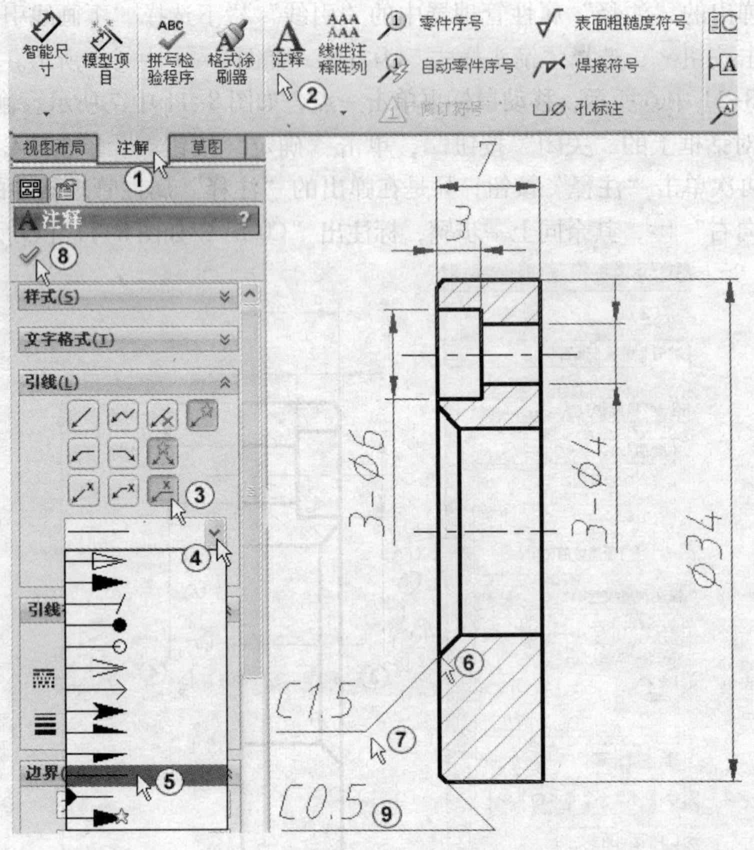

图 8-11　标注倒角

11）单击“注解”工具栏上的“注释”按钮，在弹出的“注释”属性管理器中的“引线”栏下选择“无引线”，如图 8-12 中①所示。在绘图区适当的位置单击鼠标左键，输入“其余”两字，如图 8-12 中②所示。单击“格式化”对话框上的“关闭”按钮。单击“确定”按钮，如图 8-12 中③④所示。

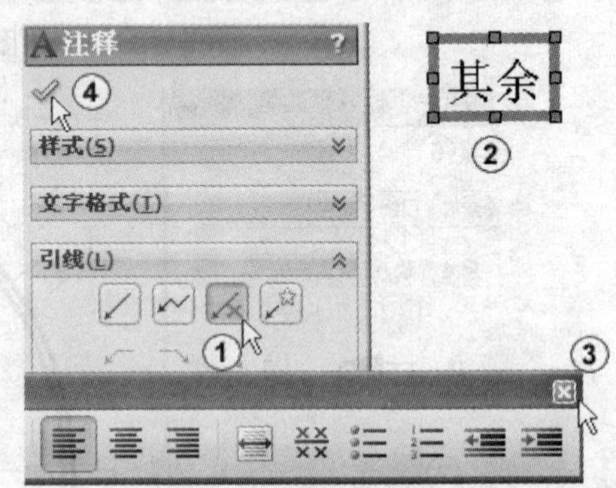

图 8-12　设置引线样式

12）由于“其余”两字在以后的工程图中经常要用到，故将它添加到设计库中，以便要用到时拖出即可。单击屏幕最右边的“设计库”按钮，如图 8-13 中①所示。在弹出的“设计库”属性管理器中单击“添加到库”按钮，如图 8-13 中②所示。鼠标左键选择“其余”两字，如图 8-13 中③所示。在“设计库文件夹”栏下选择“Design Library”，如图 8-13 中④所示。单击“确定”按钮。

13）单击屏幕最右边的“设计库”按钮后将看到“设计库”属性管理器中增加了注释图标，如图 8-14 中①②所示。鼠标左键选择后按住不放将其拖到绘图区中适当的位置，如图 8-14 中③所示。单击“插入注解”属性管理器上的“关闭”按钮，如图 8-14 中④所示。若要删除添加到“设计库”中的“其余”，只需用鼠标右键选中新加入的“其余”，从弹出的菜单中选择“删除”命令，即可以将它从库中移出。

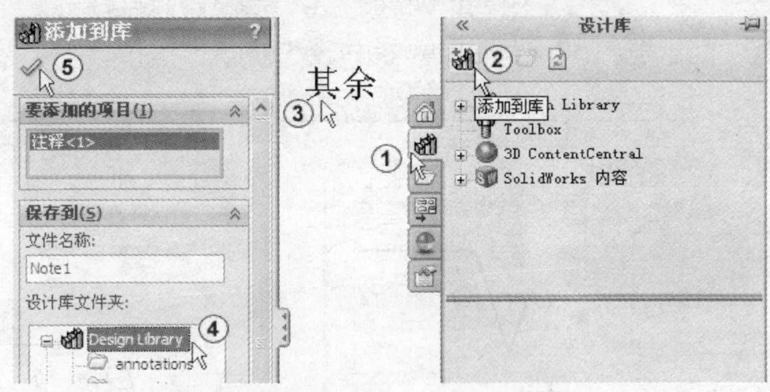

图 8-13　输入“其余”并添加到库中

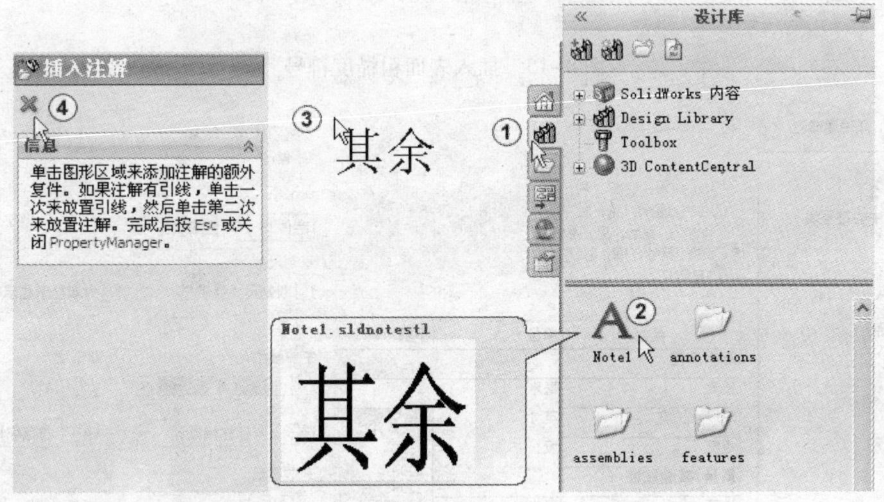

图 8-14　添加“其余”两字到“设计库”

14）单击“注解”工具栏上的“表面粗糙度符号”按钮，如图 8-15 中①所示。在弹出的“表面粗糙度符号”属性管理器中选择“要求切削加工”，如图 8-15 中②所示。在“符号布局”栏中输入“Ra”和“12. 5”，如图 8-15 中③④所示。然后在绘图区右下角单击鼠标左键，单击“确定”按钮✓。

15）单击菜单“工具”→“选项”→“文件属性”→“单位”，如图 8-16 中①所示。选择长度中的小数为 0. 1，如图 8-16 中②所示。单击“尺寸”，如图 8-16 中③所示。选择“主要精度”为 0. 1，如图 8-16 中④所示，单击“确定”按钮 确定 。

16）鼠标左键选择主视图中最上方的尺寸 7，单击“尺寸”属性管理器中的按钮，选择“公差类型”为“双边”，如图 8-17 中①②所示。设置上下偏差如图 8-17 中③④所示。切换到“尺寸”属性管理器中的“其他”选项卡，如图 8-17 中⑤所示。取消勾选“使用尺寸字体”复选框，如图 8-17 中⑥所示。在“字体比例”栏中输入 0. 6，如图 8-17 中⑦所示。单击“关闭对话框”按钮✓，结果如图 8-17 中⑨所示。

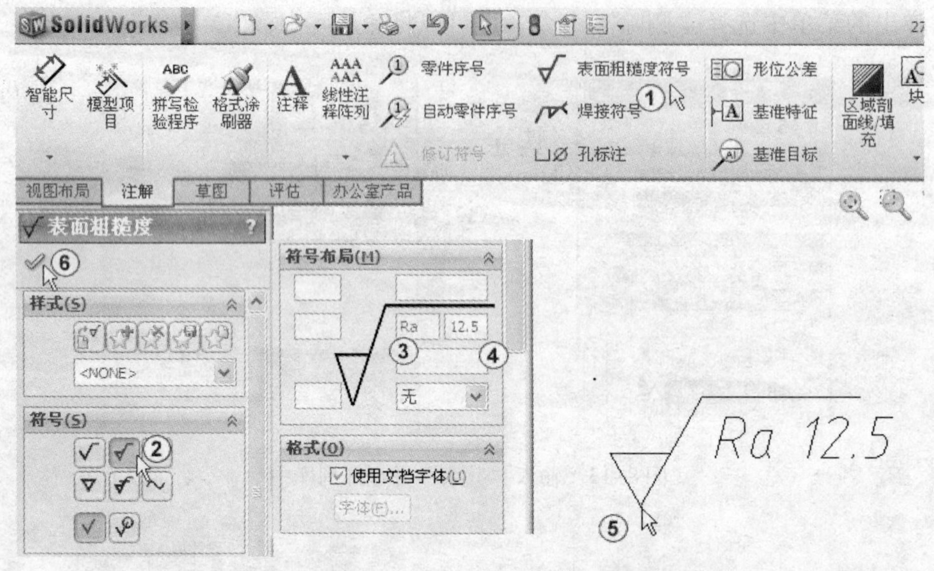

图 8-15　插入表面粗糙度符号

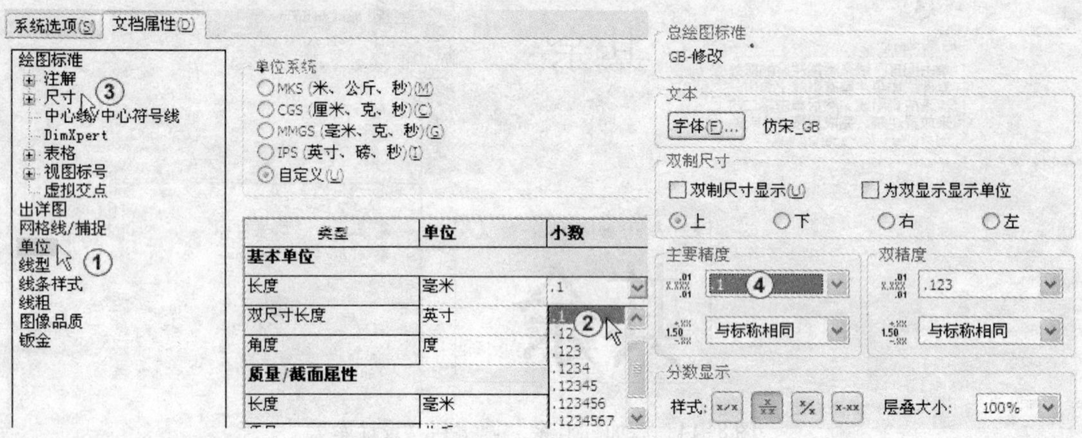

图 8-16　设置小数位数和尺寸精度

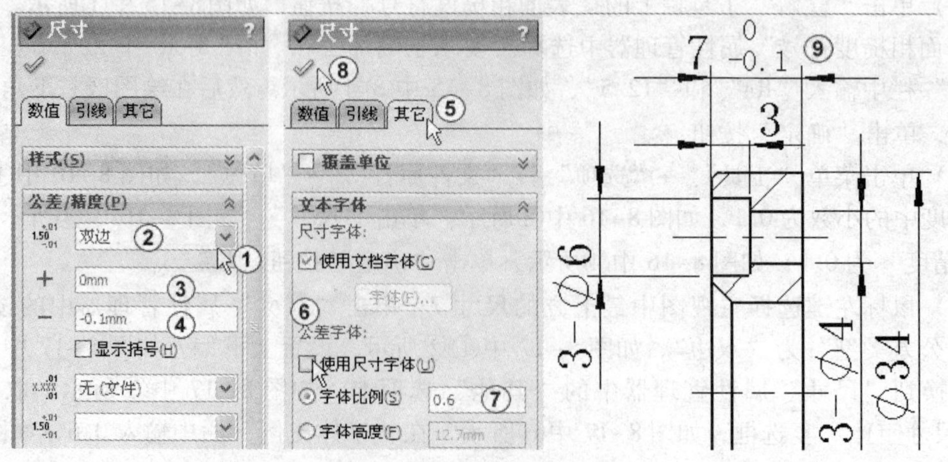

图 8-17　尺寸公差字体比例

17）单击菜单“文件”→“另存为”命令，在“另存为”对话框中的“文件名”栏中输入“27 小盖.SLDDRW”，单击“保存”按钮 保存(S) 。

8.2 装配图

例 2：旋塞装配体

生成旋塞装配体二维工程图的具体步骤如下。

1）单击菜单“文件”→“打开”，在弹出的“打开”对话框中找到光盘中相应文件夹里的“旋塞装配体.SLDASM”文件，单击“打开”按钮 打开(O) 。如图 8-18 所示，它由 6 个零件组成。

2）单击标准工具栏上的“从零件/装配体制作工程图”按钮，在弹出“新建 SolidWorks 文件”对话框中选择“A3”模板，单击“确定”按钮 ✔。

3）鼠标左键选择“前视”后按住鼠标不放，将其拖到绘图区内，鼠标向下移，生成“下视”，单击“确定”按钮 ✔。

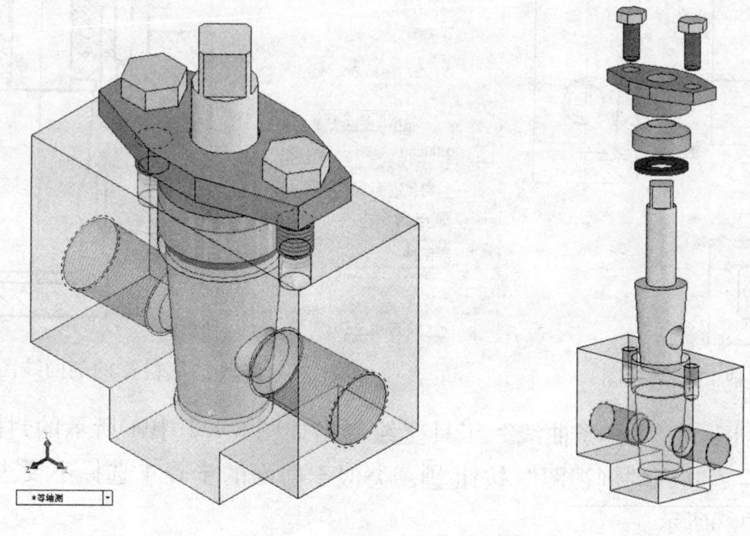

图 8-18　打开旋塞装配体

4）单击“草图绘制”→“边角矩形”按钮，绘制出一个矩形，将“前视”完全包围在内，单击“工程图”按钮→“断开的剖视图”按钮，弹出“剖面视图”对话框，在“工程视图 1”属性管理器中选择特征，如图 8-19 中①所示，勾选“自动打剖面线”，单击“确定”按钮 确定 。勾选“预览”复选框，选择边线，如图 8-19 中⑤所示，单击“确定”按钮 ✔。

5）选择主视图，单击工程图工具栏上的“投影视图”按钮或单击“插入”→“工程视图”→“投影视图”，将鼠标移到主视图的右侧，单击鼠标后生成左视图。对左视图进行半剖视，类似于前一步骤选择不要进行剖切零件，结果如图 8-20 所示。

6）修改“填料”的剖面线图样，如图 8-21 所示。

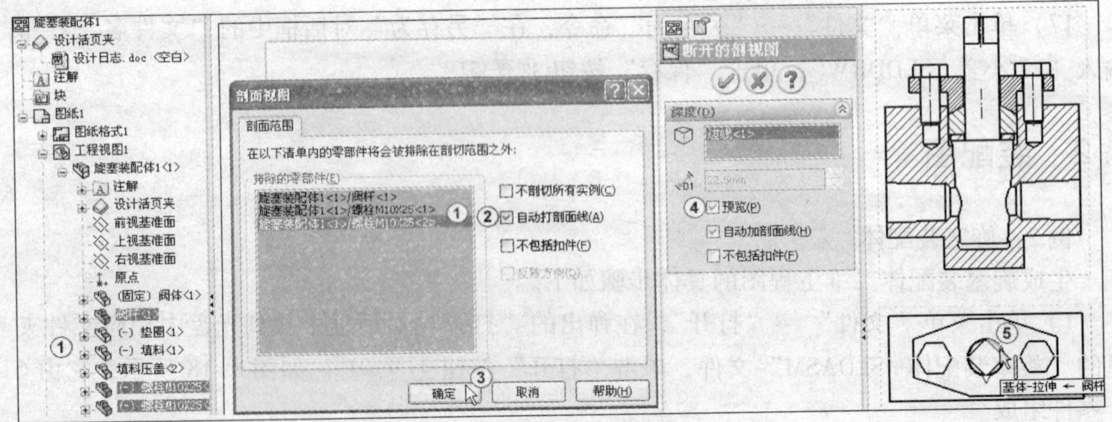

图 8-19　生成“断开的剖视图”

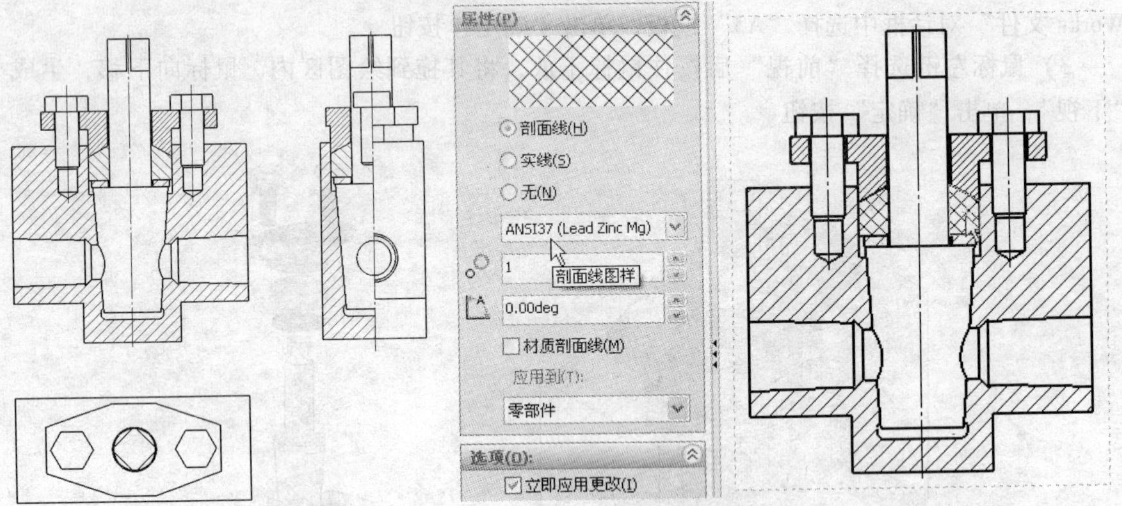

图 8-20　生成“半剖视图

图 8-21　修改“填料”的剖面线图样

7）选择主视图，用“样条曲线”工具绘制出如图 8-22 中①所示的封闭区域，单击“工程图”按钮→“断开的剖视图”按钮，类似于前面的步骤 4 选择不要进行剖切零件，结果如图 8-22 中②所示。

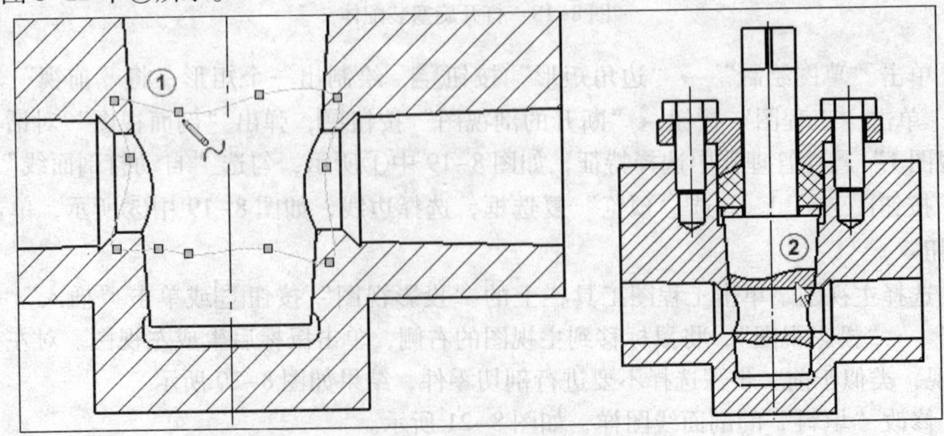

图 8-22　生成局部视图

8）单击鼠标选择一条样条曲线，如图 8-23 中①所示。单击“线形”工具栏上的“线粗”按钮☰，选择线形，如图 8-23 中③所示，在绘图区空白区域单击鼠标左键完成线形的变更。对另一条曲线也做类似地处理。

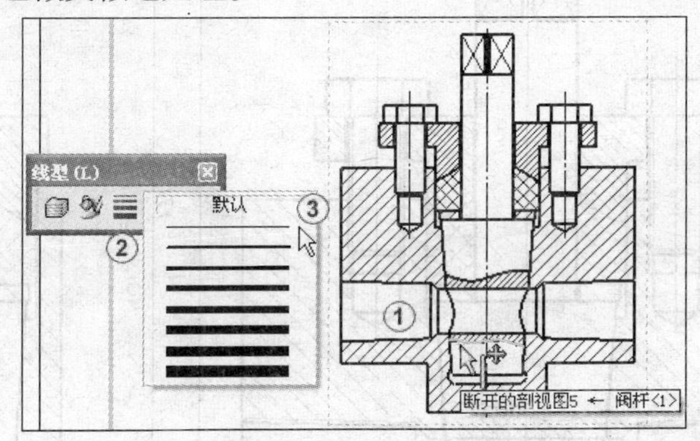

图 8-23　改变线形

9）分别选择主视图和左视图，手工添加 8 条线以表面平面，结果如图 8-24 所示。

图 8-24　绘制 8 条线段

10）在装配体中，默认是不显示螺纹线的，因此需要有一个插入装饰螺纹线的操作。单击菜单“插入”→“模型项目”命令，弹出“模型项目”属性管理器。在属性管理器中，“来源”选择“整个模型”，在“尺寸”中，单击“设为工程图标注”，在“注解”中，单击“装饰螺纹线”按钮，其余取默认值，单击“确定”按钮✓，结果如图 8-25 中④所示。

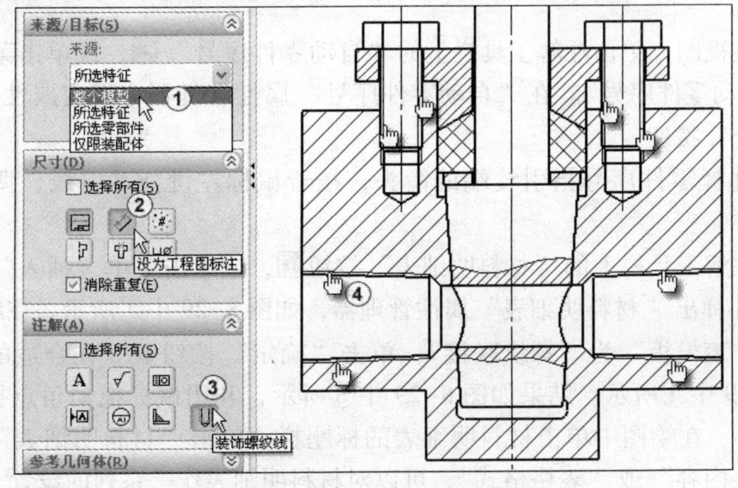

图 8-25　插入螺纹线

11）添加中心线。标注尺寸如图 8-26 所示。

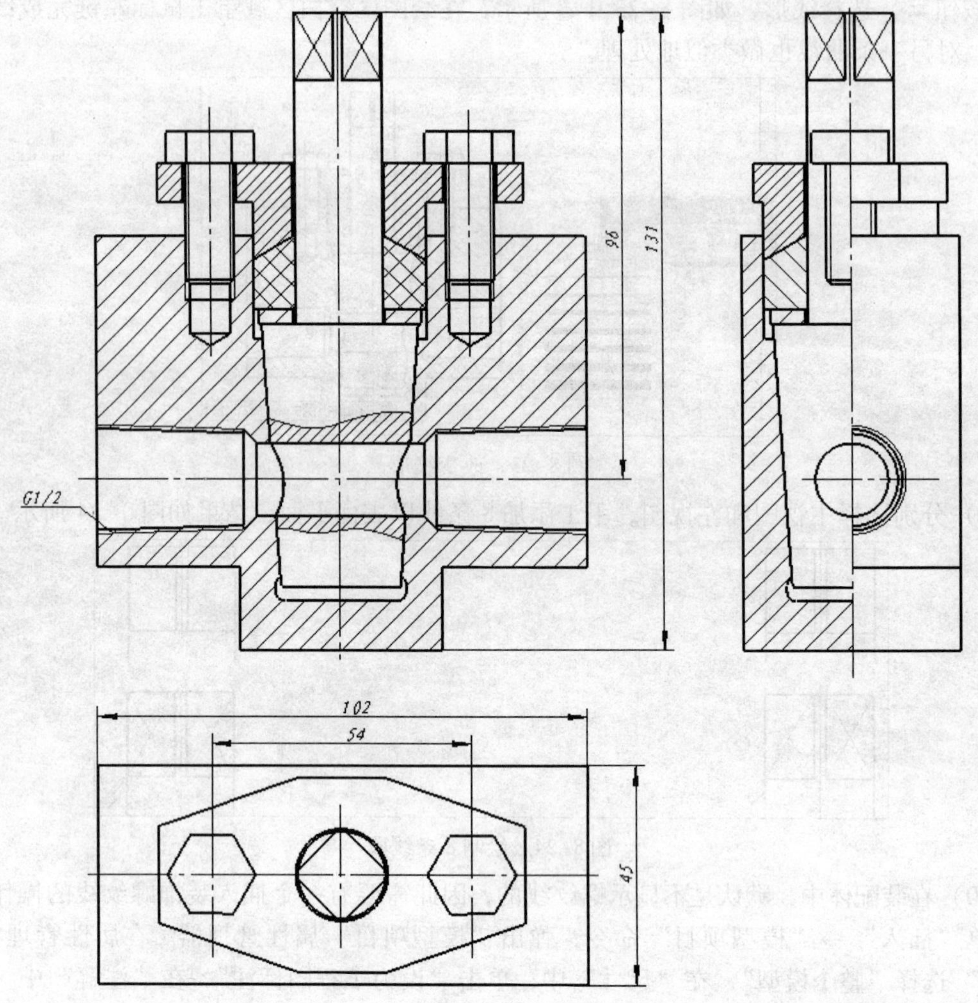

图 8-26　添加中心线并标注尺寸

12）选择主视图，单击注解工具栏上的“自动零件序号”，或单击菜单“插入”→“注解”→“自动零件序号”。在“自动零件序号”属性管理器中设定属性，如图 8-27 所示，单击“确定”按钮。

13）分别选择零件序号指引线端的箭头，按着鼠标左键拖动引线，调整后的情况如图 8-28 所示。

14）单击注解工具栏上的“材料明细表”按钮，或单击菜单“插入”→“表格”→“材料明细表”。弹出“材料明细表”属性管理器，如图 8-29 中①所示。在绘图区域中选择主视图，选择“表模板”为“螺纹联接”，单击“确定”按钮。在合适的地方放置材料明细表如图 8-29 中④所示。结果如图 8-29 中⑤所示，利用鼠标拖动角点控标，可以调整表格的整体大小。在绘图中单击材料明细表的标题栏，单击“材料明细表”属性管理器中的“材料明细表内容”或“表格格式”，可以对材料明细表作一系列的设置，最后单击“确定”按钮。

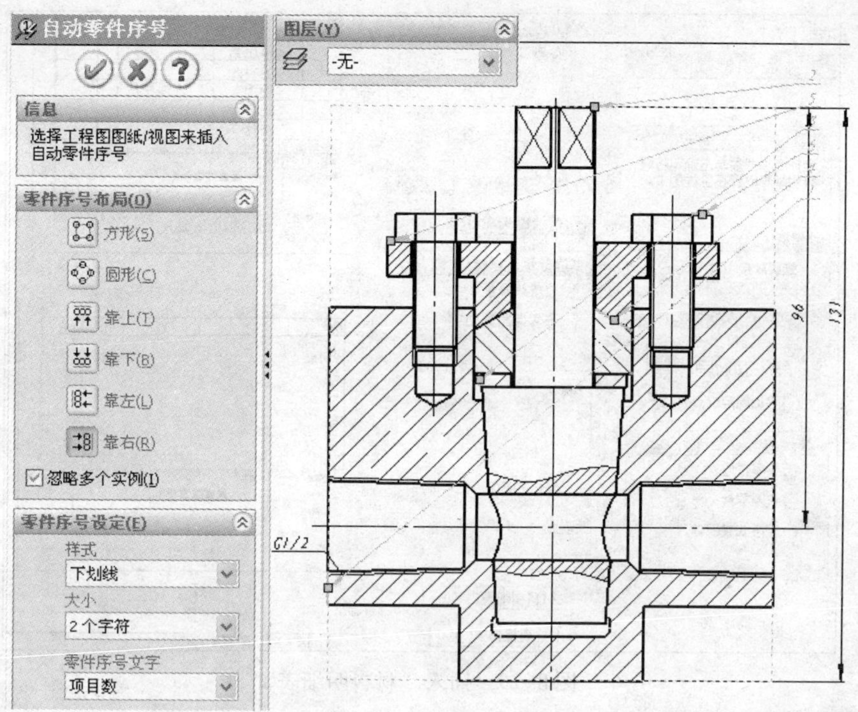

图 8-27　自动零件序号

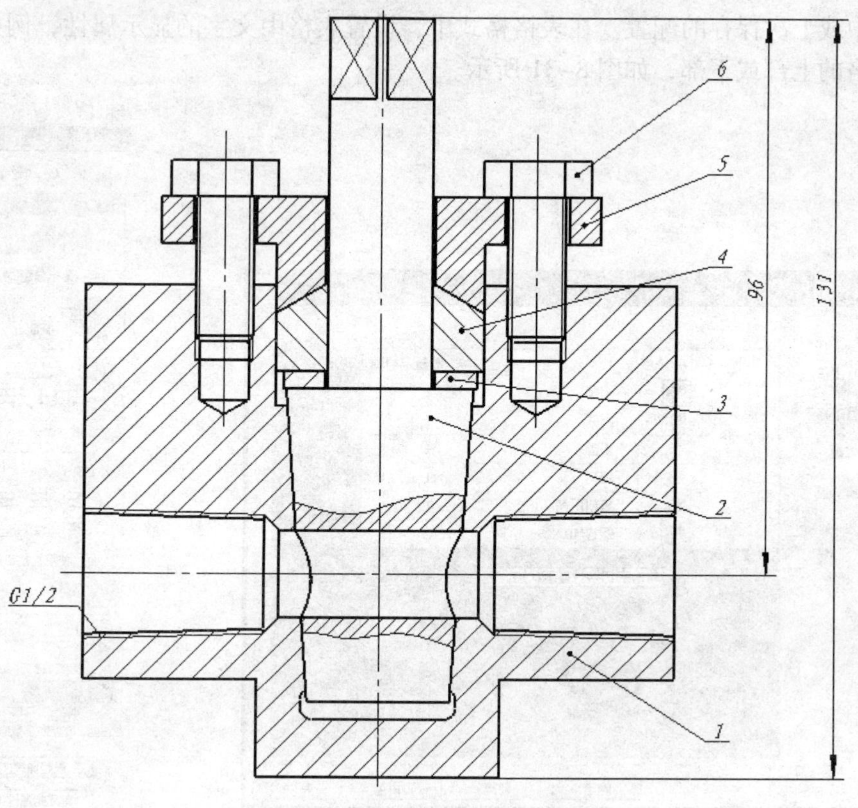

图 8-28　调整“自动零件序号”

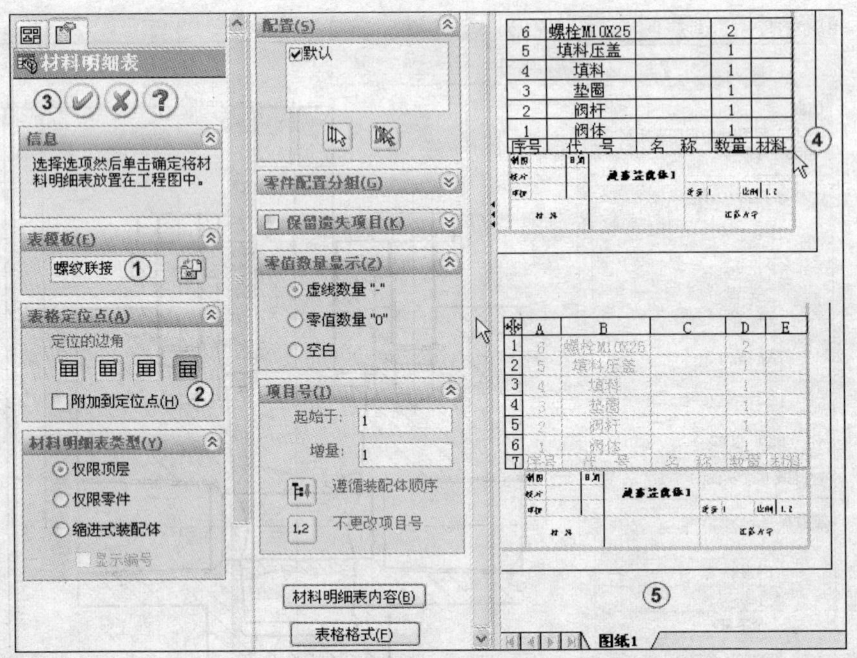

图 8-29　插入“材料明细表”

15）在此材料明细表内容显示中，可将行上下移动，将行分组或解除组，并隐藏或显示列，如图 8-30 所示。灰色背景表示零部件在材料明细表中隐藏，粉红色背景表示零部件处于使用中或上次保存的配置。在表格格式中，设置表格中文字的显示属性，例如，页眉可以位于表格的上部或下部，如图 8-31 所示。

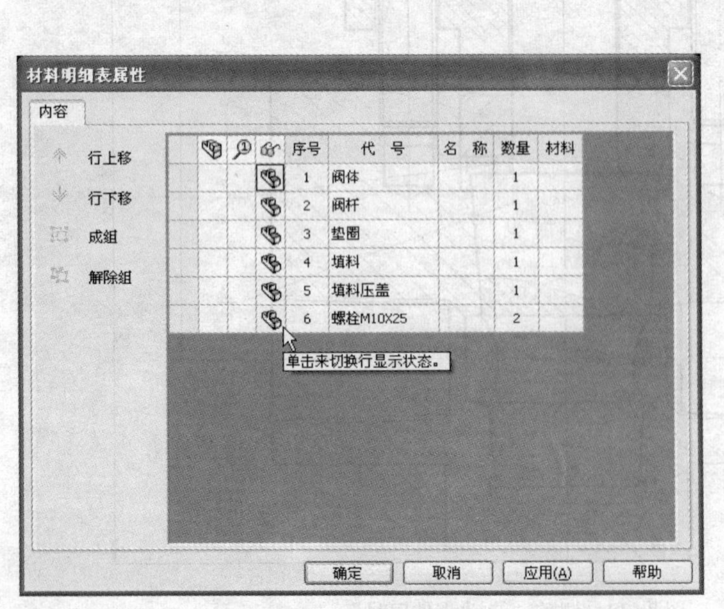

图 8-30　材料明细表属性

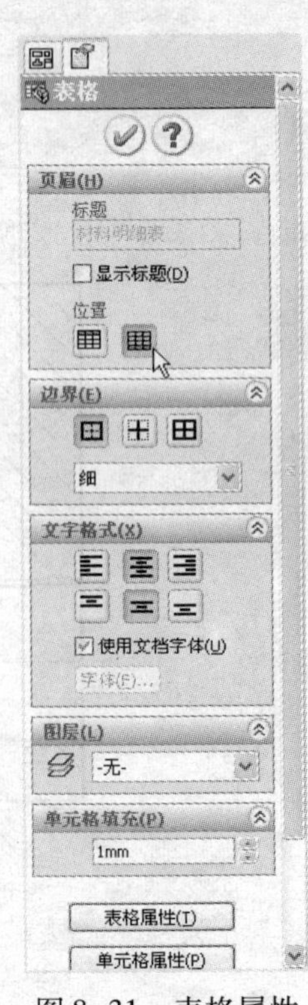

图 8-31　表格属性

16）双击材料明细表中的单元格弹出如图 8-32 所示的对话框，单击“是”按钮 是(Y)，输入或修改文字，对模板中的文字也进行调整，以便统一，调整后的材料明细表如图 8-33 所示。

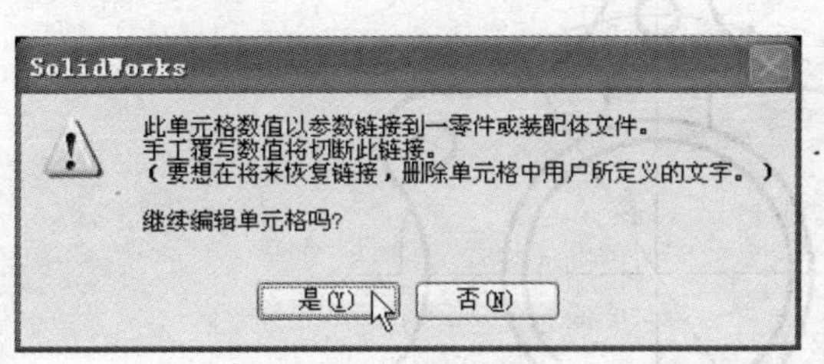

图 8-32　提示对话框

序号	图号	零件名称	材料	数量
6	GB/T 5782	螺栓M10X25	30	2
5	03.01.04	填料压盖	A3	1
4	03.01.03	填料	石棉绳	1
3	GB/T 97.1	垫圈	20	1
2	03.01.02	阀杆	45	1
1	03.01.01	阀体	20	1

制图		日期	旋塞装配体1				
校对							
审核				重量	1	比例	1:2
材料				江苏大学			

图 8-33　材料明细表

17）添加注释，如图 8-34 所示。结果旋塞装配体如图 8-35 所示。

技术要求

1. 旋塞关闭位置时，不得有泄漏；

2. 工作压力为0.25MPa；

3. 填料压紧后的高度约为12毫米。

图 8-34　注释

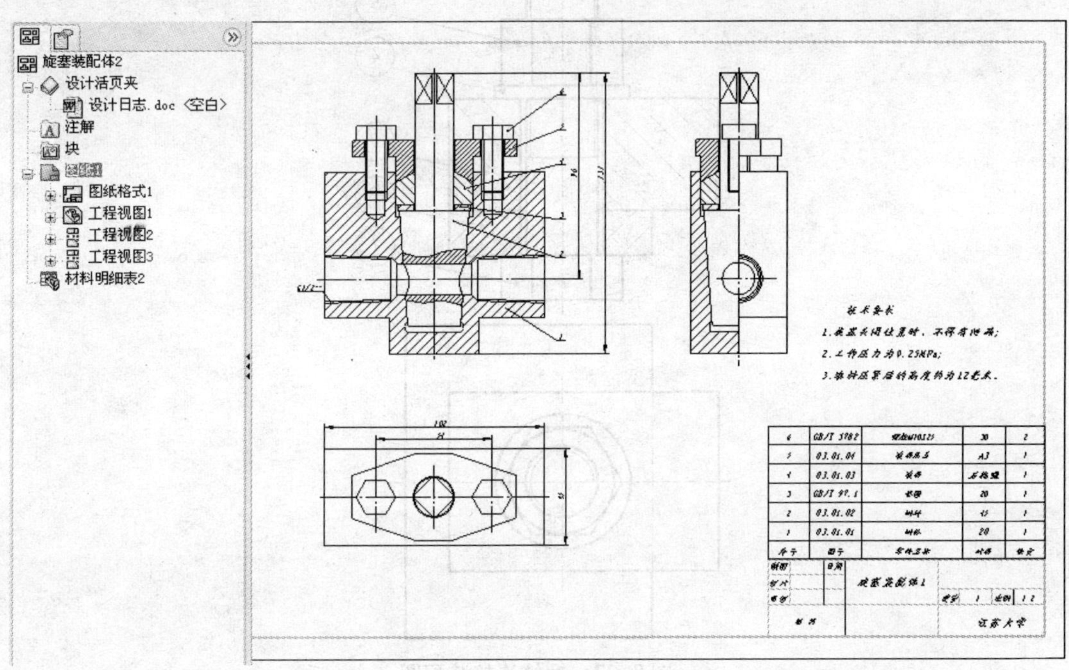

图 8-35　旋塞装配体

8.3 思考与练习

1. 生成接头的工程图，如图 8-36 所示。
2. 生成螺纹连接装配图的工程图，如图 8-37 所示。

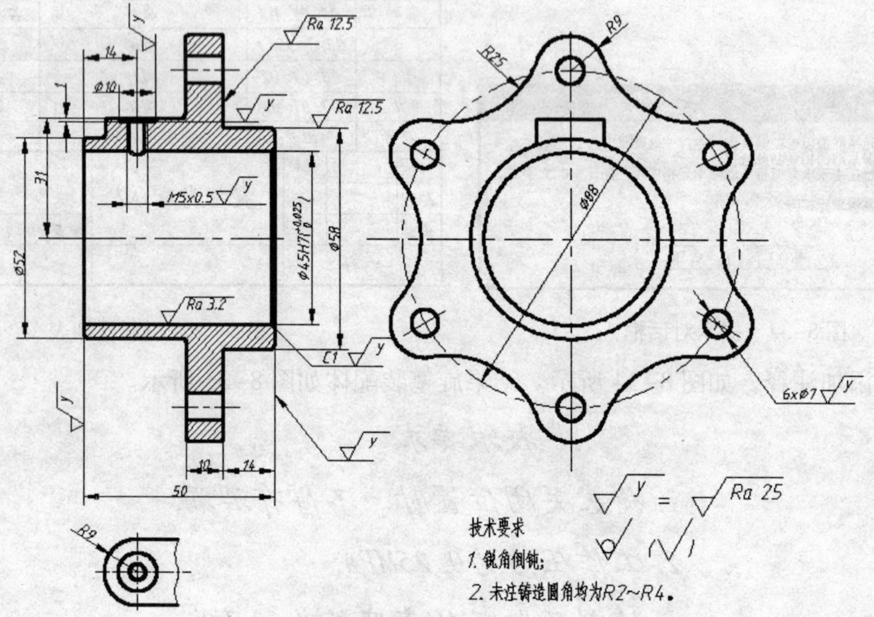

图 8-36 接头

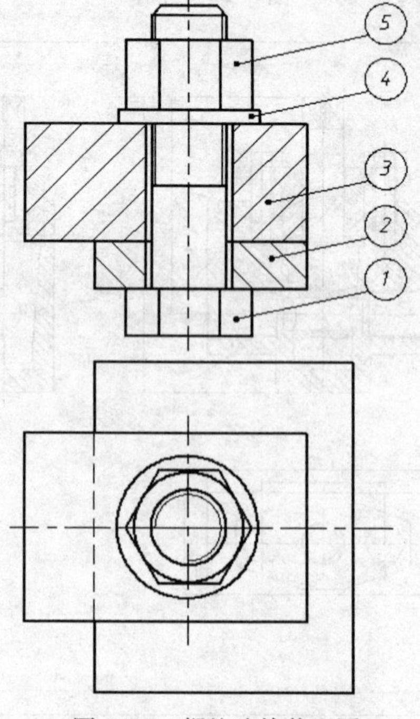

图 8-37 螺纹连接装配图

第 9 章　工艺品建模和渲染

如图 9-1 所示的工艺品模型，由两个心形模型以流畅的曲面创建而成。小心形以飘逸的姿势依附在婀娜多姿的大心形上，象征着心连心。两个心形都是瓷制品。如何创建出曲面形状流畅的心形模型，以及渲染出具有瓷器质感的外观，是本实例的焦点和知识点。

图 9-1　工艺品

9.1　设计思路

根据工艺品模型的特点，决定在“零件”环境下采用多实体建模的方式来完成，并在创建过程中力求保证外观美观、完整。

工艺品模型由两个心形零件组成，大心形左边伸出一个托台勾住小心形，右边伸出两条支撑腿稳固基础，另一个小心形套在大心形上。这两个心形模型都是流畅的曲面形状，建模难点是模型中相交部分的连接，以及托台和支撑腿的建模。根据大心形模型的特点，决定先用“曲面放样”做出左、右主体曲面，相交部分用“曲面放样”和“边界曲面”命令来完成。对于托台用“自由形”命令做出，然后再用“变形”命令完善托台形状。对于两条支撑腿同样用“自由形”和“变形”命令来完成。对于小心形模型先用“曲面放样”做出左、右主体曲面，相交部分用“边界曲面”命令来完成。用“变形”命令将心形模型变形，使之形状有些飘逸，然后用“实体移动复制”命令将小心形套在大心形上。

工艺品的大心形是瓷制品，对它赋予绿色“瓷器”外观；对于套在大心形上的小心形模型也是瓷制品，对它赋予红色“瓷器”外观。渲染出“瓷器”质感效果是本实例的重要课题，为了充分体现瓷器质感，利用了一幅高动态图像作为环境反射，并加大了渲染照明度和环境反射值。在背景设置中使用了一幅“窗边”图片作为背景衬托，使最后渲染结果达到设计要求。

“工艺品”建模 – 渲染步骤如表 9–1 所示。

表 9–1　工艺品建模 – 渲染步骤

序号	图　示	说　明	序号	图　示	说　明
1		建立大心形左边曲面主体	7		用“自由形”命令建立托台
2		用曲面放样和曲面填充完善大心形左边曲面主体形状	8		用“自由形”命令建立左边支撑腿
3		建立大心形右边曲面主体	9		用“自由形”命令建立右边支撑腿
4		切除左、右曲面主体	10		用“变形”命令完善左边支撑腿形状
5		建立大心形上部相交曲面	11		用“变形”命令完善右边支撑腿形状
6		建立大心形上部相交曲面	12		用“变形”命令完善托台形状

（续）

序号	图　示	说　明	序号	图　示	说　明
13		建立小心形左边曲面主体	18		将小心形实体变形扭曲
14		用“曲面填充”完成小心形左边曲面主体	19		将小心形套在大心形上
15		建立小心形右边曲面主体	20		对大心形赋予绿色“瓷器”外观
16		切除小心形左、右曲面主体	21		对小心形赋予红色“瓷器”外观
17		建立小心形相交部分曲面	22		用“窗边”图片衬托工艺品

9.2 创建大心形模型

1）新建文件。选择“文件”→“新建”命令，在弹出的“新建文件”对话框中选择“零件”或“模板”文件，单击“确定”按钮 确定，如图 9-2 所示。

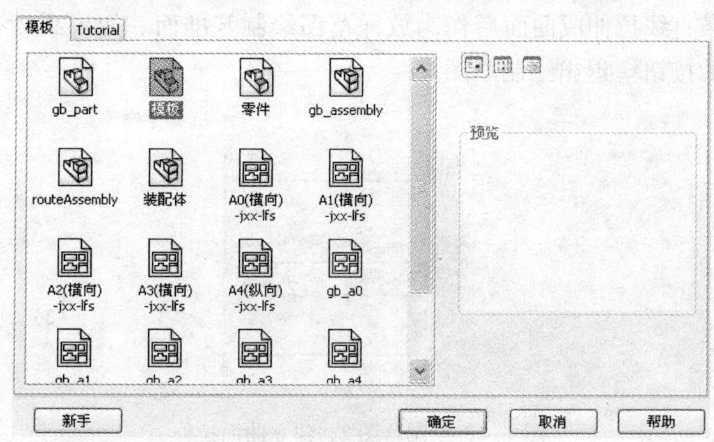

图 9-2　新建零件文件

技巧 可以将模板设置成符合自己设计要求的配置，这样可以使绘图设计更加方便、高效。

2）绘制草图 1。从特征管理器中选择“前视基准面”，单击“正视于”按钮，单击“草图”，切换到草图绘制面板。用“样条曲线”和“智能尺寸”绘制出如图 9-3 所示的工艺品中两个心形模型的正面轮廓草图 1。单击绘图区右上角的按钮退出绘制草图。

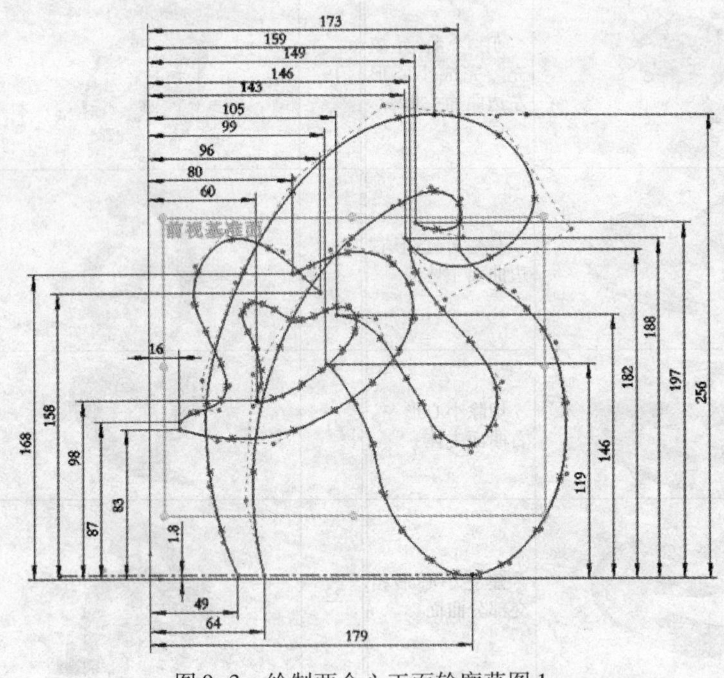

图 9-3　绘制两个心正面轮廓草图 1

经验 先绘制出模型的整体轮廓草图，然后围绕着草图展开各部位的建模。这样做可以提高模型整体配合的和谐性，并方便调整模型的整体形状。

3）绘制草图 2。从特征管理器中选择“前视基准面”，单击“正视于”按钮，单击“草图”，切换到草图绘制面板。引用草图 1 中的两条样条曲线。用“直线”按钮绘制出五条直线，这五条直线拉伸成曲面后作为放样草图绘制基准面。如果 9-4 中①中所示。单击绘图区右上角的按钮退出绘制草图。

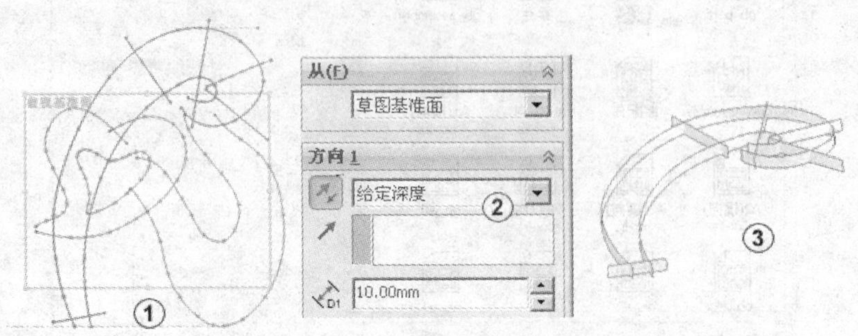

图 9-4　绘制草图 2，建立曲面拉伸

注意：引用已存在的对象时，先选中要引用的对象，然后单击“转换实体引用”。如果要引用多个对象，可按住〈Ctrl〉键选择多个引用对象；也可以只选择一个引用对象，然后单击“转换实体引用”，这时系统会弹出“转换实体引用”对话框，接着选择要引用的对象，选中的对象显示在“要转换的实体”输入框中，单击对话框中的“确定”按钮即可。要注意这时候千万不可单击“转换实体引用”，否则对话框中选中的对象会消失，而且也不会将对象转换。

4）建立曲面拉伸。在特征管理器中选择“草图2”，在“曲面”栏中单击“曲面拉伸”按钮，系统弹出“曲面拉伸”属性管理器，单击“方向1”中的拉伸类型选择框，在弹出的菜单中选择“给定深度”，在“距离”输入框中输入10，单击“反向”按钮，使曲面向下拉伸，其他采用默认设置，如图9–4中②所示。单击“确定”按钮完成曲面拉伸操作。结果如图9–4中③所示。

5）建立“分割线”。在菜单栏中单击“插入”→“曲线”→“分割线”按钮，系统弹出“分割线”属性管理器，在“分割类型”选项中选择“交叉点”，在“分割实体/面/基准面”输入框中输入草图2中五条直线拉成的曲面，在“要分割的实体/面”输入框中输入要分割的面，如图9–5中①所示，其他采用默认设置，单击“确定”按钮完成分割线操作。分割结果如图9–5中②所示。

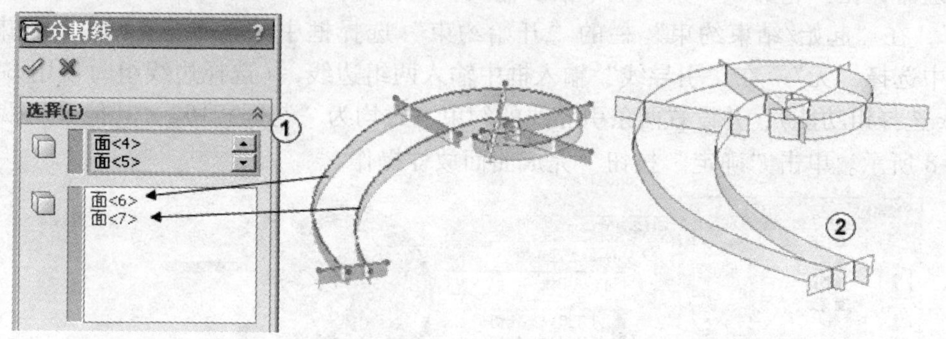

图9–5　建立分割线

6）绘制草图3、草图4、草图5。在绘图区选择如图9–6中①所示的面作为绘制草图3基准面，单击“正视于”按钮，单击“草图”，切换到草图绘制面板。用“中心线”按扭绘制出一条直线，直线的两个端点分别与分割线产生的边线端点重合。用“圆”按钮绘制出一个圆，圆心与直线的中点重合，圆边线与直线端点重合。用“剪裁实体”按钮剪去圆下半部，如图9–6中①所示。单击绘图区右上角的按钮退出绘制草图。用同样的方法绘制出草图4和草图5，如图9–6中②、③所示。

7）绘制草图6、草图7、草图8。在绘图区选择如图9–7中①所示的面作为绘制草图6基准面，单击“正视于”按钮，单击“草图”，切换到草图绘制面板。草图6的绘制方法与草图3的绘制方法一样。绘制好的草图6如图9–7中①所示。用同样的方法绘制出草图7和草图8，如图9–7中②、③所示。

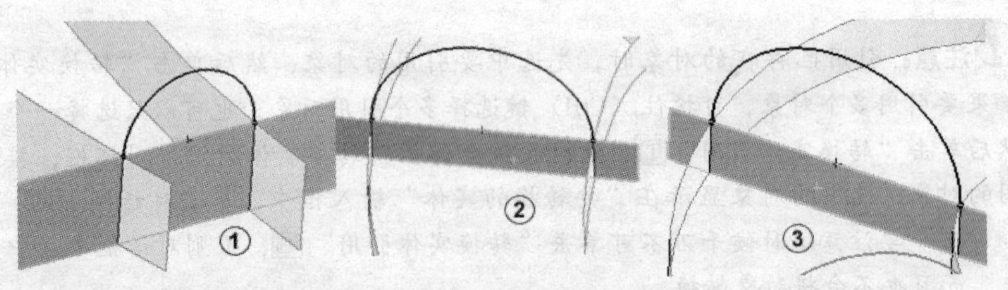

图 9-6　绘制草图 3、草图 4、草图 5

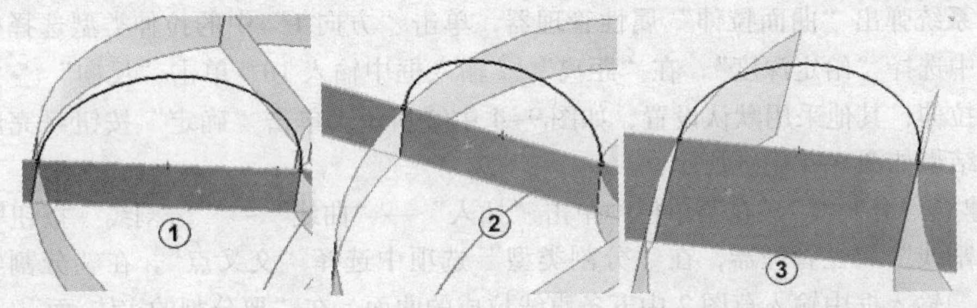

图 9-7　绘制草图 6、草图 7、草图 8

8）建立曲面放样。在“曲面”栏中单击“曲面放样”按钮，系统弹出“曲面放样”属性管理器，在“轮廓”输入框中依次输入“草图 3、草图 4、草图 5、草图 6、草图 7、草图 8”，在“起始/结束约束”栏的“开始约束”选择框中选择“无”，在“结束约束”选择框中选择“无”。在“引导线”输入框中输入两组边线，（选择边线组时使用 SelectionManager 选择组功能），并设置两条引导线的约束方式均为“与面相切”。其他采用默认设置如图 9-8 所示。单击“确定”按钮完成曲面放样操作。

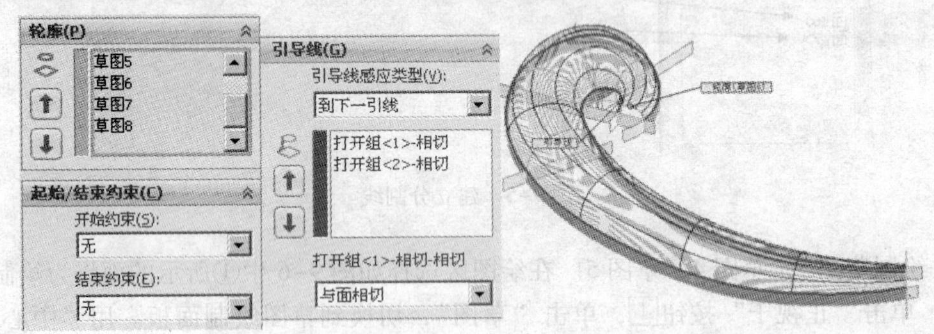

图 9-8　建立曲面放样

注意：在绘图区空白处单击鼠标右键，在弹出的菜单中选择 SelectionManager，系统弹出 SelectionManager 对话框，在对话框中选择“组”按钮，选择曲面的五条边线作为放样轮廓，单击“确定”按钮，系统接受组输入在“轮廓”输入框中以“打开组”名称显示。

选择“组”按钮，可以选择由一组曲线、一组草图、一组边线组成的轮廓，这个选择功能非常实用，在以前的版本中，对于不是一条边线组合成的一个轮廓，必须先用“组合曲线”组合成曲线，或者用“3D 草图”绘制成 3D 草图后才能作为轮廓或引导线。

9）建立镜像。在菜单栏中单击“插入”→“阵列/镜像”→“镜像”按钮，系统弹出“镜像”属性管理器，在“镜像面/基准面”输入框中输入“前视基准面”作为镜像面，在“要镜像的实体”输入框中输入“曲面－放样1”实体，其他采用默认设置如图9-9中①所示，单击“确定”按钮完成镜像操作。结果如图9-9中②所示。

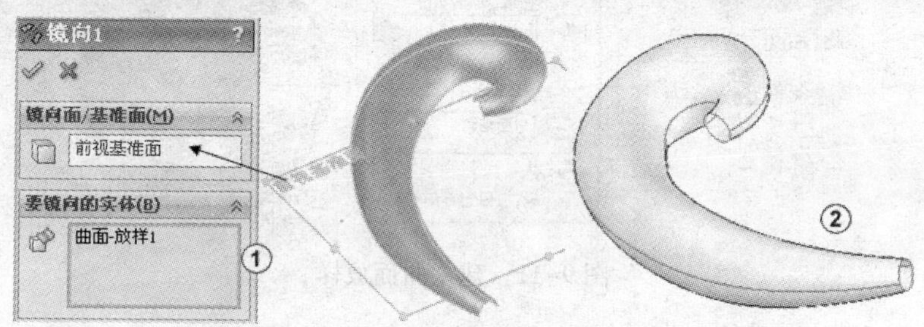

图9-9　建立镜像

10）建立曲面缝合。在“曲面”栏中单击“曲面缝合”按钮，系统弹出“曲面缝合”属性管理器，在“要缝合的曲面和面”输入框中输入“曲面放样1”和“镜像1”两个曲面作为缝合对象，勾选“缝隙控制”复选框，其他采用默认设置如图9-10中①所示。单击“确定”按钮完成曲面缝合。

11）绘制草图9。从特征管理器中选择“上前视基准面”，单击“正视于”按钮，单击“草图”，切换到草图绘制面板。用“样条曲线”绘制出一条只有两个控制点的曲线，曲线的两个端点分别与模型边线端点重合，分别将曲线与模型边线作“相切”约束。如图9-10中②所示。单击绘图区右上角的按钮退出绘制草图。

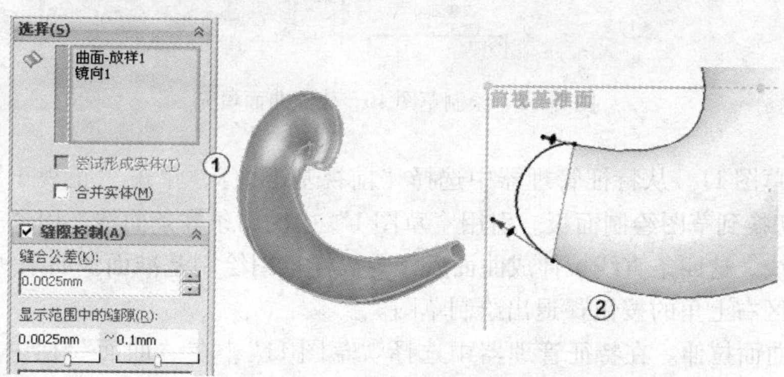

图9-10　建立曲面缝合，绘制草图9

12）建立曲面放样。在“曲面”栏中单击“曲面放样”按钮，系统弹出“曲面放样”属性管理器，在“轮廓”输入框中依次输入“边线1”、“草图9”和“边线2”，在“起始/结束约束”栏的“开始约束”选择框中选择“与面相切”，在“相切长度”输入框中输入1。在“结束约束”选择框中选择“与面相切”，在“相切长度”输入框中输入1。其他采用默认设置如图9-11所示。单击“确定”按钮完成曲面放样操作。

13）绘制草图10。从特征管理器中选择“前视基准面”，单击“正视于”按钮，单击“草图”，切换到草图绘制面板。用“样条曲线”绘制出一条只有两个控制点的曲线，曲线的两个端点分别与模型边线端点重合，分别将曲线与模型边线作“相切”约束。如图 9-12 中①所示。单击绘图区右上角的按钮退出绘制草图。

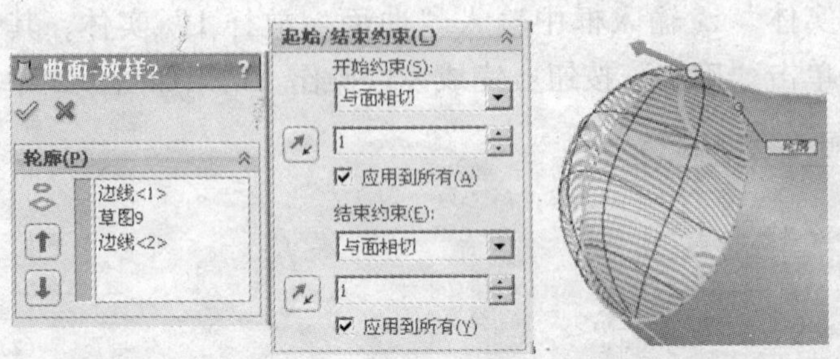

图 9-11　建立曲面放样

14）建立曲面填充。在“曲面”栏中单击“曲面填充”按钮，系统弹出“曲面填充”属性管理器，在“修补边界”输入框中输入两条边线，在“曲率控制”选择框中选择“相切”，在“约束曲线”输入框中输入“草图 10”，其他采用默认设置如图 9-12 中②所示。单击“确定”按钮完成曲面填充操作。

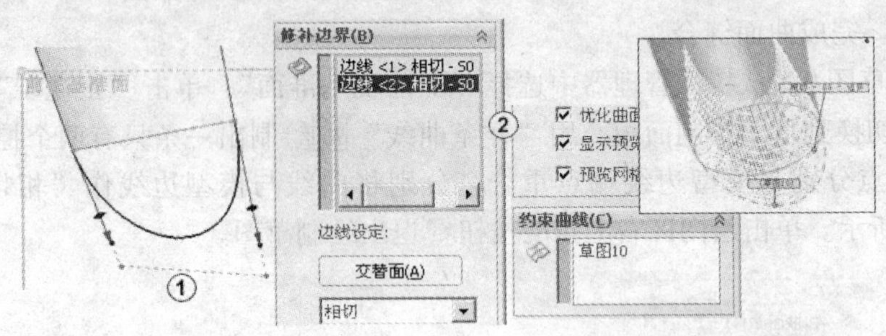

图 9-12　绘制草图 10，建立曲面填充

15）绘制草图 11。从特征管理器中选择“前视基准面”，单击“正视于”按钮，单击“草图”，切换到草图绘制面板。引用“草图 1”中的两条样条曲线。用“直线”按钮绘制出四条直线，这四条直线拉伸成曲面后作为放样草图绘制基准面。如果 9-13 中①中所示。单击绘图区右上角的按钮退出绘制草图。

16）建立曲面拉伸。在特征管理器中选择“草图 11”，在“曲面”栏中单击“曲面拉伸”按钮，系统弹出“曲面拉伸”属性管理器，单击“方向 1”中的拉伸类型选择框，在弹出的菜单中选择“给定深度”，在“距离”输入框中输入 10，单击“反向”按钮，使曲面向下拉伸，其他采用默认设置，如图 9-13 中②所示。单击“确定”按钮完成曲面拉伸操作。结果如图 9-13 中③所示。

17）建立分割线。在菜单栏中单击“插入”→“曲线”→“分割线”按钮，系统弹出“分割线”属性管理器，在“分割类型”选项中选择“交叉点”，在“分割实体/面/基准面”输入框中输入草图 11 中四条直线拉成的曲面，在“要分割的实体/面”输入框中输入要分割的面，如图 9-14 中①所示，其他采用默认设置，单击“确定”按钮完成分割线操作。分割结果如图 9-14 中②所示。

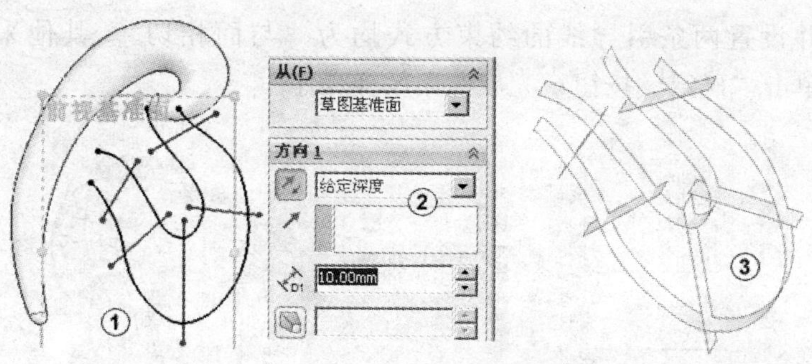

图 9-13　绘制草图 11，建立曲面拉伸

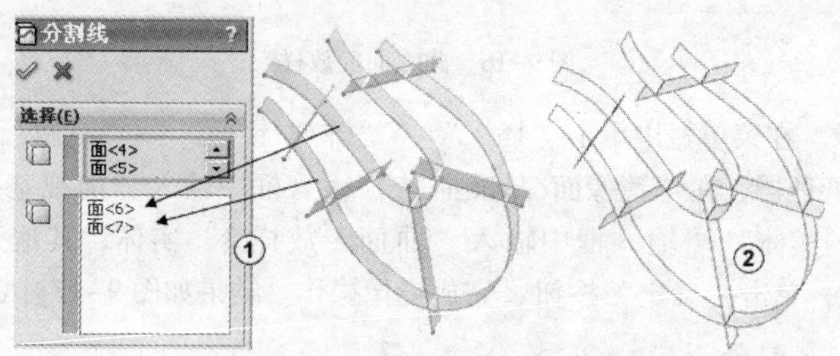

图 9-14　建立分割线

18）绘制草图 12、草图 13、草图 14、草图 15、草图 16”。在绘图区选择如图 9-15 中①所示的面作为绘制草图 12 基准面，单击“正视于”按钮，单击“草图”，切换到草图绘制面板。用“中心线”按钮绘制出一条直线，直线的两个端点分别与分割线产生的边线端点重合。用“圆”按钮绘制出一个圆，圆心与直线的中点重合，圆边线与直线端点重合。用“剪裁实体”剪去圆下半部，如图 9-15 中①所示。单击绘图区右上角的按钮退出绘制草图。用同样的方法绘制出草图 13、草图 14、草图 15 和草图 16，如图 9-15 中②、③、④、⑤所示。

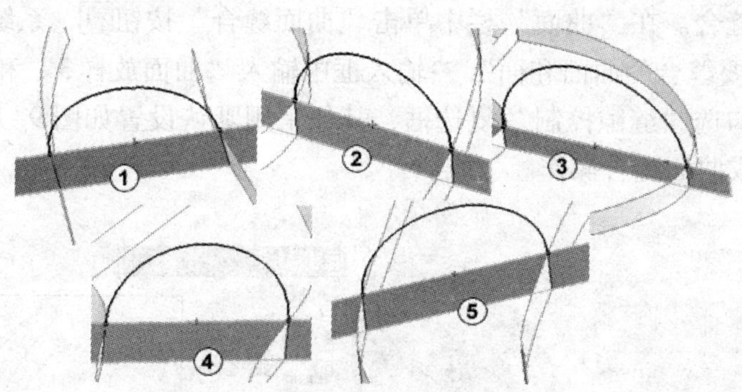

图 9-15　绘制草图 12、草图 13、草图 14、草图 15、草图 16

19）建立曲面放样。在“曲面”栏中单击“曲面放样”按钮，系统弹出“曲面放样”属性管理器，在“轮廓”输入框中依次输入草图 12、草图 13、草图 14、草图 15、草图 16，在“起始/结束约束”栏的“开始约束”选择框中选择“无”，在“结束约束”选择框中选择“无”。在“引导线”输入框中输入两组边线，（选择边线组时使用 SelectionManager

选择组功能），并设置两条引导线的约束方式均为“与面相切”。其他采用默认设置如图9-16所示。单击“确定”按钮✓完成曲面放样操作。

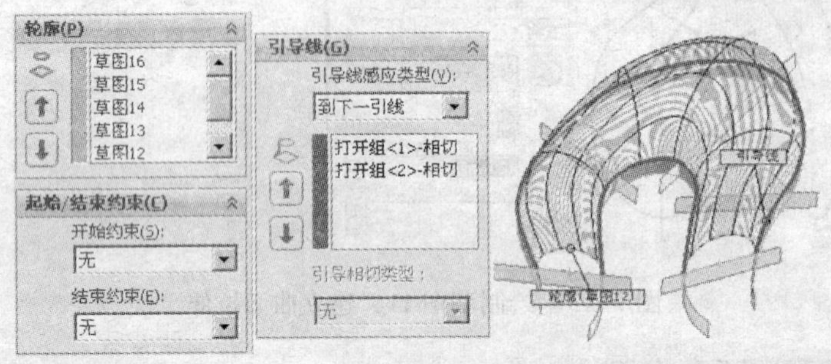

图9-16 建立曲面放样

20）建立镜像。在菜单栏中单击“插入”→“阵列/镜像”→“镜像”按钮，系统弹出“镜像”属性管理器，在“镜像面/基准面”输入框中输入“前视基准面”作为镜像面，在“要镜像的实体”输入框中输入“曲面－放样3”实体，其他采用默认设置如图9-17中①所示，单击“确定”按钮✓完成镜像操作。结果如图9-17中②所示。

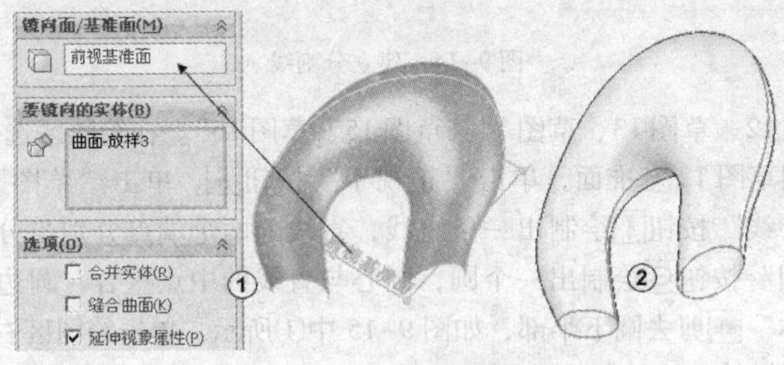

图9-17 建立镜像

21）建立曲面缝合。在“曲面”栏中单击“曲面缝合”按钮，系统弹出“曲面缝合”属性管理器，在“要缝合的曲面和面”输入框中输入“曲面放样3”和“镜像2”两个曲面作为缝合对象，勾选“缝隙控制”复选框，其他采用默认设置如图9-18中①所示。单击“确定”按钮✓完成曲面缝合操作。

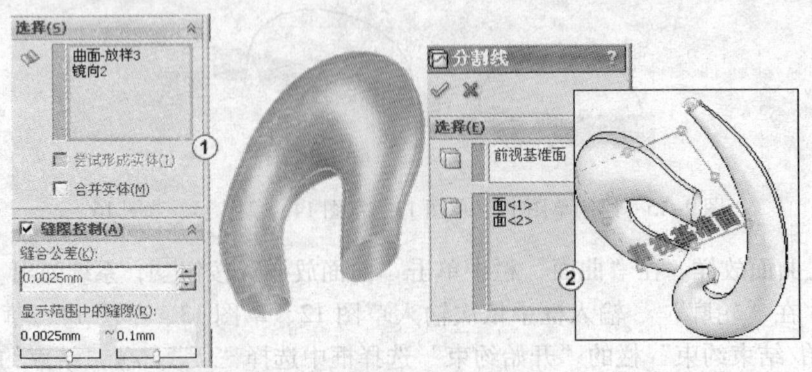

图9-18 建立曲面缝合，建立分割线

22）建立分割线。在菜单栏中单击“插入”→“曲线”→“分割线”按钮，系统弹出“分割线”属性管理器，在“分割类型”选项中选择“交叉点”，在“分割实体/面/基准面”输入框中输入“前视基准面”，在“要分割的实体/面”输入框中输入要分割的面，如图 9-18 中②所示，其他采用默认设置，单击“确定”按钮完成分割线操作。

23）绘制草图 17。从特征管理器中选择“前视基准面”，单击“正视于”按钮，单击“草图”，切换到草图绘制面板。用“三点弧”按钮绘制出两条圆弧，用“直线”按钮绘制出两条直线，如果 9-19 中①中所示。单击绘图区右上角的按钮退出绘制草图。

24）建立曲面剪裁。在“曲面”栏中单击“曲面剪裁”按钮，系统弹出“曲面剪裁”属性管理器，选择“剪裁类型”为“标准”，在“剪裁”输入框中输入“草图 17”作为剪裁，选择“保留选择”选项，在绘图区选择要保留的曲面，保留面呈红色显示，并显示在“要保留的部分”输入框中，如图 9-19 中②所示，单击“确定”按钮完成曲面剪裁操作。

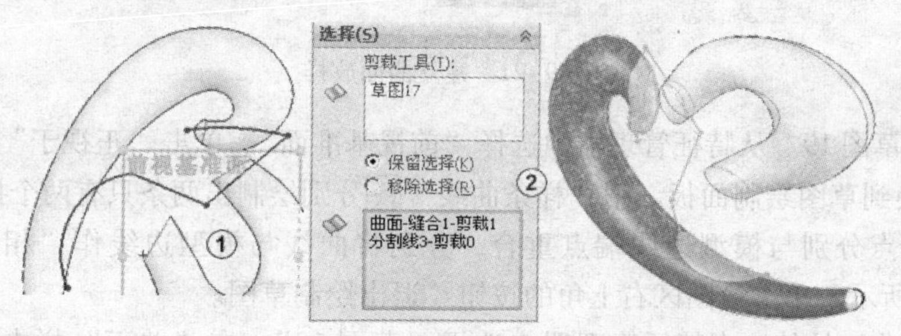

图 9-19　绘制草图 17，建立曲面剪裁

25）绘制草图 18。从特征管理器中选择“前视基准面”，单击“正视于”按钮，单击“草图”，切换到草图绘制面板。用“样条曲线”分别绘制出两条只有两个控制点的曲线，曲线的两个端点分别与模型边线端点重合，分别将曲线与模型边线作“相切”约束。如图 9-20 中①所示。单击绘图区右上角的按钮退出绘制草图。

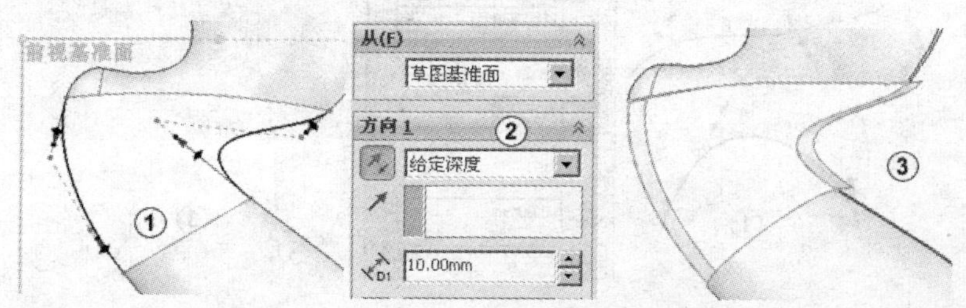

图 9-20　绘制草图 18，建立曲面拉伸

26）建立曲面拉伸。在特征管理器中选择“草图 18”，在“曲面”栏中单击“曲面拉伸”按钮，系统弹出“曲面拉伸”属性管理器，单击“方向 1”中的拉伸类型选择框，在弹出的菜单中选择“给定深度”，在“距离”输入框中输入 10，单击“反向”按钮，使曲面向下拉伸，其他采用默认设置，如图 9-20 中②所示。单击“确定”按钮完成曲面

拉伸操作。结果如图 9-20 中③所示。

27）建立曲面放样。在“曲面”栏中单击“曲面放样”按钮，系统弹出“曲面放样”属性管理器，在“轮廓”输入框中依次输入“边线组”和“边线”，（选择边线组时使用 SelectionManager 选择组功能），在“起始/结束约束”栏的“开始约束”选择框中选择“与面相切”，在“相切长度”输入框中输入 1，在“结束约束”选择框中选择“与面相切”。在“相切长度”输入框中输入 1。在“引导线”输入框中输入两条边线，并设置两条引导线的约束方式均为“与面相切”。其他采用默认设置如图 9-21 所示。单击“确定”按钮完成曲面放样操作。

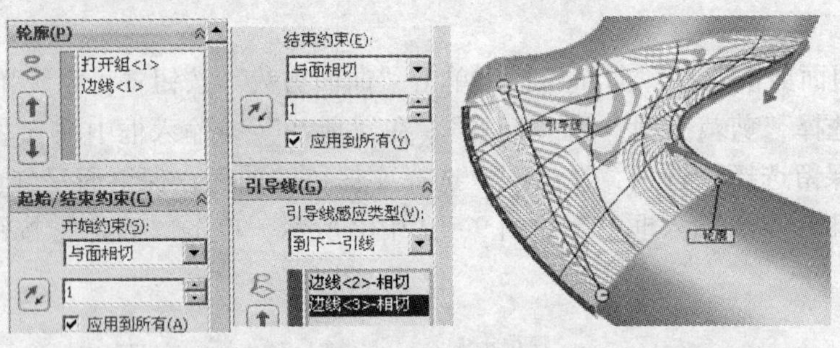

图 9-21　建立曲面放样

28）绘制草图 19。从特征管理器中选择“前视基准面”，单击“正视于”按钮，单击“草图”，切换到草图绘制面板。用“样条曲线”分别绘制出两条只有两个控制点的曲线，曲线的两个端点分别与模型边线端点重合，分别将曲线与模型边线作“相切”约束。如图 9-22 中①所示。单击绘图区右上角的按钮退出绘制草图。

29）建立曲面拉伸。在特征管理器中选择“草图 19”，在“曲面”栏中单击“曲面拉伸”按钮，系统弹出“曲面拉伸”属性管理器，单击“方向 1”中的拉伸类型选择框，在弹出的菜单中选择“给定深度”，在“距离”输入框中输入 10，单击“反向”按钮，使曲面向下拉伸，其他采用默认设置，如图 9-22 中②所示。单击“确定”按钮完成曲面拉伸操作。结果如图 9-22 中③所示。

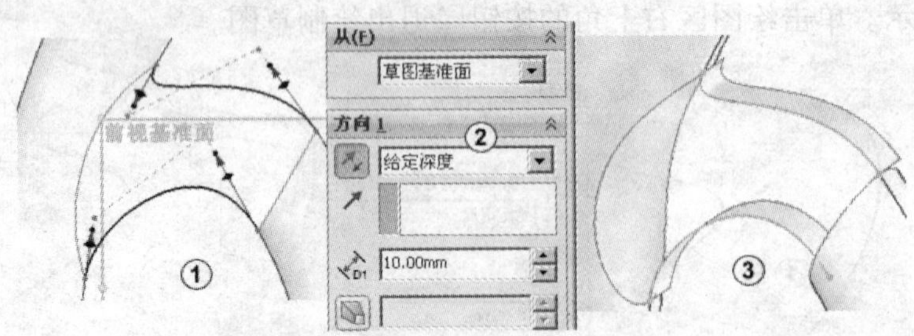

图 9-22　绘制草图 19，建立曲面拉伸

30）建立“边界曲面”。单击“曲面”栏中的“边界曲面”按钮，或单击菜单栏中的“插入”→“曲面”→“边界曲面”，系统弹出“边界曲面”属性管理器，在“方向 1”曲线输入框中输入“曲面剪裁”产生的两条边线，然后分别将两条边线的“相切类型”选择为“与面的相切”，并将“相切感应”下方的滑块向右拖到最高。单击“方向 2”输入

框，在曲线输入框中输入“曲面拉伸”产生的两条边线，分别将两条边线的“相切类型”选择为“与面的相切”，并将“相切感应”下方的滑块向右拖到最高。如图 9-23 所示。单击“确定”按钮✓完成“边界曲面”操作。

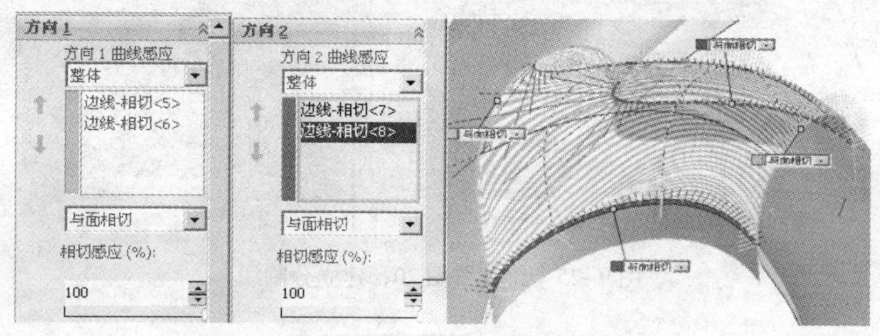

图 9-23　建立边界曲面

31）建立镜像。在菜单栏中单击“插入”→“阵列/镜像”→“镜像”按钮，系统弹出“镜像”属性管理器，在“镜像面/基准面”输入框中输入“前视基准面”作为镜像面，在“要镜像的实体”输入框中输入“边界曲面 1”和“曲面 - 放样 4”两个实体，其他采用默认设置如图 9-24 中①所示，单击“确定”按钮✓完成镜像操作。结果如图 9-24 中②所示。

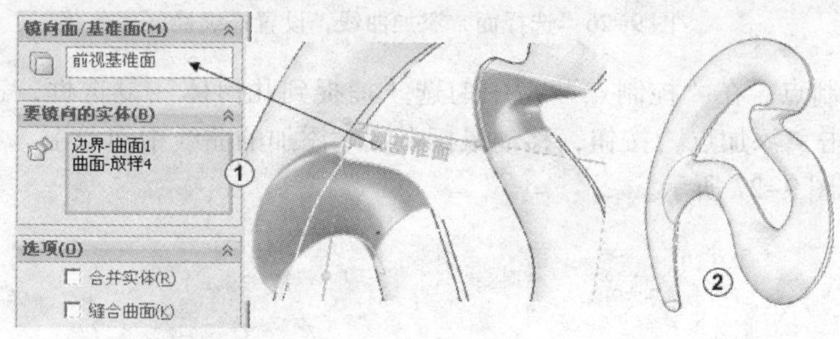

图 9-24　建立镜像

32）绘制草图 20。从特征管理器中选择“前视基准面”，单击“正视于”按钮，单击“草图”，切换到草图绘制面板。用“直线”绘制出一条直线，如果 9-25 中①中所示。单击绘图区右上角的按钮退出绘制草图。

33）创建分割线。在菜单栏中单击“插入”→“曲线”→“分割线”按钮，系统弹出“分割线”属性管理器，在“分割类型”选项中选择“投影”，在“要投影的草图”输入框中输入“草图 20”，在“要投影的面”输入框中输入要分割的面，如图 9-25 中②所示。其他采用默认设置，单击“确定”按钮✓完成分割线操作。分割结果如图 9-25 中③所示。

34）建立自由形。单击菜单栏中的“插入”→“特征”→“自由形”按钮，系统弹出“自由形”属性管理器，在“显示”栏中勾选“网格预览”选项，输入网格密度为 5。在“在变形的面”输入框中输入要变形的面，选择的曲面显示出网格。选择“控制类型”为“通过点”，单击“添加曲线”按钮，移动鼠标在要变形的面上移动，移到合适的位置单击，在要变形的面上添加了一条控制曲线，再次单击“添加曲线”按钮，取消曲线添加。将要变形的面四周的“连续性”控制都设为“曲率”，如图 9-26 所示。

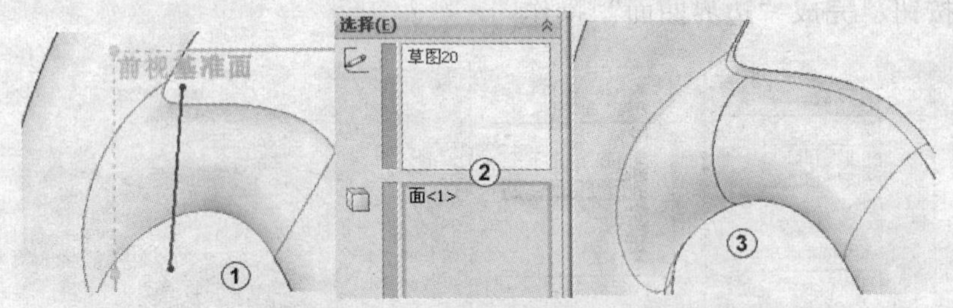

图 9-25　绘制草图 20，建立分割线

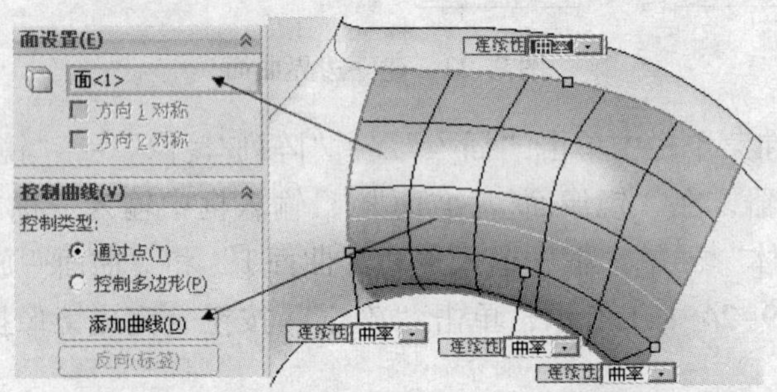

图 9-26　选择面，添加曲线，设置连续性

35）添加控制点。在“控制点”栏中勾选“捕捉到几何体”复选框，选择三重轴方向为“整体”，单击“添加点”按钮，移动鼠标在刚才添加的曲线中间单击，在曲线中间产生一个控制点。如图 9-27 所示。

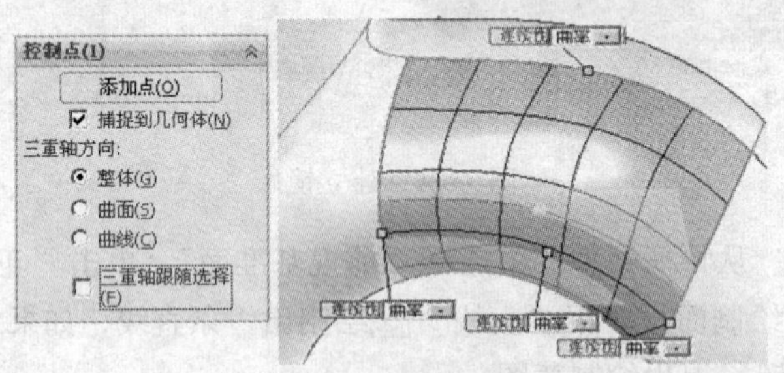

图 9-27　添加控制点

36）设置三重轴参数。再次单击“添加点”按钮，取消控制点添加。取消勾选“三重轴跟随选择”复选框，然后将鼠标在控制点上单击，鼠标光标处出现移动图标。在三重轴参数输入框中输入 X0，Y5，Z40，如图 9-28 中②所示。单击“确定”按钮✓完成“自由形”操作。

37）绘制草图 21。从特征管理器中选择“前视基准面”，单击“正视于”按钮，单击“草图”，切换到草图绘制面板。用“圆”按钮绘制出一个直径 50 的圆，如果 9-29 中①中所示。单击绘图区右上角的按钮退出绘制草图。

38）创建分割线。在菜单栏中单击“插入”→“曲线”→“分割线”按钮，系统弹出“分割线”属性管理器，在“分割类型”选项中选择“投影”，在“要投影的草图”输入框中输入“草图21”，在“要投影的面”输入框中输入要分割的面，如图9-29中②所示。其他采用默认设置，单击“确定”按钮完成分割线操作。分割结果如图9-29中③所示。

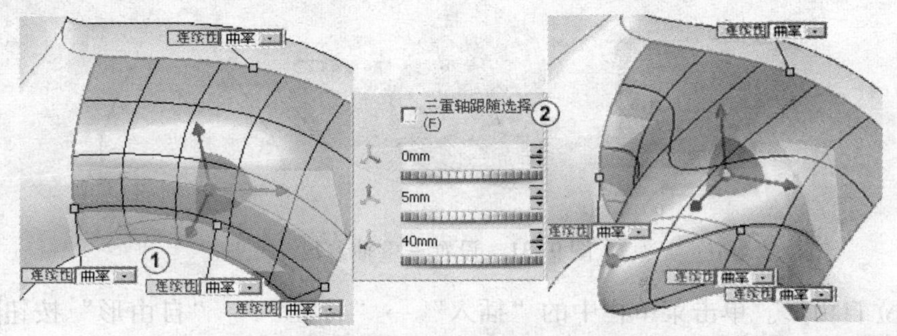

图9-28 设置三重轴参数

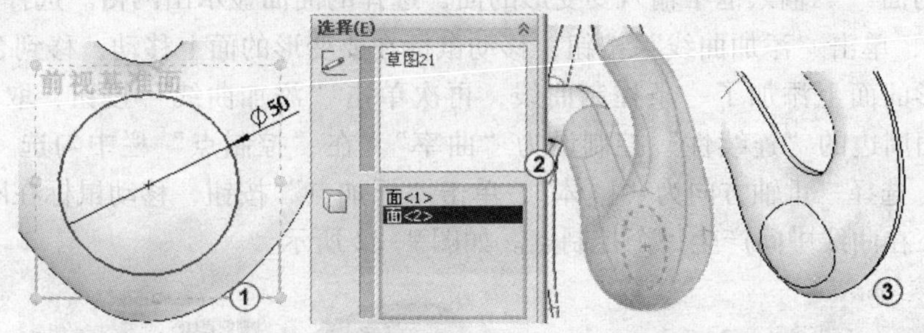

图9-29 绘制草图21，建立分割线

39）建立“自由形”。单击菜单栏中的“插入”→“特征”→“自由形”按钮，系统弹出“自由形”属性管理器，在“显示”栏中勾选“网格预览”选项，输入网格密度为5。在“在变形的面”输入框中输入要变形的面，选择的曲面显示出网格。选择“控制类型”为“通过点”，单击“添加曲线”按钮，移动鼠标在要变形的面上移动，移到合适的位置单击，在要变形的面上添加了一条控制曲线，再次单击“添加曲线”按钮，取消曲线添加。将要变形的面周边的“连续性”控制设为“曲率”。在“控制点”栏中勾选“捕捉到几何体”复选框，选择三重轴方向为“整体”，单击“添加点”按钮，移动鼠标在刚才添加的曲线中间单击，在曲线中间产生一个控制点。如图9-30所示。

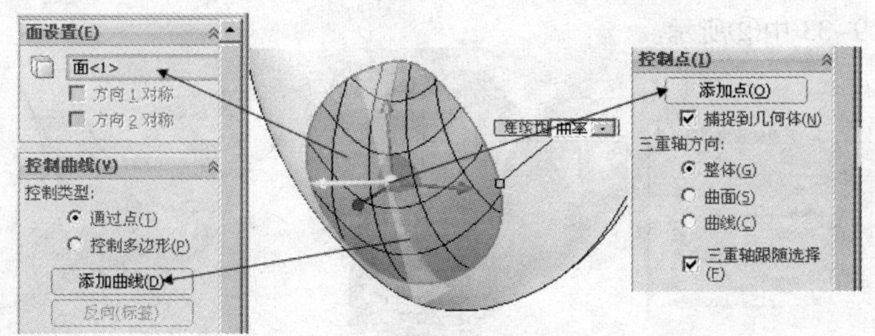

图9-30 选择面，设置连续性，添加曲线和点

40）设置三重轴参数。再次单击“添加点”按钮，取消控制点添加。取消勾选“三重轴跟随选择”复选框，然后将鼠标在控制点上单击，鼠标光标处出现移动图标。在三重轴参数输入框中输入 X0，Y－10，Z40，如图 9-31 所示。单击“确定”按钮✓完成“工艺品”左边支撑腿创建。结果如图 9-31 中②所示。

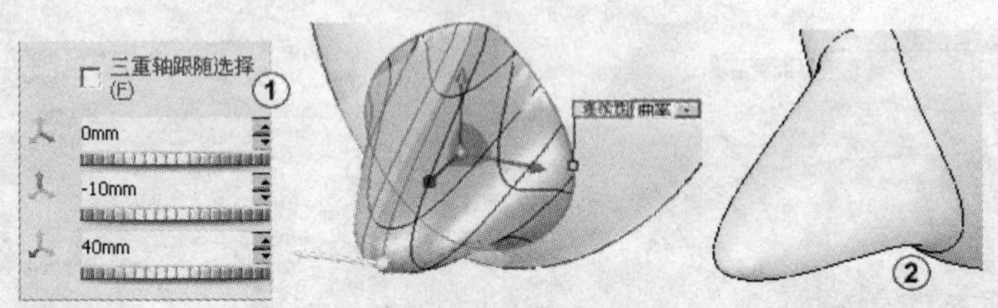

图 9-31　设置三重轴参数

41）建立自由形。单击菜单栏中的“插入”→“特征”→“自由形”按钮，系统弹出“自由形”属性管理器，在“显示”栏中勾选“网格预览”选项，输入网格密度为 5。在“在变形的面”输入框中输入要变形的面，选择的曲面显示出网格。选择“控制类型”为“通过点”，单击“添加曲线”按钮，移动鼠标在要变形的面上移动，移到合适的位置单击，在要变形的面上添加了一条控制曲线，再次单击“添加曲线”按钮，取消曲线添加。将要变形的面周边的“连续性”控制设为“曲率”。在“控制点”栏中勾选“捕捉到几何体”复选框，选择三重轴方向为“整体”，单击“添加点”按钮，移动鼠标在刚才添加的曲线中间单击，在曲线中间产生一个控制点。如图 9-32 所示。

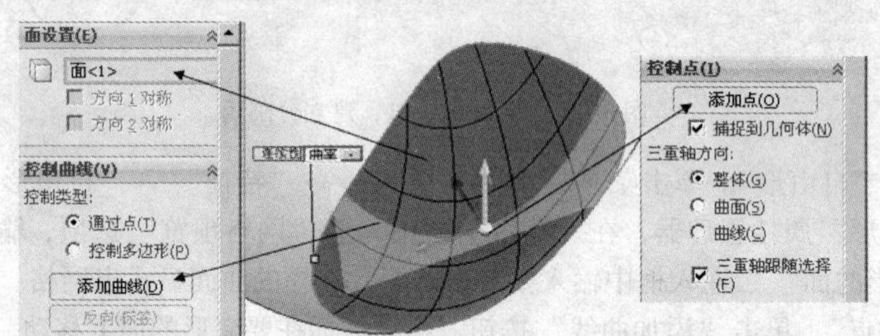

图 9-32　选择面，设置连续性，添加曲线和点

42）设置三重轴参数。再次单击“添加点”按钮，取消控制点添加。取消“三重轴跟随选择”选项，然后将鼠标在控制点上单击，鼠标光标处出现移动图标。在三重轴参数输入框中输入 X0，Y－10，Z－40，如图 9-33 所示。单击“确定”按钮✓完成“自由形”操作。结果如图 9-33 中②所示。

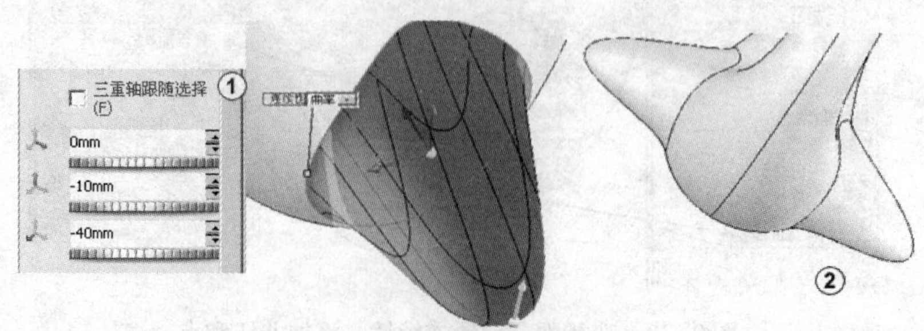

图 9-33　设置三重轴参数

43）绘制草图22。从特征管理器中选择“前视基准面”，单击“正视于”按钮，单击“草图”，切换到草图绘制面板。用“直线”按钮绘制出两条直线，这两条直线拉伸成曲面后作为“变形”草图绘制基准面。如果9-34中①中所示。单击绘图区右上角的按钮退出绘制草图。

44）建立曲面拉伸。在特征管理器中选择草图22，在“曲面”栏中单击“曲面拉伸”按钮，系统弹出“曲面拉伸”属性管理器，单击“方向1”中的拉伸类型选择框，在弹出的菜单中选择“给定深度”，在“距离”输入框中输入30，其他采用默认设置，如图9-34中②所示。单击“确定”按钮完成曲面拉伸操作。结果如图9-34中③所示。

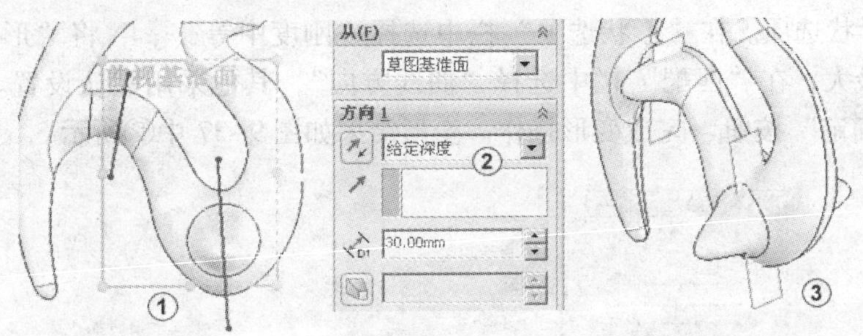

图9-34 绘制草图22，建立曲面拉伸

45）绘制草图23。在绘图区选择草图22拉伸的面作为绘制草图23基准面，单击“正视于”按钮，单击“草图”，切换到草图绘制面板。用“直线”按钮绘制出两条长度为55的水平线，如图9-35中①所示。单击绘图区右上角的按钮退出绘制草图。

46）绘制草图24。在绘图区选择草图22拉伸的面作为绘制草图24基准面，单击“正视于”按钮，单击“草图”，切换到草图绘制面板。用“样条曲线”绘制出一条三个控制点的曲线，并将曲线镜像到右边，如图9-35中②所示。单击绘图区右上角的按钮退出绘制草图。

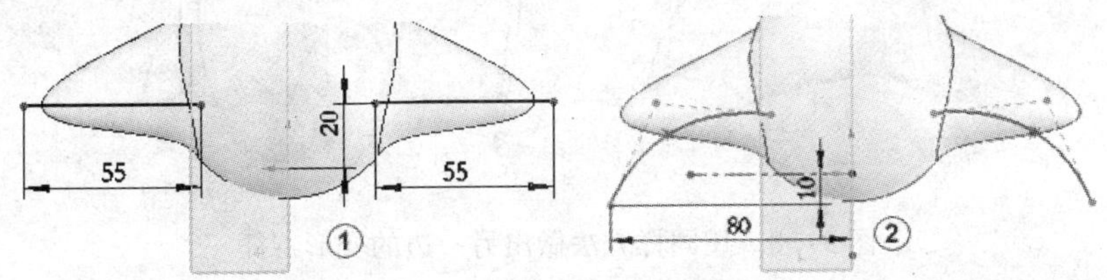

图9-35 绘制草图23、草图24

47）建立变形。在菜单中单击“插入”→“特征”→“变形”按钮，系统弹出“变形”属性管理器，选择“变形类型”为“曲线到曲线”，在变形曲线栏的“初始曲线”输入框中输入草图23绘制的水平线，在“目标曲线”输入框中输入草图24绘制的曲线，在“变形区域”栏中勾选“固定的边线”复选框，在“要变形的其他面”输入框中输入要变形的面，如图9-36所示。

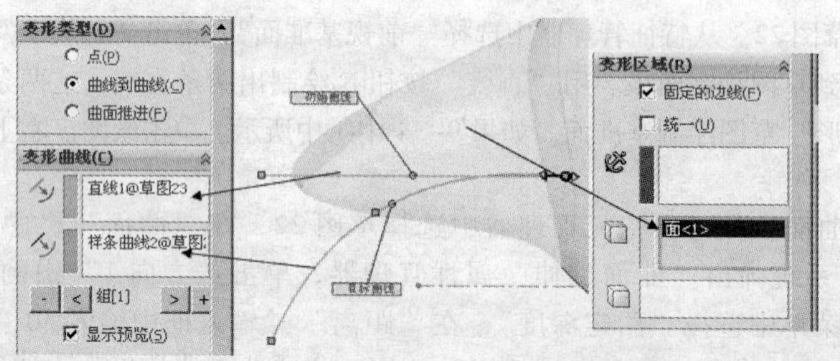

图 9-36　选择变形曲线，选择变形面

48）设置形状选项。在“形状选项”栏中选择“刚度中等”，将“形状精度”的滑杆向右推到最大，在“匹配”栏中选择“曲线方向”，其他采用默认设置。如图 9-37①所示。单击“确定”按钮完成变形操作。变形结果如图 9-37 中②所示。

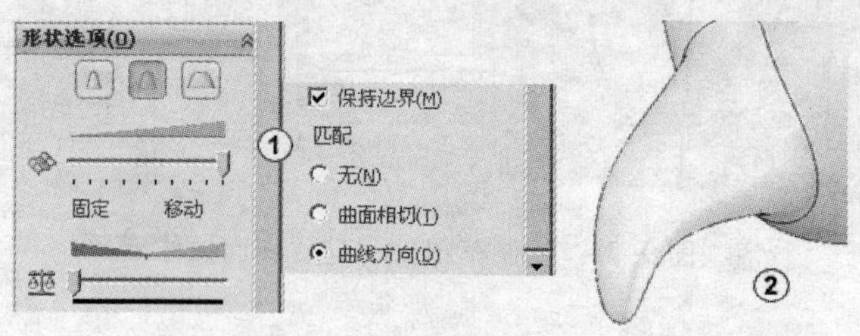

图 9-37　设置形状选项

用同样的方法做出另一边的变形特征。结果如图 9-38 所示。

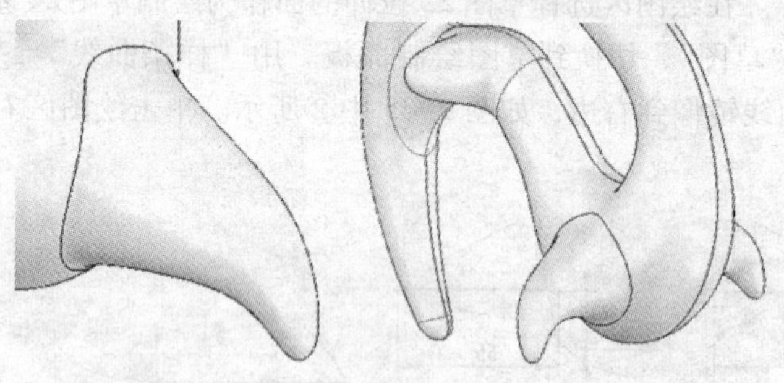

图 9-38　用同样方法做出另一边的变形特征

49）绘制草图 25。在绘图区选择草图 22 拉伸的面作为绘制草图 25 基准面，单击“正视于”按钮，单击“草图”，切换到草图绘制面板。用“直线”按钮绘制出一条直线，如图 9-39 中①所示。单击绘图区右上角的按钮退出绘制草图。

50）绘制草图 26。在绘图区选择草图 22 拉伸的面作为绘制草图 26 基准面，单击“正视于”按钮，单击“草图”，切换到草图绘制面板。用“样条曲线”绘制出一条两个控制点的曲线，如图 9-39 中②所示。单击绘图区右上角的按钮退出绘制草图。

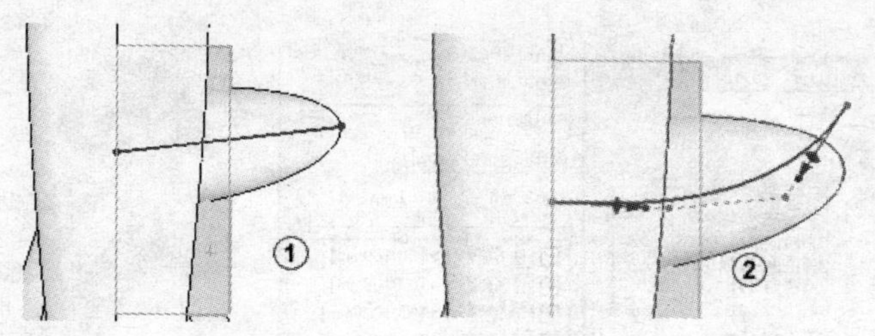

图 9-39　绘制草图 25、草图 26

51）建立变形。在菜单中单击“插入”→“特征”→“变形”按钮，系统弹出“变形”属性管理器，选择“变形类型”为“曲线到曲线”，在变形曲线栏的“初始曲线”输入框中输入草图 25 绘制的直线，在“目标曲线”输入框中输入草图 26 绘制的曲线，在“变形区域”栏中勾选“固定的边线”复选框，在“要变形的其他面”输入框中输入要变形的面，如图 9-40 所示。

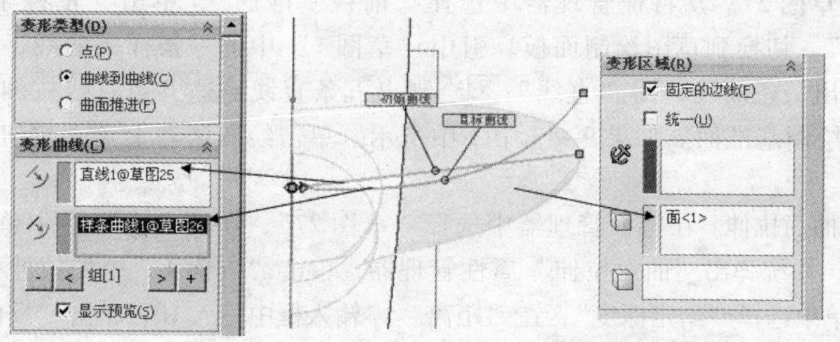

图 9-40　选择变形曲线，选择变形面

52）设置形状选项。在“形状选项”栏中选择“刚度中等”，将“形状精度”的滑杆向右推到最大，在“匹配”栏中选择“曲线方向”，其他采用默认设置。如图 9-41 中①所示。单击“确定”按钮完成变形操作。变形结果如图 9-41 中②所示。

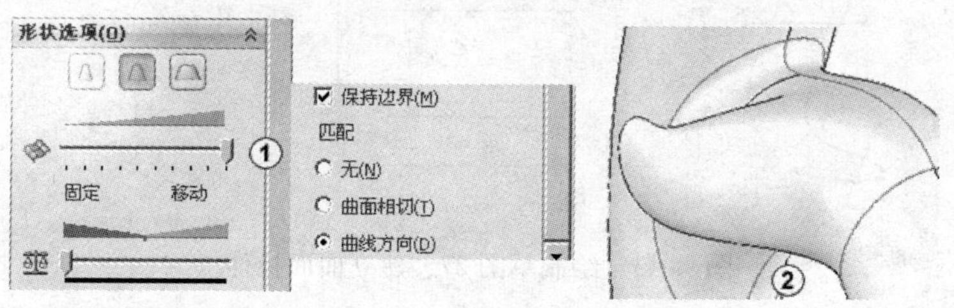

图 9-41　设置形状选项

53）建立曲面缝合。在“曲面”栏中单击“曲面缝合”按钮，系统弹出“曲面缝合”属性管理器，在“要缝合的曲面和面”输入框中输入要缝合的五张面作为缝合对象，勾选“尝试形成实体”复选框，将曲面缝合成实体。勾选“缝隙控制”选项，在缝隙列表中列出了所有“缝合公差”范围内的缝隙，在缝隙左边打上勾，将曲面中的缝隙缝合。其他采用默认设置如图 9-42 所示。单击“确定”按钮完成曲面缝合操作。

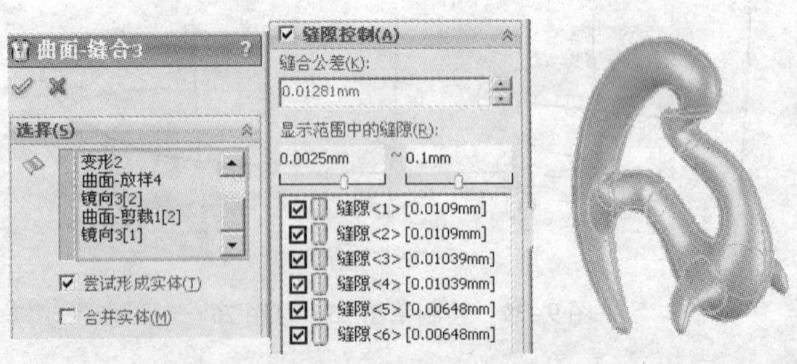

图 9-42　建立曲面缝合

9.3　创建小心形模型

1）绘制草图 27。从特征管理器中选择“前视基准面”，单击“正视于”按钮，单击“草图”，切换到草图绘制面板。引用“草图 1”中的一条样条曲线，用“样条曲线”绘制出一条曲线，用“直线”绘制出五条直线，这五条直线拉伸成曲面后作为放样草图绘制基准面。如果 9-43 中①中所示。单击绘图区右上角的按钮退出绘制草图。

2）建立曲面拉伸。在特征管理器中选择“草图 27”，在“曲面”栏中单击“曲面拉伸”按钮，系统弹出“曲面拉伸”属性管理器，单击“方向 1”中的拉伸类型选择框，在弹出的菜单中选择“给定深度”，在“距离”输入框中输入 10，单击“反向”按钮，使曲面向下拉伸，其他采用默认设置，如图 9-43 中②所示。单击“确定”按钮完成曲面拉伸操作。结果如图 9-43 中③所示。

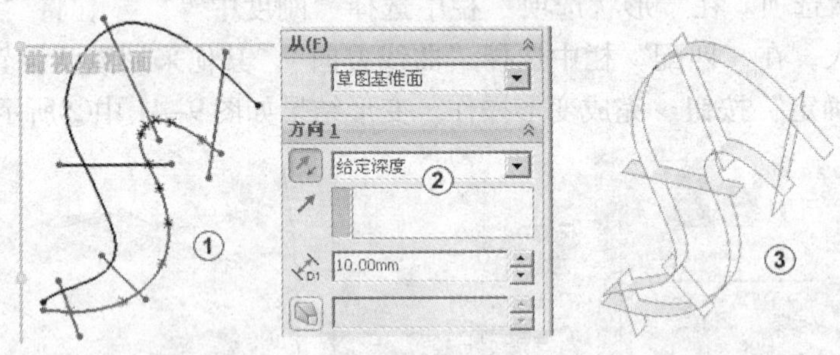

图 9-43　绘制草图 27，建立曲面拉伸

3）建立分割线。在菜单栏中单击“插入”→“曲线”→“分割线”按钮，系统弹出“分割线”属性管理器，在“分割类型”选项中选择“交叉点”，在“分割实体/面/基准面”输入框中输入草图 27 中五条直线拉成的曲面，在“要分割的实体/面”输入框中输入要分割的面，如图 9-44 中①所示，其他采用默认设置，单击“确定”按钮完成分割线操作。分割结果如图 9-44 中②所示。

4）绘制草图 28、草图 29、草图 30、草图 31、草图 32。在绘图区选择草图 27 中五条直线拉伸的面作为绘制草图 28 的基准面，单击“正视于”按钮，单击“草图”，切换到草图绘制面板。用“中心线”绘制出一条直线，直线的两个端点分别与分割线产生的边线端点重合。用“圆”绘制出一个圆，圆心与直线的中点重合，圆边线与直线端点重合。用“剪裁实体”剪去圆下半部，如图9-45中①所示。单击绘图区右上角的按钮退出绘制草图。用同样的方法绘制出草图29、草图30、草图31和草图32，如图9-45中②、③、④、⑤所示。

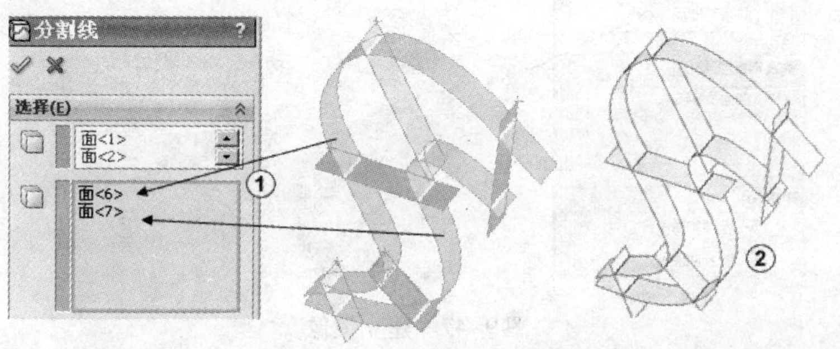

图9-44　建立分割线

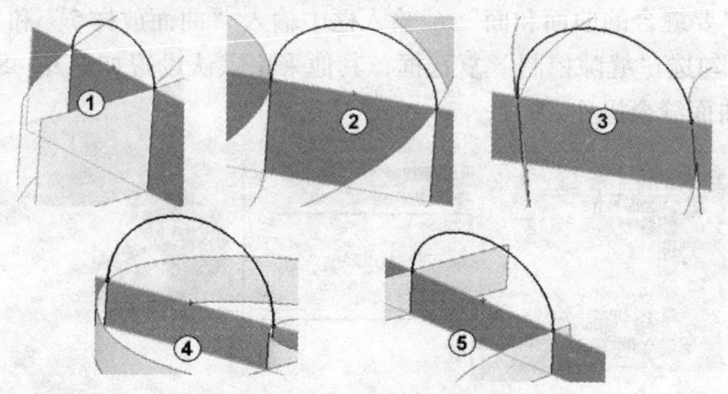

图9-45　绘制草图28、草图29、草图30、草图31、草图32

5）建立曲面放样”在“曲面”栏中单击“曲面放样”按钮，系统弹出“曲面放样”属性管理器，在“轮廓”输入框中依次输入“草图28、草图29、草图30、草图31、草图32”，在“起始/结束约束”栏的“开始约束”选择框中选择“无”，在“结束约束”选择框中选择“无”。在“引导线”输入框中输入两组边线，（选择边线组时使用 Selection-Manager 选择组功能），并设置两条引导线的约束方式均为“与面相切”。其他采用默认设置如图9-46所示。单击“确定”按钮完成曲面放样操作。

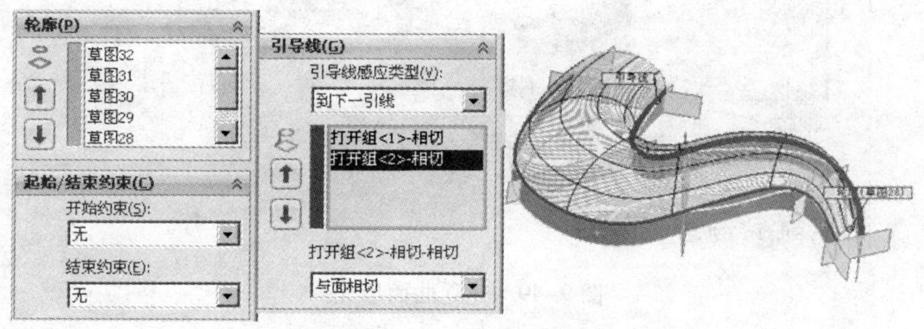

图9-46　建立曲面放样

6）建立镜像。在菜单栏中单击“插入”→“阵列/镜像”→“镜像”按钮，系统弹出“镜像”属性管理器，在“镜像面/基准面”输入框中输入“前视基准面”作为镜像面，在“要镜像的实体”输入框中输入“曲面放样 5”实体，其他采用默认设置如图 9-47 中①所示，单击“确定”按钮完成镜像操作。结果如图 9-47 中②所示。

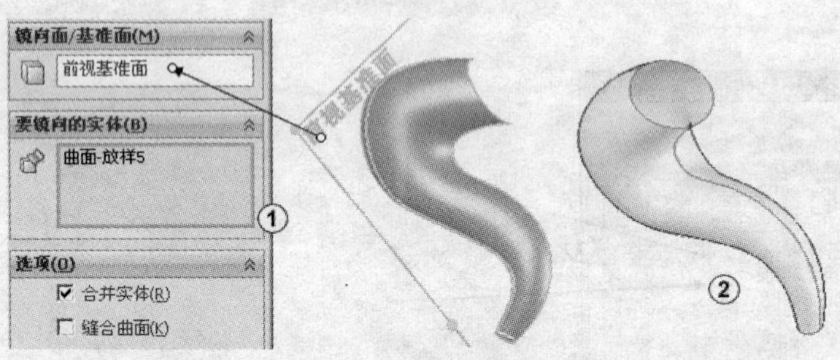

图 9-47　建立镜像

7）建立曲面缝合。在“曲面”栏中单击“曲面缝合”按钮，系统弹出“曲面缝合”属性管理器，在“要缝合的曲面和面”输入框中输入“曲面放样 5”和“镜像 4”两个曲面作为缝合对象，勾选“缝隙控制”复选框，其他采用默认设置如图 9-48 所示。单击“确定”按钮完成曲面缝合操作。

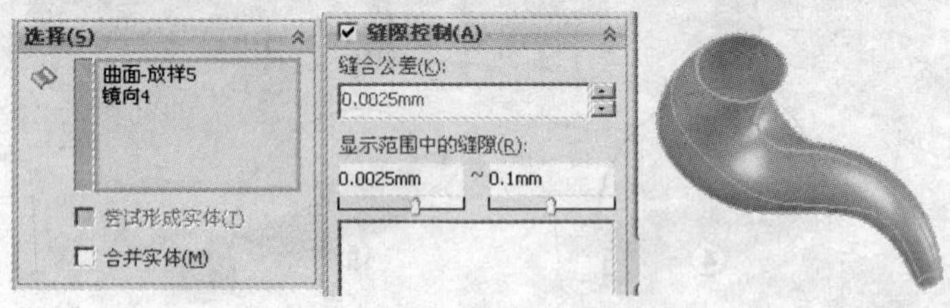

图 9-48　建立曲面缝合

8）建立曲面填充。在“曲面”栏中单击“曲面填充”按钮，系统弹出“曲面填充”属性管理器，在“修补边界”输入框中输入两条边线，在“曲率控制”选择框中选择“相切”，其他采用默认设置如图 9-49 中①所示。单击“确定”按钮完成曲面填充操作。结果如图 9-49 中②所示。

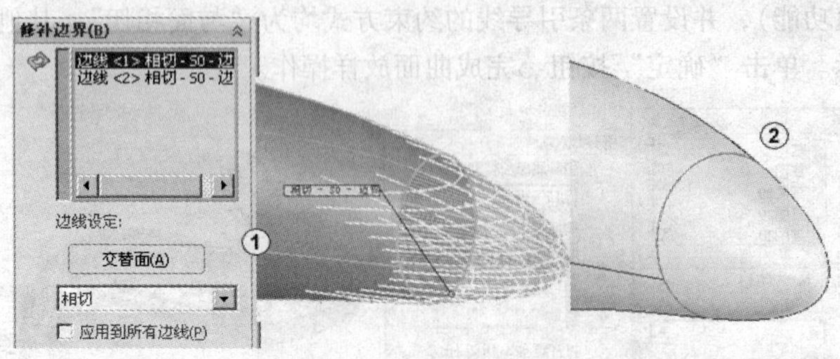

图 9-49　建立曲面填充

9）绘制草图33。从特征管理器中选择“前视基准面”，单击“正视于”按钮，单击“草图”，切换到草图绘制面板。引用“草图1”中的一条样条曲线，用“样条曲线”绘制出一条曲线，用“直线”绘制出四条直线，这四条直线拉伸成曲面后作为放样草图绘制基准面。如果9-50中①中所示。单击绘图区右上角的按钮退出绘制草图。

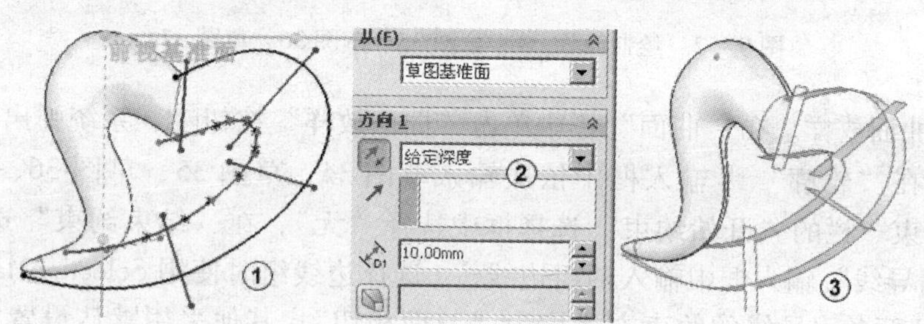

图9-50 绘制草图33，建立曲面拉伸

10）建立曲面拉伸。在特征管理器中选择草图33，在“曲面”栏中单击“曲面拉伸”按钮，系统弹出“曲面拉伸”属性管理器，单击“方向1”中的拉伸类型选择框，在弹出的菜单中选择“给定深度”，在“距离”输入框中输入10，单击“反向”按钮，使曲面向下拉伸，其他采用默认设置，如图9-50中②所示。单击“确定”按钮完成曲面拉伸操作。结果如图9-50中③所示。

11）建立分割线。在菜单栏中单击“插入”→“曲线”→“分割线”按钮，系统弹出“分割线”属性管理器，在“分割类型”选项中选择“交叉点”，在“分割实体/面/基准面”输入框中输入草图33中四条直线拉成的曲面，在“要分割的实体/面”输入框中输入要分割的面，如图9-51中①所示，其他采用默认设置，单击“确定”按钮完成分割线操作。分割结果如图9-51中②所示。

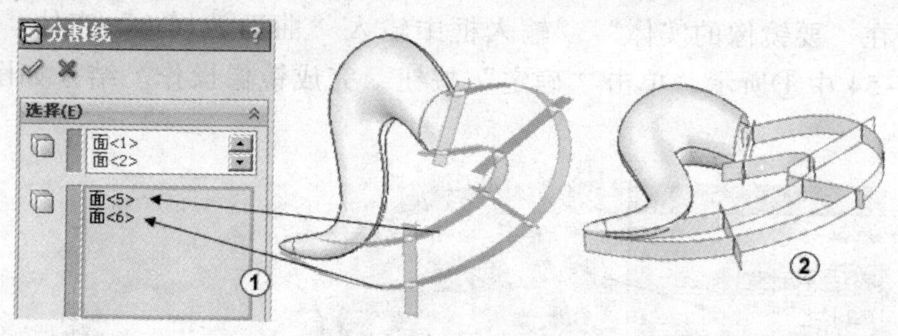

图9-51 建立分割线

12）绘制草图34、草图35、草图36、草图37。在绘图区选择草图33中四条直线拉伸的面作为绘制草图34基准面，单击“正视于”按钮，单击“草图”，切换到草图绘制面板。用“中心线”按钮绘制出一条直线，直线的两个端点分别与分割线产生的边线端点重合。用“圆”按钮绘制出一个圆，圆心与直线的中点重合，圆边线与直线端点重合。用“剪裁实体”剪去圆下半部，如图9-52中①所示。单击绘图区右上角的按钮退出绘制草图。用同样的方法绘制出草图35、草图36和草图37，如图9-52中②、③、④所示。

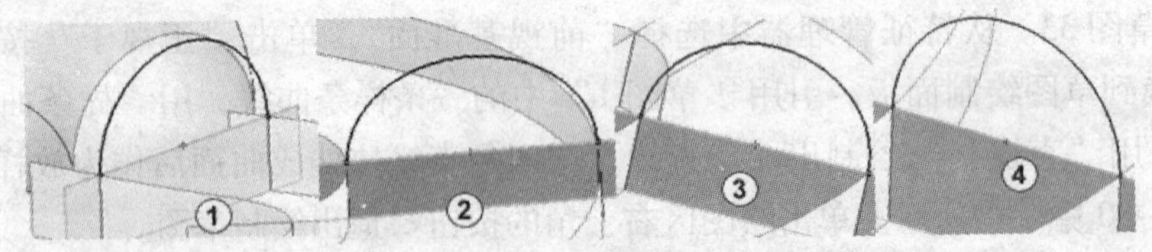

图 9-52　绘制草图 34、草图 35、草图 36、草图 37

13）建立曲面放样。在“曲面”栏中单击“曲面放样”按钮，系统弹出“曲面放样”属性管理器，在“轮廓”输入框中依次输入草图 34、草图 35、草图 36、草图 37，在“起始/结束约束”栏的“开始约束”选择框中选择“无”，在“结束约束”选择框中选择“无”。在“引导线”输入框中输入两组边线，（选择边线组时使用 SelectionManager 选择组功能），并设置两条引导线的约束方式均为“与面相切”。其他采用默认设置如图 9-53 所示。单击“确定”按钮完成曲面放样操作。

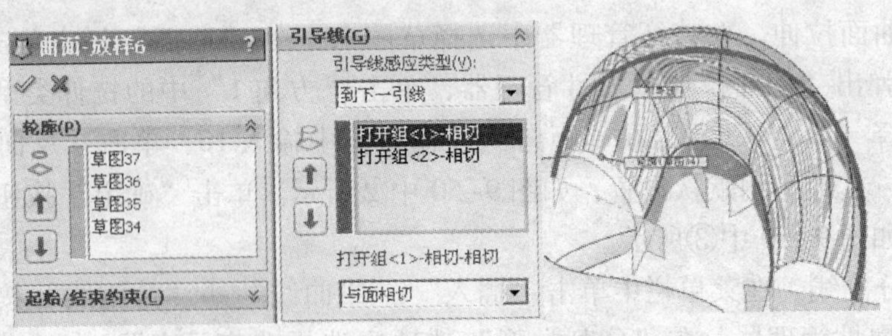

图 9-53　建立曲面放样

14）建立镜像。在菜单栏中单击“插入”→“阵列/镜像”→“镜像”按钮，系统弹出“镜像”属性管理器，在“镜像面/基准面”输入框中输入“前视基准面”作为镜像面，在“要镜像的实体”输入框中输入“曲面放样 6”实体，其他采用默认设置如图 9-54 中①所示，单击“确定”按钮完成镜像操作。结果如图 9-54 中②所示。

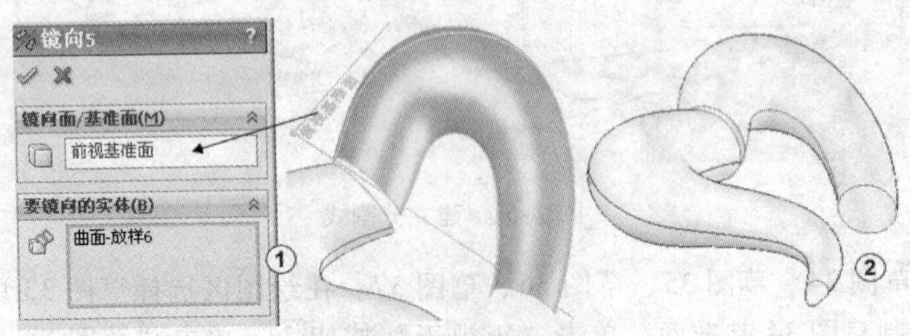

图 9-54　建立镜像

15）建立曲面缝合。在“曲面”栏中单击“曲面缝合”按钮，系统弹出“曲面缝合”属性管理器，在“要缝合的曲面和面”输入框中输入“曲面放样 6”和“镜像 5”两个曲面作为缝合对象，勾选“缝隙控制”复选框，其他采用默认设置如图 9-55 所示。单击“确定”按钮完成曲面缝合操作。

16）建立分割线。在菜单栏中单击“插入”→“曲线”→“分割线”按钮，系统弹出“分割线”属性管理器，在“分割类型”选项中选择“交叉点”，在“分割实体/面/基准面”输入框中输入“前视基准面”，在“要分割的实体/面”输入框中输入要分割的面，如图9-56中①所示，其他采用默认设置，单击“确定”按钮完成分割线操作。结果如图9-56中②所示。

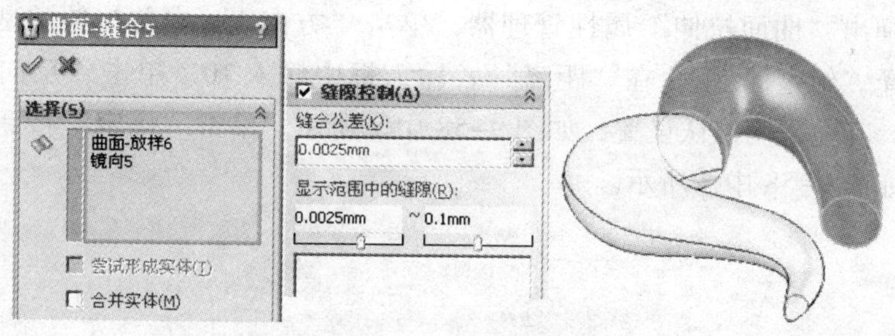

图9-55　建立曲面缝合

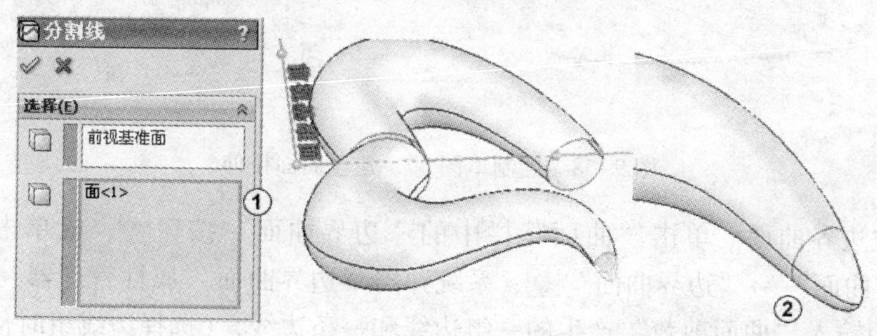

图9-56　建立分割线

17）绘制草图38。从特征管理器中选择“前视基准面”，单击“正视于”按钮，单击“草图”，切换到草图绘制面板。用“三点弧”按钮绘制出一条圆弧，用“直线”按钮绘制出三条直线，如果9-57中①中所示。单击绘图区右上角的按钮退出绘制草图。

18）建立曲面剪裁。在“曲面”栏中单击“曲面剪裁”按钮，系统弹出“曲面剪裁”属性管理器，选择“剪裁类型”为“标准”，在“剪裁”输入框中输入“草图38”作为剪裁，选择“保留选择”选项，在绘图区选择要保留的曲面，保留面逞红色显示，并显示在“要保留的部分”输入框中，如图9-57中②所示，单击“确定”按钮完成曲面剪裁操作。

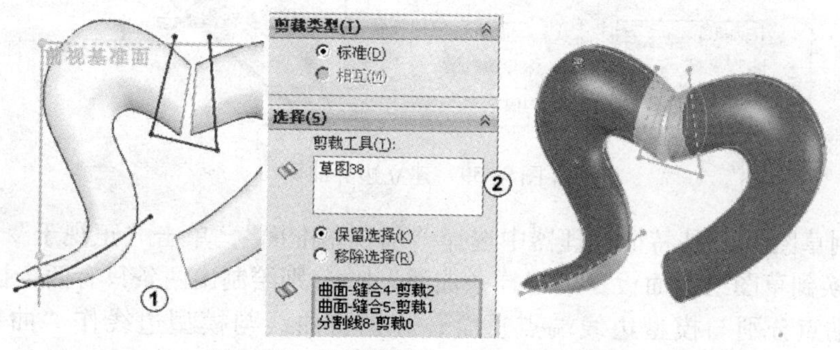

图9-57　绘制草图38，建立曲面剪裁

19）绘制草图39。从特征管理器中选择“前视基准面”，单击“正视于”按钮，单击“草图”，切换到草图绘制面板。用“样条曲线”分别绘制出两条只有两个控制点的曲线，曲线的两个端点分别与模型边线端点重合，分别将曲线与模型边线作“相切”约束。如图9-58中①所示。单击绘图区右上角的按钮退出绘制草图。

20）建立曲面拉伸。在特征管理器中选择草图39，在“曲面”栏中单击“曲面拉伸”按钮，系统弹出“曲面拉伸”属性管理器，单击“方向1”中的拉伸类型选择框，在弹出的菜单中选择“给定深度”，在“距离”输入框中输入10，单击“反向”按钮，使曲面向下拉伸，其他采用默认设置，如图9-58中②所示。单击“确定”按钮完成曲面拉伸操作。结果如图9-58中③所示。

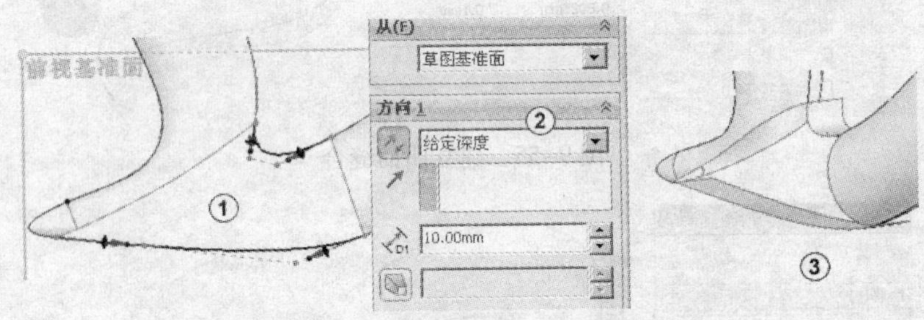

图9-58　绘制草图39，建立曲面拉伸

21）建立边界曲面。单击“曲面”栏中的“边界曲面”按钮，或单击菜单栏中的“插入”→“曲面”→“边界曲面”，系统弹出“边界曲面”属性管理器，在“方向1”曲线输入框中输入“曲面剪裁”产生的一组边线和一条边线，（选择边线组时使用Selection-Manager选择组功能），然后分别将两条边线的“相切类型”选择为“与面的相切”，并将“相切感应”下方的滑块向右拖到最高。单击“方向2”输入框，在曲线输入框中输入“曲面拉伸”产生的两条边线，分别将两条边线的“相切类型”选择为“与面的相切”，并将“相切感应”下方的滑块向右拖到最高。如图9-59所示。单击“确定”按钮完成“边界曲面”操作。

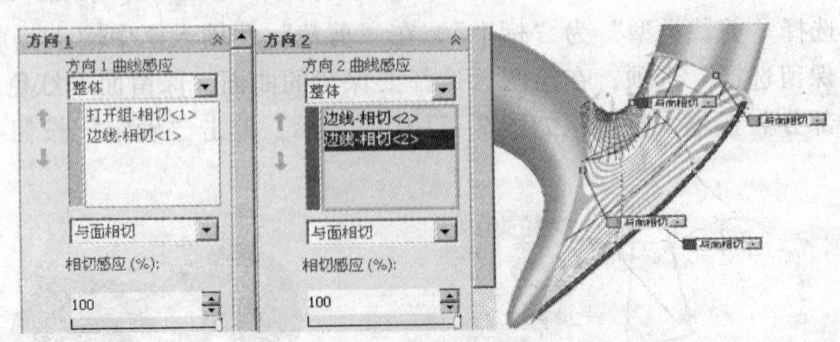

图9-59　建立边界曲面

22）绘制草图40。从特征管理器中选择“前视基准面”，单击“正视于”按钮，单击“草图”，切换到草图绘制面板。用“样条曲线”分别绘制出两条只有两个控制点的曲线，曲线的两个端点分别与模型边线端点重合，分别将曲线与模型边线作“曲率”约束。如图9-60中①所示。单击绘图区右上角的按钮退出绘制草图。

23）建立曲面拉伸。在特征管理器中选择草图40，在“曲面”栏中单击“曲面拉伸”按钮，系统弹出“曲面拉伸”属性管理器，单击“方向1”中的拉伸类型选择框，在弹出的菜单中选择“给定深度”，在“距离”输入框中输入10，单击“反向”按钮，使曲面向下拉伸，其他采用默认设置，如图9-60中②所示。单击“确定”按钮完成曲面拉伸操作。结果如图9-60中③所示。

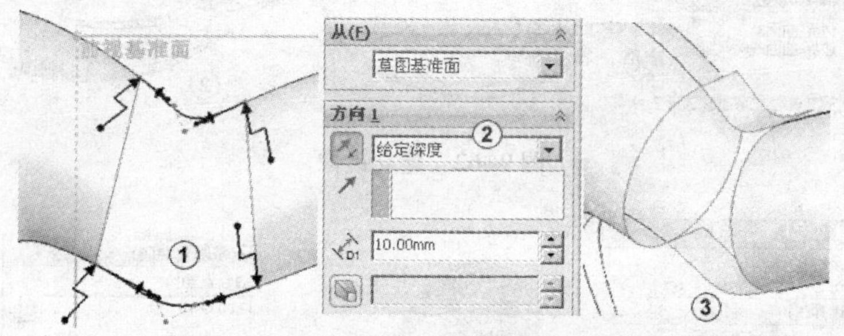

图9-60　绘制草图40，建立曲面拉伸

24）建立边界曲面。单击“曲面”栏中的“边界曲面”按钮，或单击菜单栏中的“插入”→“曲面”→“边界曲面”，系统弹出“边界曲面”属性管理器，在“方向1”曲线输入框中输入“曲面剪裁”产生的两条边线，然后分别将两条边线的“相切类型”选择为“与面的曲率”，并将“相切感应”下方的滑块向右拖到最高。单击“方向2”输入框，在曲线输入框中输入“曲面拉伸”产生的两条边线，分别将两条边线的“相切类型”选择为“与面的相切”，并将“相切感应”下方的滑块向右拖到最高。如图9-61所示。单击“确定”按钮完成“边界曲面”操作。

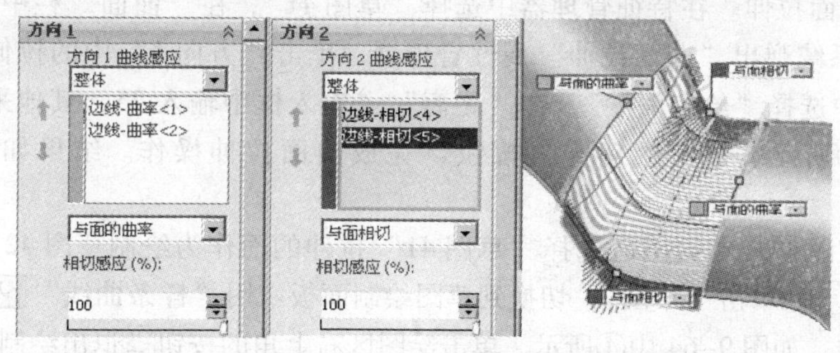

图9-61　建立边界曲面

25）建立镜像。在菜单栏中单击“插入”→“阵列/镜像”→“镜像”按钮，系统弹出“镜像”属性管理器，在“镜像面/基准面”输入框中输入“前视基准面”作为镜像面，在“要镜像的实体”输入框中输入“边界－曲面2”和“边界－曲面3”两个实体，其他采用默认设置如图9-62中①所示，单击“确定”按钮完成镜像操作。结果如图9-63中②所示。

26）建立曲面缝合。在“曲面”栏中单击“曲面缝合”按钮，系统弹出“曲面缝合”属性管理器，在“要缝合的曲面和面”输入框中输入要缝合的五个曲面作为缝合对象，勾选“尝试形成实体”复选框将曲面缝合成实体。勾选“缝隙控制”复选框，其他采用默认设置如图 9-63 所示。单击“确定”按钮完成曲面缝合操作。

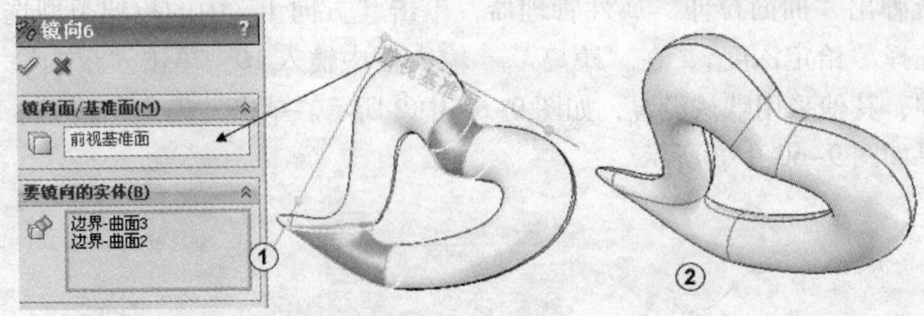

图 9-62　建立镜像

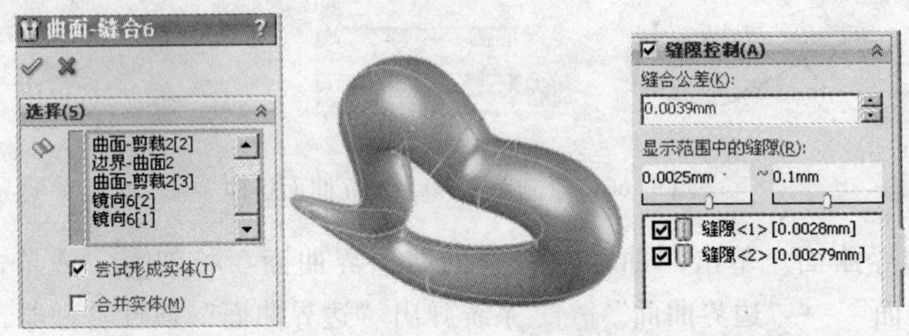

图 9-63　建立曲面缝合

27）绘制草图 41。从特征管理器中选择“前视基准面”，单击“正视于”按钮，单击“草图”，切换到草图绘制面板。用“直线”按钮绘制出一条直线，如果 9-64 中①中所示。单击绘图区右上角的按钮退出绘制草图。

28）建立曲面拉伸。在特征管理器中选择“草图 41”，在“曲面”栏中单击“曲面拉伸”按钮，系统弹出“曲面拉伸”属性管理器，单击“方向 1”中的拉伸类型选择框，在弹出的菜单中选择“给定深度”，在“距离”输入框中输入 25，其他采用默认设置，如图 9-64 中②所示。单击“确定”按钮完成曲面拉伸操作。结果如图 9-64 中③所示。

29）绘制草图 42。在绘图区选择“草图 41”拉伸的面作为绘制草图 42 基准面，单击“正视于”按钮，单击“草图”，切换到草图绘制面板。用“样条曲线”绘制出一条四个控制点的曲线，如图 9-64 中④所示。单击绘图区右上角的按钮退出绘制草图。

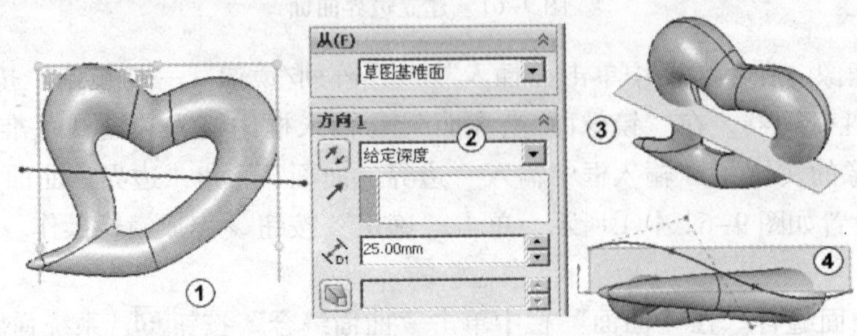

图 9-64　绘制草图 41，建立曲面拉伸，绘制草图 42

30）建立变形。在菜单中单击“插入”→“特征”→“变形”按钮，系统弹出“变形”属性管理器，选择“变形类型”为“曲线到曲线”，在变形曲线栏的“初始曲线”输入框中输入草图41拉伸曲面的边线，在“目标曲线”输入框中输入草图42绘制的曲线，在“变形区域”栏中勾选“固定的边线”复选框，在“要变形的实体”输入框中输入要变形的实体，如图9-65所示。

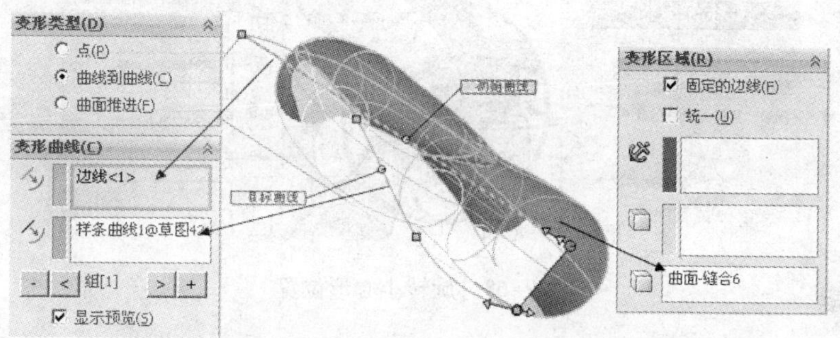

图9-65　选择变形曲线，选择变形实体

31）设置形状选项。在“形状选项”栏中选择“刚度中等”，将“形状精度”的滑杆向右推到最大，在“匹配”栏中选择“曲线方向”，其他采用默认设置。如图9-66①所示。单击“确定”按钮完成变形操作。变形结果如图9-66中②所示。

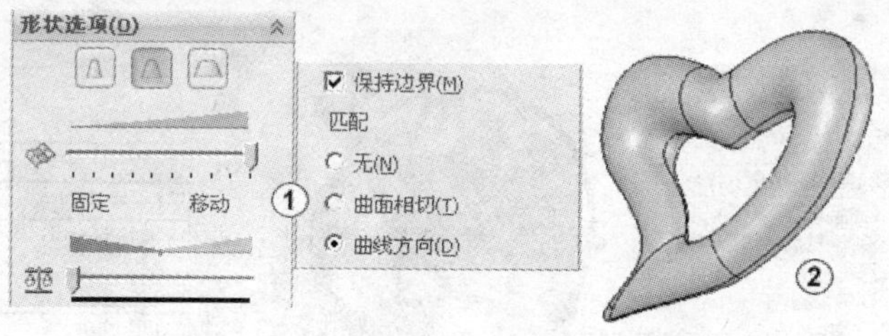

图9-66　设置形状选项

32）完成实体平移。在菜单栏中单击“插入”→“特征”→“实体移动/复制”图标，系统弹出“实体移动/复制”属性管理器，在“要移动/复制的实体”输入框中输入“变形4”实体。展开“平移”标签选项，输入ΔX为25，ΔY为-1.5，ΔZ为20，其他采用默认设置，如图9-67中①所示。单击“确定”按钮完成实体平移操作。结果如图9-67中②所示。

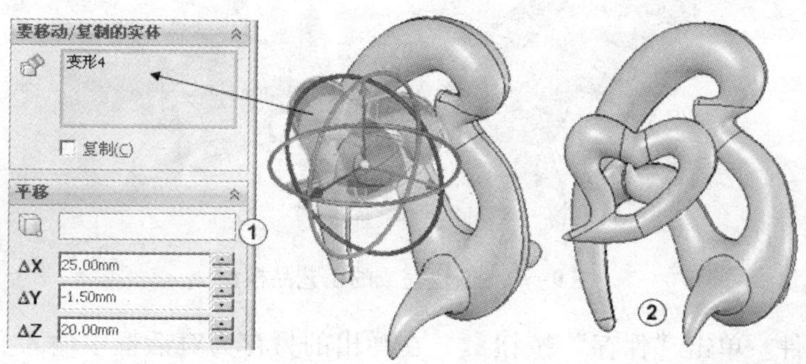

图9-67　平移小心形位置

33）完成实体旋转。在菜单栏中单击“插入”→“特征”→“实体移动/复制”图标，系统弹出“实体移动/复制”属性管理器，在“要移动/复制的实体”输入框中输入“实体移动复制1”实体。展开“旋转”标签选项，输入为0，为-13°，为0，其他采用默认设置，如图9-68中①所示。单击“确定”按钮完成实体旋转操作。

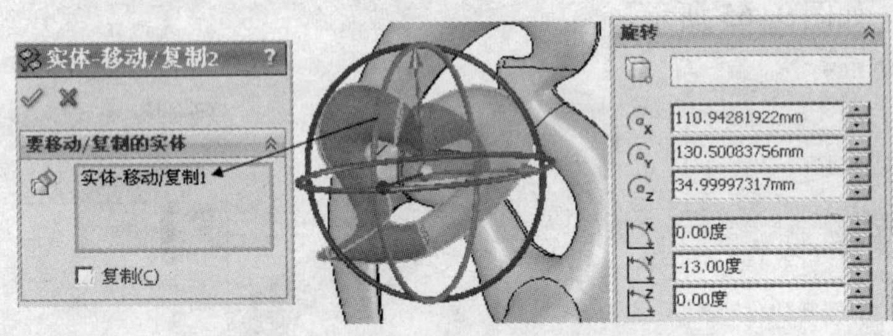

图9-68　旋转小心形位置

34）完成工艺品实体旋转。在菜单栏中单击“插入”→“特征”→“实体移动/复制”图标，系统弹出“实体移动/复制”属性管理器，在“要移动/复制的实体”输入框中输入“曲面缝合3”和“实体移动/复制2”两个实体。展开“旋转”标签选项，输入为0，为0，为2°，其他采用默认设置，如图9-69中①所示。单击“确定”按钮完成实体旋转操作。

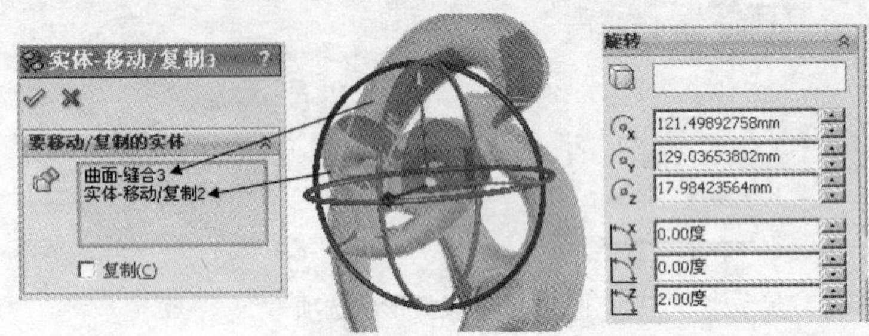

图9-69　旋转工艺品模型位置

创建完成的工艺品模型如图9-70所示。

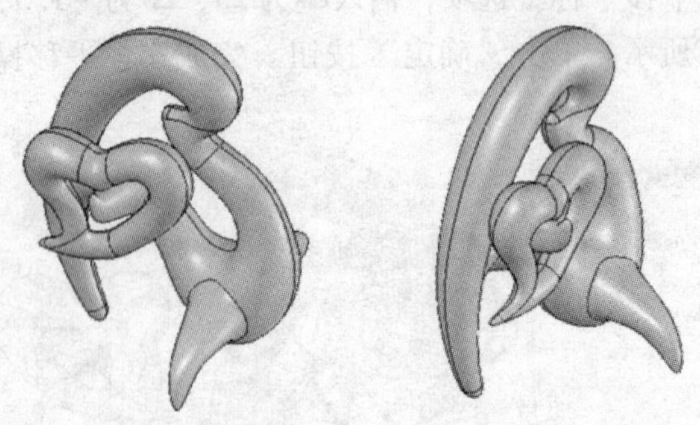

图9-70　创建完成的工艺品模型

35）保存文件。单击“保存”按钮，在弹出的另存为对话框中输入文件名为“工艺品”，单击“保存”按钮，完成对工艺品模型的保存。

9.4 渲染

1）给大心形赋予绿色“瓷器”外观。在 FeatureManager 设计树中展开“实体”文件夹，选择“实体移动/复制 3［1］”实体，如图 9-71 中①所示。单击“渲染”栏中的“编辑外观”按钮，在“外观、布景和帖图”管理器中选择“外观”→“石材”→“粗陶瓷”，如图 9-71 中②所示，双击“含骨灰瓷器”外观如图 9-71 中③所示。

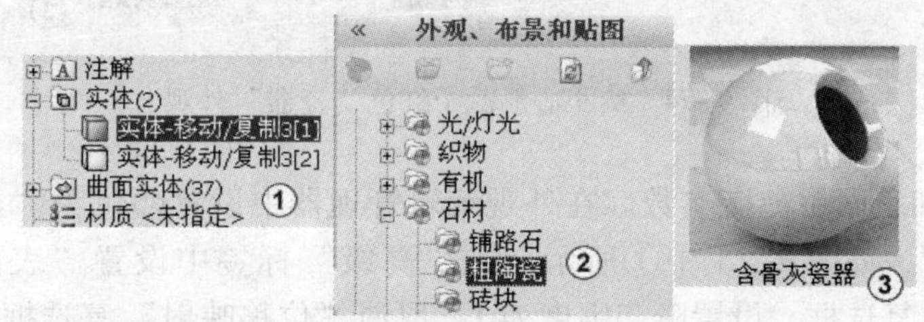

图 9-71 给大心形赋予绿色“瓷器”外观

2）设置颜色和表面粗糙度参数。在外观编辑管理器中设置颜色为“绿色”，RGB 参数为 R0、G192、B0，如图 9-72 中①所示。在“高级”标签中设置“表面粗糙度”参数，勾选“隆起映射”复选框，设置隆起强度为 1，取消勾选“位移映射”复选框，如图 9-72 中②所示。

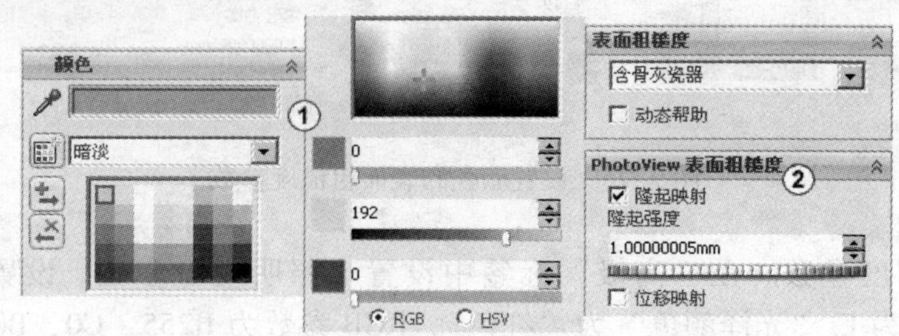

图 9-72 设置颜色和表面粗糙度参数

3）设置照明度参数。在“高级”标签中设置“照明度”参数，设置“漫射量”为 0.7，“光泽量”为 1，“光泽颜色”为“绿色”，RGB 参数为 R128，G255，B0，如图 9-73 中①所示。设置“光泽传播”为 0.1，“反射量”为 0.3，其他都设为 0，如图 9-73 所示。

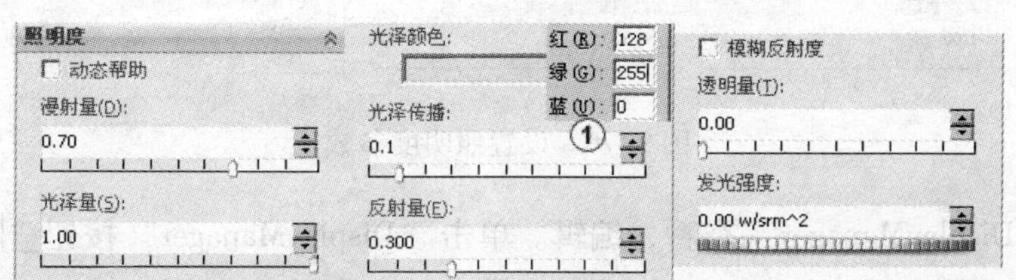

图 9-73 设置照明度参数

4）给小心形赋予红色“瓷器”外观。在“实体”文件夹中选择“实体移动/复制 3［2］”实体，如图 9-74 中①所示。单击“渲染”栏中的“编辑外观”按钮，在“外观、布景和帖图”管理器中选择“外观”→“石材”→“粗陶瓷”，如图9-74中②所示，双击“含骨灰瓷器”外观如图9-74中③所示。

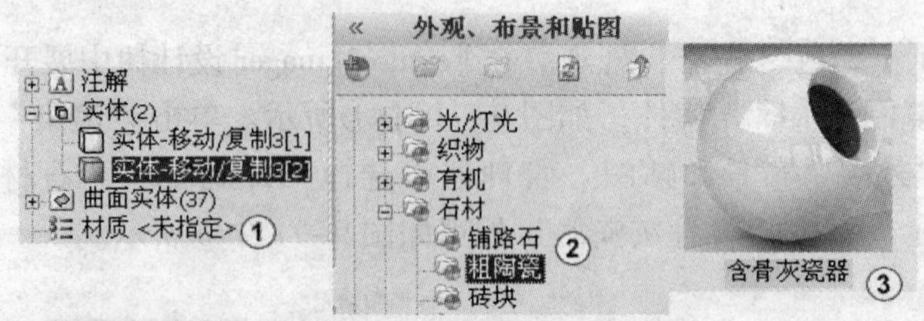

图9-74　给小心形赋予红色“瓷器”外观

5）设置颜色和表面粗糙度参数。在外观编辑管理器中设置颜色为“红色”，RGB参数为R255、G19、B7，如图9-75中①所示。在“高级”标签中设置“表面粗糙度”参数，勾选“隆起映射”复选框，设置隆起强度为1，取消“位移映射”复选框，如图9-75中②所示。

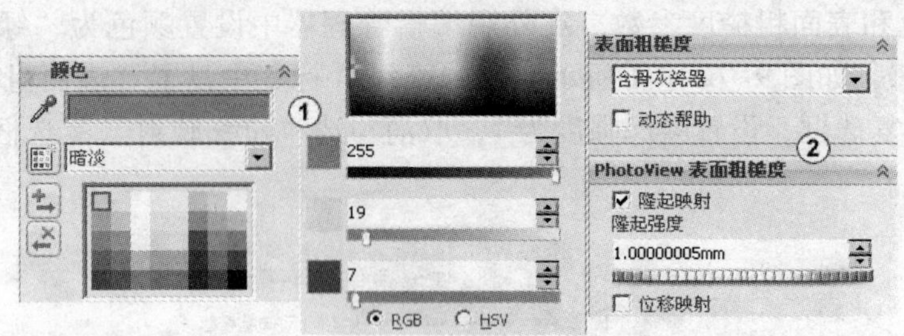

图9-75　设置颜色和表面粗糙度参数

6）设置照明度参数。在“高级”标签中设置“照明度”参数，设置“漫射量”为0.8，“光泽量”为1，“光泽颜色”为“红色”，RGB参数为R255，G0，B0，如图9-76中①所示。设置“光泽传播”为0.1，“反射量”为0.3，其他都设为0，如图9-76所示。

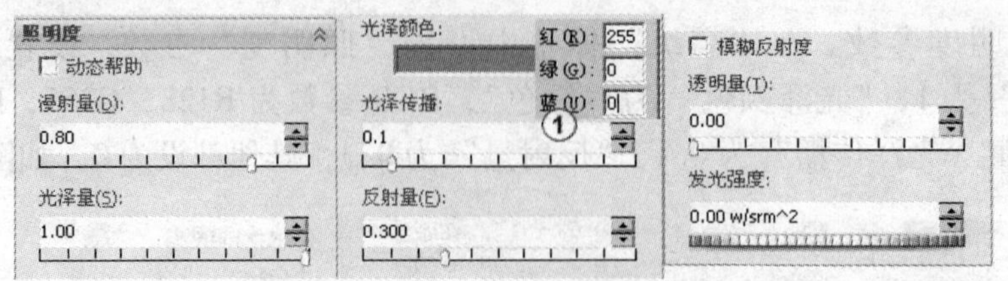

图9-76　设置照明度参数

7）使用“DisplayManager”查看、编辑。单击“DisplayManager”按钮，单击“查看外观”按钮，不同设置的外观呈树形顺序分排在管理器中，如图9-477中①所示。单击“查看布景、光源和相机”按钮，系统弹出“布景、光源与相机”管理器，可以对“布景”、“光源”和“相机”进行查看和编辑，右键单击“布景”在弹出的菜单中选择“编辑布景”，如图9-77中②、③所示。

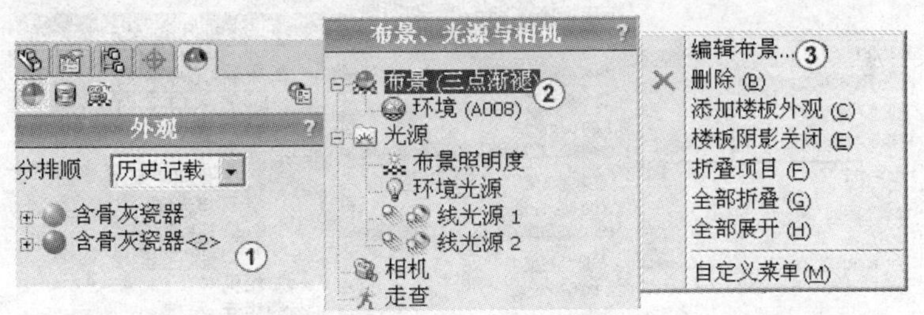

图 9-77　使用“DisplayManager”查看、编辑

8）编辑背景。单击“编辑布景”后，系统弹出“布景”编辑管理器，选择“背景”为“图像”，如图 9-78 中①所示。单击“浏览”按钮，在弹出的“打开”对话框中选择“工艺品背景 1”图片，单击“打开”，如图 9-78 中②所示。

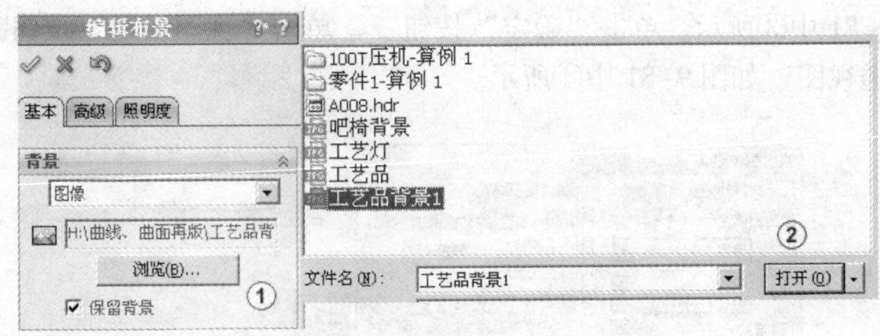

图 9-78　编辑背景参数

使用合适的图片作为背景衬托，能有效地提高模型的展示品位，使渲染效果更佳。

9）编辑环境。单击“环境”选项中的“浏览”按钮，如图 9-79 中①所示。在弹出的“打开”对话框中选择“A008”高动态范围图片，单击“打开”，如图 9-79 中②所示。

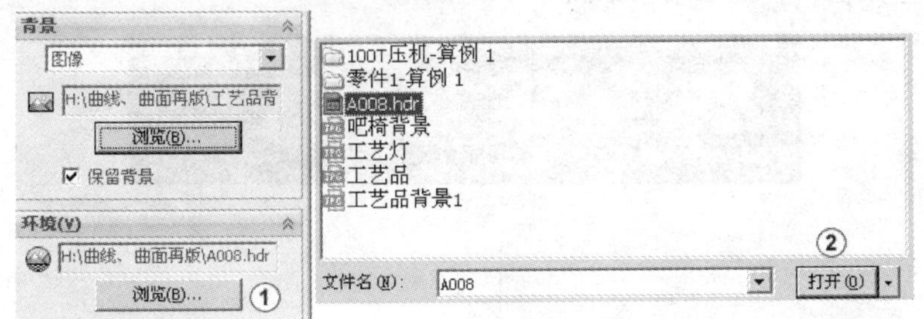

图 9-79　编辑环境参数

使用“高动态范围图像”作为环境反射，能有效地反映出自然光对渲染对象的反射，使渲染效果逼真。

10）编辑楼板、photoview 照明度参数，设置光源。在“楼板”选项中设置“将楼板与此对齐”为“XZ”，“楼板等距”为 0.，如图 9-80 中①所示。单击“照明度”标签，设置“背景明暗度”为 1，“渲染明暗度”为 2，“布景反射度”为 1.5，如图 9-80 中②所示。单击“确定”按钮✓。“光源”中的“布景照明度”就是刚才设置的 photoview 照明度。将“线光源 1”、“线光源 2”设为在 photoview 中关闭，如图 9-80 中③所示。

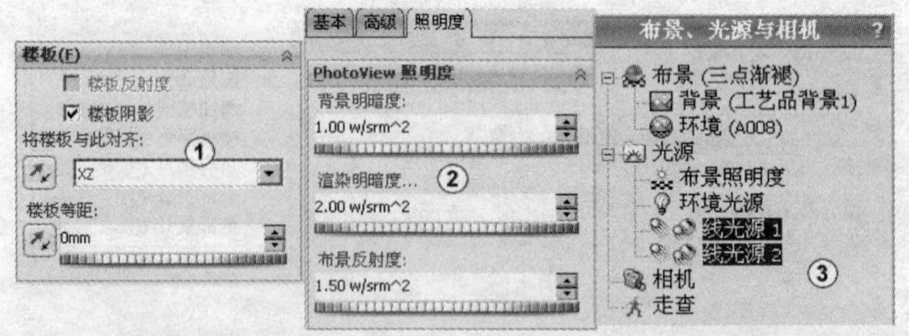

图 9-80　编辑楼板、photoview 昭明度参数，设置光源

11）设置渲染输出选项和视图设定。单击“渲染”栏中的“选项”按钮，设置输出图像大小为高“720”，宽“571”，如图 9-81 中①所示。设置“图像格式”为“JPEG”。设置“渲染品质”预览为“良好”，最终为“良好”，如图 9-81 中②所示。设置“灰度系数”为 1.6，如图 9-81 中③所示。单击“确定”按钮✓。单击“视图设定”按钮，在弹出的菜单中选择“透视图”如图 9-81 中④所示。

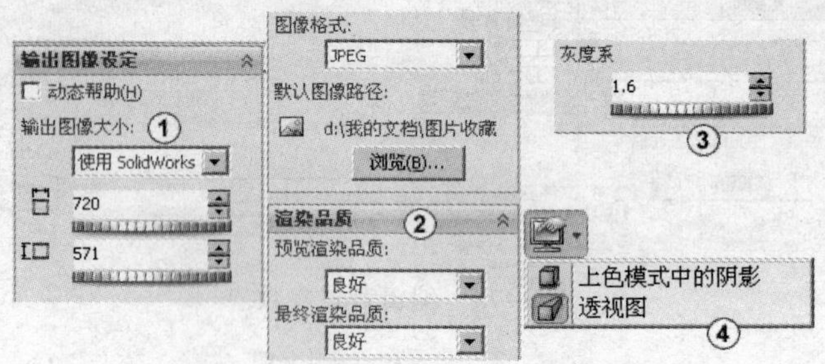

图 9-81　设置渲染输出选项和视图设定

12）最终渲染。调整好模型位置和大小，单击“渲染”栏中的“最终渲染”按钮，系统弹出最终渲染窗口，最后结果如图 9-82 所示。

图 9-82　最终渲染

经验 外观中的照明度参数和布景中的照明度参数，以及光源的设置都需要反复多次的调试，才能最后确定取用那些参数。灰度系数可以在渲染窗口中进行调整，调整灰度系数可以得到更加逼真的渲染输出图像。

9.5 思考与练习

1. 建立如图 9-83 所示的勺子，它由勺头和勺柄组成，建模的关键部分是勺头与勺柄的连接部分。建模思路：先用拉伸特征拉伸出勺柄，再用旋转特征旋转出勺头基体，然后用切除、抽壳、圆角做出勺头实体。将勺头实体零等距出一个曲面实体，然后拆分勺头实体，将拆分后的勺头曲面实体与勺柄用放样法做出连接部分。最后补面、缝合成一个实体与勺柄组合成一体。可参阅随书光盘上相应章节中的动画文件“勺子 . avi”。

2. 建立如图 9-84 所示的百合花，由花朵、花芯、花叶和花茎组成。花朵建模是关键，花芯的建模也有一定难度。建模思路：根据花朵的形状用曲面扫描创建出花朵，在扫描中用引导线控制花朵的形状。花芯也用曲面扫描做出，花芯头部的形状由引导线来控制。花叶用曲面旋转加曲面剪裁来完成。花茎同样用曲面扫描来创建。可参阅随书光盘上相应章节中的动画文件“百合花 . avi”。

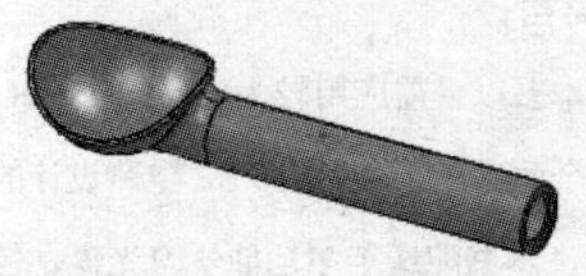

图 9-83 勺子

图 9-84 创建完成的百合花

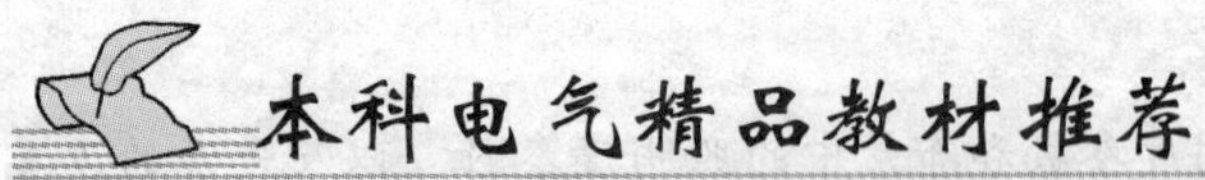

高等院校 EDA 系列教材

Altium Designer (Protel)原理图与 PCB 设计教程

书号：27743　　定价：37.00 元

作者：江思敏　　配套资源：电子教案

推荐简言：

本书从实用角度出发，全面介绍了使用 Altium Designer 8．0 进行电路设计和 PCB 制作的基本方法。全书详细讲解了电路原理图、印制电路板的设计方法以及电路仿真和 PCB 信号完整性分析。本书以讲解实例为主，将 Altium Designer 8.0 的各项功能结合起来，以便读者能尽快掌握电路设计的方法。

Multisim 10 电路仿真及应用

书号：29306　　定价：45.00 元

作者：张新喜　　配套资源：电子教案

推荐简言：

本书系统地介绍了 NI Multisim10 仿真软件的特点和使用方法，特别对新增加的单片机仿真、梯形图语言设计仿真、Lab VIEW 仪器、虚拟面包板和虚拟 ELVIS 等内容作了详细介绍，并结合实例介绍了 Multisim10 在电路分析、模拟电路、数字电路和电路故障诊断中的应用。

EDA 技术及应用教程

书号：28199　　定价：29.00 元

作者：赵全利　　配套资源：电子教案

推荐简言：本书从教学和应用的角度出发，首先介绍了 EDA 技术的基本概念、应用特点、可编程逻辑器件、硬件描述语言（VHDL）及常用逻辑单元电路的 VHDL 编程技术；然后，以 EDA 应用为目的，通过 EDA 实例详细介绍了 EDA 技术的开发过程、开发工具软件 Quartus II 的使用、EDA 设计过程中常见工程问题的处理；最后，介绍了工程中典型的 EDA 设计实例。

Protel 99SE 基础与实例教程

书号：28829　　定价：38.00 元

作者：赵月飞　　配套资源：电子教案

推荐简言：

本书以目前应用较为广泛的 Protel 99 SE 软件为基础，全面讲述了 Protel99 SE 电路设计的基本操作方法与技巧。本书配送了多功能学习光盘，包含全书讲解实例和练习实例的源文件素材，并制作了全程实例动画同步讲解 AVI 文件。

集成电路设计 CAD/EDA 工具实用教程

书号：31819　　定价：42.00 元

作者：韩雁　　配套资源：电子教案

推荐简言：本书基于 IC 设计实例，系统全面地介绍了模拟集成电路设计和数字集成电路设计所需 CAD/EDA 工具的基础知识和使用方法。模拟集成电路设计以 Cadence 工具为主，同时也介绍了业界常用的 Hspice 电路仿真工具、使用 ModelSim 和 NC-Verilog 进行仿真、使用 Xilinx ISE 进行 FPGA 硬件验证、使用 Design Compiler 进行逻辑综合直至使用 Astro 进行布局布线的完整设计过程。

控制系统的虚拟仪器仿真

书号：35881　　定价：39.00 元

作者：郭天石　　配套资源：电子教案

推荐简言：本书采用 MATLAB 与 LabVIEW 相结合的方法设计控制系统特性虚拟仿真分析仪。在对控制系统时域、频域、稳定性及性能指标与校正的仿真分析中，突出虚拟仿真分析仪的仪器性、动态性、交互性和对系统参数选择的指导性。本书配有全书所有虚拟仿真仪程序代码，所有仿真须在 MATLAB 6.5 及以上、LabVIEW 8.2 及以上版本下运行。

本科电气精品教材推荐

高等院校精品课程系列教材

电路原理（第2版）

书号：34512　定价：49.00元

作者：陈晓平　配套资源：电子教案

获奖情况：国家精品课程、省级精品教材

推荐简言：

本书是根据教育部电子电气基础课程教学指导分委员会制订的高等工业学校电路课程教学的基本要求，并充分考虑各院校新的教学计划及现代科技发展趋势，为电子电气信息类各专业学生编写的教材。配有《电路原理学习指导与习题全解》、《电路原理习题库与题解》。

模拟电子电路原理与设计基础

书号：34392　定价：42.00元

作者：刘祖刚　配套资源：电子教案

获奖情况：省级精品课程配套教材。

推荐简言：

本书着重讲清讲透模拟电子电路的工作原理、分析方法；各章对一些基本电路的设计作了必要的讨论。通过本书的学习，读者不仅能较好地理解和掌握模拟电子电路的工作原理和分析方法，而且还能根据实际要求初步设计一些实用的模拟电子电路。

自动控制原理

书号：31071　定价：36.00元

作者：潘丰　配套资源：电子教案

获奖情况：江苏省高等教育质量工程建设精品教材

推荐简言：

本书以经典控制理论为主，较系统地介绍了自动控制理论的基本内容，着重于基本概念、基本理论、基本的分析和设计方法。为适应不同专业和不同层次教学的需要，各章所述的基本分析方法尽可能做到相对独立，以便灵活选择。

单片机原理及控制技术

书号：29900　定价：36.00元

作者：王君　配套资源：电子教案

推荐简言：

本书着重介绍计算机控制系统的组成，单片微型计算机的结构，软硬件系统，基本控制算法及在工业控制中的应用技术。以单片机控制系统为例，介绍微机控制系统的结构、组成、算法；讲述基于MCS-51系列单片机的结构及工作原理、指令系统及程序设计（包括C51程序设计）、中断系统及定时/计数器、串行通信、系统扩展技术等内容。

单片机原理与应用——基于Proteus虚拟仿真技术

书号：31033　定价：43.00元

作者：徐爱钧　配套资源：电子教案、光盘

推荐简言：

省级精品课程配套教材。本书以Proteus虚拟仿真技术为基础阐述8051单片机原理与应用，对8051单片机基本结构、中断系统、定时器、串行口等功能部件的工作原理作了完整介绍。给出了大量在Proteus集成环境ISIS中绘制的原理电路图、汇编语言和C语言应用程序范例，所有范例均在Proteus软件平台上调试通过，可以直接运行。

信号与系统——信号分析与处理（上册）

书号：26030　定价：22.00元

作者：程耕国　配套资源：电子教案

推荐简言：

省级精品课程配套教材。本书是根据当前信息和电子技术的发展，结合高校教学改革的形势和要求，综合近十年来的教学实践，整合原“信号与系统”和“数字信号处理”两门课程的教学内容精心编写而成的。上册讲述信号分析与处理。